Das Buch für jeden, der Katzen liebt und alles und noch mehr über sie erfahren möchte.

»Legen Sie sich gemütlich zu Ihrer Katze aufs Sofa und entspannen Sie! Denn vielleicht ist DAS GROSSE KATZENLEXIKON das erste Nachschlagewerk, das Sie von A bis Z durchlesen. Nach 350 Seiten Lektüre, mit faszinierenden Fotos und Zeichnungen, wissen Katzenfreunde, was sie schon immer ahnten: Ohne Katzen wäre die Welt eine andere und eine ärmere.« (Ingrid Backes, Deutsche Welle)

Das große Katzenlexikon bietet über 300 Stichwörter und zehn umfangreiche Schlüsselbegriffe, beispielsweise die erste Geschichte der Katze im Comic. Zahlreiche Abbildungen illustrieren diese rare Fundgrube feliden Wissens, in der (fast) die ganze Welt der Katze abgebildet wird. Detlef Bluhm hat ein das Bisherige weit überragendes, spannend und witzig erzähltes Lexikon verfaßt, in dem auf jeder Seite selbst für den Kenner Überraschungen und neue Erkenntnisse lauern.

insel taschenbuch 3653

Detlef Bluhm

Das große Katzenlexikon

Detlef Bluhm

Das große Katzenlexikon

Geschichte, Verhalten und Kultur von A-Z

Insel Verlag

Umschlagabbildung: age fotostock / LOOK-foto

insel taschenbuch 3653
Erste Auflage 2011
Insel Verlag Berlin 2011

Vertrieb durch den Suhrkamp Taschenbuch Verlag
Umschlag: Anke Rosenlöcher
Druck: CPI – Ebner & Spiegel, Ulm
Printed in Germany
ISBN 978-3-458-35353-9

1 2 3 4 5 6 – 16 15 14 13 12 11

Für Ruth

Vorbemerkung

Es muß schon mehr als zehn Jahre her sein, daß mein rotgestromter Kater Monty plötzlich unauffindbar war. Ich kam gerade von einem kurzen Einkaufsgang zurück und wunderte mich, daß er nicht wie üblich an der Wohnungstür wartete. Die Durchsuchung aller Räume blieb ergebnislos. Das war rätselhaft, denn ich wohne im ersten Stock eines Mietshauses, und keines der Fenster stand offen. Als ich mich in die Bibliothek setzte, um noch einmal in Ruhe zu überlegen, welchen Schlupfwinkel ich übersehen haben könnte, hörte ich seine leise Stimme. Sie kam aus einer Ecke des Raumes, und als ich ihn hinter den Büchern nicht entdeckte, begriff ich, daß er sich in dem Hohlraum befinden mußte, den zwei aneinandergestellte Regale in einer Ecke zwangsläufig bilden. Die Regale in der Bibliothek sind gut zweieinhalb Meter hoch. Ich holte eine Taschenlampe und stieg auf die große Leiter. Als ich den Raum zwischen den beiden Regalen ausleuchtete, entdeckte ich ihn am Boden. Monty sah mich und begann kläglich zu schreien. Die Regale sind aus Gründen besserer Stabilität miteinander und an den Wänden verschraubt. Es gab also nur zwei Möglichkeiten. Entweder konnte ich ihn von oben aus seiner mißlichen Lage befreien, in die er wer weiß wie geraten war, oder es lag wirklich eine ganze Menge Arbeit vor mir. Da kam ich auf eine Idee, wie die vor mir liegende Bergungsaktion ohne großen Aufwand gelingen könnte. Ich ging ins Badezimmer und kehrte mit dem größten Badehandtuch zurück, das ich finden konnte. Von der Leiter aus ließ ich das Handtuch langsam bis zum Boden hinunter, und es funktionierte – Monty krallte sich an dem Handtuch fest, und so konnte ich ihn langsam hochziehen.

Ich erzähle diese kleine, im Rückblick amüsante Begebenheit nicht nur deshalb, weil sie sehr anschaulich illustriert, in welche Kalamitäten Katzen im Zusammenleben mit Menschen geraten können. Vielmehr bin ich nach über

30jährigem Zusammenleben mit charakterlich höchst unterschiedlichen Katzen zu der Überzeugung gelangt, daß es uns in einem übertragenen Sinn nicht anders ergeht. Das Tier, das sich nach einem Bonmot des Schriftstellers Eugen ↑Skasa-Weiß vorgenommen hat, »dem Menschen ein Rätsel zu bleiben«, hat die Menschen durch sein scheinbar unergründliches Wesen von jeher fasziniert, aber auch zu vielen vorschnellen Urteilen und Erkenntnissen verleitet (↑Enzyklopädien der Neuzeit) – was selbstverständlich nicht Schuld der Katze ist. Das Wissen des Menschen über die Katze hat sich zwar in den vergangenen Jahrhunderten enorm erweitert, unser Erkenntnisstand weist aber immer noch zahllose schwarze Löcher auf. Und menschliche Fehltritte im Labyrinth Katze können bei der Bewertung und Interpretation feliden Verhaltens auch in Zukunft nicht gänzlich ausgeschlossen werden.

Daher scheint es auf den ersten Blick vermessen zu sein, in einem Lexikon zusammenfassen zu wollen, was wir über die Katze zu wissen meinen – vor allem, wenn ein Autor sich vornimmt, eine derartige Zusammenfassung über Geschichte, Verhalten und Kultur der Katze allein zu verfassen. Diese Schwierigkeit war mir bewußt, als ich mit der Arbeit begann. Und ich habe mich entschieden, dieses Dilemma ganz einfach zu umschiffen. Statt für eine nur scheinbar objektive, weil sowieso bald wieder hinfällige Bestandsaufnahme gegenwärtigen Wissens, habe ich mich für eine radikal subjektive Auswahl der Stichwörter entschieden. So findet man in diesem Lexikon alles, was mich persönlich interessiert, was mir bemerkenswert erscheint, wonach ich lange Zeit gesucht und recherchiert habe.

Die lexikalische Form zwingt einen Autor in der Regel zu knapper Darstellung, zur Reduktion der ausgewählten Inhalte auf ihre Substanz. Für die Leserin und den Leser bietet sie den Vorteil, sich schnell informieren zu können. Nicht selten (und nicht nur bei den umfangreichen Schlüsselbegriffen) aber habe ich mich vom Prinzip der kurzgefassten Darstellung entfernt. Denn dieses Lexikon will nicht nur ein *Nachschlagewerk*, sondern auch und eigentlich vor allem ein *Lesebuch* sein. Seine zahlreichen Querverweise sollen zum Schmökern und Festlesen einladen. Und wenn man ihnen folgt, wird man (vermutlich) irgendwann das ganze Buch gelesen haben. Man kann aber auch ganz einfach vorne beginnen (oder hinten) und sich dann entscheiden, ob man bei dieser Leserichtung bleibt. Wie immer man sich beim Gebrauch dieses Buches entscheidet: Ich habe mich bemüht, auf allen seinen Seiten überraschende Entdeckungen und verblüffende Fakten zu verstecken, die neue Erkenntnisse und Einsichten vermitteln sollen.

Detlef Bluhm
Berlin, im Juni 2007

Aberglaube Nach heutigem Verständnis ist Aberglaube ein Glaube an Kräfte, die außerhalb der naturwissenschaftlichen Gesetzlichkeit stehen und gleichzeitig in keiner der monotheistischen Weltreligionen begründet sind. Zur Vermeidung einer von vornherein abschätzigen Bewertung der Inhalte des Aberglaubens wurde zu Beginn des 19. Jahrhunderts alternativ der Begriff Volksglaube eingeführt. Der Begriff Aberglaube ist mittelalterlicher Herkunft. Die katholische Kirche nutzte ihn bei der mittel- und nordeuropäischen Christianisierung zur Abgrenzung der »heiligen katholischen Lehre« von heidnischen Vorstellungen. Da die Katze der katholischen Kirche als Heidentier galt (↑Christentum), wundert es nicht, daß sie in besonderer Weise mit abergläubischen Vorstellungen in Verbindung gebracht wurde. Das *Handwörterbuch des deutschen Aberglaubens* von Hanns Bächthold-Stäubli aus dem Jahr 1927 verzeichnet fast 200 mysteriöse Deutungen kätzischen Verhaltens allein im deutschen Sprachraum. So soll man aus verschiedenen Verhaltensmustern der Katze Zukünftiges ablesen können; weitverbreitet war beispielsweise der Glaube, daß Besuch kommt, wenn sie sich putzt. Ferner heißt es dort, die Katze sei ein großer Wetterprophet, zeige ihr Schwanz in Richtung Ofen oder Herd (oder Zentralheizung?), gäbe es Frost. Auch Streitfälle und Kriege sage sie voraus. Glück und Unglück seien ebenfalls mit ihr verbunden. Man könne allerhand Zauberhandlungen mit ihr vornehmen. Wer beispielsweise das Herz einer schwarzen Katze, das in der Milch einer schwarzen Kuh gekocht wurde, bei sich trage, sei unsichtbar und kugelfest. Auch in der Volksmedizin spielte die Katze eine bedeutende Rolle, die sie dann allerdings nur sehr selten überlebte (↑Enzyklopädien der Neuzeit).

Felis lybica. Foto: Detlef Bluhm

Abstammung Die Vorgeschichte der Hauskatze begann nach dem Aussterben der Dinosaurier vor etwa 70 Mio. Jahren mit fischfressenden Säugetieren, den Creodonten. Aus ihnen gingen vor 60 Mio. Jahren die Miaciden hervor, fleischfressende Waldbewohner mit einem wesentlich größeren Gehirnvolumen. Vor 40 Mio. Jahren bildeten die Katzenartigen (↑Feliden) und Hundeartigen (Kaniden) eigene Familien. Nach weiteren 20 Mio. Jahren erblickte mit dem Pseudaelurus der erste nähere Verwandte der Hauskatze das Licht der Welt. Schließlich tauchte vor 12 Mio. Jahren die Felis lunensis auf, die jeder Laie mit einer europäischen Wildkatze verwechseln würde. Der indirekte Vorfahr unserer Hauskatze, die Wildkatze (Felis silvestris), war vor etwa 7 Mio. Jahren bereits vollkommen ausgebildet. Alle ↑Hauskatzen dieser Welt (auch ↑Zuchtkatzen) stammen direkt von der Afrikanischen (oder Nubischen) Falbkatze (Felis lybica), eine der drei Unterarten der Wildkatze, ab. (Im Naturhistorischen Museum in Wien kann man eine Felis lybica anschauen und feststellen, daß sie kaum von einer Hauskatze zu unterscheiden ist. (↑Reiseziele, Österreich, Wien) Vor etwa 9500 Jahren begann die Domestikation der wilden Felis lybica im Mittelmeerraum, die vor 4000 Jahren in ↑Ägypten ihren Abschluß gefunden hat.

Im Juni 2007 veröffentlichte ein britisches Forscherteam die Ergebnisse des umfangreichsten genetischen Stammbaums der Hauskatze, der je erstellt wurde. Dazu haben Biologen die Gene von 1000 Katzen aller Kontinente gesammelt und das so gewonnene Erbgut mit dem der wichtigsten Wildkatzenlinien sowie mit mumifizierten Grabbeigaben verglichen. Das Ergebnis ist eindeutig: Wie bisher schon vermutet, stammen alle Hauskatzen dieser Welt zweifelsfrei von der Afrikanischen oder Nubischen Wildkatze (Felis lybica) ab. Die Untersuchung belegt auch, daß bereits vor 7000 Jahren mindestens halbzahme Tiere in der Nähe des Menschen gelebt haben, die möglicherweise sogar das Produkt von gezielten Zuchtversuchen waren.

Abwesenheit Katzen können ausgelassen miteinander spielen, beim Streicheln hingebungsvoll schnurren und

Abwesend. Foto: Wolfgang Lauter

auf eine beneidenswerte Art faul sein. Aber manchmal sitzen sie auf einem Fensterbrett oder Stuhl, starren mit leerem Blick nach draußen oder auf einen imaginären Punkt innerhalb der Wohnung, machen den Eindruck, als wären sie geistig abwesend, in eine andere Welt versunken. Über diese Zeiten der Abwesenheit von Katzen, ihrer scheinbaren Unerreichbarkeit, haben sich Generationen von Schriftstellern Gedanken gemacht. Schon Charles ↑Baudelaire hat diese Ferne bedichtet: »In edler Haltung sinnen sie in Weiten | Wie eine Sphinx am Grund der Einsamkeiten.« Rainer Maria Rilke hat diese Haltung in seinem Vorwort zu dem Buch *Mitsou* von ↑Balthus als Ausdruck radikaler Eigenständigkeit und Unabhängigkeit gesehen: »Die Katzen sind Katzen, kurz gesagt, und ihre Welt ist die Welt der Katzen, von einem Ende zum andern. Sie schauen uns doch an, werdet ihr sagen? Aber war man je sicher, ob sie wirklich geruhten, auf dem Boden ihrer Netzhaut einen Augenblick Raum zu lassen für unser vergängliches Bild? Vielleicht schauen sie uns nur an, um uns beschwörend ihr Weigern entgegenzuhalten …« Auch die englische Autorin Doris ↑Lessing hat diese Erfahrung gemacht. Sie beschließt ihr *Katzenbuch* mit folgenden Sätzen: »Aber heute ist die Schwarze für Schmeicheleien nicht zu haben, sie will nicht gestört werden. Ich streichle ihren Rücken; sie macht einen leichten Buckel. Sie schnurrt ganz kurz in höflicher Anerkennung des fremden Wesens, dann starrt sie mit ihren gelben Augen in eine verborgene Welt.« Ähnliches muß Axel ↑Eggebrecht erlebt haben, der 1927 sein wunderbar kenntnisreiches Buch *Katzen* mit diesem Schlußakkord in Moll ausklingen ließ: »Wie uns auch ihre rätselhaft vertraute Fremdheit anzieht – für uns verlorene Tiere bleibt das heißeste Geschöpf ein kühler Gefährte. Schau ihr in die Augen: Kühl wägend begegnet sie unserer Anschmiegsamkeit, wir kommen mit allem Streicheln und Zärteln doch nie in den wirklichen Genuß ihres weichen Körpers. Angstvoll wie in unergründliches Wasser starren wir in den Spiegel unserer Verlassenheit und frieren.«

Adams, John Coleman (* 1849, † 1922), amerikanischer Theologe, hat einen der nicht gerade zahlreich vorhandenen Texte über eine Schiffskatze hinterlassen, die Aufschluß über das Leben einer Katze an Bord geben: *Der Kater als Seekadett*, deutsch erschienen in *Das große Katzenlesebuch*, herausgegeben von Julia ↑Bachstein. In den 70er Jahren des 19. Jahrhunderts brach Adams mit einigen Freunden von Boston aus zu einem vierwöchigen Segeltörn auf. Bei ihrem ersten Landgang in der kleinen, nördlich von Boston gelegenen Hafenstadt Marblehead beobachteten sie, wie eine Gruppe von Jungen dabei war, einen Kater zu traktieren. Sie befreiten das verängstigte Tier, das sich ihnen sofort anschloß und schließlich mit auf die Segelyacht und auf den Törn ging. Die Schilderungen der Abenteuer des Schiffskaters sind ein vergnüglicher Ausflug in die Welt der maritimen Katze. Am Ende der Reise wurde Kaddi im Bostoner Künstlermilieu untergebracht, aber das war wohl nicht seine Welt. Er verschwand ein paar Monate später auf Nimmerwiedersehen.

Statue der ägyptischen Göttin Bastet (Britisches Museum, London)

Ägypten Vor etwa 7000 Jahren begann die Beziehung zwischen Mensch und Katze in Ägypten. Vermutlich wurde die Katze in dieser Zeit als ↑Kulturfolger des Menschen in seiner Nähe lediglich geduldet – vor allem die Vertilgung der Mäuse, die eine große Gefahr für die Kornspeicher darstellten, dürfte diese Duldung stark befördert haben. Wie lange der Prozeß der ↑Domestikation gedauert hat, ist nicht genau bekannt. Die ältesten Grabbilder der Katze, Katzenmumien und Inschriften in Pyramiden sind jedenfalls mindestens 4000 Jahre alt. Irgendwann in den dazwischenliegenden 3000 Jahren hat sich aus einer Zuchtform der wilden Felis lybica (↑Feliden) die zahme ↑Hauskatze entwickelt.

Vor ungefähr 3000 Jahren begann ein vielschichtiger religionsgeschichtlicher Prozeß, der schließlich dazu führte, daß die Löwengöttin Tefnut mit der Katzengöttin Bastet verschmolz. In dieser Zeit entstand ein in der Menschheitsgeschichte einmaliger Katzenkult. Auf seinem Höhepunkt wurde die Stadt Bubastis im östlichen Nildelta, die Thomas Mann in seinem Roman *Joseph und seine Brüder* ausführlich beschreibt, zum Zentrum der Katzengöttin. Dort versammelten sich einmal im Jahr weit über eine halbe Million Menschen, um das heilige Fest der Bastet zu feiern – es war das populärste Fest im alten Ägypten. Wenn eine Katze starb, rasierte man sich als Ausdruck der Trauer die Augenbrauen und ließ den Leichnam mumifizieren. Wer Katzen tötete, mußte mit der eigenen Hinrichtung rechnen. Selbst auf Münzen wurde die Katze geprägt. Weit über 2000 Jahre dauerte die Verehrung der Katze als Göttin. Mit dem Zerfall des ägyptischen Reiches fand ihre Vergötterung ein Ende. Offiziell wurde das Fest der Bastet erst 390 n. Chr. von den römischen Beherrschern Ägyptens verboten.

Katze auf einem apulischen Vasenbild

Ailurophobie, aus gr. *ailuros* (Katze) und *phobia* (Angst), bezeichnet die menschliche Angst vor Katzen. Seltener wird sie Felinophobie (↑Feliden) oder Galeophobie (Wieselfurcht, weil vor der ↑Hauskatze das Wiesel zum Mäusefang eingesetzt wurde) genannt. Im Unterschied zu anderen Tierphobien wie Arachnophobie (Angst vor Spinnen) oder Kynophobie (Angst vor Hunden) ist die Angst vor Katzen nicht allein durch Ekel oder Furcht vor Bissen zu erklären. Die von dem ethologischen Querdenker Desmond ↑Morris vermutete Ursache eines unterdrückten Sexualtriebes klingt nicht besonders überzeugend. Möglicherweise spielt bei vielen Menschen das der Katze immer noch anhängende, mittelalterliche Bild des Hexentieres eine Rolle (↑Christentum). Weltweit sollen mehr als 15 Millionen Menschen an Ailurophobie leiden.

Aktivität Die Katze ist etwa acht Stunden am Tag aktiv, 16 Stunden verbringt sie im ↑Schlaf. Reine Wohnungskatzen passen sich in der Regel (die bei Katzen grundsätzlich durch Ausnahmen bestätigt wird) dem Lebensrhythmus des Menschen an und schlafen nachts ebenfalls. Freigänger dagegen nutzen die Dämmerung und Nachtzeiten zur Jagd, Paarung und zum ↑Konvent der Katzen.

allerca lifestyle pets Das kalifornische Gentech-Unternehmen mit Sitz in San Diego bietet auf seiner Homepage »www.allerca.com« gezüchtete Katzen an, denen das Allergen Fel d1 fehlen soll, so daß diese Katzen bei dafür anfälligen Menschen keine allergischen Reaktionen mehr auslösen. Das US-Unternehmen hatte sich jahrelang ergebnislos bemüht, solche Katzen genetisch »herzustellen« und ist dann zufällig auf eine Katze gestoßen, der aus einer Laune der Natur heraus das für viele Menschen problematische Allergen fehlt. Obwohl das vollmundige Firmenversprechen bisher durch keine wissenschaftliche Studie untermauert wird, kosten diese Katzen inklusive aller Nebengebühren zwischen knapp 5000,– und 8000,– US-$. Die Homepage des Unternehmens meldete im Sommer 2006, die Nachfrage sei so stark, daß man sich auf eine Wartezeit von zwei Jahren einstellen müsse. Wer diese Geduld nicht aufbringen möchte, kann die reguläre Wartezeit durch Zahlung einer Premium Placement fee von weiteren knapp 2000,– US-$ auf ein paar Monate verkürzen. Nach Firmenangaben kommt eine von etwa 50 000 Katzen als hypoallergenes Tier zur Welt. Wie bei den in der zweiten Hälfte des 19. Jahrhunderts in Mode gekommenen ↑Zuchtkatzen ist die Befriedigung der laut Firmenangaben großen Nachfrage nur durch ↑Inzucht mit ihren nachweislichen Folgen zu erzielen. So bleibt abzuwarten, ob die hypoallergenen Katzen das Schicksal der ↑Klonkatzen teilen werden. Die sind glücklicherweise nicht lange nach ihrer »Erstauslieferung« vom Markt genommen worden.

Allergie ist allgemein gesprochen eine von der Norm abweichende Reaktion eines Organismus auf von außen einwirkende Stoffe. Im Zusammenleben von Katzen und Menschen kann es vorkommen, daß bei Menschen allergische Reaktionen durch Katzen ausgelöst werden. Man spricht dann zumeist von einer Katzenhaarallergie.

Allergen: Die Bezeichnung Katzenhaarallergie ist allerdings sprachlich ungenau, denn es sind nicht die Katzenhaare, die sie auslösen, sondern Eiweißsubstanzen, die sich im Speichel der Katzen befinden und außerdem über deren Talgdrüsen abgesondert werden. Durch die ständige Fellpflege der Katze wird das Allergen mit der wissenschaftlichen Bezeichnung Fel d1 auf dem ganzen Katzenkörper verteilt. Aber dort, und das ist das grundsätzliche Problem, bleibt es nicht. Fel d1 ist nämlich sehr leicht und sehr klein und hat die für den Menschen unangenehme Eigenschaft, von der Schwebeluft überallhin getragen zu werden. Es ist faktisch auf der ganzen Welt anzutreffen, sogar im Inlandeis auf Grönland und in der Antarktis. Von daher wundert es nicht, daß neueren Untersuchungen zufolge etwa 57 % der Katzenallergiker nie mit einer Katze zusammengewohnt haben. Seit dem Sommer 2006 bietet die amerikanische Firma ↑allerca lifestyle pets hypoallergene Katzen zum Verkauf an, also Katzen, denen das Glykoprotein Fel d1 fehlen soll.

»... jede Katze pflegt sich, selbst wenn sie gammelt, keine Katze mißachtet die gute Form. Einige herumfliegende Haare deuten darauf, daß Katzen für Allergiker kein geeigneter Umgang sind. Aber diese Schwierigkeit teilen sie mit Gartenerdbeeren und Primeln.« *Eugen Skasa-Weiß*

Foto: Ingrid Göhle

Symptome: Die Symptome dieser Allergie reichen vom leichten Schnupfen, häufigem Niesen, geröteten und juckenden Augen, anschwellenden Schleimhäuten und einer Reizung der Atemwege bis hin zum allergischen Asthma, das in seltenen Fällen chronisch und sogar lebensgefährlich werden kann.

Prävention: Weil jeder Mensch im Laufe seines Lebens eine Allergie gegen Fel d1 entwickeln kann, sollten vor allem Menschen, die mit Katzen zusammenleben, präventive Maßnahmen ergreifen, da in deren Haushalten dieses Allergen in besonders hoher Konzentration auftritt. Es sammelt sich vor allem in Vorhängen, Teppichen, Polstermöbeln o.ä. Deshalb sollten diese Gegenstände häufig gesäubert oder noch besser vollständig entfernt werden. Eine weitgehende und regelmäßige Naßreinigung der Wohnung ist dem Staubsaugen vorzuziehen, da das Saugen die Allergene mehr aufwirbelt als wirksam entfernt. Häufiges Lüften der Wohnung, die Installation eines Raumluftfilters und (wenn möglich) das regelmäßige Bürsten der Katze außerhalb der Wohnung sind weitere vorbeugende Maßnahmen. Jüngste Forschungen amerikanischer, französischer und schwedischer Allergologen haben das überraschende Ergebnis erbracht, daß sich das Allergierisiko für Menschen um bis zu 50 % vermindert, wenn Kinder in den ersten zwölf Lebensmonaten in Kontakt mit Katzen aufwachsen. Es wird vermutet, daß ein frühzeitiger Kontakt des menschlichen Immunsystems mit den sogenannten Endotoxinen von Katzen der späteren Entwicklung von Allergien vorbeugt.

Therapie: Bei einer vermuteten Allergie gegen Katzen sollte zunächst ein allergologisch ausgebildeter Facharzt aufgesucht werden, der in der Regel die Ursache der allergischen Reaktion zweifelsfrei feststellen kann. Wenn tatsächlich eine Allergie gegen Katzen vorliegt, wird fast immer die Trennung von der Katze oder den Katzen empfohlen, eine Empfehlung, der viele Katzenfreunde nicht folgen möchten und die aus den genannten Gründen häufig zu keiner Besserung führt. Medikamente gegen Heuschnupfen können zwar Erleichterung des Krankheitszustandes bringen, lösen aber nicht die Ursache des Problems. Häufig wird in der Literatur der Ratschlag erteilt, die Katze wöchentlich zu duschen und zu shampoonieren. Abgesehen davon, daß diese Maßnahme für die meisten Katzen eine Tortur darstellt (↑Sinne, Gefühl), ist sie auch ungeeignet. Das Allergen wird so schnell nachproduziert, daß schon nach zwei Tagen die ursprüngliche Konzentration wieder erreicht ist. Insofern müßte die Katze schon täglich geduscht werden, was sich von selbst verbietet. So bleibt als einzig wirksame Therapie die Hyposensibilisierung übrig. Dabei wird dem Patienten das Allergen in ständig ansteigender Dosierung unter die Haut gespritzt. Der Körper gewöhnt sich langsam an den Fremdstoff und reagiert nach einiger Zeit nicht mehr allergisch. Obwohl sich der Zustand des Patienten in der Regel schon nach ein paar Monaten spürbar verbessert, kann dieser Gewöhnungsprozeß bis zu drei Jahre dauern, und niemand wird eine Garantie für den Therapieerfolg übernehmen.

Allergien bei Katzen: Auch Katzen können unter allergischen Reaktionen leiden. Nach jüngsten Untersuchungen wird etwa eine von 200 Hauskatzen von Atemnot, Husten und schwerem Keuchen heimgesucht. Als Auslöser gelten bisher menschliche Haarschuppen, Hausstaub, Pollenflug und Zigarettenrauch. Der Forschungsstand zur Allergie bei Katzen steckt zwar noch in den Anfängen, immerhin ist bekannt, daß parallel zur Situation beim Menschen auch Katzen zunehmend unter Allergien leiden. Dabei handelt es sich nicht nur um eine quantitative Vermehrung der Krankheit, sondern auch um Neuzuordnungen von Krankheitssymptomen (z. B. Hauterkrankungen), die früher nicht den Allergien zugerechnet worden sind.

Alpha-Tier ↑Omega-Tier

Alternative Medizin Unter alternativer Medizin summiert man eine Vielzahl unterschiedlicher diagnostischer und therapeutischer Konzepte und Methoden, die den Anspruch erheben, eine Alternative zur sogenannten Schulmedizin zu bieten. Auch bei der Diagnose und Therapie erkrankter Katzen spielt die alternative Medizin eine immer größere Rolle. Auf der Homepage der Gesellschaft für Ganzheitliche Tiermedizin (www.ggtm.de) findet man neben ausführlichen Beschreibungen der gängigsten Verfahren eine nach Postleitzahlen geordnete Liste von Tierärzten, die alternative Heilverfahren anwenden, sowie eine umfangreiche Linkliste zu Angeboten der alternativen Tiermedizin. Zu einzelnen Verfahren siehe in diesem Buch unter ↑Homöopathie, ↑Homotoxikologie.

Heutzutage hat nahezu jeder Kleintierpraktiker Therapieangebote aus dem Bereich der alternativen Medizin in irgendeiner Form im Programm. Die Welt wird immer komplizierter, und eine latente Strömung zu vereinfachenden Sichtweisen hat sich zum Gesellschaftstrend entwickelt. Viele der unter alternativer Medizin subsumierten Heilverfahren verdienen leider den Namen nicht, erfreuen sich aber großer Beliebtheit, wie man durch einen Blick in die gängigen Katzenzeitschriften leicht erkennen kann. Insbesondere bei Infektionskrankheiten haben mir gut bekannte Tierärzte nicht selten fatale bzw. finale Fehler beim Einsatz alternativer Therapien beobachten müssen.

Altersbestimmung ist im engeren Sinn die Festlegung des tatsächlichen Lebensalters einer Katze anhand äußerer Merkmale. Oft will man aber in Erfahrung bringen, wie sich das Alter der Katze auf menschliche Verhältnisse übertragen läßt. Dazu werden verschiedene Rechenmodelle angeboten. Zwar läßt sich die Lebensspanne einer Katze mit der eines Menschen kaum vergleichen, um aber wenigstens einen Anhaltspunkt zu geben, sei hier folgende Formel angeboten: Mit zwölf Monaten zählt die Katze, auf das menschliche Alter übertragen, ungefähr zwanzig Jahre. Für jedes weitere Katzenjahr rechnet man dann etwa vier bis fünf Menschenjahre. Selbstverständlich sagt die Anzahl der so errechneten Lebensjahre (wie beim Menschen) nichts über die Vitalität einer Katze aus. Die früher kolportierte Faustregel, wonach ein Katzenjahr sieben Menschenjahren entspricht, stimmt keinesfalls (↑Lebenserwartung).

Alzheimer Auch Katzen können an Alzheimer erkranken, und wie beim Menschen wächst die Gefahr dieser Erkrankung mit zunehmendem Alter. Ein Forscherteam der University of Edinburgh hat im Dezember 2006 in der internationalen Fachzeitschrift *Journal of the Feline Medicine and Surgery* das Ergebnis einer Untersuchungsreihe an 19 Katzen veröffentlicht. Danach fanden die Forscher in Nervenzellen der Hirnrinde die Eiweiße (sogenannte Beta-Amyloide), die die Übertragung von Signalen im Gehirn behindern und die Demenzkrankheit auch beim Menschen auslösen. Die interessante Frage, ob die 19 Katzen für die Untersuchung getötet wurden, beantwortet der Artikel in der Fachzeitschrift nicht. »Nun wollen die Forscher neuartige Behandlungsmethoden für Katzen wie für Menschen entwickeln«, meldete die Deutsche Presse-Agentur. »Die kürzere Lebensdauer von Katzen erlaube es, schneller Ergebnisse über Auswirkungen von Diäten, Bluthochdruck und Medikamenten auf die Alzheimer-Erkrankung zu bekommen.«

Jean-Jacques Bachelier (1724 – 1806), Angorakatze

Angora Die Angorakatze ist eine aus der Türkei stammende Rasse mit halblangen Haaren, die schon im 17. Jahrhundert nach Frankreich und England gelangte. Obwohl auch die Langhaarkatzen aus Persien und Rußland, die sogenannten Perserkatzen (↑Zuchtkatzen), bis in die Mitte des 20. Jahrhunderts als Angora bezeichnet wurden, stehen diese Rassen in keiner rassegeschichtlichen Verbindung. Ihren Namen erhielt die Angorakatze von der alten Bezeichnung der türkischen Hauptstadt Ankara. Heute nennt man diese Rasse Türkisch Angora.

Angst So erstaunlich es auch klingt, die Katze hat Angst vor der Maus. Der ↑Ethologe Paul ↑Leyhausen hat als einer der ersten Verhaltensforscher darauf hingewiesen. Nach seinen Beobachtungen ist diese Angst zwar kaum wahrnehmbar, aber dennoch vorhanden. Vor allem die junge Katze muß lernen, ihre Angst vor der Jagdbeute zu überwinden. Sie darf diese Angst aber nicht restlos verlieren, denn sie ist ein Trick der Natur, der die Katze bei der Jagd vorsichtig bleiben läßt. Mäuse, vor allem aber Ratten, lassen sich schließlich nicht freiwillig fressen. Und Nagetiere können eine unvorsichtige Katze erheblich verletzen. Die Angst der Katze vor der Maus erklärt auch das oft zu beobachtende Spielen der Katze mit der getöteten Beute. Bei der Überwindung ihrer Angst baut die Katze starke innere Spannungen auf, die sie nach erfolgreicher Jagd spielerisch abbaut. Diese Form der Abreaktion nennt Leyhausen Erleichterungsspiel.

Ansichtskarten Nachdem insbesondere im Deutsch-Französischen Krieg von 1870 bis 1871 im Feldpostverkehr Postkarten befördert worden waren, die oft Landschaften und Ansichten aus den umkämpften Gebieten zeigten, wurden im Deutschen Reich am 1. Juli 1872 Postkarten nichtamtlicher Herkunft zugelassen, also von Privatpersonen oder privaten Unternehmen hergestellte Ansichtskarten. Der Siegeszug der Ansichtskarte begann um die Jahrhundertwende. Sie war zu einem geringen Preis erhältlich und ersparte dem Absender die Beschreibung längerer Städte- oder Landschaftsansichten. Bis 1905 durfte nur die Bildseite der Ansichtskarte mit persönlichen Mitteilungen versehen werden. Die Rückseite war ausschließlich der Anschrift vorbehalten. Nach der Lockerung dieser Postordnung nahm die Ansichtskarte einen weiteren Aufschwung. Bald wurden auch Motivkarten (Tiere, Kunst usw.) und Grußkarten zu privaten (Hochzeit, Geburtstag) und öffentlichen (Feiertage, Gedenktage) Anlässen in hohen Auflagen verlegt. Unter den Tierkarten erfreute sich das Motiv der Katze schnell großer Beliebtheit und wurde auch zum Gegenstand des Sammelns. Während Sammlungen von ↑Briefmarken in aller Regel nach Ländern und chronologisch angelegt werden, eignet sich diese Sortierung für Ansichtskarten mit Katzenmotiven nur bedingt. Vielmehr hat sich folgende Sammlungsordnung bewährt: Historische Postkarten, Fotografie, Kunst, populäre und naive Malerei, Grußkarten (heute meist vierseitige, überformatige Karten), Humor (inkl. Cartoon und Comic), Werbepostkarten und Kuriositäten.

Weit mehr als die Hälfte der gelaufenen (d. h. beschrifteten) Exponate meiner kleinen Sammlung historischer Katzenpostkarten zwischen 1901 und den 30er Jahren sind übrigens an ein »Fräulein« adressiert und von »Herren« expediert worden.

Man kann sich des Eindrucks nicht erwehren, daß die Katzenpostkarte zwischen ihren harmlosen Zeilen auch einem erotisch ambitionierten Grußverkehr gedient hatte. Wirklich harmlos sind die Ansichtskarten mit Motiven des Zeichners Cefischer aus seinen Comic strips der 50er Jahre. Da stolpert der Kater Oscar nach seiner Ankunft am Urlaubsort schon auf dem Bahnhofsvorplatz und landet bäuchlings in einer riesigen Pfütze. Der Textkommentar: »Bin gut hier angekommen und habe gleich ein erfrischendes Bad genommen.« (Abb. ↑Comic, Oskar, der Familienvater)

Armee So unwahrscheinlich es klingt, aber in vielen Ländern wurden auch Katzen zum Militärdienst eingezogen (↑Berufstätigkeit). In Europa schickte sie die englische Armee sogar an die Front, um Schützengräben und Feldküchen mäusefrei zu halten. Das Titelblatt der englischen Zeitschrift *The War Illustrated* vom 16. Juni 1917 zeigt rauchende Soldaten vor ihrer provisorischen Unterkunft an einem nicht näher bezeichneten Ort hinter der Front. Ihnen zu Füßen tummeln sich zwei Katzen. In der Ausstellung »The Animal's War«, die das Imperial War Museum in London bis zum Frühjahr 2007 gezeigt hat, war die Fotografie eines Soldaten zu sehen, der im Dezember 1917 an der Westfront bei Neulette mit einem Kätzchen spielt. Doch die bekanntesten ↑Feliden versahen bei der Navy als ↑Schiffskatzen ihren Dienst. Legendär wurde der Kater ↑Simon, der für seinen Einsatz auf einem englischen Kriegsschiff in China sogar mit zwei Tapferkeitsmedaillen ausgezeichnet wurde. Manchmal aber ließen es sich die Katzen im Krieg richtig gutgehen. Die schon erwähnte Ausstellung zeigte ein Bild der Schiffskatze der HMS »Eagle« aus dem Jahr 1945: Sie räkelt sich mit halbgeschlossenen Augen wohlig auf einer kleinen ↑Hängematte, die extra für sie angefertigt worden war. Die Katze Whiskey war zwar an Bord der HMS »Duke of York«, als diese am 26. Dezember 1943 mit der Versenkung des deutschen Schlachtschiffes Scharnhorst einen der größten Militärerfolge der britischen Marine im Zweiten Weltkrieg verbuchen konnte, sie zog es jedoch vor, das Gefecht zu verschlafen. Beauty von der HMS »Black Prince« kümmerte sich am 6. Juni 1944 nicht um die gewaltigen Geschützdetonationen, die das Schiff zu Beginn der Invasion auf die Normandie erschütterten – sie brachte derweil drei junge Katzen zur Welt. Der Kapitän des Schiffes kommentierte diesen Geburtsvorgang schwer beeindruckt mit den Worten, Beauty »machte ungerührt weiter und blendete das Geschehen um sie herum mit großartiger Gleichgültigkeit einfach aus«. Im August 1941 kamen Sir Winston ↑Churchill und der amerikanische Präsident Franklin D. Roosevelt zu einer Geheimkonferenz in der Placentia-Bucht vor Neufundland zusammen. Die amerikanische Öffentlichkeit wähnte ihren Präsidenten im Urlaub, als die beiden Staatsmänner die Atlantik-Charta formulierten, eine Vision der Weltordnung nach dem Krieg, die später zum grundlegenden Dokument der Vereinten Nationen wurde. Vor ihrer historischen Begegnung ließ es sich Churchill nicht nehmen, den Kater des Kriegsschiffes HMS »Prince of Wales« ausführlich zu streicheln. Ein Foto zeigt, wie der 67jährige Premierminister sich vor seinen Offizieren zu dem schwarzen Kater hinunterbeugt, um ihn am Kopf zu kraulen. Augenzeugen berichten, der Kater hätte sich das mit großem Behagen gefallen lassen. Kein Wunder, daß er anschließend auf den Namen Churchill umgetauft wurde.

Auburtin, Victor (* Berlin 1870, † Garmisch 1928). Der Berliner Feuilletonist schrieb für das legendäre *Berliner Tageblatt* und glänzte mit wunderschönen Geschichten über Katzen *(Herr Brie oder Katzen und andere Geschichten)*, die er leidenschaftlich liebte – obwohl sein Kater Herr Brie in einem Tobsuchtsanfall seine Wohnung, die mit auf Reisen gesammelten Antiquitäten vollgestellt war, verwüstete. Anfang Juni 1928 verließ Auburtin in Rom wortlos ein Bankett. Man nahm an, er würde sein Zigarettenetui holen, aber er kam nicht mehr zurück. Ein paar Tage später fand man ihn (noch im eleganten Abendanzug) im Forum des Kaisers Trajan inmitten von verwilderten Katzen. Auburtin schien geistig verwirrt und war nicht mehr ansprechbar. Er starb drei Wochen später.

Bachstein, Julia (* Montevideo 1947). Arbeitet seit vielen Jahren als Übersetzerin und Herausgeberin zahlreicher Katzenbücher und Katzenkalender, insbesondere des *Literarischen Katzenkalenders*, der seit 1996 erscheint. Obwohl bisher keine eigenen Texte über Katzen ans Licht der Öffentlichkeit gelangt sind, hat sie sich durch ihre maßgeblichen Herausgaben und die Gewinnung etablierter oder jüngerer Autorinnen und Autoren um die literarische Erkundung der Katze große Verdienste erworben. Wenn der Antrag im Deutschen Bundestag auf Einführung eines besonderen Bundesverdienstkreuzes für Tierfreunde nach englischem Vorbild (↑Dickin Medal) positiv beraten wird, sollte sie in der Kategorie *Katzen* zu den Ausgezeichneten der ersten Stunde zählen. Julia Bachstein scheut das Rampenlicht und bewegt sich seit vielen Jahren unerkannt durch Frankfurt am Main.

Balestrieri, Domenico (* Mailand 1714, † Mailand 1780), italienischer Literat und herzoglicher Verwaltungsbeamter, gern gesehener Gast in den Sommerresidenzen der Mailänder Adelsfamilien. Achtzig Poeten folgten Balestrieris Aufruf, Gedichte über seine gestorbene Katze zu schreiben. Unter dem Titel *Lagrime in morte di un gatto* (Tränen über den Tod einer Katze) veröffentlichte er die in mehreren Sprachen verfaßten Gedichte 1741 als Buch. Dem Lyriker Giancarlo Passeroni de Nizza zufolge stammte Balestrieris Katze aus einem »heiteren Geschlecht« und starb »in der Blüte ihrer Jahre«. Weiter heißt es in dem Gedicht: »Seit dem Tod Karls des Großen [814] war Italien nicht so aufgewühlt, und über nichts anderes wurde so viel geschrieben.« Die in dieser Form einmalige Huldigung an eine Katze veranlaßte Balestrieri zu einer vorsichtigen Nachbemerkung: »Die Autoren dieser Sammlung erklären, daß sie sich in voller Übereinstimmung mit den Glaubensgrundsätzen der katholischen Kirche befinden.« Diese Erklärung war eine Vorsichtsmaßnahme (↑Christentum).

Balthus, eigtl. Graf Balthazar Klossowski de Rola (* Paris 1908, † Rossinière 2001), polnisch-französischer Maler, der sich zeitlebens bemühte, seine Herkunft und Biographie zu verschleiern. Nicht einmal der Grafentitel ist historisch gesichert. Seine Mutter wurde 1919 in Genf Rainer Maria Rilkes Geliebte. Rilke war es denn auch, der das künstlerische Talent des Jungen erkannte und ihm den Künstlernamen Balthus gab. Zu dieser Zeit lebte Balthus mit einer Katze zusammen, die Mitsou hieß. Er hatte die kleine Streunerin auf einem Tagesausflug im Schloßgarten von Nyon entdeckt und mitnehmen dürfen. Mitsou war sehr anhänglich, andererseits aber so freiheitsliebend, wie die meisten Katzen nun einmal sind. Kurz gesagt: eines Tages verschwand die Katze und tauchte nicht mehr auf. Balthus verarbeitete seinen Verlust- und Trennungsschmerz, indem er auf vierzig fast quadratischen Zeichnungen mit schwarzer Tusche die gemeinsame Zeit mit Mitsou im Stil einer Bildergeschichte ohne Worte (↑Comics) erzählte. In seinen Erinnerungen blickte Balthus noch einmal auf diese Zeit zurück: »Mitsous Geschichte zu malen war also eine Art,

Balthus: aus Mitsou, *Tuschezeichnung*
Mit einem Vorwort von Rainer Maria Rilke, Insel Verlag, Frankfurt am Main und Leipzig 1995

diese Freundschaft für die Ewigkeit zu bewahren, eine Möglichkeit, den Augenblick festzuhalten.« 1921 wurde diese Geschichte auf Drängen von Rilke und mit einem Vorwort von ihm veröffentlicht. Balthus lebte sein ganzes Leben lang mit Katzen zusammen; zuletzt tummelten sich fast dreißig auf seinem prächtigen Anwesen in Rossinière. Er hat viele Katzen gezeichnet und gemalt, aber die schnörkellose Einfachheit seiner vierzig Tuschezeichnungen bleibt unerreicht. *Mitsou*, das Werk eines 13jährigen, wird immer eines der schönsten Bücher der Katzenweltliteratur bleiben.

Baudelaire, Charles (* Paris 1821, † Paris 1867). Französischer Lyriker, mit seiner Gedichtsammlung *Die Blumen des Bösen* (1857) literarischer Wegbereiter der Moderne. Übersetzer von Edgar Allan ↑Poe, befreundet mit Théophile ↑Gautier. In seiner Dichtung nehmen die Schönheit und Morbidität der Großstadt und Technik sowie die Faszination des Bösen, Häßlichen und Kranken breiten Raum ein – aber auch Katzen, die er liebte und in Gedichten förmlich besang: »In meinem Hirn, als wär's ihr eigner Raum, | schleicht auf und nieder auf der weichen Tatze | geschmeidig sanft die schöne, stolze Katze. | Und ihrer Stimme Ton vernimmt man kaum. | Die Stimme, die wie schwere Perlen sank | in meines Wesens dunkle Gründe nieder, | erfüllt mich wie der Klang der alten Lieder, | berauscht mich wie ein heißer Liebestrank.«

Bauer, Peter (* Wismar 1951), satirischer Zeichner, hat 2005 unter dem Titel *Katzen* ein Buch mit herrlichen Cartoons veröffentlicht, deren subtiler, gelegentlich schwarzer Humor nicht häufig zu finden ist. Auf einer Zeichnung hat sich ein sitzender Kater ein Vogelhaus aus Holz über den Kopf gestülpt. An dem Häuschen ist eine Stange befestigt, die den Vögeln einen Ruheplatz anbietet. Darüber befindet sich der runde Eingang zum Haus, durch den der Kater mit einem Auge geduldig wartend nach draußen blinzelt. Ein anderes Bild illustriert folgendes Bonmot: »Wer einen Hund hat, der ihn anhimmelt, sollte auch eine Katze besitzen, die ihn ignoriert.« Peter Bauer ist mehrfach ausgezeichnet worden und lehrt an der Technischen Kunstschule Rostock.

Beach, Sylvia (* Baltimore 1887, † Paris 1962), wurde in Amerika geboren, die Familie zog aber 1901 aus beruflichen Gründen nach Paris. 1919 gründete Sylvia Beach mit ihrer Lebensgefährtin Adrienne Monnier »Shakespeare and Company«, die erste englischsprachige Buchhandlung in Paris, die bald zum Treffpunkt der Pariser Literatur- und Kunstszene avancierte. Berühmt und legendär wurde Sylvia Beach, als sie 1922 den Roman *Ulysses* von James ↑Joyce publizierte, für den er vergeblich einen Verlag gesucht hatte. In ihrem Erinnerungsbuch *Shakespeare and Company* beschreibt sie, daß James Joyce mit der »kohlrabenschwarzen Katze von Shakespeare and Company mit Namen Lucky durchaus einverstanden war. Da Joyce nie Handschuhe trug, konnte Luckys Appetit auf Handschuhfinger ihm auch nicht so unangenehm sein wie den Leuten, die ein tadelloses Paar auf einen der Tische gelegt hatten und es mit abgenagten Fingern wiederfanden. Man konnte Lucky nicht beibringen, was das für eine Missetat war. Ich konnte lediglich mit einem Schild vor der Gefahr für Handschuhe – und auch für Hüte – warnen. Ich war tief beschämt, als Lucky den Kopf eines sehr schönen neuen Hutes von Hemingway bearbeitete. Auch kamen einmal Freunde zu Adrienne zum Tee, und Lucky fraß die Finger sämtlicher im Schlafzimmer abgelegter Handschuhe auf. Mrs. Joyce war ganz hysterisch vor Kummer über irgendwelche fremden Handschuhe. Erst beim Nachhausegehen entdeckte sie, daß sie auch unter den Opfern war.«

Beckmann, Max (* Leipzig 1884, † New York 1950), deutscher Maler und Graphiker, einer der bedeutendsten Künstler des 20. Jahrhunderts, begann am 29. Juli 1942 im Amsterdamer Exil mit der Arbeit an seinem Gemälde *Frankfurter Hauptbahnhof*, die er am 5. September beendete (↑Reiseziele, Deutschland, Frankfurt am Main). Das Bild zeigt in fahlen, blaugrünlichen Farben die gesamte Vorderfront des Bahnhofs, gesehen von einem Eckhaus der Kaiserstraße. Eine blasse Mondsichel steht über dem Bahnhof, dessen Uhr Viertel vor sechs anzeigt. In der unteren linken Bildecke sitzt eine schwarze Katze. Sie ist im Profil gezeichnet, und ihr Körper scheint zur Bewegungslosigkeit erstarrt. Die Katze schaut am Bahnhof vorbei in eine unsichtbare Ferne (↑Abwesenheit). Der deutsche Schriftsteller Wilhelm Genazino (* 1943) hat über dieses Bild in der *Neuen Zürcher Zeitung* vom 10. Februar 2007 eine schöne Betrachtung angestellt. Darin merkt er an, daß »die vielleicht großartigste Fähigkeit aller Tiere darin besteht, das menschliche Leben mit reglosen Blicken zu verfolgen, ohne dieses je zu kommentieren«, und folgert daraus, daß »die meisten Menschen die Nähe der Tiere bereits für eine Zustimmung zu ihrem Leben halten. Ich vermute, Beckmann hat die tolerante Sprachlosigkeit der Tiere geschätzt.« Und obwohl die Katze am Bildrand sitzt, kommt Genazino zu dieser überraschenden Interpretation: »Zentrum des Bildes ist die Katze, nicht der Bahnhof. Oder, kompositorisch gesprochen: Der Bahnhof ist wegen der Katze da, nicht umgekehrt. Der Bahnhof ist nur ein sinnbildhafter Darsteller dessen, womit sich die Menschen herumschlagen müssen: mit Werden und Vergehen, Scheitern und Glück, Auftritt und Tod. Zu all diesen Schrecklichkeiten öffnet die Katze nur die Augen; und schließt sie wieder, wenn sie genug gesehen hat.« Diese feinsinnige Spekulation gab mir den Anlaß, das Verhältnis des Künstlers Max

Max Beckmann, Der Abend *(Selbstbildnis mit den Battenbergs), 1916, Staatl. Kunsthalle Karlsruhe*

Beckmann zu Katzen etwas genauer in Augenschein zu nehmen.

In seinem umfangreichen Œuvre finden sich mindestens 22 Gemälde mit Katzen (Graphiken, Zeichnungen und Skizzen bleiben hier weitgehend unbeachtet), das erste – von einer unklaren Tierfigur auf *Christi Geburt* von 1913 abgesehen – entstand 1915. In diesem Jahr fand Beckmann nach einem Nervenzusammenbruch an der Front bei seinen Freunden Ugi und Fridel Battenberg in Frankfurt am Main Aufnahme. Ugi Battenberg war ebenfalls Maler, die beiden kannten sich seit ihrer gemeinsamen Studienzeit in Weimar. Katzen gehörten zum festen Bestandteil des Battenbergschen Haushaltes. *Der Abend (Selbstbildnis mit den Battenbergs)* von 1916 zeigt das Ehepaar Battenberg, Max Beckmann und die schwarze Katze Titti. Auch Beckmanns nächstes Katzenbild, das *Stilleben mit Katzen* von 1917, stellt zwei Battenbergsche Katzen dar. Sie sitzen bzw. kauern auf einem Holztisch, zwischen sich eine Blumenvase und zwei Teller mit rohen Kohlrüben. Doch im Unterschied zu den Stilleben der Barockzeit sind Beckmanns Katzen nicht als gierige Räuber dargestellt. In sich versunken, sind sie Teil des bürgerlichen Alltags, selbstverständliche Mitbewohner der häuslichen Welt. Das wundert auch nicht, denn es gibt für die Katzen hier nichts Schmackhaftes zu fressen – im Gegenteil: Die Kohlrüben deuten auf die kriegsbedingte Nahrungsnot hin. Im sogenannten Kohlrübenwinter 1916/17 stellte das Halten zweier Katzen einen ungeheuren Luxus dar. So manches Katzentier verschwand in diesen entbehrungsreichen Monaten als Dachhase in der Bratröhre. 1919 malte Beckmann sein berühmtes Bild *Die Synagoge*. Expressionistisch verschoben, wie aus den Fugen geraten ist die im Krieg zerstörte Synagoge am Frankfurter Börneplatz dargestellt, wo sich seit 1992 eine Gedenkstätte befindet. In der Mitte des in rötlichbraune Farben getauchten Bildes sieht man drei winzige Gestalten, das Ehepaar

Battenberg und Max Beckmann. Am unteren Bildrand sitzt eine überdimensional große schwarzweiße Katze. Sie ist ähnlich der vom *Frankfurter Hauptbahnhof* im Profil gemalt und schaut versonnen in die Ferne. Das *Bildnis Fridel Battenberg* von 1920, Beckmann wohnte zu dieser Zeit nicht mehr mit den Freunden zusammen, zeigt Fridel mit einem ihrer »Attribute«, dem Kater Pumm. Mit diesem Porträt endet Beckmanns Phase der Battenbergschen Katzenbilder. (Fridel erscheint allerdings noch einmal mit einer Katze auf dem Mittelbild des großartigen Triptychons *Schauspieler* von 1941.) Doch wie sich bald zeigt, hat das Leben mit Katzen im Haus der Battenbergs Max Beckmann offensichtlich tief beeindruckt und beeinflußt, denn das Bildthema Katze beschäftigt ihn bis kurz vor seinem Tod. 1921 entsteht sein erstes Selbstbildnis mit Katze, genannt *Selbstbildnis mit Pritsche und Trompete* oder auch *Selbstbildnis als Clown*. Eine kleine Katze hat sich auf diesem Bild zwischen Beckmanns Rücken und die Lehne eines Holzstuhles gedrängelt und schaut frech umher. Bis zu seinem erzwungenen Gang ins Amsterdamer Exil 1937 entstehen sechs weitere Katzenbilder, am schönsten vielleicht das *Stilleben mit Weingläsern und Katze* von 1929, in dem eine schemenhaft schwarze Katze trotz ihrer Größe im Bildhintergrund fast verschwindet. 1939 taucht dann der Topos der reglosen Katze mit ihrem in die Ferne schweifenden Blick auf Beckmanns erstem Katzenbild im Exil erneut auf. Im linken, unteren Bildrand von *Nordseelandschaft mit Zelten* sitzt (wie schon auf vorher benannten Gemälden) eine getigerte, im Profil dargestellte Katze und schaut durch riesige Verandafenster versonnen über das Meer. Sie scheint nachzudenken oder sich zu erinnern. Wie die »Katze Erinnerung« aus Uwe Johnsons *Jahrestagen*: »Die Katze Erinnerung, wie du sagst. – Ja. Unabhängig, unbestechlich, ungehorsam. Und doch ein wohltuender Gesell, wenn sie sich zeigt, selbst wenn sie sich für unerreichbar hält.«

Bis zu Beckmanns Übersiedlung nach New York 1947 entstehen im Amsterdamer Exil insgesamt neun Katzengemälde, u. a. das Bild vom *Frankfurter Hauptbahnhof*. Der Journalist und Publizist Benno Carl Reifenberg (1892–1970) hat zu diesem Gemälde die folgende Erinnerung an Max Beckmann hinterlassen: »Um Mitternacht saß er zuweilen in dem südlichen Bahnhofsrestaurant, das durch eine riesenhafte bordeauxrote Portiere in zwei Teile aufgespalten war, recht ein Tempel des 19. Jahrhunderts. Der Maler saß da, wo eine große Palme stand, und trank Champagner. Rings um ihn die weiße Leere der Tücher von unbenutzten Tischen.« Der Frankfurter Hauptbahnhof war für Beckmann also ein besonderer Erinnerungsort, ein Hort einsamen, mitternächtlichen Trinkens an einem

Knotenpunkt des internationalen Reiseverkehrs. In Amsterdam wird er oft an das pompöse Restaurant gedacht haben, so sehnsüchtig, daß ihm schließlich die Idee zu diesem Bild gekommen ist. Am 21. August 1942 findet sich in seinem Tagebuch ein Eintrag, der seine Stimmung so poetisch wie präzise wiedergibt: »Die Tage fliehen, es regnet ohne Zeiten und bin ich hier – so bin ich auch nicht dort – wo soll mein Lager ich mir wieder breiten, das falsche Leben zieht mich weiter fort. – Sind's echte Träume, liebe Papageien in rot und blau am schwarzen Dachesrand – verschied'ne Wolken ziehen weiter, allein und öde liegt der Strand –« Beckmann schreibt diese düsteren, sehnsüchtigen Gedanken auf, während er an seinem *Frankfurter Hauptbahnhof* arbeitet. Aber warum hat er nicht das Restaurant selbst gemalt, den Kern seiner Erinnerung, sondern eine Außenansicht des Bahnhofs? Möglich, daß er die Intimität seines Erlebnisraumes für sich selbst bewahren, nicht anderen zugänglich machen wollte oder konnte. (Die schwarze Katze ist, obwohl am Bildrand sitzend, das Zentrum des Bildes. Wie einige ihrer Vorgänger aus Beckmanns felidem Bilduniversum sinniert sie in fernen Weiten. Sie ist im Bild, weist aber darüber hinaus. Sie erweckt beim Betrachter die Neugierde zu erfahren, was in ihrem Kopf vorgeht, was sie sieht, woran sie sich erinnert. Die Katze sitzt vorm Hauptbahnhof. Sie schaut ihn zwar nicht an, aber sie lebt in seiner vieldeutigen Präsenz. Sie ist pure Erinnerung, die Katze Erinnerung. Sie ist Beckmann …)

Noch am Tag der Fertigstellung vom *Frankfurter Hauptbahnhof* begann Beckmann mit dem Entwurf des Gemäldes *Der Abschied*, das er am 15. Dezember 1942 vollendete. Ein bildfüllendes Paar umarmt sich zum Abschied. Zu seinen Füßen kauert am unteren Bildrand eine schwarze Katze. Wieder ist sie im Profil gemalt, wieder schaut sie selbstvergessen in die Ferne. Und nach all den anderen Bildern erscheint sie fast wie eine Signatur. Fünf Jahre später treffen wir die Beckmann-Katze noch einmal in einem seiner Bilder, der *Landschaft mit drei Palmen* von 1947. Diesmal sitzt sie zur Abwechslung in der rechten unteren Bildecke, und natürlich ist sie im Profil gezeichnet, und natürlich verharrt sie regungslos, und natürlich scheint sie in die Ferne zu blicken. Beckmann ist gerade in Amerika angekommen. Acht Jahre nach seinem ersten Antrag auf ein Visum. Seine Katze hat er mitgenommen. Es ist sein einziges amerikanisches und sein letztes Katzengemälde.

Beißhemmung Das wichtige Jugendmerkmal jeder Katze verhindert gefährliche oder gar tödliche Verletzungen beim Spiel mit den Geschwistern. Wenn die Beißhemmung später nicht überwunden wird, spielt die Katze mit der Maus nur herum – die trotzdem dabei sterben kann. Entgegen landläufiger Vorstellung muß die junge Katze das Töten von der Mutter nicht erlernen, alle dazu notwendigen Fähigkeiten gehören zu ihrer genetischen Ausstattung. Vielmehr muß sie ihre Beißhemmung verlernen. Allerdings darf sie diese auch nicht vollständig verlieren. Beim Tragen der Jungtiere durch die Mutter und beim Nackenbiß des Katers beim Geschlechtsakt könnten die Folgen fatal sein. Und in der Tat kommt es zwar höchst selten, aber doch immer wieder vor, daß es bei solchen Aktionen zu starken oder sogar tödlichen Verletzungen kommt.

Bentham, Jeremy (* London 1748, † London 1832), englischer Jurist und Philosoph. Nach kurzer Tätigkeit als Anwalt entschloß sich Bentham, seine Zeit mit der Reform des Rechts, statt mit dessen Anwendung zu verbringen. So setzte er sich (gemeinsam mit wenigen Männern seiner Zeit) öffentlich für Frauenrechte ein und gilt als einer der Begründer des Tierrechtsgedankens (↑Tierrechte). Jeremy Bentham war ein typisch englischer Exzentriker. Er verfügte in seinem Testament, daß man seinen Körper nach seinem Tod präparieren und im University College London ausstellen solle. Noch heute kann man seine leiblichen Reste in einem Holzschaukasten und in zeitgenössische Kleidung gewandet anschauen. Sein Kopf ist allerdings aus Wachs, da dessen Präparierung damals mißlang. Eine Anekdote belegt seine Zurückgezogenheit und Eigenbrötlerei. Eines Tages ließ Richard Lovell Edgeworth in der ihm eigenen, pompösen Art dem Diener von Jeremy Bentham mitteilen: »Richten Sie Mr. Bentham aus, daß Mr. Richard Lovell Edgeworth ihn zu sehen wünscht.« Benthams Antwort: »Richten Sie Mr. Richard Lovell Edgeworth aus, daß Mr. Bentham ihn nicht zu sehen wünscht.« Benthams Biograph Sir John Bowring überlieferte dessen tiefe Zuneigung zu Katzen. Sein Kater Sir John Langbourne durfte mit ihm an einem Tisch speisen und war verrückt nach Makkaroni. In seiner Jugend war der Kater laut Bowring ein lebhaftes, aber unbesonnenes, vor allem aber lasterhaftes Tier, das in den Gärten der Umgebung zahllose Katzen verführte. In seinen späteren Jahren wurde er nachdenklich und weise. Er besuchte oft eine nahe gelegene Kirche, und sein Namenszusatz Sir wurde in Reverend geändert. Nach dem Tod des Katers beerdigte Jeremy Bentham ihn neben seinen Vorfahren.

Bergsteigen Katzen, die mit ihren Menschen spazierengehen, sind nicht sehr häufig anzutreffen. Und von Katzen, die mit Menschen lange Wanderungen unternehmen, hört man nur in

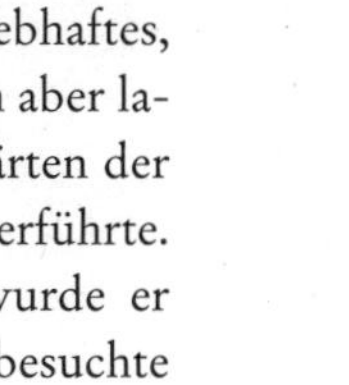

Kater Tomba. © Foto: Klopfenstein

Ausnahmefällen. Da wundert es nicht, daß von bergsteigenden Katzen kaum die Rede ist. In den 1960er Jahren tauchten Berichte über zwei Katzen aus der Schweiz auf, die zu diesen raren Geschöpfen zählen. So soll die namentlich nicht bekannte Katze eines Hüttenwartes auf dem Theodulpaß einmal das 3782 Meter hohe Breithorn bestiegen, dort einen erstaunten Bergsteiger getroffen und mit ihm den Rückweg angetreten haben. Eine andere Katze, Mitza, hat nach Augenzeugenberichten sogar von der 3260 Meter hoch gelegenen Hörnlihütte aus das Matterhorn (4478 Meter) erklettert. Doch beide Berichte sind fast ein halbes Jahrhundert alt und kaum noch nachzurecherchieren. Deshalb ist es besonders erfreulich, daß wir über den Kater Tomba (Spitzname: Der Gipfelstürmer) sehr gut informiert sind. Südlich des Thuner Sees liegt der kleine Wintersportort Kandersteg. Von dort gelangt man über eine Seilbahn und einen anderthalbstündigen Fußmarsch zu dem, mit dem Auto nicht erreichbaren, Berghotel Schwarenbach. Hier, auf einer Höhe von etwa 2200 Metern, erblickte am 7. August 1988 ein nach dem berühmten Skirennfahrer Alberto Tomba benannter Kater das Licht der Bergwelt. Fotografien zeigen Tomba als bräunlich getigerten Kater mit weißem Latz und weißen Vorderpfoten. Nach Auskunft des damaligen Hoteliers Peter Stoller machte sich Tomba schon als junger Kater auf den Weg in die nähere und weitere Umgebung. So spazierte er eines Tages über den Gemmipaß bis in das über zehn Kilometer Luftlinie entfernte und 800 Meter tiefer gelegene Leukerbad. Im Mai des folgenden Jahres erfuhr Peter Stoller dann von drei bergsteigenden Gästen, daß Tomba sie auf ihrem Weg auf den Gipfel des Rinderhorns (3454 Meter) begleitet hatte. Nur ein paar Tage später erkletterte er mit anderen Alpinisten den Gipfel des Balmhorns (3709 Meter). Von da an erkundete Tomba mit vielen Alpinisten die Bergwelt der näheren Umgebung. Manchmal kehrte er bei guter Wetterlage nach einem Gipfelsturm nicht einmal ins Berghotel zurück. Vielmehr wartete er am Gletscherrand bei der Anseilstelle auf die nächsten Bergsteiger. Tomba hatte die Angewohnheit, sich seine Wanderkameraden am Vorabend einer Tour selbst auszusuchen. Nach eingehender olfaktorischer Musterung der Hotelgäste fällte er seine Entscheidung. So erging es auch dem Bergsteigerpaar Hedy Sigg und Max Pfiffner, die über eine Wandertour mit Tomba in Wort und Bild berichtet haben. Sie hatten sich am 6. September 1989 um fünf Uhr in der Frühe auf den Weg zum Rinderhorn gemacht und staunten, daß ein Kater ihnen folgte. Da fiel den beiden eine Bemerkung der Wirtin vom Vorabend ein. Diese hatte auf die Frage, ob am nächsten Tag sonst noch jemand das Rinderhorn besteigen wolle, »Höchstens die Katze« geantwortet. Das hatten die beiden natürlich nicht ernst genommen. Ihr Staunen wuchs von Stunde zu Stunde, und sie konnten es kaum fassen, als Tomba schließlich neben ihnen auf dem tiefverschneiten Gipfel stand. Sie blickten oberhalb einer dichten Wolkenschicht auf das beeindruckende Gipfelpanorama der Alpen und einen endlos blauen Himmel. Diese Wanderung wird durch eine ganze Serie von Fotos dokumentiert. Eine andere Geschichte, die Peter Stoller berichtet hat, klingt unglaublich, doch sie bestätigt lediglich die vielen Meldungen über bisher ungeklärte Fähigkeiten von Katzen (↑Sinne, Rätselhafte Sinneswahrnehmungen). Eines Tages war Tomba mit einem jungen Ehepaar unterwegs. Plötzlich weigerte er sich, weiterzugehen, und verschwand hinter einem großen Felsen. Die beiden Alpinisten folgten ihm verwundert und glaubten, er hätte etwas entdeckt. In diesem Moment löste sich eine Lawine und donnerte über ihre Aufstiegsspur. Die dankbaren Hochgebirgler kamen mit dem Schrecken davon. Spätestens nach diesem Erlebnis verbreitete sich Tombas Ruhm auf der ganzen Welt. In Japan, Südafrika und Amerika erschienen Berichte über den bergsteigenden Kater, europäische Illustrierte veröffentlichten Bildgeschichten, und das Schweizer Fernsehen drehte eine Reportage über ihn. Tomba wurde nur viereinhalb Jahre alt. Auf dem Höhepunkt seiner Popularität mußte er am 17. Januar 1993 eingeschläfert werden, weil er unheilbar an dem felinen Immundefizienz-Virus (FIV), dem sogenannten Katzen-Aids, erkrankt war. Dies sind die drei einzigen Berichte über bergsteigende Katzen, die mir bekannt sind, und interessanterweise liegen alle erwähnten und von Katzen bestiegenen Berge in den Walliser Alpen. Es sieht ganz so aus, als würden in diesem Gebiet sehr spezielle Katzen zur Welt kommen.

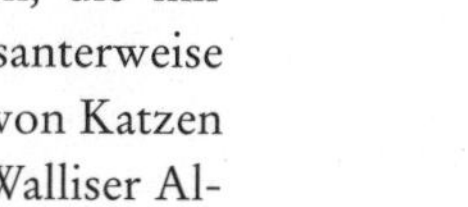

Katze in einer Tischlerei. Foto: Dieter Klemke

Berufstätigkeit Nach Axel ↑Eggebrecht ist der Fleiß für die Katzen noch nicht erfunden, und für den italienischen Schriftsteller Delio ↑Tessa ist für sie Müßiggang nicht aller Laster Anfang, sondern der Anfang aller Seligkeit. Dennoch läßt sich nicht übersehen, daß die Katze ihrem Hauptberuf, dem Mäusefang, mit ausgeprägter Lässigkeit, aber hoher Effektivität nachgeht (↑Nutzen). Vor allem im öffentlichen Dienst sind Katzen in vielen Ländern richtiggehend angestellt worden. Bei der ↑Post und bei der ↑Eisenbahn, in Bibliotheken (↑Bibliothekskatzen) und selbst bei der ↑Armee waren Katzen fest etatisiert, bei der Ölgesellschaft Standard Oil in New Jersey stand eine Katze sogar auf einer Lohnliste der Festangestellten: »Minnie: Arbeitszeit 24 Stunden am Tag, 7 Tage in der Woche, keine Ferien. Lohn 3,20 $ im Monat.« Schottische Whisky-Brennereien pflegen noch heute die lange Tradition der *distillery cats*, die darauf achten, daß Mäuse sich nicht über die Gerste hermachen. In dem Bildband *Beruf: Katze* hat der amerikanische Fotograf Terry deRoy Gruber beschäftigte Katzen an allen nur erdenklichen Arbeitsplätzen abgelichtet. Doch das Mäusefangen ist nicht die einzige Beschäftigungsmöglichkeit der Katze. Im Zirkus verdient sie sich ihren Lebensunterhalt durch das Vorführen mehr oder weniger origineller Dressurakte; Ausnahmekatzen werden schon mal in der Verbrechensbekämpfung eingesetzt (Jean ↑Cocteau). Und in Hamburgs Untersuchungsgefängnis haben teure Kammerjäger ausgespielt: Drei Dienstkatzen gehen nächtens kostengünstiger auf Mäuse- und Rattenjagd. Die Anstaltsleitung sei von der effektiven Arbeit der drei Kater begeistert, sagte eine Sprecherin der Justizbehörde. Die Behörde sparte selbst bei der Anschaffung: Die Katzen wurden aus dem Tierheim besorgt. Gewissermaßen in eigener Sache sind Katzen in einem Zweig der Tierbedarfsindustrie tätig. Bei der Produktion von ↑Katzenstreu obliegt ihnen die End- und damit auch Qualitätskontrolle. Schließlich sind noch die Megastars unter den Katzen zu nennen, die als Models in der Werbung oder für Kalender und als Haupt- oder Nebendarsteller beim ↑Film arbeiten.

Beuteschema Unter Beuteschema versteht man in der ↑Ethologie von Beutetieren ausgehende Reize, die beim Raubtier Beutefanghandlungen und Totbeißen auslösen sowie die Nahrungsaufnahme anregen und bestimmen, an welchem Körperteil die Beute angeschnitten wird. Schon daraus folgt, daß im Gegensatz zur landläufigen Auffassung unterschiedliche Auslösemechanismen das Verhalten des Räubers von der Kontaktaufnahme mit der Beute bis zu deren Verzehr bestimmen müssen. Die Katze nutzt mehrere Sinne zum Beuteerwerb. Das hochfrequente Mäusepiepen löst ihre Bereitschaft zum Beutefang aus. Die Katze setzt sich in Bewegung, um die Geräuschquelle aufzuspüren. Erst wenn sie ihre Beute sieht, setzen die Mechanismen von Ducken, Anschleichen, Lauern, Ansprung und Packen der Beute ein. Der Tötungsbiß wiederum wird vom Gefühl oder Getast, also von den Bartvibrissen der Katze ausgelöst. Ihr Geruchssinn animiert sie schließlich zur Nahrungsaufnahme – das wird jedenfalls vermutet (↑Sinne). Auch wenn es kein eindeutiges Beuteschema gibt und die Katze auch andere Tiere fängt und verzehrt, ist doch die Maus das mit großem Abstand bevorzugte Beutetier. Das Gehör der Katze ist auf die hohen Frequenzen der Mäusestimmen eingestellt und die Form der Maus löst Fanghandlungen aus. Experimente mit Tierattrappen haben ergeben, daß bei Objekten ohne fellartige Oberfläche der Tötungsbiß nur selten angesetzt wird.

Beziehungen zu anderen Tieren

Ein bisher kaum erforschtes Phänomen bei der Katze ist ihre Bereitschaft, Beziehungen und sogar Freundschaften mit anderen Arten einzugehen. Dabei nimmt die Katze im Tierreich wohl eine besondere Stellung ein. Keine andere Spezies scheint über ein vergleichbares Reservoir an »multikulturellen« Fähigkeiten zu verfügen. Erstaunlich dabei ist auch, daß die Größe der zum Freund oder Kamerad erkorenen Tiere keine Rolle spielt: Vom Singvogel bis zum größten Landsäugetier der Erde, dem Elefanten, reicht die Palette der ungewöhnlichen Beziehungen, die Katzen unter bestimmten Umständen einzugehen bereit sind. Dabei scheint sich die Bereitschaft, freundschaftsähnliche Beziehungen zu anderen Tieren einzugehen, auf Säugetiere und Vögel zu beschränken – wenn man in diesem Zusammenhang überhaupt von Beschränkung reden möchte. Jedenfalls sind noch keine Freundschaften zu denkbar anderen Gruppen von Lebewesen, beispielsweise Reptilien, zuverlässig überliefert.

In seinem Artikel *Aus dem Leben der Hauskatze* von 1859 hat Alfred ↑Brehm aus eigenem Erleben die Freundschaft seiner Katze zu einem Eichhörnchen beschrieben. Danach hatte Brehm ein gerade zur Welt gekommenes und mutterloses Eichhörnchen der Katze anvertraut, die gerade Mutter geworden war. Die Katze nahm das Eichhörnchen tatsächlich als Kind an, säugte es, und als die Katzenjungen weggegeben waren, nahm die Beziehung der beiden an Intensität zu: »Nunmehr schien diese das Geschöpf mit doppelter Liebe anzusehen. Es bildete sich ein Verhältnis aus, so innig, als es nur immer sein konnte. Mutter und Pflegekind verstanden sich vollkommen, die Katze rief nach Katzenart, Eichhörnchen antwortete mit Knurren. Bald lief es seiner Pflegerin durch das ganze Haus und später auch in den Garten nach. Dem natürlichen Triebe folgend, erkletterte das Eichhörnchen leicht und gewandt einen Baum, die Katze blinzelte nach ihm empor, augenscheinlich höchst verwundert über die bereits so frühzeitig ausgebildete Geschicklichkeit des Grünschnabels, und kratzte wohl auch schwerfällig hinter ihm drein. Beide Thiere spielten miteinander, und wenn auch Hörnchen sich etwas täppisch benahm, der gegenseitigen Zärtlichkeit that dies keinen Eintrag, und die geduldige Mutter wurde nicht müde, immer von neuem wieder das Spiel zu beginnen. Die gegenseitige Freundschaft und Zärtlichkeit währte fort, bis das Eichhörnchen durch einen unglücklichen Zufall das Leben verlor. Die Mutter suchte und rief es mehrere Tage lang und besah und beroch wehmütig jedes ausgestopfte Eichhörnchen, das wir ihr vorhielten.«

In seinem Buch *Roman-Studien* (1896) erzählt auch Jerome K. ↑Jerome von der Mutterliebe zu einem Eichhörnchen: »Später gaben wir ihr ein junges Eichkätzchen, um es großzuziehen. Sie hatte damals gerade eine eigene Familie, aber sie nahm es unter der Voraussetzung, daß es ein Kätzchen wäre, das sie doch wohl übersehen haben mußte, mit Begeisterung auf, und bald wurde es ihr Liebling. Sie liebte seine Farbe und war stolz auf seinen Schwanz. Was sie beunruhigte, war, daß es ihn immer über den Kopf wippen ließ. Sie hielt ihn mit der Pfote nieder und leckte ihn halbe Stunden lang; so versuchte sie, ihm schicken Sitz beizubringen. Aber sobald sie ihn losließ, wups, war er wieder über dem Kopf. Ich habe sie aus Ärger darüber schreien hören.«

Eine Freundschaft zwischen Katze und Eichhörnchen in jüngster Zeit entwickelte sich im Frühjahr 2005, als Heike Reher, Vorsitzende des Tierschutzvereins von Bad Oldesloe, kurz hintereinander ein nur wenige Tage altes Eichhörnchen und einen ebenso jungen Kater bei sich aufnahm. Eichhörnchen Cinderella und Kater Pitri wurden schnell enge Freunde, »kuscheln, tollen und necken sich wie Geschwister«, wie es im *Hamburger Abendblatt* hieß. »In der Natur ist die Katze der Feind des Eichhörnchens«, sagte Heike Dreher in einem Interview mit dieser Zeitung. »Die Katze jagt und frisst es. Hier aber haben sich die beiden

so aneinander gewöhnt, daß sie sich lieben.« Leider währte auch diese Freundschaft zwischen einer Katze und einem Eichhörnchen nicht lange. Cinderella kam im Alter von acht Wochen bei einem tragischen Unfall ums Leben, als ein NDR-Fernsehteam einen Folgebericht über das sich prächtig entwickelnde Eichhörnchen und seinen ungewöhnlichen Spielgefährten, den Kater Pitri, drehen wollte.

Ebenfalls miteinander aufgewachsen und durch geschwisterliche Freundschaft eng verbunden sind eine dreifarbige Katze und ein schwarzes Schwein aus dem Ort Bancarevo nahe der serbischen Stadt Niš. Im September 2005 ging ein Bild der beiden um die Welt, auf dem die sich aufrichtende Katze ihren Kopf an die Wange des Schweins schmiegt, während ihr Schwanz dessen Kinn umschmeichelt. Die beiden, so hieß es, »halten wie Pech und Schwefel zusammen«.

Eine ganze Reihe von Berichten sind über Freundschaften zwischen Katzen und Vögeln überliefert. Der Naturforscher Christoph Gottfried Andreas Giebel (1820–1881) hielt sich zeitweise eine Bachstelze in seinem Studierzimmer, die, was einen nicht erstaunt, bei jeder sich bietenden Gelegenheit ins Freie flog. Erstaunlich dagegen war Giebels Kater Peter, der diese Bachstelze immer wieder fing und sie im Maul zurückbrachte, ohne den Vogel dabei zu verletzen.

Alfred Brehm berichtet in seinem *Thierleben* von einem Erlebnis aus seinem thüringischen Geburtsort Renthendorf. »Dort brachte die Katze eines Vogelfreundes zur größten Freunde ihres Herrn diesem ein seit mehreren Tagen schmerzlich vermißtes Rothkehlchen zurück, welches sie also nicht nur erkannt, sondern auch gleich in der Absicht gefangen hatte, ihrem Gebieter dadurch eine Freude zu bereiten.« Nach dieser persönlichen Erinnerung überliefert der berühmte Zoologe eine gehörte Geschichte, von deren Glaubwürdigkeit er fest überzeugt war: »Eine Katze lebte mit dem Kanarienvogel ihres Herrn in sehr vertrauten Verhältnissen und ließ sich ruhig gefallen, daß dieser sich auf ihren Rücken setzte und förmlich mit ihr spielte. Eines Tages bemerkt ihr Gebieter, daß sie plötzlich mit großer Hast und scheinbarer Wuth auf den Kanarienvogel losstürzt, ihn mit den Zähnen faßt und knurrend und brummend ein Pult erklettert, den Kanarienvogel dabei immer fest in den Zähnen haltend. Man schreit auf, um den Vogel zu befreien, bemerkt aber gleichzeitig eine fremde Katze, welche zufällig in das Zimmer gekommen ist, und erkennt erst jetzt Miezchens gutes Herz. Sie hatte ihren Freund vor ihrer Schwester, welcher sie doch nicht recht trauen wollte, schützen wollen.«

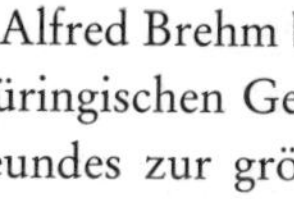

Die Geschichte der sehr ungewöhnlichen Beziehung zwischen einer Katze und einem Papageienvogel in Brasilien ging im Februar 2006 um die Welt. Danach leben die beiden wie ein unzertrennliches Paar, essen aus einem Napf und schlafen auf einer Decke. Eine österreichische Boulevardzeitung brachte dazu ein Foto mit einem gelben Papagei und einer graugetigerten Katze und garnierte ihren Bericht mit der Mitteilung, daß der Kater den flugunfähigen Papagei benutzt, um durch dessen Hilfe andere Vögel anzulocken und diese dann zu verspeisen. Das Foto erweist sich bei näherem Hinsehen als Collage, und die Geschichte von dem Lockvogel basiert wohl auf ähnlichen Realitäten. Immerhin kann man die beiden Tiere auf brasilianischen Websites tatsächlich sehen. Es handelt sich um eine weiße Katze und einen kleinen, eher unscheinbaren Vogel. Tatsächlich hocken sie vor einem Futternapf und ein Bild zeigt die beiden einträglich auf einer Schmusedecke, der Vogel drängt sich an die Katze, die ihn neugierig betrachtet. Es scheint also diese Freundschaft wirklich zu geben.

Man wird eine Freundschaft zwischen Katze und Ratte kaum für möglich halten. Und doch können diese Tiere sehr intensive Beziehungen eingehen. Schon der Schriftsteller Théophile ↑Gautier hat sie in seinem Buch *Ménagerie intime* ausführlich beschrieben: »Vielleicht wundern Sie sich, wie Katzen und Ratten, zwei einander so feindliche Gattungen, von denen die eine der anderen als Beute dient, friedlich miteinander leben konnten. Sie ertrugen sich aufs beste. Die Katzen gaben sich den Ratten gegenüber sanftmütig, während diese alles Mißtrauen vor ihnen ablegten. Nie kam es von seiten der Katzen zu Arglist, und nie hatten die Nager um einen der ihren zu klagen. Don-Pierrot-de-Navarre war voller Güte zu ihnen. Er streckte sich neben ihrem Käfig aus und ergötzte sich stundenlang an ihren Spielen. War zufällig die Tür zu ihrem Zimmer geschlossen, so kratzte und miaute er leise, bis man ihm öffnete und er seine kleinen weißen Freunde wiederfand. Sie legten sich oft dicht neben ihm schlafen. Die hochnäsigere Séraphita, der der starke Moschusgeruch der Ratten nicht zusagte, hielt sich von ihren Vergnügungen fern. Doch quälte sie nie eine und ließ sie vorüberziehen, ohne je die Krallen ihnen entgegenzustrecken.«

Vor allem im Zirkusmilieu scheinen Freundschaften zwischen Ratten und Katzen prächtig zu gedeihen. Der Grund ist wohl darin zu suchen, daß es ungeheuer schwierig ist, eine Dressur mit Katzen und Ratten einzustudieren. Und diese Tatsache hat die berühmtesten Dresseure aller Zeiten und Kontinente immer wieder motiviert, das Wagnis einzugehen. Schon die Dressur der Hauskatze ist nicht ganz einfach und deshalb selten. Im Vergleich mit Tiger, Panther & Co. besitzt sie einen wesentlich stärkeren, kaum zu beugenden Willen. Wenn man sie auch noch mit ihrem Erzfeind gemeinsam auf die Bühne bringen möchte, steht man vor einer fast unlösbaren Aufgabe. Trotzdem hat es immer wieder Dressuren mit Ratten oder Mäusen und Katzen gegeben. Ende des 19. Jahrhunderts trat der aus einer berühmten russischen Zirkusfamilie stammende Anatoli Durow mit ↑Angorakatzen und weißen Mäusen mit großem Erfolg im Berliner Zirkus Schumann auf. 1959 zeigten Reinhold und Mady Kasten eine Nummer, in der buntgescheckte Ratten über eine Leiste liefen, um sich dann nach und nach auf dieser niederzulegen, damit der Kater Kuddel über sie hinwegschreiten konnte, ohne ihnen auch nur ein Haar zu krümmen. Noch heute kann man ab und zu Dressuren von Katzen und Ratten sehen – falls man überhaupt geneigt ist, derartige Schauspiele zu besuchen, gegen die Tierschützer und Tierrechtler nicht zu Unrecht Sturm laufen. Jedenfalls hatte der Zirkus Busch in der Saison 2003 eine Dressur mit der Ratte Valentina und zwei Perserkatzen im Repertoire. Sie wurde von der russischen Artistin Jekatarina Moshajeva einstudiert.

Kätzchen mit einem starken Freund.
Foto: John Drysdale, Welwyn Garden City, England, 1979

Über die Freundschaft einer Katze zu einem Pferd wird an anderer Stelle dieses Buches berichtet (↑Reisende Katzen). Deshalb kann jetzt gleich ein noch größeres Tier als Freund einer Katze vorgestellt werden, ein Elefant. ↑Mark Twain hat eine äußerst seltene Freundschaft zwischen diesen ungleichen Tieren beschrieben. Er hat diese seltsame Koexistenz im Zoo von Marseille beobachtet: »Die Katze hatte die Angewohnheit, über dessen Hinterbeine auf den Rücken zu klettern, um dort in Ruhe zu dösen. Wenn sie dort angekommen war, lagerte sie sich auf ihre Vorderpfoten und schlief den halben Nachmittag in der Sonne.« Mark Twain beobachtete weiter, daß sich der Elefant anfangs noch über die Katze zu ärgern schien, jedenfalls ergriff er sie mit seinem Rüssel und setzte sie damit immer wieder zur Erde nieder. Aber die Katze ließ nicht locker und kletterte erneut auf den Rücken des von ihr gewählten Spielkameraden. Sie legte eine solche Hartnäckigkeit an den Tag, sich ihren Lieblingsplatz zu erobern, daß sie es irgendwann schaffte, den Unwillen des Elefanten zu überwinden. »Danach wurden die beiden untrennbare Freunde. Die Katze tobte oft um die Beine des Riesen umher und spielte mit seinem Rüssel. Manchmal gelangten Hunde in das Gehege, dann ver-

Hauskatze Muschi und die Kragenbärin Mäuschen im Berliner Zoo. Foto: Alexander Rüsche, dpa/lbn

schwand sie schnell auf dem Rücken ihres Kameraden. Immer wieder vertrieb der Elefant die Hunde, was ihre Freundschaft vertiefte.«

Zu den ungewöhnlichsten Tierfreundschaften, die jemals dokumentiert worden sind, gehört die zwischen der schwarzen Katze Muschi und der Kragenbärin Mäuschen im Berliner Zoologischen Garten. Ich habe die beiden Tiere mehrfach selbst erlebt und die Geschichte ihrer Freundschaft ausführlich in meinem Buch *Die Katze, die Anchovis liebte* beschrieben. Da die Schilderung dieser ungewöhnlichen Beziehung an dieser Stelle aber nicht fehlen darf, gebe ich nachfolgend eine Kurzfassung. Im Frühjahr des Jahres 2000 tauchte im Freigehege der Kragenbären plötzlich eine knapp einjährige schwarze Katze auf. Niemand wußte, woher sie stammte. Zunächst war von Freundschaft noch keine Rede. Die anderen Bären nahmen von dem kleinen Eindringling keine Notiz, einzig die Bärin war neugierig und versuchte, sich dem neuen Mitbewohner zu nähern. Die Katze aber reagierte mit Fauchen und schlug nach der Bärin. Warum Muschi trotzdem den Bärenzwinger nicht verließ, bleibt ein Rätsel, das diese Freundschaft aufgibt. Es dauerte fast ein halbes Jahr, bis die Katze Zutrauen zu der Bärin faßte. Dann aber entstand zwischen diesen ungleichen Tieren eine Nähe, die niemand erwartet hatte und die ihresgleichen sucht. Die Katze begann, eingekugelt zwischen den Tatzen der Bärin oder direkt neben ihrer Schnauze, zu schlafen, um sich an deren Atem zu wärmen. Seitdem sind die beiden ein unzertrennliches Paar. Zu dieser Zeit wußte offiziell niemand etwas von der neuen Bewohnerin des Bärenzwingers. Die Tierpfleger hatten der Zoodirektion diese Population verschwiegen. Sie fürchteten einen Ausweisungsbeschluß, denn streunende Katzen sind im Zoo nicht besonders gern gesehen (↑Zoologische Gärten). Aber nach einem Jahr ließ sich die Anwesenheit der Katze nicht mehr verheimlichen. Die Direktion des Zoologischen Gartens tat das einzig Richtige. Sie ließ die beiden Tiere gewähren und eine erläuternde Tafel anbringen. Zu selten ist eine derartige Tierfreundschaft, um sie durch Trennung zu beenden – und medienträchtig obendrein, woraus der Zoo natürlich seinen Nutzen zieht. Nach der Legalisierung von Muschis Anwesenheit verbreitete sich die Nachricht von der Freundschaft zwischen der Katze und der Bärin schnell in der

Stadt, und die Presse begann, sich der Geschichte anzunehmen, die schließlich um die ganze Welt ging.

Im Herbst 2003 mußte die Bärin wegen ihrer Altersschwäche von den übrigen Bären getrennt werden. Der Zoo nutzte einen notwendigen Umbau der Bärenanlage, um Mäuschen in den Innenbereich des Bärengeheges zu verlegen, der für das Publikum nicht zugänglich ist. Nach einem Gespräch mit der Direktion des Zoologischen Gartens durfte ich die beiden besuchen. Ein Mitarbeiter führte mich in den unzugänglichen Innenbereich des Geheges. Nachdem wir die Rückseite des Wolfsgeheges passiert hatten, kamen wir auf einen großen, baumbestandenen Hof mit uralten Pflastersteinen. Stallungen und ein Versorgungstrakt säumen den Platz. »Die beiden werden gleich herauskommen«, empfing mich der Reviertierpfleger Thomas Dörflein, der später mit dem Eisbärenkind Knut weit über die Grenzen Berlins hinaus bekannt wurde. »Sie können ja schon mal reinschauen.« Er zeigte auf einen Eingang. Ich ging in die Stallung. Am Ende des kleinen Gebäudes war eine Käfigtür geöffnet. Die Bärin lag auf dem Stroh und blinzelte mich neugierig an. Ein bißchen unsicher war ich schon. Gut, die Bärin war steinalt und lief nur noch sehr langsam. Aber ich hatte noch nie einer ausgewachsenen Kragenbärin gegenübergestanden. Vielleicht würde sie sich ja empfindlich gestört fühlen. Doch zu meiner Erleichterung blieb sie ruhig liegen. Plötzlich tauchte neben ihr die kleine schwarze Katze auf und fauchte mich an. Da beschloß ich, doch lieber draußen zu warten. Nach zwanzig Minuten kamen beide durch die Tür auf den Hof. Die Katze strich an der Seite ihrer Freundin entlang und stellte sich immer wieder auf die Hinterbeine, um ihren Kopf an dem der Bärin zu reiben – eine Vertrautheit, wie ich sie selbst nach der Lektüre der Pressemeldungen und den Erzählungen des Reviertierpflegers nicht für möglich gehalten hätte. Thomas Dörflein ließ die Bärin aus einem Honigglas schlecken, die Katze bekam eine kleine Maus, die innerhalb kürzester Zeit verschlungen war. Die Bärin beachtete mich kaum, die Katze schaute immer wieder argwöhnisch zu mir hinüber. Keinen Augenblick wich sie von der Seite ihrer Freundin.

Wohl eine halbe Stunde beobachtete ich die beiden. Dann verabschiedete ich mich mit dem Gefühl, etwas Besonderes erlebt zu haben. Ich ging noch einmal zu dem Bärengehege, in dem die beiden lange Zeit gemeinsam gelebt hatten. Dort steht eine Tafel mit der Inschrift: »Bärin ›Mäuschen‹ und Katze ›Muschi‹ geht es gut. Sie teilen zur Zeit ein für Besucher leider nicht zugängliches Revier.«

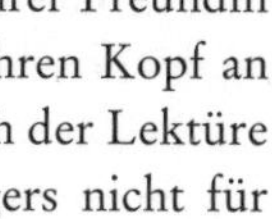

Bibel In der Bibel wird die Katze mit keinem Wort erwähnt, jedenfalls nicht in der evangelischen Ausgabe der Heiligen Schrift. In der katholischen Bibel findet sich hingegen das *Buch Baruch*. In ihm warnt der Prophet Jeremia sein Volk vor den Götterbildern der Babylonier: »Auf ihrem Körper und auf ihrem Kopf lassen sich Fledermäuse, Schwalben und andere Vögel nieder, ebenso auch Katzen. Daran erkennt ihr, daß sie keine Götter sind.« Die einzige Erwähnung der Katze in der Bibel stellt also eine Verbindung zwischen ihr und heidnischen Göttern her (↑Christentum).

Bibliothekskatzen Bei der ↑Berufstätigkeit der Katzen spielte der Arbeitsplatz Bibliothek schon immer eine bedeutende Rolle. Die erste bisher bekannte Bibliothekskatze tauchte im 6. Jahrhundert n. Chr. in Japan auf. Nach einer Legende hatte sie ein Priester aus China zur Bewachung buddhistischer Texte auf der Überfahrt nach Japan engagiert. Die Katze soll ihre Aufgabe souverän bewältigt haben und durfte deshalb auch in einem Tempel die heiligen Schriften bewachen. Später tauchten in vielen Bibliotheken der Welt Katzen als Verteidiger von Büchern und Handschriften auf. Sie verrichteten auch in Privatbibliotheken ihren Dienst. Der Literaturnobelpreisträger Anatole France widmete seinem Kater Hamilkar einen Text, in dem er ihn als »Fürst der Bücherburg« bezeichnete. »Gleich der göttlichen Katze, die in Heliopolis zur Nacht des großen Kampfes gegen die Gottlosen stritt, verteidigst du die Bücher, die der alte Weise für den Preis einer bescheidenen Barschaft und eines nimmermüden Eifers erwarb, wider die häßlichen Nager.« Auch in christlichen Klöstern (↑Klosterkatzen) schützten Katzen – neben den Ernteerträgen – wertvolle Bücher und Handschriften vor gefräßigen Nagern. Heutzutage haben die Bibliothekskatzen selbstverständlich eine eigene Homepage. Unter www.ironfrog.com/catsmap.html kann man sich über das weltweite Vorkommen von Bibliothekskatzen informieren, wobei allerdings einschränkend gesagt werden muß, daß die außeramerikanische Welt nur gestreift wird. Immerhin findet man dort nach Ländern geordnet die Namen der Katzen, ihre Dienstzeiten und die Bibliotheken verzeichnet, in denen sie fleißig ihren Dienst tun. Eine der ältesten dort aufgelisteten Katzen hieß Tabby the Wise. Sie arbeitete von 1900 bis 1910 im Boston Athenaeum – A Library and Cultural Center for Members and Scholars in Massachusetts. Berufskollegen der Bibliothekskatzen sind die ↑Universitätskatzen.

Bienek, Horst (* Gleiwitz 1930, † München 1990), deutscher Schriftsteller, schuf von 1975 bis 1982 in vier Romanen eine oberschlesische Chronik und schrieb mit *Cäsar (Old Possum)* eines der schönsten Katzengedichte: »Meine Katze | ist das Denkmal einer Katze. || Das Denkmal einer Katze | müßte so sein | wie meine Katze. || Manchmal gehe ich ganz nah | an sie heran | und lausche | ob sie noch atmet.«

Meine Katze | ist das Denkmal einer Katze.
Foto: Anne Schnitzke-Haas

Bildhauer Zu den Bildhauern, die kunsthistorisch bedeutsame und dem inneren und äußeren Wesen der Katze entsprechende Katzenskulpturen geschaffen haben, gehören August ↑Gaul, Alberto ↑Giacometti und Richard ↑Haizmann. Unter Steinbildhauern gilt der ironische Lehrsatz »Wenn du eine Katze machen willst, hau einfach alles weg, was nicht nach Katze aussieht.«

Blendlinge, auch Artbastard, Bastard oder Hybride genannt, Nachkommen aus der Vermählung von Hauskatzen mit Wildkatzen, in unseren Regionen zumeist mit der ↑Europäischen Wildkatze. Blendlinge tauchen heute (im Gegensatz zu früheren Jahrhunderten) sehr selten auf, weil sich die Europäische Wildkatze in der Nähe menschlicher Siedlungen kaum blicken läßt. Selbst wenn es zu einer Verpaarung der beiden Arten kommt, werden die Jungen der Hauskatze kaum als Blendlinge auffällig, denn äußerlich sind die beiden nur sehr schwer auseinanderzuhalten. Ein Hinweis auf Blendlinge könnte ihre scheue Haltung sein. Sie sind schwer an Menschen zu gewöhnen und neigen zur Verwilderung. Genauere Forschungen zum Verhalten von Blendlingen liegen allerdings kaum vor. In Nordafrika kommen Blendlinge von Hauskatzen und der afrikanischen Falbkatze häufiger vor. In Ungarn ist der Fortbestand der frei lebenden Wildkatzenpopulation durch die häufigen Kreuzungen mit Hauskatzen offenbar aktuell bedroht.

Blindheit kommt bei Katzen relativ selten vor, beeinträchtigt ihr Leben aber nicht so erheblich, wie man gemeinhin annimmt. Paul ↑Leyhausen berichtet, daß in den 60er Jahren des letzten Jahrhunderts Versuche nachgewiesen haben, daß Katzen mit verbundenen Augen Mäuse blitzschnell lokalisieren, ergreifen und mit einem präzisen Nackenbiß töten können. Bei letzterem leisten ihnen ihre Vibrissen unschätzbare Dienste (↑Sinne, Gefühl). Immer wieder berichten Menschen, die mit blinden Katzen zusammenleben, von der erstaunlichen Orientierungsfähigkeit ihrer Mitbewohner, denen man ihre Behinderung kaum anmerkt. Trotzdem sollte man darauf achten, in der Wohnung oder im Garten nicht ständig Möbel und andere Gegenstände umzuräumen. Aber das unterläßt ein erfahrener Katzenfreund sowieso, denn auch sehende Katzen mögen räumliche Veränderungen nicht besonders. Katzen sind nämlich ↑Gewohnheitstiere.

Brecht, Bertolt (* Augsburg 1898, † Berlin 1956), deutscher Dramatiker und Regisseur. In seinen *Geschichten vom Herrn Keuner* findet sich eine mit dem Titel *Die Katze*: »Herr K. liebte die Katzen nicht. Sie schienen ihm keine Freunde der Menschen zu sein; also war er auch nicht ihr Freund. ›Hätten wir gleiche Interessen‹, sagte er, ›dann wäre mir ihre feindselige Haltung gleichgültig.‹ Aber Herr K. verscheuchte die Katzen nur ungern von seinem Stuhl. ›Sich zur Ruhe zu legen, ist eine Arbeit‹, sagte er; ›sie soll Erfolg haben.‹ Auch wenn Katzen vor seiner Tür jaulten, stand er auf vom Lager, selbst bei Kälte, und ließ sie in die Wärme ein. ›Ihre Rechnung ist einfach‹, sagte er, ›wenn sie rufen, öffnet man ihnen. Wenn man ihnen nicht mehr öffnet, rufen sie nicht mehr. Rufen, das ist ein Fortschritt.‹« Brecht hielt nichts von auffälliger Tierliebe. Solange der Mensch unterdrückt und geknechtet wird, sollte man sich dieser Sentimentalität enthalten. Dies war seine offizielle Version zu diesem Thema – durchaus nachvollziehbar angesichts seiner künstlerischen Produktion. Aber so ganz konsequent war Herr Keuner-Brecht (wie Erwin Strittmatter ihn einmal genannt hat) denn doch nicht. Insgeheim lebte er mit einer Katze zusammen, wie Therese Giehse in dem Buch *Ich hab nichts zum Sagen* zwei Jahre vor ihrem Tod überlieferte: »Brechts hatten eine Katze, die schlüpfte häufig durch die etwas offene Tür in das Zimmer des Dichters. Einmal wurde Brecht erwischt, wie er eng an die Wand gedrückt lag und die Katz' malerisch inmitten des Sofas ruhte. ›Die weiß, was sie will, sie will in der Mitte liegen. Das respektier' ich‹, hat der große Menschenfreund gesagt und versucht, sich rauszuschummeln.« Über diese Katze und Brechts »Geschummel« berichtete auch Erwin Strittmatter in seinem Buch *Damals auf der Farm und andere Geschichten*: »Eines Abends kam ich zu Brecht und sah ein schwarzweißes Kätzchen auf seinem Abendbrottisch. Die Wurst hatte es schon von den Broten gefressen, und jetzt leckte es die Butter ab. ›Schau an, Herr Keuner und die Katzen!‹ sagte ich in der Art, wie wir uns gegenseitig zu frotzeln pflegten. Er wurde verlegen, nahm die Sache sehr ernst und gab Erklärungen ab, wieso man eine Katze, wenn sie sich einmal eingefunden habe, nicht sofort und ohne weiteres abschieben könne, und man müsse dies und das berücksichtigen. Aber die Katze fraß, ungerührt von allen Theorien, Brechts Abendbrot.« Strittmatter traf Brecht mit seiner Katze auch bei späteren Besuchen an. Die Katze wurde Brecht gegenüber immer zutraulicher und frecher. Es machte Strittmatter eine diebische Freude, den weltberühmten Künstler auf das Problem zwischen Theorie und Praxis hinzuweisen und ihn in diesem Zusammenhang in »Katzendiskussionen« zu verwickeln. Es machte ihm Spaß, gestand er, Brecht, »der sonst so schlagfertig war, immer aufs neue in Verlegenheit zu bringen«.

Brehm, Alfred (* Renthendorf 1829, † Renthendorf 1884). Der viel- und weitgereiste Autor des populärwissenschaftlichen Werkes *Brehms Thierleben* (1864–1869), das ihn weltbekannt machte, war sein Leben lang ein großer Katzenfreund. Als Sohn eines Pfarrers und in der Fachwelt anerkannten Ornithologen in Thüringen geboren, wollte Brehm eigentlich Architekt werden. Doch nach zwei Semestern brach er sein Studium ab, um an einer Afrika-Expedition teilzunehmen, die fünf Jahre dauern und ihn nach Ägypten, in den Sudan und auf die Sinai-Halbinsel führen sollte. Nach einem anschließenden Studium der Naturwissenschaften in Jena und einer weiteren Studienreise ließ er sich in Leipzig als freier Schriftsteller nieder. Brehm begründete u. a. das prachtvolle Aquarium im Berliner Zoologischen Garten und machte sich energisch für die ↑Rehabilitation der Katze stark. Fünf Jahre vor der ersten Auflage seines *Thierlebens* erschien 1859 in der *Gartenlaube* ein kurzer Text unter dem Titel *Aus dem Leben der Hauskatze*. Im Stil der populären Familienzeitschrift plauderte Brehm über seine Erfahrungen mit Katzen, beschwor dabei idyllische Bilder von liebevollen Katzenmüttern, die sich selbstlos um ihre Jungen kümmern, und verteidigte die Hauskatze vehement gegen weitverbreitete Vorurteile.

Briefmarken Angesichts der weltweiten Beliebtheit und Verbreitung der ↑Hauskatze ist es ein seltsames Phänomen, daß Katzendarstellungen auf Briefmarken relativ rar sind. Trotz ihrer motivischen Seltenheit haben

diese Marken keinen nennenswerten Handelswert. Das Sammeln erfolgt überwiegend aus emotionalen und nicht aus spekulativen Motiven. Es herrschen Briefmarkenserien vor, die – mehr oder weniger gelungen, um nicht gleich den Begriff Kitsch zu bemühen – verschiedene Rassen (↑Zuchtkatzen) darstellen, beispielsweise aus Äquatorialguinea, Albanien, Bulgarien, der Mongolei, Oman und Polen. Ab und zu wird auch das Motiv vom Gestiefelten Kater aufgegriffen (Polen). Die künstlerisch gelungene Zeichnung einer ↑Europäischen Wildkatze findet sich auf einer Marke der Deutschen Bundespost Berlin von 1968. Noch ansprechender ist die farbige Zeichung einer Hauskatze aus der Hand eines sechsjährigen Kindes, die von der Post der DDR herausgegeben wurde. Als besonders gelungen können auch die beiden Blöcke der Postgesellschaften von Tansania und Nordkorea bezeichnet werden. Beide Blöcke umranden nur jeweils eine Marke. Während der tansanische Block von 1992 eine gut getroffene, dreifarbige Hauskatze zeigt, überrascht das koreanische Postwertzeichen aus dem Jahr 1989 mit einer sehr sorgfältig gezeichneten Gruppe nubischer Falbkatzen, den Ahnen unserer Hauskatzen. Kurioserweise ist mein Exemplar mit einem runden Poststempel versehen, in dessen Mitte der Kopf eines Schäferhundes prangt. Ein weiterer ungewöhnlicher Block mit drei Briefmarken und einem ebenfalls perforierten graphischen Katzenmotiv ohne Postwert von 1978 thematisiert auf zwei Marken im südostasiatischen Malstil das Verhältnis von Hund und Katze als spannungsreiche Beziehung. Die dritte, werthöchste Marke zeigt dann allerdings Enten und Singvögel – was beim Betrachter eine gewisse Ratlosigkeit auslöst. Das kurioseste mir bekannte Katzenmotiv auf einer Briefmarke stammt aus der Mongolei. Im Zentrum der hochformatigen Marke thront eine in eine Art Kimono gewandete Katze auf einem nicht sichtbaren Sitz. Die Vordertatzen ruhen auf ihren Knien, in der rechten Pfote hält sie eine Kette mit offensichtlich religiöser Symbolik. Ihre Hinterpfoten berühren entspannt eine weiche Bodendecke. Sie schaut den Betrachter mit einer selbstbewußten Verschmitztheit frech an. Zu ihren Füßen bilden 13 kleine, verschiedenfarbige Mäuse einen engen Halbkreis um die Katze. Man gewinnt den Eindruck, daß die Mäuse ihren

Erzfeind verehrungsvoll wie eine Gottheit betrachten. Eine besonders originelle Briefmarke ist obenstehend abgebildet. Am 5. Oktober 2001 erschien die von der Österreichischen Post herausgegebene Katzenkönig-Marke von Manfred ↑Deix in einer Auflage von 1,2 Millionen Exemplaren als Sonderpostmarke.

Bulgakow, Michail (* Kiew 1891, † Moskau 1940), hat durch seinen 1938 geschriebenen, aber erst 1965 veröffentlichten Roman *Der Meister und Margarita* Weltruhm erlangt. In diesem phantastisch-grotesken Roman erscheint der Teufel in Moskau. Er wird von einem riesigen Kater begleitet, einem unheimlichen und eigenwilligen Wesen, das selbst sein Herr kaum im Zaum halten kann: Behemoth taucht plötzlich in einem Spiegel auf, ohne davorzustehen, beherrscht schwierige Kartentricks, reißt schon mal jemandem den Kopf ab (um ihn anschließend wieder aufzusetzen), spielt Schach (und betrügt dabei), weigert sich Stiefel anzuziehen (»Einen gestiefelten Kater gibt's nur im Märchen«), badet in Kognak, trinkt Wodka und Kaffee, ißt Würstchen und Kaviar, »schießt ganz leidlich« mit Pistolen und geht geschickt mit dem Degen um, nimmt eine andere Gestalt an, gehorcht manchmal seinem Herrn, diktiert Briefe und heilt sich nach einer Schußverletzung selbst (mit einem »Schluck Benzin«). Er kann ungemein höflich werden, wenn man ihn siezt (»Es tut wohl, daß Sie einen Kater so höflich behandeln. Kater werden aus irgendwelchen Gründen gewöhnlich mit du angeredet, obwohl noch niemals ein Kater mit irgendwem Brüderschaft getrunken hat«), und hat ganz offensichtlich eine ordentliche Meinung von der russischen Literatur des 19. Jahrhunderts – jedenfalls pariert er den Hinweis einer Frau, Dostojewski sei tot, mit den Worten: »Ich protestiere! Dostojewski ist unsterblich!«

Bulla, Gisela (* Hamburg 1932), Schriftstellerin und Politikerin, aktives Mitglied der deutschen Tierschutzbewegung. Gisela Bulla hat neben zahlreichen Büchern zum Thema Heimtierhaltung, anderen Sachbüchern und Romanen 1986 ein Katzenlexikon veröffentlicht, das seit vielen Jahren vergriffen ist.

Burroughs, William S. (* St. Louis 1914, † Lawrence 1997), amerikanischer Schriftsteller, mit Allen Ginsberg (1926–1997) und Jack Kerouac (1922–1969) Vertreter der Beat Generation, avancierte später zur Ikone der Popkultur. Unter dem Titel *The Cat Inside* hat Burroughs 1986 Erinnerungen, Tagebuch- und Traumnotizen aus den Jahren 1982 bis 1985 in einer Auflage von 113 Exemplaren herausgegeben, die deutsche Ausgabe erschien 1994 in einer Auflage von 500 Exemplaren. »In den letzten Jahren habe ich mich zu einem ausgesprochenen Katzenliebhaber gewandelt«, heißt es gleich zu Anfang des kleinen, aber gedankenreichen Buches. Burroughs beschreibt, wie er zu seinen Katzen gekommen ist, was er mit ihnen erlebt hat und wie er eine von ihnen vor der Ermordung im Tierheim gerettet hat. Er hat aber auch Träume und Traumgedanken notiert: »Seitdem Ruski im Haus ist, träume ich häufig und intensiv von Katzen. Oft träume ich, Ruski wäre zu mir aufs Bett gesprungen. Natürlich kommt das hin und wieder vor, auch Fletch ist ein ständiger Besucher; er springt zu mir aufs Bett, kuschelt sich an mich und schnurrt so laut, daß ich nicht schlafen kann.« Auch Hunde kommen in dem Buch vor – aber nicht besonders gut weg. »Ich bin kein Hundehasser«, schreibt Burroughs. »Ich hasse das, was der Mensch aus seinem besten Freund gemacht hat.« Es ist ein kluges, lebensweises Buch, das Burroughs uns hinterlassen hat.

Busch, Heather (Pseud.) Hat gemeinsam mit Burton Silver das Buch *Warum Katzen malen – Eine Theorie der Katzen-Ästhetik* geschrieben und sich damit einen ungeheuren Spaß geleistet. In diesem Buch werden zahlreiche Katzen beim Malen und mit ihren Kunstwerken abgebildet. Eine einleitende Geschichte der Katzenkunst belegt, daß Katzen schon im alten Ägypten gemalt haben. Dies alles wird höchst überzeugend mit dem Vokabular der Kunstwissenschaft ausgeführt – ist aber ein brillant inszenierter Fake, dem allerdings die große Mehrheit der internationalen Cat-Community auf den Leim gegangen ist. Ihr zweites Buch *Mit Katzen tanzen* folgt diesem Strickmuster und will uns glauben machen, daß der Tanz als Kunst- und Therapieform im kulturgeschichtlichen Gepäck der Katze zu finden ist – was natürlich (ein schöner) Unsinn ist.

Cahun, Claude (* Nantes 1894, † Jersey 1954), französische Fotografin und Performance-Künstlerin, jüdische Kommunistin und bekennende Lesbierin, eine der schillerndsten Künstlerinnen der ersten Hälfte des 20. Jahrhunderts. Claude Cahun gehörte zum Kreis der Surrealisten um André Breton, ohne sich vereinnahmen zu lassen. 1937 floh sie mit ihrer Lebensgefährtin Suzanne Malherbe auf die Kanalinsel Jersey, unterstützte dort den Kampf der Résistance, wurde 1944 von der Gestapo verhaftet und zum Tode verurteilt, dann aber begnadigt. »Ich sehe mich, also bin ich«, lautete ihr künstlerisches Credo. In zahllosen fotografischen Selbstporträts erkundete sie ihr Selbst. »Unter dieser Maske eine andere Maske. Ich werde niemals aufhören, alle diese Gesichter abzuziehen.« Sie porträtierte sich zeit ihres Lebens mit ihren Katzen. In der Fotoserie *Katzenweg* ließ sie sich mit verbundenen Augen von einer »Blindenkatze« führen.

Claude Cahun, Selbstporträt mit Katze, *um 1927. Jersey Heritage Trust Collection*

Čapek, Karel (* Trautenau 1890, † Prag 1938), zählt zu den bedeutendsten tschechischen Schriftstellern des

20. Jahrhunderts. Nachdem ihm klargeworden war, daß die Westmächte sein Heimatland vor Hitler nicht schützen würden, nahm er keine Nahrung mehr zu sich und starb bald darauf. Für die Gestapo war Čapek der Staatsfeind Nummer zwei. In seinem 1960 in deutscher Sprache erschienenen Buch *Meine Hunde, meine Katzen* berichtet er von seiner ständig zunehmenden Katzenpopulation und erklärt sich bereit, jedem Verein beizutreten, wenn dieser ihm wenigstens ein Kätzchen abnähme. An anderer Stelle äußerte er sich ausführlich über die musikalische Verzauberung der Katzenseele durch das menschliche Pfeifen (↑Musik).

Carrington, Dora (* Bedford 1893, † Ham Spray 1932), englische Malerin, verliebte sich im Umfeld der Bloomsbury Group in den homosexuellen Schriftsteller Lytton Strachey. Sie heiratete 1921 einen Freund ihres Bruders und lebte mit beiden Männern in einer *ménage à trois*. Es folgten zahlreiche weitere Beziehungen und Dreicksverhältnisse, die ihr Verhältnis zu Strachey aber nicht erschütterten. Zwei Monate nach Stracheys Tod erschoß sie sich mit einem Gewehr. Dora Carrington hat zahlreiche Zeichnungen und Gemälde mit Katzen geschaffen. Eine Fotografie von 1929 zeigt sie in Ham Spray mit ihrem getigerten Kater Tiberius im Arm. 1970 fand eine erste Retrospektive ihrer Werke in London statt. 1995 kam der Film *Carrington* mit Emma Thompson und Jonathan Pryce in die Kinos.

Dora Carrington mit Tiberius, 1929

Carrington, Leonora (* Lancashire 1917), englische Malerin und Schriftstellerin, lebte von 1937 bis 1940 mit Max Ernst in einem südfranzösischen Bauernhaus. Ihre erste Ehe mit einem mexikanischen Diplomaten brachte sie 1943 nach Mexico City, wo sie heute noch lebt. Ihre Gemälde wurzeln im Surrealismus und verschiedenen religiösen Mythen, Carlos Fuentes charakterisierte ihr malerisches Schaffen als »ironische Zauberei«. 1974 erschien ihr Roman *Das Hörrohr*, die skurrile Geschichte der hochbetagten und schwerhörigen Katzenfreundin Mrs. Leatherby. Katzen bevölkern denn auch das ganze Buch, in dem sich kritische Einsichten wie diese finden:

»Lebewesen unter siebzig und über sieben kann man nicht trauen, es sei denn, es handelt sich um Katzen.« Leonora Carrington hat viele Jahrzehnte mit Katzen zusammengelebt, heute teilt sie ihr Haus mit einer Siamkatze.

Carroll, Lewis (* Daresbury in Cheshire 1832, † Guildford 1898), englischer Mathematiker und Schriftsteller, der durch sein Buch *Alice im Wunderland* (1865) Weltruhm erlangte. Darin findet sich die erste grinsende Katze der Weltliteratur, die offensichtlich philosophisch beschlagene Cheshire-Katze. Zwischen ihr und Alice entwickelt sich in einem Waldstück, als Alice die Katze um Rat angeht, ein bemerkenswerter Dialog. »›Würdest du mir bitte sagen, wie ich von hier aus weitergehen soll?‹ ›Das hängt zum großen Teil davon ab, wohin du möchtest‹, sagte die Katze. ›Ach, wohin ist mir eigentlich gleich ...‹, sagte Alice. ›Dann ist es auch egal, wie du weitergehst‹, sagte die Katze. ›... solange ich nur *irgendwo* hinkomme‹, fügte Alice zur Erklärung hinzu. ›Das kommst du bestimmt‹, sagte die Katze, ›wenn du nur lange genug weiterläufst.‹ Das konnte Alice freilich nicht leugnen.«

Castonier, Elisabeth (* Dresden 1894, † München 1975). Die Schriftstellerin, Journalistin und Dramatikerin floh 1938 nach England und ließ sich 1944 in Hampshire auf einer Farm nieder, einem ehemaligen Kloster. Sie lebte dort zehn Jahre. Über diese Zeit schrieb sie mehrere Bücher, vor allem *Mill Farm*, einen anekdotenreichen Bericht mit liebevollen und präzisen Beobachtungen der zahllosen Tiere, die auf der Farm lebten. In dem Buch wimmelt es von Katzen, deren Leben, Verhalten und Abenteuer ausführlich beschrieben werden. Im Mittelpunkt steht der goldgelbe Kater Rum, der ständig an Elisabeth Castoniers Seite zu finden war. Über einen guten Freund, den Zeichner Walter ↑Trier, der den Kater auch porträtiert hat, schrieb die Schriftstellerin: »Trier behauptete sogar, daß Rum ein verzauberter Kater wäre, der durch geschlossene Fenster und Türen käme, weil er überall erschien, wo ich war.«

Catcam Der in Amerika lebende Entwicklungsingenieur Jürgen Perthold hat sich gemeinsam mit seiner Frau oft

Mr. Lee mit seiner Kamera

gefragt, was ihr Kater Mr. Lee den ganzen Tag über treibt, wenn er morgens das Haus verläßt. Er kam auf die Idee, eine Kamera zu entwickeln, die er Mr. Lee um den Hals hängen kann und die alle anderthalb Minuten ein Foto schießt. Nach mehreren Prototypen war die gestellte Aufgabe technisch gemeistert, und Mr. Lee ging mit der Kamera um den Hals stromern. Auf der Homepage http://www.mr-lee-catcam.de kann man die fotografischen Ergebnisse von Mr. Lees Exkursionen bewundern. Es sind faszinierende, erstaunlich scharfe Bilder entstanden, die einem einen Einblick in die alltägliche Lebenswelt der streunenden Hauskatze ermöglichen.

Cats ist mit weltweit über 50 Millionen Besuchern das mit Abstand erfolgreichste Musical der Musikgeschichte. Basierend auf *Old Possums Katzenbuch* (1939) von T.S. ↑Eliot (1888–1965), schrieb Sir Andrew Lloyd Webber die Musik. Wie es heißt, hatte Webbers Mutter ihren Kindern in deren Kindheit oft Eliots Katzengedichte vorgelesen. Vermutlich haben wir also das Musical ihr und ihrer Katzenliebe zu verdanken. Am 11. Mai 1981 fand die Welturaufführung im New London Theatre statt. Die deutsche Erstaufführung brachte das Operettenhaus Hamburg am 18. April 1986 auf die Bühne. Es folgten Inszenierungen in 26 Ländern und über 300 Städten. In allen Ländern wurde das Musical unter seinem Originaltitel *Cats* aufgeführt. Der bekannteste Song des Musicals, *Memory*, wurde bisher von über 150 Künstlern (u.a. Barbra Streisand) interpretiert. Die Verwandlung einer Schauspielerin zur Bühnenkatze dauert in der Regel etwa eine Stunde. Bei einer Aufführung im Hamburger Operettenhaus brach sich eine *Cats*-Darstellerin ausgerechnet während der Ouvertüre den linken Fuß. Eine Ersatzschauspielerin mußte blitzschnell für ihren Auftritt präpariert werden. Wie beim Boxenstopp in der Formel 1 wurde sie von vielen hilfreichen Händen unterstützt, die sie gleichzeitig anzogen und schminkten. Sie schaffte die Einkleidung in siebeneinhalb Minuten und stellte damit einen Rekord auf.

"It was so depressing. When I go to the theatre, I want to be entertained."

Cartoon von Bruce Eric Kaplan, The New Yorker, 1.8.1994

Cats Protection heißt die größte englische Tierschutzorganisation für Katzen (www.cats.org.uk), die 1927 gegründet wurde und sich nach eigenen Angaben um die Vermittlung von etwa 60000 heimatlosen Katzen pro Jahr kümmert. Seit 2004 verleiht Cats Protection unter großer Anteilnahme der Öffentlichkeit den Rescue Cat of the Year Award in vier Kategorien. 2006 erhielt den Hauptpreis Tee Cee, ein Kater aus Sheffield, dessen Fähigkeiten weit über das hinausgehen, was man bisher von Katzen wußte. Der zehnjährige schwarze Kater mit Latz, Maul und Pfoten in Weiß wurde als Katzenbaby mit einigen Geschwistern von Tierschützern in einem Karton gefunden, der auf einem Fluß ausgesetzt worden war. Er wurde schließlich von der Sheffielder Familie Edmonds aufgenommen, obwohl Michael Edmonds seit langer Zeit unter epileptischen Anfällen litt. Zuerst hielt die Familie es für einen Zufall, aber mit der Zeit wurde es zur Gewißheit: Bevor sich die ersten Anzeichen eines epileptischen Anfalls zeigen, reagiert der Kater, indem er Michael fest anstarrt und dann zu dessen Frau oder einem anderen Familienmitglied rennt, um entgegen seiner sonstigen Gewohnheit lautstark zu maunzen. (Man weiß heute in der Medizin, daß einem epileptischen Anfall neben bestimmten erkennbaren Vorzeichen wie Unruhe oder Konzentrationsstörungen im weiteren Vorfeld häufig eine sogenannte Aura unmittelbar vorausgehen kann. Die offensichtliche Fähigkeit von Katzen, diese Aura fühlen zu können, ist ein weiterer Hinweis auf die hohe Sensibilität, mit der sie auf Menschen zu reagieren befähigt sind.) Michael Edmonds' Tochter Samantha Laidler, die Tee Cee für den Preis vorgeschlagen hatte, berichtete der Presse, daß ihr Vater im Falle einer epileptischen Attacke nicht in der Lage sei, selbst Hilfe zu holen. Deshalb fungiere Tee Cee als felides Frühwarnsystem. Sobald der Kater Alarm geschlagen habe, kehre er zu Michael Edmonds zurück und entferne sich erst dann, wenn dieser das Bewußtsein wiedererlangt habe.

Catwalk Im Englischen ursprünglich eine schmale Verbindungsbrücke auf Schiffen (↑Schiffskatzen) oder ein enger Nebenweg über eine Brücke, durch Maschinenräume oder andere technische Anlagen. Heute bezeichnet man mit Catwalk hauptsächlich den Laufsteg, auf dem Models die aktuelle Haute Couture vorführen.

Céline, Louis-Ferdinand (* Courbevoie 1894, † Meudon 1961). Der französische Schriftsteller war ein großer Katzenfreund, der mit seinem Kater Bébert (und seiner Frau) durch halb Europa zog. Bébert wurde nach einem kleinen Jungen aus Célines erstem Romanerfolg benannt, ging gern im Kurpark von Baden-Baden spazieren, genoß den Ruf, gelassen, unabhängig und philosophisch zu sein und demolierte eine Wohnung in Kopenhagen. Seinen Tod beschrieb Céline in dem Roman *Norden* (1960).

Céline – das soll hier nicht unterschlagen werden – war allerdings auch ein laut pöbelnder Judenhasser und erklärter Hitleranhänger. (Was ihn aber nicht daran hinderte, mit einer Wiener Jüdin bis zu deren Emigration eine heftige Liebesbeziehung zu pflegen.) Der Vichy-Kollaborateur mußte von 1944 bis zu seiner Rehabilitation 1951 durch Europa tingeln. Seine überstürzte Flucht aus Paris kommentierte Ernst ↑Jünger 1944 in seinem Tagebuch mit dem mokanten Satz: »Es bleibt doch merkwürdig, wie sehr Menschen, die kaltblütig die Köpfe von Millionen fordern, um ihr eigenes lumpiges Leben in Sorge sind.«

Champfleury, Jules (* Laon 1821, † Sèvres 1889). Der französische Kunstkritiker und Schriftsteller veröffentlichte 1870 das Buch *Les Chats*. Auf einer Zeichnung von Eugène Viollet-le-Duc (1814–1879) für dieses Buch sieht man eine Langhaarkatze kauern; vor ihr liegt ein Wappenschild mit der Inschrift »Libertas sine labore« (Freiheit ohne Arbeit). Der damals noch sehr umstrittene Édouard Manet (1832–1883) schuf als Werbung für das Buch eines der ersten Künstlerplakate, das Furore machte.

Édouard Manet, Die Katze und die Blumen, 1869. Privatsammlung

Eine von ihm dazu gefertigte Zeichnung zeigt eine schwarze und eine weiße Katze mit Blick über die Dächer von Paris. Außerdem steuerte Manet sein heute berühmtes Bild *Die Katze und die Blumen* von 1869 für den Band bei. Das von namhaften Künstlern dieser Zeit reichillustrierte Buch ist heute eine kleine antiquarische Kostbarkeit.

Chandler, Raymond (* Chicago 1888, † La Jolla 1959), amerikanischer Schriftsteller und Drehbuchautor. Nach sehr unterschiedlichen Tätigkeiten in England und Amerika als Mitarbeiter im britischen Marineministerium, Reporter, Buchhalter einer

Molkerei und Direktor mehrerer Ölgesellschaften, entschloß sich Chandler, Kriminalgeschichten zu schreiben. Ab 1933 erschienen Kurzgeschichten, 1939 veröffentlichte er seinen ersten Roman *The Big Sleep* (deutsch *Der tiefe Schlaf*, 1950), der ein großer Erfolg wurde. Bis 1958 folgten sechs weitere Romane, die bis auf eine Ausnahme auch verfilmt wurden. Der Held seiner Romane, Philip Marlowe, ist ein harter, illusionsloser, im Kern aber moralischer Privatdetektiv, der sich in einem Sumpf menschlicher Begierden und Schwächen bewegt. Gemeinsam mit Dashiell Hammett (1894–1961) gilt Chandler als bedeutendster Vertreter der schwarzen Serie (Hardboiled Novel) im amerikanischen Kriminalroman. Obwohl Katzen in seinem Leben eine bedeutende Rolle gespielt haben, kommen sie in seinen Büchern nicht vor. Aber zwischen 1945 und 1951 hat er sich in Briefen an seine heute fast gänzlich unbekannten Kollegen Charles W. Morton, James Sandoe und Dale Warren sowie seinen Verleger Hamish Hamilton (1900–1988), mit dem er eng befreundet war, ausführlich über Katzen geäußert.

Im ersten dieser (jedenfalls bisher veröffentlichten) Briefe hat sich Chandler über seine Katzenliebe im allgemeinen und seine Katze Taki im besonderen geäußert: »Ich bin mein Leben lang ein Katzenliebhaber gewesen, und doch war ich nie richtig imstande, sie zu verstehen. Taki ist ein vollkommen ausgeglichenes Wesen und weiß immer, wer Katzen mag; mag einer sie nicht, so kommt sie nie auch nur in seine Nähe, und mag sie einer wirklich, so geht sie stracks auf ihn zu, ganz gleich, ob sie ihn erst seit kurzem kennt oder gar überhaupt nicht.« (An C.M., 19.3.1945) Über Taki sind wir relativ genau informiert, weil Chandler in seinen Briefen mehrfach und ausführlich über sie geschrieben hat. Beispielsweise über ihre Reiselust: »Wenn wir eine Reise machen, geht sie immer mit, egal wohin, behält alle Orte, an denen sie schon gewesen ist, im Gedächtnis und fühlt sich normalerweise überall wie zu Hause.« (An C.M., 19.3.1945) In diesem Brief albert er auch ein bißchen herum und berichtet von Taki, daß sie ab und zu eine Pfote locker in die Höhe hält. »Meine Frau glaubt, sie will uns damit zu verstehen geben, daß sie eine Armbanduhr haben möchte.«

Chandler konnte allerdings sehr gereizt reagieren und Freundschaften aufs Spiel setzen, wenn jemand sich abfällig über Taki äußerte. In einem Brief an Dale Warren vom 19.1.1948 beschwerte er sich ausgerechnet über Charles Morton, dem er in so warmen Tönen von Taki geschrieben hatte: »Unsere Korrespondenz steigert sich immer mehr in einen allerliebsten Ton unterdrückter Wut hinein. Angefangen hat das alles mit einer unglücklichen Bemerkung, die er über unsere Katze machte. Er gehört offenbar, bei all seinen vielen sonstigen Gaben, zu den Leuten, die nicht imstande sind, eine Katze von anderen zu unterscheiden: unsere Katze verhält sich zu einer gewöhnlichen Katze wie ein Alfa-Romeo-Sport-Zweisitzer zu einem Ford-Lieferwagen Modell A oder wie ein Rolls Silver Wraith zu einer Schubkarre.«

Fast auf den Tag genau zwei Jahre später sah sich Chandler gezwungen, bei seinem Verleger Hamish Hamilton, ein Mißverständnis aus dem Weg zu räumen. Es ist schon bemerkenswert, mit welch deutlichen Worten er sich zu seiner Katzenliebe und zu seiner Abneigung gegen Menschen, die keine Katzen mögen, bekennt: »Ich habe da wohl irgendwas gesagt, was Dich auf den Gedanken gebracht hat, Katzen seien mir verhaßt. Aber um Gott, Sir, einen so fanatischen Katzenliebhaber wie mich gibt es in der ganzen Branche nicht wieder! Wenn sie Dir verhaßt sind, werde ich unter Umständen Dich hassen lernen. Falls Deine Allergien daran schuld sind, will ich die Situation, so gut ich's kann, tolerieren.« (An H.H., 26.1.1950)

Und noch ein drittes Mal spielen »Katzenhasser« in Chandlers Briefen eine Rolle. Am 9.1.1951 legt er seinem Verleger erneut dar, wie er zu diesem Menschenschlag steht: »Ich habe nie Leute gemocht, die keine Katzen mochten, weil in ihrer Gemütslage immer ein Element greller Selbstsucht zu finden war. Zugegeben, eine Katze bringt einem nicht die Art Liebe entgegen, die ein Hund einem schenkt. Eine Katze führt sich nie so auf, als ob man der einzige Lichtblick in ihrem sonst ganz trüben Dasein wäre.«

Doch in den meisten Passagen seiner Briefe ist die Rede von seiner Liebe zu Katzen und besonders zu Taki. Chandler wurde nicht müde, die Vorzüge, den Charakter und die Eigenarten seiner geliebten Katze ausführlich zu schildern. Zu Takis vornehmsten Eigenschaften gehörte offensichtlich ihre Eifersucht: »Wir konnten uns nie eine zweite Katze zulegen, weil Taki uns einfach nicht ließ. Einmal lasen wir in der Wüste ein streunendes Kätzchen auf und versuchten, es mit ins Haus zu nehmen, aber da wurde sie so rasend vor Wut, daß sie sich übergab. Also mußte das arme Kätzchen in der Garage schlafen und draußen essen, bis wir ihm eine neue Heimat gefunden hatten. Taki ist fürchterlich verwöhnt. Als wir das letzte Mal weggingen, schlug sie der Köchin die Brille von der Nase, und als wir wiederkamen, spuckte sie mich an und sprach zwei Tage lang kein Wort mit uns.« (An J.S., 9.8.1948) Auch Takis Verhalten Gästen gegenüber ist ein beliebtes Thema in Chandlers Briefen. So auch am 23.9.1948 an James Sandoe: »Wenn wir Gäste haben, sieht sie sich die Leute kurz an und trifft fast augenblicklich die Entscheidung, ob sie ihr sympathisch sind. Sind sie's, so spaziert sie zu ihnen hinüber und läßt sich dort auf den Boden plumpsen, grad weit genug von ihnen entfernt, um ihnen die Möglichkeit, sie zu kraulen, nicht allzu leicht zu machen. Sind sie ihr aber unsympathisch, so setzt sie sich mitten ins Wohnzimmer, wirft einen verächtlichen Blick in die Runde und geht dann daran, sich den Rücken zu putzen – oder vielmehr den verlängerten Rücken. Mitten in dieser reizenden Vorstellung hält sie ganz plötzlich inne, hebt den Kopf, ohne ansonsten ihre Haltung zu ändern (ein Bein kerzengerade gegen die Decke gerichtet), und widmet sich dann wieder der Reinigung ihres Hinterteils. Diese Arbeit wird stets in der öffentlichsten Weise verrichtet.«

Trotz der Eigentümlichkeiten dieser Katze wurde sie von Raymond Chandler und seiner Frau fast abgöttisch geliebt. In einem Brief vom 26.1.1950 an Hamish Hamilton gesteht Chandler seinem Verleger: »Wir haben eine schwarze Angorakatze, die jetzt fast 19 Jahre alt ist und die wir nicht für einen der riesigen Türme von Manhattan hergeben würden.«

Taki starb am 14.12.1950 im Alter von fast 20 Jahren. Einzig seinen Briefen ist zu entnehmen, wie der Tod der Katze Raymond Chandler und seine Frau mitgenommen haben muß. Am 10.1.1951 beantwortete Chandler die Weihnachtsgrüße von James Sandoe kurz so: »Dank für Ihren Brief und die Weihnachtskarte. Ich habe in diesem Jahr nichts verschickt. Wir waren ein bißchen mitgenommen vom Tod unserer schwarzen Angorakatze. Wenn ich sage, ein bißchen mitgenommen, dann ist das konventionelle Distanz. In Wirklichkeit war es eine Tragödie für uns.«

Doch sehr lange währte Chandlers katzenlose Zeit nicht, ohne Katze konnte er das Leben offensichtlich nicht aushalten. Am 31.10.1951 berichtete er James Sandoe über einen neuen Hausbewohner: »Wir haben eine neue schwarze Angora, die genauso aussieht wie unsere letzte, so aufs Haar genau, daß wir ihr auch denselben Namen gegeben haben, Taki. Er – denn es ist diesmal ein Er – wird ein großer Bursche werden, glaube ich, wenn er voll ausgewachsen ist, denn er wiegt schon jetzt mit sieben Monaten acht Pfund.« Mit diesem Brief reißt Chandlers Schriftwechsel über Katzen leider ab, ein in diesem Umfang seltenes Dokument der Katzenliebe.

Chaplin, Charlie (* London 1889, † Vevey 1977), ist für seine Zuneigung zu Katzen nicht gerade sprichwörtlich bekannt. Dennoch findet sich in seiner Autobiographie *Geschichte meines Lebens* eine kurze, aufschlußreiche Passage, die mehr sagt als so manche lautstarke Freundschaftsbekundung. Nachdem der Plan gefaßt war, mit Oona O'Neill (der Tochter des Dramatikers Eugene O'Neill) die vierte Ehe einzugehen, wurde er mit einer Vaterschaftsklage und einem Prozeß konfrontiert, der großes Aufsehen in den Medien erregte. Nach seiner Heirat am 16.6.1943 wurde er in einem Verfahren und in den Medien »buchstäblich durch den Fleischwolf gedreht«. Der Prozeß endete schließlich mit einem Freispruch. »Wir brauchten Ruhe«, heißt es über diese Zeit in seiner Autobiographie. »Wir nahmen unser kleines schwarzes Kätzchen und setzten uns in den Zug nach New York; von dort fuhren wir nach Nyack [in Connecticut, nordöstlich von New York] und mieteten ein Haus. Es lag ganz einsam mitten in einer steinigen, unfruchtbaren Landschaft; und doch hatte es seinen besonderen Reiz.« Zu diesem 1780 erbauten Haus gehörte ein alter, schwarzer Jagdhund, »der sich uns wie ein Liebhaber seiner Dame anschloß. Zur Frühstückszeit erschien er regelmäßig auf der Veranda, und nachdem er uns würdevoll mit Schwanzwedeln begrüßt hatte, legte er sich ruhig und bescheiden hin. Als unsere kleine Katze ihn zum erstenmal sah, fauchte und spuckte sie ihn an. Doch er legte sich einfach hin, drückte die Schnauze auf den Boden und zeigte damit seine Bereitwilligkeit zur Koexistenz an.« Es ist anzunehmen, daß die kleine Katze sich mit dem altersweisen Jagdhund auf die angebotene friedliche Koexistenz verständigt hat, denn von weiteren Feindseligkeiten ist nicht die Rede.

Charlie Chaplin gehörte seit seiner Jugend zu den eingefleischten Fans von George Herrimans Comic strip *Krazy Cat* (↑Comic), der seit 1913 erschien.

Chatten Kriegerischer Volksstamm der fruchtbaren Senken an Fulda, Eder und Schwalm in Nordhessen. Die Chatten entstanden etwa im 4. vorchristlichen Jahrhundert durch langsame Verschmelzung der einwandernden Kelten mit den germanischen Ureinwohnern. Ihre letzte schriftliche Erwähnung datiert aus dem Jahr 213 n. Chr. Vermutlich sind sie später im Frankenreich aufgegangen.

Schriftliche Zeugnisse über die Chatten sind so gut wie ausschließlich römischen Ursprungs. Dem Geschichtsschreiber Tacitus (55–115) verdanken wir wichtige Hinweise. In seinem kurz *Germania* genannten Werk beschreibt er sie als kriegerisches und unabhängiges Volk: »Mit dem Eintritt in das Mannesalter lassen sie Haupthaar und Bart wachsen und scheren und barbieren sich erst, nachdem sie einen Feind erschlagen haben. Sie eröffnen stets als erste den Kampf und stehen mit grimmigem Gesicht immer im vordersten Glied. Selbst im Frieden nimmt ihr Gesicht keinen milden Ausdruck an. Keiner von ihnen hat Haus und Hof und sonstige Pflichten; wen immer sie aufsuchen, von dem lassen sie sich je nach den Verhältnissen bewirten. Sie sind Verschwender fremden und Verächter eigenen Gutes.« Zu Tacitus' Lebzeiten war die Katze in Rom ein zwar bekanntes, aber vielen doch noch unvertrautes Tier, dem der römische Dichter Martial den Namen Catus oder Chatus gegeben haben soll. Vermutlich leitet sich daher der Name der Chatten ab. Der aufrührerische, stolze und auf seine Unabhängigkeit bestehende keltogermanische Volksstamm, der nie von den Römern gänzlich niedergerungen werden konnte, erinnerte Tacitus wohl an dieses seltsam fremde Tier mit ganz ähnlichen Eigenschaften.

Chicago, Judy (* Chicago 1939), feministische Künstlerin und Autorin, lebt seit den frühen 1960er Jahren mit Katzen zusammen, seit Anfang der 90er Jahre sind es immer sechs Tiere. Von 1993 bis 1994 arbeitete sie unter dem Titel *Autobiography of a Year* an einem Zyklus von 140 Zeichnungen, in dem sie das Auf und Ab eines Jahres festhielt, das von persönlichen Schicksalsschlägen geprägt war. In dieser Zeit zeichnete Judy Chicago zum ersten Mal ihre Katzen – wobei sie sich gegen den Begriff »ihre«, also gegen ein Eigentumsverhältnis verwahrt. Nach ihren Worten läßt sich die Beziehung von Katze und Mensch besser als Freundschaft oder Kameradschaft beschreiben. Eine sehr schöne Zeichnung in diesem Zyklus ist die der schlafenden Katze Poppy, über die die Künstlerin vermerkt hat: »Poppy ist eine sehr merkwürdige Katze. Sie mag Menschen nicht besonders, und es dauerte fünf Jahre, bis wir ihr seidenweiches Fell streicheln durften.« Eine andere der sechs Katzen dieser Zeit hieß übrigens Inka und war ein Geschenk von Bruce Nauman (↑Video-Kunst). Inka – Bruce Nauman nannte sie Piss Head – war dem Künstler als junges Kätzchen zugelaufen, wurde aber von dessen Kater Ralph nicht akzeptiert.

Im Herbst 1999 begann Judy Chicago mit den Recherchen für ihr Projekt *Kitty City*, so nennt sie die Gemeinschaft der sechs Katzen in ihrem viktorianischen Backsteinhaus, einer ehemaligen Pension für Eisenbahnarbeiter, in der südlich von Albuquerque gelegenen Stadt Belen in New Mexico. *Kitty City* ist ein gezeichnetes Tagebuch und visualisiert 24 Stunden des Zusammenlebens mit Katzen. 2005 ist das Buch *Kitty City* erschienen, mit zahlreichen Zeichnungen, Fotografien und einer umfangreichen Einleitung. Die gezeichnete Tageschronik beginnt um sechs Uhr in der Frühe. Das Bild *Cat Alarm Clocks* zeigt vier Katzen, die Judy Chicagos Ehemann wecken. Das Tagebuch endet um fünf Uhr morgens mit dem Bild *Home Is Where the Cats Are*.

Chinesisches Horoskop Die Ursprünge chinesischer Horoskopie reichen etwa 5000 Jahre zurück. Das Horoskop in seiner heutigen Form entstand in der Zeit der Han-Dynastie (206 v. Chr. – 202 n. Chr.). 12 Tierkreiszeichen bilden seitdem das Fundament des chinesischen Horoskopes. Nach einer Legende rief Buddha einst alle Tiere zum Neujahrsfest, doch nur 12 erschienen. Zur Belohnung wurde jedes der 12 Tiere zum Patron eines Jahres ernannt. Es werden zwei Versionen kolportiert, warum die Katze der Einladung Buddhas nicht gefolgt ist. Zum einen heißt es, daß die Katze die Einladung nicht erhalten hat. Nach einer anderen Überlieferung hat die Ratte die Katze ausgetrickst, indem sie ihr erzählte, das Fest würde einen Tag später gefeiert. Seitdem verfolgt die Katze die Ratte, um sich an ihr für diesen Betrug zu rächen. Die Ratte verschaffte sich übrigens durch eine weitere Hinterlist noch einen Vorteil. Sie überredete den gutmütigen Büffel, wegen ihrer kleinen Füße und des langen Weges auf seinem breiten Rücken mitreisen zu dürfen. Kurz vor dem Ziel sprang sie dann ab und erreichte ausgeruht als erste den Festplatz. Sie ist deshalb auch das erste der 12 Tierkreiszeichen. Interessant an diesem Legendengeflecht ist, daß es nur das Fernbleiben der Katze erklärt. Zu keinem anderen Tier existiert eine Deutung seines Nichterscheinens. Dies liegt wohl daran, daß die ↑Hauskatze (und um eine solche muß es sich handeln, denn als katzenartiges Tier gehört der Tiger zu den 12 Tierzeichen) erst nach China kam, als der Kanon der Tierkreiszeichen schon abgeschlossen war. Die schnell wachsende Beliebtheit der Katze hat dann dazu geführt, daß eine Erklärung gefunden werden mußte, warum sie kein eigenes Jahr bekommen hatte.

Mrs. Chippy und der blinde Passagier Perce Blackborow. Foto: Frank Hurley

Chippy (* Cathcart ?, † Weddelmeer 1915), neben ↑Simon eine der berühmtesten ↑Schiffskatzen aller Zeiten. Der Mrs. Chippy genannte Kater nahm 1914–1915 an der Antarktisexpedition von Sir Ernest Shackleton auf der »Endurance« teil. Am 13.9.1914 fiel Chippy ins Meer, das Schiff wendete und die Mannschaft konnte ihn retten. Besonders erwähnt wird in den Berichten über Chippy, daß er sich einen

Spaß daraus machte, auf Deck über die Dächer der Hundehütten zu stolzieren, um damit die angeketteten, halbwilden Schlittenhunde in rasende Wut zu versetzen. Nach dem die »Endurance« vom Packeis eingeschlossen und schließlich zerstört worden war, mußte jedes Gramm Gewicht für den gefährlichen Weg über das Packeis eingespart werden. Sir Ernest Shackleton sah sich gezwungen, das Schiffsmaskottchen Chippy erschießen zu lassen. Chippys »Besitzer«, der Schiffszimmermann Henry McNish, ließ sich nach der gescheiterten Expedition in Neuseeland nieder und verfiel dem Trunk. Er konnte Shackleton zeit seines Lebens nicht verzeihen, daß dieser den Kater hatte erschießen lassen.

Christentum

Das Verhältnis des Christentums zur Katze fußt auf zwei Säulen: der jüdischen Tradition und dem römischen Recht. Im Lauf der Jahrhunderte hat es eine eigene Prägung erfahren. Man kann zwar nicht von einer gänzlich einheitlichen Haltung des Christentums zur Katze reden, aber doch von einer vorherrschenden Auffassung, die sich bis in die Gegenwart wie ein roter Faden durch die Theologie- und Kirchengeschichte zieht.

In der ↑Bibel taucht die Katze mit (fast) keinem Wort auf. Um die jüdischen Wurzeln des christlichen Denkens in dieser Frage freizulegen, muß also zunächst der Frage nachgegangen werden, wie im Alten Testament das Verhältnis des Menschen zu den Tieren allgemein definiert worden ist. In 1. Mose 1,28 steht der folgenschwere Satz, der die christliche Auffassung vom Verhalten des Menschen zu den Tieren maßgeblich beeinflußt hat: »Und Gott segnete die Menschen und sprach zu ihnen: Seid fruchtbar und mehret euch und füllet die Erde und machet sie euch untertan und herrschet über die Fische im Meer und über die Vögel unter dem Himmel und über alles Getier, das auf Erden kriecht.« Noch deutlicher wird 1. Mose 9,2. Hier spricht der Herr nach der Sintflut zu Noah: »Furcht und Schrecken vor euch sei über alle Tiere auf Erden und über alle Vögel unter dem Himmel, über alles, was auf dem Erdboden kriecht, und über alle Fische im Meer; in eure Hände seien sie gegeben.« Die Vermehrung und Verbreitung des Menschen und seine Eroberung der Welt soll also mit der Herrschaft über die gesamte Fauna einhergehen; Gott selbst begründet und legitimiert die materielle Abschöpfung der Natur durch den Menschen – so sieht es jedenfalls der historische Mainstream theologischen und kirchlichen Denkens.

Obwohl im sogenannten zweiten Schöpfungsbericht ganz andere Töne anklingen. In 1. Mose 2,15–16 heißt es nämlich: »Und Gott der Herr nahm den Menschen und setzte ihn in den Garten Eden, daß er ihn baute und bewahrte. Und Gott der Herr gebot dem Menschen und sprach: Du sollst essen von allerlei Bäumen im Garten.«

Es ist offensichtlich, daß zwischen »unterwerfen« und »beherrschen«, »Furcht und Schrecken verbreiten« sowie »in die Hände geben« einerseits und »bauen« und »bewahren« andererseits ein himmelweiter Unterschied besteht, der einer Erklärung bedarf.

Dem evangelischen Bibelleser suggerieren die scheinbar unausrottbaren Überschriften 1.–5. Buch Mose noch heute die Vorstellung, eine Person, nämlich Mose, hätte den Pentateuch (also die fünf Bücher Mose) verfaßt oder jedenfalls aufgezeichnet. Das ist aber nicht der Fall. Vielmehr wurde die mosaische Schöpfungsgeschichte – genauer: die mosaischen Schöpfungsgeschichten, denn es sind, wie gesagt, zwei sehr unterschiedliche – als eines der letzten Teile des Alten Testaments erst in der babylonischen Gefangenschaft der Israeliten im 5. Jahrhundert v. Chr. formuliert. Dazu wurden unterschiedliche Schöpfungsüberlieferungen zu einem Gesamtwerk miteinander verwoben. Nicht vor allem, aber auch in der Bewertung des Verhältnisses zwischen Mensch und Tier liegen diese beiden Erzähltraditionen weit auseinander.

Auf die Seite der sogenannten elohistischen Überlieferung, die als einzige der sehr unterschiedlichen Traditionen das Bild vom Garten Eden kennt, den der Mensch zu »bauen« und »bewahren« (und nicht zu »unterwerfen« und »beherrschen«) habe, stellt sich auch der Prediger Salomo, wenn er in Kapitel 3,21 fragt: »Wer weiß, ob der Odem der Menschenkinder emporsteigt, der Odem des Tieres aber unter die Erde hinabfährt?« Diese weise Frage, die Einsicht in die Begrenztheit menschlichen Wissens verrät, setzt jedenfalls voraus, daß sowohl Mensch als auch Tier einen Odem, also eine Seele haben. Erst das Christentum entwickelt in Anlehnung an römische Rechtsauffassungen ein anthropozentrisches Weltbild, in dem beseelte und gleichberechtigte Tiere keinen Platz mehr haben. Im Zusammenhang mit dem christlichen Erlösungsgedanken, der den Menschen aus der gesamten Schöpfung hervorhebt, und dem römischen Recht, wonach alle Tiere den Sachen zuzurechnen seien und somit keinerlei Rechte hätten, hat Gottes Gebot, der Mensch solle über die Tiere herrschen, schreckliche Folgen für die gesamte Tierwelt und speziell für die Katze gehabt.

Schon zum Ende des 2. Jahrhunderts geißelte der ideengeschichtlich sehr einflußreiche christliche Philosoph Clemens von Alexandria die Katze, indem er ihre Verehrung als Gottheit Ägyptens der Lächerlichkeit preisgab und damit das grundsätzliche Mißtrauen gegen die Katze im christlichen Denken fundierte, das im Verlauf der weiteren Geschichte immer wieder auftauchen sollte. Ihre Vergangenheit als ägyptische Gottheit und später ihre Funktion als Zugtier des Wagens der heidnischen Germanengöttin Freya reichten aus, um die christlichen Denker zu größter Skepsis gegenüber der Katze zu bewegen. Die Katze gab dieser fast feindlich zu nennenden Grundhaltung durch ihr Wesen weitere Nahrung. Einerseits fiel sie im Kontext der anderen Haustiere negativ auf: Sie besaß zwar einen indirekten Nutzwert (die Mäusevertilgung), sie gab aber kein Fleisch, keine Milch usw. Andererseits war sie unerziehbar, schlief fast den ganzen Tag und erledigte ihre Aufgaben dennoch mit spielerischer Lässigkeit. Ihre sexuelle Aktivität war unüberhörbar, zum Menschen hielt sie eine spürbare Distanz. Dies mußte gerade der Kirche ein Dorn im Auge sein, der sinngebenden Institution, deren Autorität sich auf Glaube und Gehorsam gründete.

Dennoch gab es auch unter den christlichen Meinungsbildnern starke Befürworter der Katze. Die Einsiedlermönche Ägyptens schätzten nicht nur ihre Jagdinstinkte, sondern auch den Trost ihrer Gegenwart in der einsamen Klausur. Auch in den Klöstern fand die Katze großen Rückhalt – schließlich sicherte sie die mühsam gewonnenen Ernteerträge. So gestattete Papst Gregor I. in der zweiten Hälfte des 6. Jahrhunderts ausdrücklich die Katzenhaltung in Klöstern. Es ging den Klosterkatzen gut, sogar besser als den meisten Menschen, weshalb im Volk über diese »Schleckermäulchen« gelästert wurde: »Die Klosterkatze hat's vom Herrn gelernt, sie frißt mit beiden Backen.« Oder: »Klosterkatzen haben besser zu leben als viele Kinder.« Die wohlmeinende Haltung vieler Mönche konnte die Katze aber nicht vor ihrer Verdammung durch das Christentum schützen, die fatale Wirkungen für den Menschen wie für die Katze entfalten sollte.

Im 12. Jahrhundert gründeten sich aus Protest gegen den Luxus und die Prunksucht, aber auch gegen die ideologische und politische Macht der Kirche verschiedene Laienbruderschaften, die jedoch nicht einheitlich operierten. Albigenser, Waldenser und Katharer wurden erst verboten, schließlich exkommuniziert und verfolgt. In dieser Zeit tauchte als Sammelbezeichnung für die verschiedenen antikatholischen Gruppierungen der Begriff Ketzer auf. Das Wort leitete sich zwar ursprünglich von den Katharern ab, wurde aber schnell mit der Katze in Verbindung gebracht. »Der Ursprung [des Begriffes Ketzer] muß aber früh vergessen worden sein, man brachte das Wort in eine ungewisse Beziehung zur Katze«, schreibt das Grimmsche Wörterbuch und führt dazu viele Belege an. Weil die Katze ihre Krallen in samtweichen Pfoten verborgen hält, hatte man sie schon lange der Falschheit bezichtigt. Der Ketzer wurde mit der Katze in Verbindung gebracht, weil er deren Falschheit besäße. Viele katholische Apologeten

Drei Hexen mit ihren Katzen. Holzschnitt, 17. Jh.

dieser Zeit zogen den Vergleich zwischen Katze und Ketzer. Damit war die Katze als antikirchliches Tier im Bewußtsein des Klerus und breiter Bevölkerungsschichten fest verankert.

Wenig später führte der Theologe Thomas von Aquin eine bedeutsame Differenzierung ein. Er sprach von der »unzerfälligen« Menschenseele, die im Gegensatz zur Tierseele nicht mit dem Zerfall des Leibes vergeht. Die Tierseele ist somit sterblich und kann nicht ins Paradies eingehen. Deshalb »fragt Gott den Menschen nicht, was er mit Ochsen und anderen Tieren tut«. Thomas von Aquin liefert damit die theologische Begründung der Rechtlosigkeit der Tiere und die Legitimation für ihre bedingungslose Ausbeutung.

Thomas von Aquin sorgte noch für eine weitere geistesgeschichtlich bedeutende Umbewertung. Während man in früheren Zeiten den Glauben an Zauberer, Dämonen und Hexen als heidnischen Irrglauben oder schlicht als Irrtum betrachtete, bewertete er diese Gestalten des Glaubens als reale Existenzen. Nach seiner Auffassung gab es »Verträge zwischen Menschen und Dämonen«, die das reale Geschehen der Welt beeinflussen können. So wurde es zur Aufgabe der kirchlichen Inquisition, Ketzer und Hexen aufzuspüren und zu verurteilen. Es begann die dunkle Zeit der Hexenverfolgung.

Der Weg der Katze vom Ketzertier zum Hexen- und Teufelstier war nicht weit. 1484 erklärte Papst Innozenz VIII. Katzen schließlich »zu heidnischen Tieren, die mit dem Teufel im Bunde stehen«. Aber er setzte damit keine neue Meinung in die Welt, sondern bestätigte lediglich, was seit vielen Jahrzehnten Glaubensinhalt und Rechtspraxis war. Bis ins 17. Jahrhundert dauerten die Hexenverfolgungen an, und oft wurden auch Katzen als Hexentiere mit angeklagt und verbrannt. Eifrige Katholiken machten auch ohne Anklage oft kurzen Prozeß mit Katzen. Im christlichen Europa entstanden katzenleere Landschaften. Dies wirkte sich vor allem in der Mitte des 14. Jahrhunderts, zur Zeit der größten Pestepidemien, verheerend aus. In Unkenntnis der tatsächlichen Zusammenhänge machte man die Katze vielerorts für die Pest verantwortlich und vernichtete in diesem tragischen Irrtum die damals einzig wirksame Gegenwehr gegen die Wanderratten, die die Seuche aus Zentralasien eingeschleppt hatten. Niemals zuvor und danach wurden wissenschaftliche Unkenntnis in Tateinheit mit religiöser Verblendung so fürchterlich bestraft: schätzungsweise 25 Millionen Menschen fielen der Pest zum Opfer, das war fast ein Drittel der damaligen Bevölkerung Europas. Die überwiegend negative Haltung des Christentums zur Katze veränderte sich nur langsam und erst auf dem Hintergrund der allgemeinen Umbewertung des Verhältnisses zwischen Mensch und Tier im ausgehenden 18. Jahrhundert.

In unserer Zeit haben zwar Überlegungen, die Tiere als gleichberechtigten Teil der Schöpfung zu betrachten, ihnen also umfassende eigene Rechte zuzusprechen, in kirchlichen und theologischen Kreisen Eingang gefunden, aber noch lange keine Mehrheit gewonnen – im Gegenteil.

In dem unter dem Vorsitz von Joseph Kardinal Ratzinger – seit 2005 als Papst Benedikt XVI. geistliches Oberhaupt der katholischen Kirche – erarbeiteten *Katechismus der Katholischen Kirche*, der am 11. Oktober 1992 veröffentlicht wurde, heißt es in der Absatznummer 2293: »In der wissenschaftlichen Grundlagenforschung und in der angewandten Forschung kommt die Herrschaft des Menschen über die Schöpfung deutlich zum Ausdruck.« Konkreter wird das Grundwerk des katholischen Glaubens in Ziffer 2417: »Somit darf man sich der Tiere zur Ernährung und zur Herstellung von Kleidern bedienen. Man darf sie zähmen, um sie dem Menschen bei der Arbeit und in der Freizeit dienstbar zu machen. Medizinische und wissenschaftliche Tierversuche sind in vernünftigen Grenzen sittlich zulässig, weil sie dazu beitragen, menschliches Leben zu heilen und zu retten.«

Die Zeitschrift *Chrismon* wird von drei evangelischen Landesbischöfen, u. a. vom Ratsvorsitzenden der Evangelischen Kirche in Deutschland Dr. Wolfgang Huber, herausgegeben, darf also als offiziöses Sprachrohr der Evangelischen Kirche in Deutschland gelten. Im Jahr 2006 wurde dort in einem redaktionellen Beitrag die philosophisch längst überholte Frage (↑Tierrechte), ob Tiere eine Seele hätten, als nicht beantwortbar bewertet. Statt dessen hieß es in dem Artikel, Tiere seien zwar Geschöpfe Gottes und stünden dem Menschen besonders nahe, er habe aber die Verfügungsgewalt über sie. Ferner wurde dort ausgeführt, evangelische Theologen hätten zwar eine »zentrale Rolle bei der Entstehung der Tierschutzbewegung« gespielt, sie wären aber nie dagegen gewesen, Tiere zu schlachten. So sei Christen auch heute zu empfehlen, sich über das ›Wie‹ von Tierzucht und -haltung den Kopf zu zerbrechen, nicht aber darüber, daß sie überhaupt genutzt und dafür auch getötet werden.

In der Frage des Verhältnisses zwischen Mensch und Tier sind die konfessionellen Grenzen also aufgehoben. Folgerichtig fand am 20. Juni 2005 im Rahmen eines Festaktes zur Eröffnung des tierexperimentellen Zentrums der Erlanger

Universität ein ökumenischer Gottesdienst statt, der von einer evangelischen Pastorin und einem katholischen Klinikseelsorger zelebriert wurde. Während des Gottesdienstes wurde ein erstaunlicher Dialog zwischen einem Versuchstier und einem Wissenschaftler vorgetragen, eine verblüffende Fiktion von kafkaesker Dimension (Franz ↑Kafka). Darin wird in typisch anthropozentrischer Manier behauptet, die Tiere stellten sich gern für das Wohl der Menschheit zur Verfügung, auch wenn das am Ende ihren Tod bedeuten würde. Aber dafür wollten sie mit Achtung und Sorgfalt behandelt werden. Nach diesen grundsätzlichen Erwägungen wurde gebetet.

Churchill, Sir Winston (* Oxford 1874, † London 1965), englischer Premierminister, Maler, Literaturnobelpreisträger (1953) und Katzenliebhaber. Churchill lebte immer mit einer oder mehreren Katzen zusammen, doch außergewöhnlich tiefe Zuneigung faßte er zu Jock, den er zum 88. Geburtstag (!) von seinem Privatsekretär als Geschenk erhielt. Jock war ein rotgestromter Kater mit weißer Brust und weißen Pfoten. Er durfte in Churchills Bett schlafen, und beim Essen war für ihn ein eigener Stuhl reserviert. Das offizielle Hochzeitsfoto von Churchills Enkel zeigt Jock auf dem Schoß des Literaturnobelpreisträgers. Als Churchill mit 91 Jahren starb, saß Jock auf seinem Totenbett. In seinem Testament verfügte Churchill, daß zukünftig immer ein rotgestromter Kater auf Chartwell, seinem Anwesen in Kent, das er dem Staat vermachte, leben müsse. Jock starb 1974. Inzwischen lebt Jock III. dort.

Cocteau, Jean (* Paris 1889, † Paris 1963), französischer Schriftsteller, Maler, Regisseur und Surrealist. Cocteau liebte ↑Siamesen und lebte oft mit mehreren Katzen zusammen. Von einem Kater heißt es, er habe ein Halsband mit der Inschrift »Jean Cocteau gehört mir« getragen. Und immer wieder wird dieses überzeugend klingende Zitat von Cocteau kolportiert: »Die Überlegenheit der Katze über den Hund zeigt sich darin, daß es keine Polizeikatzen gibt.« Diesem Zitat geht es wie allen im Prinzip allgemeingültigen Aussagen über die Katze: es gibt Ausnahmen (↑Polizeikatzen).

Colette, Sidonie-Gabrielle (* Saint-Sauveur-en-Puisaye 1873, † Paris 1954), französische Schriftstellerin, Theaterkritikerin, Modejournalistin, Chansonette und Tänzerin mit einer ausgeprägten Liebe zu Katzen. In einer ihrer bekanntesten Erzählungen, *La Chatte*, ist Alains junge Ehefrau Camille krankhaft eifersüchtig auf dessen Katze Saha. Nachdem ihr Versuch, die Katze umzubringen, fehlschlägt, entscheidet Alain sich für die Katze und verläßt Camille für immer.

Colette hat seit ihrer Kindheit mit Katzen zusammengelebt. Die Lieblingskatze ihres Lebens, die sie 1926 auf einer Katzenausstellung in der Pariser Avenue de Wagram gekauft hatte, hieß La Chatte. Nach dem Tod der Katze im Jahr 1939 war Colette so untröstlich, daß sie sich keine Tiere mehr angeschafft hat. Ihr dritter Ehemann, der sechzehn Jahre jüngere Maurice Goudeket, berichtete darüber drei Jahre nach ihrem Tod in seinem Buch *Colette*: »Mit dreimonatiger Zwischenzeit erreichten zuerst die Katze, dann der Hund das Ende ihrer Tage und empfingen den Gnadenstoß, der den Menschen nur allzuoft verwehrt wird. Sie hatten uns dreizehn Jahre lang gehört. Nachmittags, wenn Colette arbeitete, kam die Katze und schlief, an ihre Seite geschmiegt. Dann und wann wachte sie auf, zupfte Colette beim Ärmel, schenkte ihr einen langen Blick voller Verzücktheit und Liebe und schlummerte wieder ein.

Colette mit Kartäuserkatzen, um 1925

Colette trug ihren Kummer mit gewohnter Zurückhaltung. Sie war nur einige Tage schweigsam. Aber Jahre später hörte ich sie noch manchmal seufzen: ›Ja, diese Katze ...‹ Sie hat sich dann keine Tiere mehr angeschafft – man staunte darüber. Aber die Katze erwies sich eben als unersetzlich. Manche Tiere haben so eine ausgeprägte Persönlichkeit, daß, wo sie verschwinden, nur mehr Leere herrschen kann.« Colette wurde als erste Autorin in die Académie Goncourt, der Jury des bedeutendsten französischen Literaturpreises, berufen und bekam ebenfalls als erste Frau in Frankreich ein Staatsbegräbnis.

Comic

Unter Comic im ursprünglichen Sinn des Wortes versteht man eine in Tageszeitungen veröffentlichte Folge von gezeichneten oder gemalten Bildern, die in komprimierter Form eine Geschichte oder Pointe erzählen. In der Regel werden die Bilder durch einen erzählenden oder einen dialogischen Text oder durch eine Kombination von beiden erläutert. Geräusche oder Gefühle werden oft lautmalerisch in die Bilder integriert (z. B. »Klirr!!« oder »Schreck!!«). Der Comic besteht aus mindestens zwei, meist aber mehr Bildern, in denen regelmäßig wiederkehrende Hauptfiguren agieren. Ein weiteres Grundelement des Comics ist seine periodische Erscheinungsweise. Seit den 30er Jahren des letzten Jahrhunderts erschienen Comics nicht allein in Zeitungen oder Zeitschriften, sondern auch in eigenen Publikationen. Oft werden seitdem sehr komplexe und vielschichtige Geschichten in umfangreichen Comic-Alben erzählt. Die Abgrenzung des Comics von anderen Formaten wie Cartoon, illustrierten Büchern für Kinder und Erwachsene oder Künstlerbüchern (Andy ↑Warhol) fällt manchmal schwer, oft sind die Grenzen fließend.

Die Geschichte des Comics begann 1889 in New York, als Joseph Pulitzer der Sonntagsausgabe seiner Zeitung *New York World* ein Unterhaltungsprodukt (Comic-Supplement) beilegte, in dem zunächst farbige Illustrationen und humoristische Zeichnungen abgedruckt wurden. Drei Jahre später erschien mit den *California Bears* von James Swinnerton (1875–1974) der erste fortlaufende Comic strip (komischer Streifen). 1894 wurde die Sprechblase für die Darstellung von Dialogen in die Cartoons eingefügt. Am 5. Mai 1895 startete dann in der *World* unter dem Titel *At the Circus in Hogan's Alley* eine Bildfolge, in deren Zentrum ein etwa siebenjähriger Gassenjunge mit kahlem Kopf und knöchellangem Hemd stand. Diese Serie gilt den meisten Fans und Kunsthistorikern wegen ihres überraschenden und nachhaltigen Erfolges als die eigentliche Geburt des Comic strips und ging als Yellow Kid in seine Geschichte ein. Ihr charakteristisches gelbes Hemd erhielt die Hauptfigur allerdings erst 1896. Daher leitet sich übrigens der Begriff Yellow Press für Sensationsjournalismus und Boulevardzeitungen ab. Der Comic strip erfüllte die in ihn gesetzten Erwartungen: Sein Erfolg machte die *World* zur meistverkauften Sonntagszeitung im Land. Andere Zeitungen folgten Pulitzers Beispiel, und bald waren die Unterhaltungsbeilagen in ganz Amerika verbreitet. Der Comic strip war zu einem nationalen Phänomen geworden und erschien wenig später als einfarbiger Daily strip auch in den Werktagsausgaben der meisten Zeitungen. Erst 40 Jahre später wurden Comics in Form von periodisch erscheinenden Heften vertrieben.

Die Geschichtsschreibung des Comics steht vor einigen Problemen, da viele Figuren, bevor sie eigenständigen Serien ihren Namen gaben, bereits in anderen Comics als Nebenfiguren auftraten. Oft wurden deren Charaktere im Lauf der Zeit verändert und das Personal der Geschichten mit neuen Figuren angereichert. Nicht selten waren mehrere Zeichner mit der Entwicklung eines Comics beschäftigt, so daß die Frage des Schöpfers oder Erfinders nicht immer klar beantwortet werden kann. Außerdem wurden manche Comics nach ihrer Einführung von anderen Zeichnern fortgeführt.

Eine kurze Geschichte der Katze im Comic

Wilhelm Busch (1832–1908)
Der ironische Kritiker des Spießbürgertums zeichnete 1863 die Bildfolge *Katze und Maus* und gilt als Pionier der Katze im Comic. *Katze und Maus* erschien 1864 gemeinsam mit anderen Geschichten in seinem ersten Buch *Bilderpossen* und ist der direkte Vorläufer des Themas Katze im Comic.

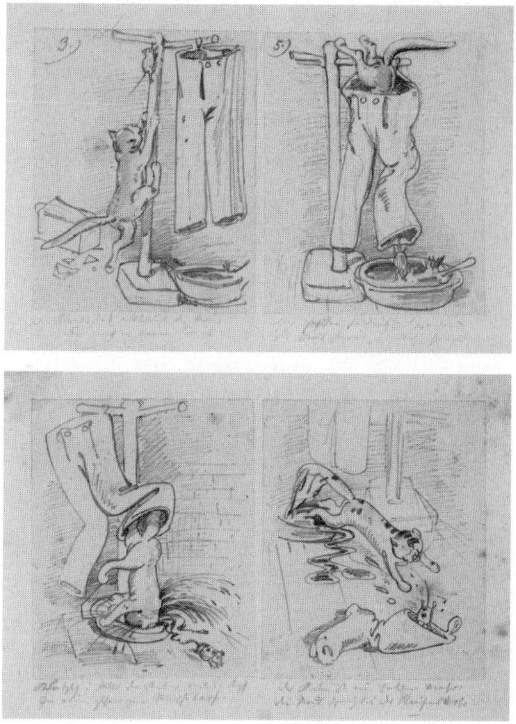
Wilhelm Busch, Katze und Maus, 1863

George Herriman (1880–1944)
Die eigentliche Geschichte der Katze im Comic beginnt mit dem genialen Zeichner George Herriman, der bereits um 1900 eine zumeist schwarze Katze als Randfigur in viele seiner Zeichnungen, Cartoons und Witzblätter einfügte. Er war es denn auch, der erstmals eine Katze in einem Comic strip auftauchen ließ. Am 6. September 1903 spielte eine schwarze Katze in seiner Serie *Lariate Pete* (Lasso Pete) auf allen sechs Bildern des Strips eine die Dramatik des Geschehens widerspiegelnde Nebenrolle. In einem anderen, ebenfalls halbseitigen Comic, *Rosy's Mama* vom 3. September 1906, werden zum ersten Mal im Comic einer Katze Worte in den Mund gelegt. Nur drei Monate später erfand Herriman den ersten Katzen-Comic der Geschichte. Diesmal handelt es sich zur Abwechslung um eine weiße ↑Angora namens *Zoo Zoo*, die im November 1906 in einem gleichnamigen Comic strip das Licht der Welt erblickte. Es sollten noch mehrere andere Katzen-Comics und zehn weitere Jahre ins Land gehen, bis Herriman *Krazy Kat* ganzseitig in den Sonntagsbeilagen plazieren konnte, mit denen er sich in den Olymp des Genres zeichnete.

Lyonel Feininger (1871–1956)
1906 eröffnete der französisch-deutsch-amerikanische Karikaturist und Maler Lyonel Feininger ein neues Kapitel der Comic-Geschichte. In diesem Jahr

Gussie, Tante Jim-Jam und die Katze, aus Lyonel Feiningers Comic The Kin-der-Kids, *Melzer Verlag, 1975*

wurde Feininger von James Keely, dem Herausgeber der *Chicago Sunday Tribune*, mit der Schöpfung künstlerischer Comic strips beauftragt, da zu dieser Zeit Frauenverbände und religiöse Gruppierungen lautstark gegen den rüden Humor und die anstößigen Darstellungen in den meisten amerikanischen Comic strips protestierten. Keely erhoffte sich von anständigen und künstlerisch hochwertigen Comic strips eine größere Aufmerksamkeit und damit auch höhere Auflagen. Feininger schuf in Paris die Serien *The Kin-der-Kids* und *Wee Willie Winkies's World*, die er mit der Post nach Amerika schickte. Sie zählen heute zu den Inkunabeln der Comic-Geschichte, und in Abgrenzung zum Mainstream-Comic werden sie – wie andere Künstlercomics – auch als Graphic Novel bezeichnet. In *The Kin-der-Kids* zerstört eine (wie bei Wilhelm Busch noch namenlose) gelbe Katze über dem Meer bei der Jagd nach Möwen mit ihren Krallen die Hülle eines Fesselballons und bringt ihn mit seinen Insassen dadurch zum Absturz. Die Katze benutzt einen großen, blauen Hut als Fallschirm, der ihr auf dem Wasser als Boot dient. Feiningers künstlerisch anspruchsvolle Comics konnten sich am Markt jedoch nicht durchsetzen und wurden bereits nach einem halben Jahr eingestellt.

Cliff Sterrett (1883–1964)

1912 startete der amerikanische Zeichner Cliff Sterrett für den Zeitungsmagnaten William Randolph Hearst als Weiterentwicklung von *For This We Have Daughters* seine Serie *Polly and Her Pals* (Polly und ihre Freunde) und erfand damit das Genre des schönen Mädchens aus besseren Kreisen, dem ständig der Hof gemacht wird. Neben den Hauptfiguren Polly, ihrem Vater Samuel Perkins und ihrer Mutter spielt Kitty, die erste namentlich bekannte Katze der Comic-Geschichte, die trotz ihres Namens ein Kater ist, eine wichtige Nebenrolle. 1926 erschien eine Episode, in der Polly auf ihren Verehrer Percy wartet, der jeden Abend erscheint, worüber sich die Eltern ärgern. In diesem Moment kommt Kitty mit einem saftigen Knochen ins Zimmer gerannt, den sie in der Küche gestohlen hat. Als Samuel ihr den Knochen wegnehmen will, beginnt der Kater vernehmlich zu knurren, was den Vater auf eine Idee bringt. Unter Protest seines Dieners, der von einem »unmoralischen Fall« redet, komplimentiert Samuel Kitty auf die Veranda. Zu seinem Diener sagt er: »Katzen haben sowieso keine Moral. Und ich besorg dir einen anderen Suppenknochen.« Der Vater setzt sich auf der Veranda neben den Kater und berührt den Knochen ab und zu mit seinem Gehstock, damit Kitty nicht aufhört zu knurren. Dann kommt endlich der erwartete Percy, bleibt erschrocken vor der Katze stehen und fragt, ob »das Biest da nicht gefährlich« sei. Samuel zündet sich bedächtig eine Zigarre an und antwortet genüßlich rauchend: »Wer? Der Kater? Im Moment ist er es nicht. Er ist noch nicht ganz mit Pollys letztem Besucher fertig!« Woraufhin Percy schnurstracks für immer verschwindet und einen mit sich zufriedenen Vater zurückläßt. Als Mitte der 20er Jahre die Zeitungen ihre Zeichner anwiesen, am Anfang jeder Seite einen kurzen zweiten Strip einzuführen, kreierte Cliff Sterrett die Serie *Dot and Dash* (Punkt und Strich). Eine Katze und ein Hund erleben darin allerhand skurrile Abenteuer. (Diese Top-Strips dienten den Zeitungen dazu, ihren Lesern jeden Sonntag nicht 16, sondern 32 Comic-Serien präsentieren zu können.)

»Signatur« von Cliff Sterrett, aus: Cliff Sterrett, Polly, *Bd. 2, Carlsen Verlag, 1991*

Krazy Kat

In der Zwischenzeit hatte George Herriman seine Katzenfigur beharrlich weiterentwickelt. 1910 begann er mit der Serie *The Dingbat Family* (später in *The Family Upstairs* umbenannt). Darin tauchen eine Katze und eine Maus auf, von denen zunächst als Nebenfiguren unterhalb der Haupthandlung kleine Geschichten erzählt werden. Das antagonistische Paar agierte erst pantomimisch, dann wurde es durch kurze Dialoge aufgewertet. Die später Ignaz genannte Maus verlieh der Katze am 25. September 1910 den Namen Krazy Kat. Herriman gestaltete die Dialoge und Handlungsmuster der beiden Tiere immer komplexer, so daß sie 1913 mit *Krazy Kat* ihren eigenen Comic als Daily strip erhielten. Die wachsende Beliebtheit der Serie führte 1916 schließlich dazu, daß Herriman Krazy Kat ganzseitig für die Sonntagsausgaben der Hearst-Zeitungen zeichnen durfte. In diesem Jahr wurde auch der erste Zeichentrickfilm mit den beiden skurrilen Tieren produziert. Krazy Kat avancierte zum ersten Katzenstar der Filmgeschichte und wurde zur Kultfigur bei amerikanischen und europäischen Künstlern und Intellektuellen. Gertrude Stein, Charlie ↑Chaplin und Pablo ↑Picasso gehörten zu den Fans der Krazy Kat. Das maßgebliche Magazin dieser Zeit, *Vanity Fair*, nahm Herriman in seine Ruhmeshalle der Gegenwartskunst auf. Das immer wiederkehrende Handlungsmuster des Comics lebt von seinen drei Protagonisten: Krazy Kat liebt die Maus Ignaz, die besessen davon ist, der Katze einen Ziegelstein auf den Kopf zu werfen. Der Polizist Offisa Pupp versucht dies immer zu verhindern, denn er liebt Krazy Kat. Trotz dieser sehr übersichtlichen Konstellation gelang es George Herriman, sein Publikum über dreißig Jahre lang mit dieser Geschichte zu unterhalten. Dabei hat der idiomatische Reichtum der englischen Sprache eine erhebliche Rolle gespielt. Viele Kritiker und Sprachwissenschaftler (wie Umberto Eco) sind der Meinung, daß Herriman mit *Krazy Kat* die zeitgenössische Malerei und Literatur maßgeblich beeinflußt hat. Herriman zeichnete *Krazy Kat* bis zu seinem Tod.

Felix the Cat

An dieser Stelle ist ein Ausflug in die Welt des Zeichentrickfilms unerläßlich. 1919 schufen der Produzent Pat Sullivan (1887–1933) und der Trickfilmer Otto Messmer (1892–1983) den Kurzfilm *Feline Follies* (Katzenverrücktheiten) mit dem Kater Master Tom als tragender Gestalt. Die Filmgesellschaft Paramount bestellte nach der erfolgreichen Vermarktung des Films weitere Folgen und taufte die Hauptfigur um. Unter dem Namen *Felix the Cat* entstanden zahlreiche kleine Filmkunstwerke, die zu den Höhepunkten surrealistischen Filmschaffens gehören und heute noch begeistern. Zu den prägenden Kennzeichen des Katers gehören sein Schwanz, der sich nach Felix' Wünschen unmittelbar in ein Werkzeug verwandeln oder eine Stimmung ausdrücken kann, sowie sein leicht vorgebeugter, nachdenklicher Gang, die Hände auf dem Rücken verschränkt und den Kopf leicht gesenkt. Die später gedruckten Comic strips konnten an das filmische Vorbild nie richtig heranreichen. In den 1950er Jahren wurde *Felix the Cat* als Fernsehserie produziert, doch die künstlerische Qualität der in den 20er bis 40er Jahren geschaffenen Trickfilme blieb unerreicht. In der Frühzeit des Fernsehens spielte Felix für den Sender RCA eine besondere Rolle: Von 1928 an wurde eine figürliche Nachbildung der Filmkatze mehr als zehn Jahre lang täglich zwei Stunden als Testbild ausgestrahlt, mit dem damals die

Sendeanstalten die Feinabstimmung ihrer Bildauflösung vornahmen. Felix the Cat ist damit der erste Star in der Geschichte des Fernsehens.

Korky the Cat

Mit dieser Figur betrat 1937 ein englischer Artgenosse von Felix die Comic-Bühne, ein schwarzer Kater, gezeichnet von James Crighton, der eigentlich ins *Guinness-Buch der Rekorde* gehört. *Korky* erschien am 4. Dezember auf der Titelseite der Erstausgabe der englischen Comic-Zeitschrift *The Dandy* – und er hielt sich dort unglaubliche 47 Jahre. 1984 wurde er in den Innenteil verbannt, wo seine Comic strips heute noch erscheinen – seit nunmehr 70 Jahren! Wer eine Erstausgabe von *The Dandy* besitzt, kann sich übrigens glücklich schätzen. Am 7. September 2004 wurde ein Exemplar in London für 20250,– £ versteigert, zum höchsten jemals gezahlten Preis für einen englischen Comic. Zunächst war Korky ein stummes Tier. Erst 1942 begann er zu sprechen. In seinen Comic strips erlebt Korky allerhand lustige Abenteuer, die sich oft um das spannende Thema der Nahrungsbeschaffung ranken – aber nicht immer ist Korky derjenige, der zuletzt lacht.

Tom & Jerry

Noch einmal zurück zum Film. Die brüderlichste und beständigste Feindschaft der Filmgeschichte ist vermutlich die zwischen Tom und Jerry. Sie wurde zwischen 1940 und 1967 in 161 kurzen Trickfilmen und allen erdenklichen Variationen durchgespielt, zumeist auf Kosten von Kater Tom. Das Grundmuster der von William Hanna (1910–2001) und Joseph Barbera (1911–2006) erfundenen und in Szene gesetzten Verfolgungsorgien ist weithin bekannt: Ein nicht besonders heller, genußfreudiger und behaglich fauler Hauskater wird durch die gewitzte und freche Maus Jerry immer wieder zu temporeichen Verfolgungsjagden angetrieben, die alle Naturgesetze und anatomischen Gegebenheiten mit frappierender visueller Plausibilität außer Kraft setzen. Toms Motiv ist dabei nicht in erster Linie sein natürlicher Beutetrieb, dazu ist er viel zu degeneriert. Es ist vielmehr die ständige Bedrohung des Verlustes seiner ungemein bequemen Existenz, die ihn anstachelt. Denn die Besitzerin des Hauses, in dem die beiden Kontrahenten wohnen, stellt Tom immer wieder vor diese Alternative: Entweder er fängt endlich die Maus, oder er fliegt in hohem Bogen aus dem Haus und geht seiner »bürgerlichen« Existenz verlustig. Eine riesige (und auch nicht durch Klugheit auffällige) Bulldogge mit dem programmatischen Namen Killer sowie eine namenlose Barbiekatze, deren Anblick Tom in einen bedauernswert geilen Zustand versetzt, dem die Lusterfül-

lung natürlich jedesmal versagt bleibt, und manchmal auch ein verwandter oder befreundeter Kater auf Besuch, der ähnlich harmlos und faul wie Tom ist, sorgen ab und zu für Abwechslung in den ansonsten von aberwitzigen Zweikämpfen geprägten Trickfilmen. Allerdings führen bestimmte Situationen auch zum Eingehen einer Allianz der beiden Antagonisten, die dann aber nur von kurzer Dauer ist. Drei Jahre nach der ersten Folge gab es für die Episode *Yankee Doodle Mouse* den ersten Oscar, dem sechs weitere und darüber hinaus sechs Nominierungen folgen sollten. Mit diesen Trophäen ist *Tom & Jerry* bisher unangefochten die meistausgezeichnete Trickfilmserie aller Zeiten. Die Schöpfer der Filme pflegten erstaunlicherweise keinerlei privaten Umgang miteinander. Sie harmonierten nur in dem kreativen Wahnsinn der Erfindung und Produktion ihrer Filme miteinander. Außerhalb ihrer Arbeit hatten sie einander nichts zu sagen.

Tweety & Sylvester

Wie in der amerikanischen Filmindustrie zu erwarten war, blieb Tom nicht der einzige Kater, der ständig mit der Jagd auf ein anderes Tier beschäftigt ist. Zunächst tauchte 1942 in einem Trickfilm der Warner Bros. ein gelber Piepmatz namens Tweety auf, der sich vor zwei hungrigen Katern zu retten hatte. Fünf Jahre später hatte der Kater Sylvester sein Leinwanddebüt, und kurz darauf traten die beiden gemeinsam auf. Der Name Tweety leitet sich vom englischen Verb *to tweet* (zwitschern) ab. Der naive Kanarienvogel zeichnet sich durch sein kindliches Lispeln aus und entrinnt dem Pechvogel Sylvester, dem natürlich kein Anschlag gelingt, durch eine aberwitzige Mischung aus Geschicklichkeit und Glück. Tweety und Sylvester wurden immerhin zweimal mit einem Oscar ausgezeichnet.

Tom Puss

Ein Jahr vor Tweetys erstem Leinwandauftritt, also 1941, veröffentlichte Marten Toonder (1912–2005) in der Zeitung *De Telegraaf* die erste Folge seiner Serie *Tom Poes* (deutsch: *Tom Puss*), die ihn zu einem der berühmtesten und bedeutendsten holländischen Comic-Zeichner machte und fast 50 Jahre publiziert wurde.

Pussy

Diese heute nur noch wenigen Spezialisten bekannte Comic-Katze stammt aus der Feder von *Peyo*, dem Pseudonym des Belgiers Pierre Culliford (1928–1992), der 1958 mit der Erfindung der *Schlümpfe* weltberühmt wurde. Die schwarze Katze mit ihrem weißen Bauch und den weißen Pfoten erschien als Strip von 1950 bis 1955 in der belgischen Tageszeitung *Le Soir*.

Oskar, der Familienvater

Damit sind wir in den 1950er Jahren und bei dem deutschen Zeichner Cefischer (Carl Ernst Fischer, 1900–1974) angelangt, dem Schöpfer von *Oskar, der Familienvater*. Cefischer zeichnete ab 1937 für die *Frankfurter Illustrierte*. Im Zweiten Weltkrieg verlor er bei einem Bombenangriff beide Arme. Er lernte mit dem Mund zu malen und konnte bereits ab 1948 wieder als Illustrator für seine Zeitschrift arbeiten. 1952 erschien dort erstmals ein Comic mit Oskar, dem Familienvater. Es ist die typische deutsche Kleinbürgerfamilie der Nachkriegszeit: Oskar raucht Zigaretten, Pfeife und Zigarre, ist treusorgender Ehemann, aber flirtet auch gern mit anderen Miezen, verbringt seine Zeit mit der Familie (fünf Katzenkinder!), ist aber auch einer nächtlichen Sauftour mit anderen Katern nicht abgeneigt. Das Geld ist immer knapp, die Laune immer gut, die Kinder sind immer zu Streichen aufgelegt. Cefischer hat die 50er Jahre in so liebevollen wie braven Bildern eingefangen, daß es heute wieder Spaß macht, sie zu betrachten. Von 1954 bis 1960 sind Oskars Abenteuer und Erlebnisse in insgesamt sechs Büchern erschienen. Zahlreiche Motive von Oskar sind auch als ↑Ansichtskarten gedruckt worden.

Cefischer, Oskar, der Familienvater

Mowser

1964 kreierte der englische Zeichner Reg Parlett (1904–1991) den sehr britischen Comic-Kater Mowser für das Magazin *Lion*. Die Serie wurde 1966 umbenannt in *Mowser, der köstliche Kater, und sein Feind James, der Butler*. James will den Kater aus dem Haus vertreiben, meist wird das Essen zum Anlaß für einen veritablen Streit der beiden. Das Opfer des sich entwickelnden Desasters ist aber fast immer Seine Lordschaft oder ein Mitglied der adligen Familie, der James als Butler dient. Und zum Schluß ist es mit schöner Regelmäßigkeit James, der gejagt, geprügelt oder aus dem Haus geworfen wird.

Fritz the Cat

In den 1960er Jahren entstand mit der amerikanischen Hippie-Bewegung eine neue Art von Comic. Es erschienen Serien für Erwachsene, die sich mit den Themen Vietnamkrieg, Drogen, Rockmusik, Sexualität usw. beschäftigten. Diese im kulturpolitischen Untergrund kursierenden Comics in meist kleinen Auflagen nannten sich zur Abgrenzung vom Mainstream *Comix*. Anfang 1968 gab Robert Crumb (* 1943) die erste Ausgabe von *Zap Comix* heraus, dem Zentralorgan der Bewegung. Robert Crumb wurde zur Ikone des Antiestablishments und seine Hauptfigur *Fritz the Cat* zum Kultstar des Underground. 1972 entstand mit *Fritz the Cat* der erste Trickfilm, der nur für Erwachsene zugelassen wurde. Selten hat ein Zeichner das Wesen der Katze so ernst genommen und gleichzeitig übersteigert wie Robert Crumb mit Fritz the Cat. Dessen unkontrollierbare Geilheit, seine radikale Ablehnung jeglicher Autorität, die Verachtung aller Konventionen und Verweigerung der Integration in ein bürgerliches Leben sowie das hedonistische Grundprinzip seines Handelns sind zwar völlig überzeichnet, finden sich aber als (heute positiv bewertete) Eigenständigkeit im Wesen der Katze wieder. Ähnlich wie das Bürgertum auf *Fritz the Cat* reagiert hat, nämlich mit entsetzter Ablehnung, sah im Mittelalter die Bewertung der Katze durch die katholische Kirche aus (↑Christentum).

Fat Freddy's Cat

Neben Fritz the Cat avancierte mit *Fat Freddy's Cat* eine zweite Katze zum Medienstar der 68er-Subkultur. Ihr Erfinder Gilbert Shelton (* 1940) führte sie 1969 als Randfigur seiner Serie *The Fabulous Furry Freak Brothers* ein, die erstmals 1968 veröffentlicht wurde. Wenig später wurde Fat Freddy's Cat ein eigener Comic – man kann dies als Hommage an George Herriman deuten, dessen Krazy Kat eine ähnliche Biographie aufweist. Während Fritz the Cat ein Mensch in Gestalt eines Katers ist (oder ein Kater mit dem Wesen eines Menschen), bleibt Fat Freddy's Cat ein Tier. Es kann zwar denken und mit seinen Artgenossen reden, aber es lebt das Leben einer Katze, und der Comic thematisiert ironisch-überspitzt die Probleme und Mißverständnisse, die sich im Zusammenleben zwischen Mensch und Katze ergeben können. Wobei Fat Freddy's Cat und seine Kumpane sich durch ähnlich anarchistisch-intellektuelle Charakterzüge auszeichnen, wie Fat Freddy und die Mitbewohner seiner Subkultur-Wohngemeinschaft in San Francisco. Einmal stellt Fat Freddy's Cat seinen auf Mülltonnen herumlungernden Freunden die Frage: »Haben eure ›Besitzer‹ euch jemals im Haus eingeschlossen?« Eine Katze antwortet: »Ja, meine haben mich mal zwölf Stunden eingesperrt. Das tut ihnen jetzt noch leid! Ich habe die ganze Bude demoliert!« Worauf eine andere Katze ergänzt: »Meine sind mal losgezogen und haben mich das ganze Wochenende drin gelassen! Danach mußten sie ausziehen!« Während die Abenteuer von Fritz the Cat heute vermutlich von den meisten Lesern als in einer fernen Vergangenheit verortet empfunden werden, haben sich die Strips von Fat Freddy's Cat größtenteils ihren erfrischenden und hintersinnigen Humor bewahren können. Dies liegt mit Sicherheit ein wenig auch daran, daß sie von Harry Rowohlt und Gerhard Seyfried hervorragend übersetzt worden sind.

Gilbert Shelton, Fat Freddy's Kater, *Rotbuch Verlag, 1992*

Art Spiegelman (* 1948)
ist ein weiterer Comic-Zeichner der 68er-Generation und hat mit Robert Crumb und Gilbert Shelton zusammengearbeitet. Spiegelmans Arbeiten aus dieser Zeit sind allerdings heute kaum noch bekannt. Statt dessen wurde ihm international große Anerkennung für seine Graphic Novel *Maus – Die Geschichte eines Überlebenden* zuteil, deren zeichnerische Ursprünge auf das Jahr 1972 zurückgehen. 1986 und 1991 erschienen die beiden Teile dieser Geschichte in Buchform. Als erster Comic-Autor wurde Spiegelman für *Maus* 1992 mit dem Pulitzer-Preis ausgezeichnet. In *Maus* schildert er das Überleben seines Vaters in Auschwitz, wobei die Juden als Mäuse und die Nazis als Katzen gezeichnet sind.

Garfield

Am 19. Juni 1978 wurde in 41 Zeitungen erstmals ein Katzen-Comic veröffentlicht, dessen internationale Erfolgsgeschichte ihresgleichen sucht. Sein Schöpfer heißt Jim Davis (* 1945), der im amerikanischen Bundesstaat Indiana geboren wurde und mit seinen Eltern, einem Bruder und etwa 25 Katzen aufwuchs. Schon als Junge begann er zu zeichnen, und nach einem Studium der Kunst und

Musik arbeitete er zunächst in der Werbung. Seine Karriere als Comic-Zeichner begann 1973 mit der Erfindung von *Gnorm Gnat*, einem Käfer. Fünf Jahre später entwickelte Jim Davis einen neuen Comic, mit dessen Erfolg er aber nach eigenen Aussagen nicht wirklich gerechnet hatte. Inzwischen erscheint *Garfield* weltweit in über 2500 Zeitungen mit etwa 263 Millionen Lesern. Kinofilme und Fernsehserien sind in vielen Ländern erfolgreich gelaufen und ausgezeichnet worden, 33 seiner Comic-Bücher landeten auf der Bestsellerliste der *New York Times*. Mit der Verleihung der Ehrendoktorwürde der Ball State University und der Purdue University (beide Indiana) im Jahr 1991 erreichte Davis' Karriere einen vorläufigen Höhepunkt. Einige Kunsthistoriker sehen in Garfield einen weichgespülten Wiedergänger von Fat Freddy's Cat. Tatsächlich haben die beiden Comic-Katzen einige Ähnlichkeiten. Sie sind extrem frech, faul und verfressen, ihr hedonistischer Charakter ist mit einer Prise Sadismus gewürzt. Im Vergleich zu Fat Freddy's Cat ist Garfield allerdings ein in das amerikanische Mittelschichtsmilieu integriertes Haustier, kein Revoluzzer an den Schmutzrändern der Gesellschaft. Dieser Unterschied ist es wohl, der Garfields Erfolg ausmacht.

Choleric Cat

Mit dieser Figur schuf Hunt Emerson (* 1952) Anfang der 80er Jahre eine Katze, die einen Fernsehapparat least und dabei übersieht, daß der Leasing-Vertrag die Abnahme zahlloser Werbesendungen vorschreibt. So taucht, wann immer man das Gerät einschaltet, der gleiche Moderator auf, der die Katze von den Vorzügen der Schock-o-Pops (man erfährt nicht, um was genau es sich dabei handelt) überzeugen möchte. Moderator und Fernsehgerät führen ein Eigenleben und weigern sich strikt, die Art der Unterhaltung zu senden, nach der sich die Katze sehnt. Selbst eingelegte Videos funktionieren auf dem Gerät nicht. Kein Wunder, daß die Choleric Cat den Fernseher und seinen Moderator haßt, woraus die Strips ihre Spannung beziehen. 1987 erschien eine englische Buchausgabe, die 1992 auf dem deutschen Markt veröffentlicht worden ist. In den 70er und 80er Jahren war Hunt Emerson einer der Protagonisten der englischen Underground-Comix. Er arbeitete u. a. mit Gilbert Shelton zusammen. Emerson hat außerdem die Katzen-Serien *Firkin the Cat* und *PussPuss* gezeichnet.

Calvin und Hobbes

In mehrfacher Hinsicht ungewöhnlich sind sowohl der Zeichner Bill Watterson (* 1958) als auch sein Comic strip *Calvin und Hobbes*. Watterson begann schon in seiner High-School-Zeit mit dem Zeichnen von Comics. Nach einem abgeschlossenen Studium der Politikwissenschaft schlug er sich eine Zeitlang mehr schlecht als recht mit dem Zeichnen durch. Wie viele andere Comic-Figuren waren auch Calvin und Hobbes zunächst Randfiguren in einem anderen Strip. 1985 wurde aus den beiden ein eigener Strip und ein riesiger Erfolg. Auf seinem Höhepunkt erschien der Comic in 2300 Zeitungen, bis heute wurden weltweit über 23 Millionen Bücher verkauft.

aus: Bill Watterson, Calvin und Hobbes, *Carlsen Verlag, 2006*

Calvin ist (und bleibt) ein sechsjähriger Junge aus der Mittelschicht, der mit seinen Eltern in einem Vorort einer unbenannten amerikanischen Stadt lebt. Der phantasievolle Knabe ist von einem Musterkind weit entfernt. Er stellt die seltsamsten Dinge an, treibt seine Babysitterin zur Verzweiflung, kommentiert das Geschehen mit zynischen Bemerkungen und treibt seine Eltern nicht selten zur Weißglut. »Ich kann nicht gerade behaupten, daß ich gern ein Kind wie Calvin hätte«, gab Bill Watterson zu.

Hobbes ist eine Tiger-Katze, und zwar ein Stofftiger, wenn außer Calvin noch andere Personen zugegen, jedoch ein richtiges Tier, wenn die beiden allein sind. Zur Figur der Tiger-Katze und ihrer Doppeldeutigkeit hat sich Watterson ausführlich geäußert: »Der Charakter von Hobbes wurde stark von unserer Katze Sprite inspiriert. Sprite war nicht nur das Vorbild für Hobbes' langgestreckten Körperbau und seine Gesichtszüge, sondern auch für sein Wesen. Sprite war freundlich, intelligent und liebte es ebenfalls, sich anzuschleichen und dann plötzlich zuzustoßen. Natürlich läuft Hobbes aufrecht und spricht, aber ich habe stets versucht, ihn nicht zu sehr zu vermenschlichen, sowohl von seiner äußeren Erscheinung als auch von seinem Verhalten her. Sein Takt und seine Reserviertheit erscheinen mir sehr katzenhaft, ebenso sein kaum unterdrückter Stolz, kein Mensch zu sein. Wie Calvin ziehe auch ich oft die Gesellschaft von Tieren der von Menschen vor, und Hobbes entspricht meiner Vorstellung eines idealen Freundes. Ich sehe Hobbes nicht als Stofftiger, der auf magische Art und Weise zum Leben erwacht, wenn Calvin in der Nähe ist. Ich halte Hobbes auch nicht für das bloße Produkt von Calvins Vorstellungskraft. Calvin sieht Hobbes auf seine Weise, und alle anderen sehen Hobbes auf die ihre. Ich zeige zwei Versionen der Realität, und beide sind für die, die in ihr leben, vernünftig und sinnvoll. Ich denke, das ist die Art, wie das Leben funktioniert. Niemand sieht die Welt auf die exakt gleiche Weise, und dieser Umstand wird durch die zwei verschiedenen Hobbes' versinnbildlicht.« Calvin hat seinen Namen übrigens von dem Reformator Johannes Calvin (1509–1564) und Hobbes ist nach dem englischen Philosophen Thomas Hobbes (1588–1679) benannt.

Trotz des weltweiten Erfolges der Serie stellte Bill Watterson die Arbeit daran 1995 überraschend ein. Am 31. Dezember 1995 erschien der letzte Strip. »Es ist eine Entscheidung, die ich mir nicht einfach gemacht habe«, schrieb Watterson in seinem Abschiedsbrief an die Redaktion, »und ich verkünde meinen Rücktritt nicht ohne Schmerz, aber in der letzten Zeit habe ich begonnen, mich mehr und mehr für andere Dinge zu interessieren. Ich möchte in Zukunft mehr Zeit für mich haben.« Um die Verwertungsrechte von *Calvin und Hobbes* hatte es erbitterte Kontroversen zwischen Bill Watterson und dem Vertrieb Syndication Network gegeben, da Watterson sich energisch weigerte, anderen Vermarktungsformen als Comic strips und Büchern seine Zustimmung zu geben. Mit dem Hinweis, daß Calvin eine Comic-Figur und kein Kaffeetassenbewohner sei, verhinderte er schließlich jedes weitere Merchandising, sogar die geplanten Verfilmungen der Serie. Bill Watterson hat seit fast dreißig Jahren keine Interviews mehr gegeben und lebt mit seiner Frau und Katzen kinderlos und zurückgezogen in Hudson (Ohio).

Ezekiah Jones

1993 verzauberte Franco Matticchio die Comic-Welt von Kanada bis Japan mit seinem so poetischen wie surrealistischen Erstlingswerk *Sensa Senso* (deutsch: *Sinnlos*, 2000), dessen Protagonist, der Kater Ezekiah Jones, in 22 Episoden unterschiedlicher Länge durch eine moderne Märchenwelt voller überraschender Wendungen und Begegnungen taumelt. Er verfolgt ein zum Leben erwachtes Kopfkissen, wird in der Badewanne von einem heimtückischen Unterseeboot traktiert, das sich zuletzt in eine freundlich rauchende Pfeife verwandelt, und verirrt sich in einem riesigen Baum, in dessen Geäst er verschiedenen Tieren, einer elektrischen Eisenbahn und einem sprechenden Koffer begegnet. Der hält ihm eine Rede, die an den Türwächter in Franz ↑Kafkas Roman *Der Prozeß* erinnert. Ferner tauchen ein sich mit Rum Mut antrinkender und zum Mord bereiter Schneemann auf, der allerdings vor seiner Meucheltat zerschmilzt, ein Skispringer, den es von der Schanze direkt in den Weltraum verschlägt, und ein Walroß, das in einem Erdbeerfeld *Hey Jude* singt – womit noch längst nicht das ganze Personal dieses hinreißenden Buches aufgezählt ist. Franco Matticchio wurde 1957 in Varese geboren und lebt in Mailand. Er arbeitet als Illustrator für Verlage und hat für Robert Begnini das Storyboard zu dem Film *Das Monster* gezeichnet. In dem italienischen Verlag Edizioni Nuages sind vier Bände mit seinen Zeichnungen erschienen. *Sinnlos* ist sein erstes eigenständiges Buch, das nicht lediglich bereits veröffentlichte Auftragsarbeiten für andere Bücher und Medien versammelt. Dafür hat er einen verträumt-anarchistischen Kater erfunden, den man sofort liebgewinnt und der in der Comic-Literatur seinesgleichen sucht. Nach eigenen Angaben soll es nicht nur sein erstes, sondern auch sein letztes Comic-Buch bleiben. Bis heute hat sich Franco Matticchio leider daran gehalten.

aus: Franco Matticchio, Sinnlos, *Edition Moderne, 2000*

Mooch

Eher dem klassischen Comic strip verpflichtet fühlt sich der 1956 in New Jersey geborene Patrick McDonnell, der viele Jahre für das *New York Times Sunday Magazine, Forbes, Time* und andere amerikanische Magazine gezeichnet hat. 1994 kreierte er mit *The Mutts* eine täglich erscheinende Comic-strip-Serie, die weltweit in über 700 Tageszeitungen erscheint. 29 menschliche und tierische Figuren, darunter sechs Katzen, bevölkern dieses kleine, humorvolle und nachdenklich stimmende Universum, in dem Katzen eine bedeutende Rolle spielen. Der Comic strip besteht zumeist aus drei einfachen, aber mit sicherer Hand gezeichneten Bildern. Der kleine Kater Mooch nimmt die Hauptrolle in diesem vielgestaltigen Panoptikum ein. Ein Comic strip mit Mooch beginnt mit dem Hund Earl, der vor dem Haus sitzend ein Blatt Papier liest: »Earls Vorsätze für das neue Jahr. Erstens. Versuche Katzen besser zu verstehen.« Auf dem zweiten Bild sieht man, wie Mooch dem Hund von oben auf den Kopf springt. Das letzte Bild zeigt Mooch auf Earls Kopf sitzend. Er liest das Blatt und kommentiert den wichtigsten Vorsatz des Hundes mit den Worten: »Na dann viel Glück.« Mooch ist auch der Star des Kinderbuches *The Gift of Nothing*, das den Sprung auf die Bestsellerliste der *New York Times* geschafft hat

aus: Patrick McDonnell, Das schönste Geschenk, *Hoffmann & Campe, 2006*

und 2006 in Deutschland unter dem Titel *Das schönste Geschenk* erschienen ist. Patrick McDonnells Homepage www.muttscomics.com ist unbedingt empfehlenswert. Man kann dort zum Beispiel *The Mutts* abonnieren und erhält dann per Mail kostenlos den täglichen Strip. Der Autor ist Mitglied mehrerer Tierschutzorganisationen und lebt mit seiner Frau Karen sowie dem Hund Earl und der Katze MeeMow zusammen.

Blacksad

Im November 2000 erschien mit dem Titel *Irgendwo zwischen den Schatten* der erste Band der inzwischen mit zahlreichen Preisen überhäuften Serie *Blacksad* von Juan Díaz Canales (* 1972) und Juanjo Guarnido (* 1967). Die beiden Spanier arbeiten hauptsächlich im Kreativbereich für den Animationsfilm, was man *Blacksad* auf den ersten Blick ansieht. Die Serie um den Privatdetektiv Blacksad ist im Amerika der 40er oder 50er Jahre angesiedelt und im Stil des Film Noir gezeichnet. Blacksad ist ein großer Kater im Trenchcoat, auch die anderen Charaktere agieren wie Menschen, sind aber Tiere. Alle Polizisten sind beispielsweise als Hunde dargestellt. Die drei bisher erschienenen Bände handeln von einem Auftragsmord in der Upper Class, von Rassenhaß und den Verfolgungen linker Intellektueller in der McCarthy-Ära. *Blacksad* besticht neben den spannenden Kriminalgeschichten und den Möglichkeiten der Charakterisierung der Akteure durch Tiergestalten vor allem durch seine filmischen Blickwinkel. Jede Seite ist anders aufgeteilt, Totale, Halbtotale und Detailaufnahmen lösen einander ab, ständige Perspektivwechsel betonen die filmische Konzeption der Serie. Die Zeichnungen sind bis ins kleinste Detail ausgeführt und suggerieren trotz des tierischen Personals ein realistisches Ambiente.

Die Katze des Rabbiners

Der 1971 in Nizza geborene Comic-Zeichner *Joann Sfar* studierte dort zuerst Philosophie, bevor er an der École des Beaux-Arts in Paris ein weiteres Studium der Kunst absolvierte. Mit seiner Comic-Serie *Die Katze des Rabbiners* gelang ihm ab 2001 ein sensationeller Erfolg. Allein in Frankreich konnten von den Alben bereits fast eine halbe Million Exemplare verkauft werden. In Deutschland sind bisher vier Titel erschienen. Schauplatz der Geschichten ist eine Gemeinde sephardischer Juden in einer unbestimmten Gegend Nordafrikas. Im ersten Band *Die Bar-Mizwa* frißt der Kater des Rabbiners einen Papagei und erlangt dadurch die Fähigkeit zu sprechen. Der namenlose Kater verlangt nach seinen Tora-Studien eine Bar-Mizwa, die rituelle Aufnahme in die jüdische Gemeinde. Nach einem theologischen Streitgespräch zwischen dem Kater, dem Rabbiner und dem Rabbiner des Rabbiners wird ihm diese verweigert. Die Dialoge dieses Comics bewegen sich in einfacher Sprache auf hohem philosophischem Niveau. Durch seine Fähigkeit zu denken und zu sprechen bewegt sich der Kater in zwei Welten, der des Tieres und der des Menschen. Diese Doppelexistenz und ihre Konflikte werden mit verblüffender Glaubwürdigkeit durchgespielt. Der Kater entwickelt sich ohne moralistische Ambitionen zum skeptischen Beobachter der menschlichen Schwächen, wie es in dieser Intensität bisher der Literatur vorbehalten war (E.T.A. ↑Hoffmann, Soseki ↑Natsume). Die einzigartige, farbenfrohe Welt des Maghreb und ihr exotisches Ambiente werden mit fast nervös gezeichneter, expressiver Genauigkeit dargestellt. Mit Joann Sfars *Die Katze des Rabbiners* hat die Darstellung der Katze im Comic einen dialogisch wie zeichnerisch eindrucksvollen Höhepunkt erreicht.

Herr Paul

heißt der Kater, der als tragende Figur eine Nebenrolle in Volker Reiches (* 1944) Strip *Strizz* spielt. Volker Reiche begann seine Karriere als Underground-Zeichner. 1979 erschien sein erster eigener Band *Liebe*. Wegen seiner freizügigen erotischen Darstellungen wurde er prompt indiziert. Später arbeitete er für Walt Disney und schuf den Strip *Mecki* für die Zeitschrift *Hör zu*. Am 21. Mai 2002 erschien der erste Strizz-Strip im Feuilleton der FAZ. *Strizz* ist bisher der einzige Comic strip, der es in einer überregionalen deutschen Tageszeitung zum farbigen Ganzseiter gebracht hat: Seit 2003 erscheint in jeder FAZ-Silvesterausgabe eine kolorierte Langfolge. »Merkwürdigerweise ist Herr Paul, der Kater des Herrn Leo, der unumstrittene Publikumsliebling unter den Lesern der FAZ«, heißt es auf der offiziellen Strizz-Homepage www.strizz.de. »Seine politischen Ansichten sind häufig inkorrekt, um es milde auszudrücken, manchmal aber durchaus auch recht erfrischend. Das Gemälde, wie Napoleon sich selber krönt, leuchtet ihm sehr ein. Lieber aber wäre ihm eine Form des Gottkatertums.« Diesen Wunsch äußert Herr Paul ganz unverhohlen in dem Strip vom 23.9.2002. »Gottkater Paul der Erste«, sinniert er darin. »Das hätte doch was!« Inzwischen kommt Herr Leo nach Hause und möchte es sich nach einem harten Arbeitstag in seinem Lieblingssessel bequem machen, auf dem jedoch schon Herr Paul

aus: Gradimir Smudja, Vincent & Van Gogh, *Carlsen Verlag, 2004*

thront. »Spring einfach von meinem Sessel runter, okay? Nein? Herr im Himmel! Was willst du? Soll ich auf die Knie fallen?!« »Das wäre ein guter Anfang...«, denkt Herr Paul und bleibt sitzen.

Vincent

Ähnlich opulent illustriert und wie *Blacksad* an Detailreichtum kaum zu übertreffen ist das erstaunlich souveräne Erstlingswerk des 1954 in Novi Sad (Jugoslawien) geborenen Zeichners Gradimir Smudja. *Vincent & Van Gogh* ist 2004 in Deutsch erschienen und erzählt die Geschichte der spannungsreichen Freundschaft zwischen van Gogh und seinem roten Kater Vincent, den der erfolglose Maler in der Gosse aufgelesen hat. Der Kater Vincent ist ein hemmungsloser Trinker, Dieb und Mörder, der ungezählte Katzen und Frauen verführt und vergewaltigt – und ein genialer Maler. Er, und nicht sein menschlicher Lebensbegleiter, schuf die unverwechselbaren Gemälde, die heute van Gogh zugeschrieben werden. Im Stil van Goghs gezeichnet, beschreibt das Album die Stationen des Lebens der beiden Protagonisten, das in Selbstmord bzw. Wahnsinn mündet. Nebenbei erfahren wir, daß auch Gauguin seine Bilder nicht selbst gemalt hat, sondern sein tahitianischer Papagei Paul, der in diesem Comic ein tragisches Ende findet – welches wohl? Und die Schlußseite zeigt, wie eines Nachts ein roter Kater an die Fensterscheibe der Wohnung eines gewissen, noch unbekannten Herrn Picasso klopft...

Über 100 Jahre bewegt sich die Katze inzwischen durch den Comic, und sie hat ihn belebt, inspiriert und zu seiner künstlerischen Weiterentwicklung sowie seiner Verbreitung als Massenmedium beigetragen wie keine andere Tierart. In der Frühzeit des Comics haben George Herrimans *Krazy Kat* und Lyonel Feiningers Serie *The Kin-der-Kids* dem jungen Medium ganz entscheidende künstlerische Impulse verliehen, die den Comic und seine Zeichner bis heute beeinflussen. Mit den Comic-Figuren *Felix the Cat* und *Tom & Jerry* hat der Animationsfilm Kino und Fernsehen erobert und sich endgültig als Massenmedium konstituiert. *Fritz the Cat* und *Fat Freddy's Cat* avancierten neben den Postern von Che Guevara und Frank Zappa (auf dem Klo) zu den maßgeblichen Ikonen der 68er-Generation. *Garfield* und *Calvin & Hobbes* haben als Comic strip wie nur wenige andere eine weltweite Vermarktung erfahren, und mit der *Katze des Rabbiners* hat der Comic eine sprachliche Dichte und philosophische Tiefe erlangt, die das Genre (jedenfalls in diesen Auflagenhöhen) kaum zuvor erreicht hat. Die Katze, das meistgeliebte und meistgehaßte Haustier gleichermaßen, dieses polarisierende, eigenständige und oft rätselhafte Wesen hat in der jungen Kunstform Comic unübersehbar ihre Spuren hinterlassen, und gerade die jüngsten Entwicklungen lassen hoffen und vermuten, daß dies nicht ein Phänomen der Vergangenheit bleibt.

Cooder, Ry (* Los Angeles 1947), amerikanischer Gitarrist, Komponist, Produzent und Filmmusiker, wurde einem breiten Publikum bekannt mit der Musik zu Wim Wenders' Film *Paris, Texas* und als Produzent des *Buena Vista Social Club*. Im März 2007 veröffentlichte er sein Konzeptalbum *My Name Is Buddy*, das – jedenfalls in bezug auf Katzen – in der modernen Musikgeschichte seinesgleichen sucht. Buddy war ein roter Kater, ein Streuner, der bis zu seinem Tod im Jahr 2005 in einem Koffer in der Gasse hinter einem kleinen Plattenladen im kanadischen Vancouver lebte. Ein Freund Cooders entdeckte eine Fotografie des Ladenmaskottchens an einem Telefonmast, montierte den Kopf des Katers auf ein Bild des alten Bluesmusikers Lead Belly und schickte die Montage an seinen Freund mit der Webadresse des Ladens und der kryptischen Bemerkung: »Du wirst schon wissen, was damit zu tun ist.« Nachdem Ry Cooder sich bei den Inhabern des Ladens nach Kater Buddy erkundigt hatte, entstand in seinem Kopf langsam die Idee zu einem neuen Album. Darauf ist Buddy die Hauptfigur, ein roter Kater auch im politischen Sinn, der mit seinen zwei Freunden, der Maus Lefty und der Kröte Reverend Tom Toad, durch die Geschichte und Gegenwart Amerikas

Buddy Red Cat, aus: Ry Cooder, My Name ist Buddy *(Booklet), 2007, Perro Verde*

zieht. Er stromert durch die Politik- und Musikgeschichte des Landes, entdeckt dessen linksdemokratische Wurzeln und die Traditionen der Volksmusik, in denen sich das politische Bewußtsein der Arbeiterklasse widerspiegelt. Ohne ideologisches Pathos erinnert Ry Cooder in seinen Liedern an die Werte von Solidarität und Gerechtigkeit und zitiert dabei die musikalischen Traditionen des Blues, Folk und Bluegrass, gewürzt mit den Spuren von Spiritual und Lounge Jazz. Das aufwendige Booklet der CD enthält neben den 17 Songtexten 17 wundervoll illustrierte, vertiefende Texte zu den Liedern. Im Zentrum immer Buddy, der rote Kater: »I'm a Red Cat till I die, I'm a Red Cat through and through. | You can't turn me yellow and you can't make me blue. | You can't make me do things I know it's wrong to do. | I'm a Red Cat till I die, I'm telling you.«

Day, Doris (* Cincinnati, Ohio 1924), vielfach ausgezeichnete amerikanische Filmschauspielerin deutscher Abstammung. Nach über 40 Spielfilmen, Musicals und Fernsehshows zog sie sich aus dem Filmgeschäft zurück und gründete 1978 die Doris Day Animal Foundation, heute eine der größten und einflußreichsten Organisationen für den Tierschutz in Amerika. (Wie man der deutschen Homepage www.doris-day.eu entnehmen kann, sitzen Diane Keaton, Paul McCartney und Martina Navratilova im Vorstand der Organisation.) 1994 rief Doris Day in Amerika den Spay Day ins Leben, der seitdem an jedem letzten Dienstag im Februar begangen wird und so populär ist, daß es sich auch der Zeichner Patrick McDonnell nicht nehmen läßt, ihn durch seinen Comic-Kater Mooch ironisch kommentieren zu lassen (↑Comic, Mooch). »Spay« ist im Englischen der Ausdruck für Kastration, und an diesem Tag geht es darum, ein stärkeres Bewußtsein für die Kastration von Haustieren zur Verhinderung einer Überpopulation von Hunden und Katzen zu schaffen. Seit Mitte der 70er Jahre ist Doris Day Mitinhaberin des Hotels The Cypress Inn in Kalifornien (↑Reiseziele, USA, Carmel-by-the-Sea), in dem Hunde und Katzen ausdrücklich willkommen sind.

Dean, James (* Marion, Indiana 1931, † Cholame, Kalifornien 1955). Während der Dreharbeiten zu seinem dritten Kinofilm *Giganten* holte sich James Dean ein kleines Siamkätzchen ins Haus, dem er den Namen Marcus gab. »In den darauffolgenden Wochen«, berichtet sein langjähriger Freund William Bast, »schenkte er Marcus sein ganzes Herz. Er kümmerte sich viel um sein Wohlergehen und eilte in den Mittagsstunden aus dem Aufnahmeatelier heim, um das

James Dean. Foto: Sanford Roth

Tierchen zu füttern und bei ihm zu sein. Abends ging er nie aus, ohne zuerst für Marcus zu sorgen. Er kam jetzt sogar früher nach Hause, um seinen kleinen Freund nicht zu lange allein zu lassen. Und so brachte ein schieläugiges, gelbbraunes kleines Fellknäuel das erstaunliche Wunder zustande, den unberechenbaren Dean zu zähmen.« Am Abend des 29. September 1955 brachte James Dean seine kleine Siamesin zu einer Freundin – mit einer schriftlichen Anweisung, wie das Tier zu füttern sei. Er selbst fuhr am nächsten Tag zu einem Autorennen in Salinas, bei dem er starten wollte. Am Nachmittag des 30. September starb James Dean auf dem Weg von Los Angeles nach Salinas bei einem Autounfall. Was aus dem Kätzchen wurde, ist nicht bekannt. Nach einer Legende flüchtete Marcus zum Zeitpunkt von James Deans Tod aus dem Haus seiner Versorgerin und ward nicht mehr gesehen.

Deix, Manfred (* St. Pölten 1949), Österreichs bedeutendster und international bekannter Karikaturist, »trifft als Scharfschütze so gut wie Wilhelm Tell in seiner besten Zeit« (Billy Wilder). Seine Zuneigung zu Katzen entwickelte sich schon in der Kindheit und steigerte sich – typisch für Deix – ins nahezu Maßlose: 1979 mietete er mit seiner Frau Marietta eine kleine Villa in Wien, wo er 98 Katzen eine Heimstatt gab. Inzwischen lebt er mit etwa 80 Katzen auf einem Bauernhof. 2005 gab er dem Bayerischen Rundfunk ein langes Interview, in dem er sich auch ausführlich über Katzen äußerte. Über Menschen, die mit ein paar Katzen zusammenleben, sagte er: »Das sind menschliche Anfänger, das sind trübe Tassen oder halt unterkühlte Temperamente. Wenn ich auf etwas stehe, dann brauche ich viel davon. Ich bin unmäßig.« Und auf die Frage, was er so sehr an Katzen liebe, antwortete er: »Alles! Ihre Art, ihren Charme, ihre Bewegungen, ihren Charakter, ihre Liebesfähigkeit. Es gibt keine Lebewesen auf der Welt, inklusive Menschen, die mit solchen Mitteln ihre Liebe und Zuneigung darstellen können. Es gibt keine Frau, die schnurrt. Es gibt keine Frau, die einen ableckt aus Freude. Vielleicht kennen Sie welche, ich nicht. Oder wenn sie

Milch treten: Wenn Katzen sich wohl fühlen, dann treten sie Milch. Das heißt, sie treten mit ihren Vorderpfoten. Normalerweise machen das die Katzenbabys bei ihrer Mama: Da drücken sie die Brust, um Milch herauszubekommen. Aber die Katzen machen das noch, selbst wenn sie schon zwölf Jahre alt sind: Auch dann machen sie das noch bei mir im Gesicht. Das sind Liebesbeweise, die kein anderes Lebewesen imstande ist zu liefern … Katzen haben alles, was Menschen nicht haben: Charme, Temperament, Liebesfähigkeit, Schönheit. Ein Katzengesicht ist einfach uneinholbar schön. Es gibt keinen Menschen, der mit der Schönheit eines Katzengesichts mithalten könnte. Sie wissen, wie eine junge, drei Monate alte Katze aussieht? Das ist das Alter, wenn sie zu hüpfen beginnt oder mit den anderen jungen Katzen zu raufen anfängt. Wenn sie sich dann so hinstellt und den Schweif aufstellt: Es gibt nichts Schöneres. So wunderbar ein menschliches Baby sein kann, und Babys sind ja wirklich zuckersüß, aber gegenüber dem Reiz, den eine junge Katze hat, stinkt ein Menschenbaby ab. Das ist leider so, tut mir leid.« (↑Briefmarken)

Dekkers, Midas (* Haarlem 1946), niederländischer Biologe, Publizist und Autor zahlreicher Bücher, beispielsweise *Das Gnu und du* oder *Miau*. Dieses mit leichter Hand geschriebene Buch voller biologischer und historischer Miniaturen enthält eine ganze Reihe von nützlichen Hinweisen zum Zusammenleben mit Katzen: keine neunmalklugen Tips, sondern eher beiläufig gegebene, aus eigener Erfahrung gewonnene Ratschläge. »Das Leben mit einer Katze ist eine Frage von Geduld gegen Geduld. Ein Beispiel: das Essen. Was immer man einer Katze vorsetzt, irgendwann wird sie es verschmähen. Um festzustellen, ob sie vielleicht krank ist, geben Sie ihr etwas Leckeres zu fressen. Sie verzehrt es mit Genuß. Am Appetit liegt es also nicht. Dennoch verweigert Mieze hartnäckig das ursprüngliche Futter. Wer jetzt schwach wird und der Katze nur noch Leckerbissen anbietet, ist verloren. Das führt nur zu einer Verschlimmerung des Übels, von Kitekat zum Roastbeef. Üben Sie deshalb Geduld. Mehr Geduld als sie.« Dekkers ist ein großer Katzenfreund, der in einem Interview diese verblüffende Frage gestellt hat: »Warum kann meine Freun-

Zeichnung: Dora Carrington

din nicht Kätzchen statt Kinder zur Welt bringen?«

Dickens, Charles (* Landport 1812, † Gadshill Place 1870), englischer Schriftsteller und Katzenfreund wider Willen. Wie seine Tochter in ihrem Erinnerungsbuch *My Father as I Recall Him* berichtet, hatte sich die Familienkatze Williamina eine Ecke in Dickens' Arbeitszimmer zur Aufzucht ihres Wurfes ausgesucht. Nachdem Dickens mehrfach angeordnet hatte, sie aus dem Zimmer zu entfernen, trug die Katze ihre Jungen unter seinen Schreibtisch und schnurrte so laut, daß sich Dickens endlich geschlagen gab. Die Katze durfte bleiben. Außerdem heißt es, Williamina löschte mit der Vorderpfote das Kerzenlicht auf dem Schreibtisch des Schriftstellers, wenn ihrer Meinung nach die Schlafenszeit gekommen war.

Dickin Medal

Dickin Medal Die 1917 von Maria Dickin ins Leben gerufene Tierschutzorganisation People's Dispensary for Sick Animals (PDSA) verleiht seit 1943 die Dickin Medal als besondere Auszeichnung für Tiere, die sich im Kriegseinsatz im Dienst des Menschen verdient gemacht haben. Die runde Medaille ist aus Bronze und trägt die Inschrift: »For Gallantry. We also serve.« (»Für Tapferkeit. Auch wir dienen.«) Sie hängt an einem Band in den Farben Grün, Braun und Blau, die Wasser, Erde und Luft (und damit die Waffengattungen Marine, Infanterie und Luftwaffe) symbolisieren. In England wird die Medaille auch als das Viktoria-Kreuz für Tiere bezeichnet. Zwischen 1943 und 1949 wurde sie 54-mal vergeben, 32 Schweine, 18 Hunde, drei Pferde und eine Katze (↑Simon) wurden mit ihr ausgezeichnet. In jüngster Zeit erhielten sechs Hunde die Dickin Medal, u. a. Salty, Roselle und Apollo, die nach den Anschlägen vom 11. September 2002 in New York Menschenleben gerettet hatten.

Domestikation In der Übergangszeit von der Nomadenexistenz des Menschen zur Seßhaftigkeit einsetzender Prozeß der allmählichen Wandlung von Wildtieren in Haustiere, der in seinen Vorstufen vor etwas über

Remondini di Bassano, Il Gatto Domestico, 17. Jh.

20 000 Jahren begonnen haben dürfte. Neuere Ausgrabungen in ↑Zypern datieren Versuche der Domestikation von Katzen vor ungefähr 9500 Jahren. Nach bisher gesichertem Forschungsstand entstand unsere ↑Hauskatze aus der Domestikation der Felis lybica (↑Feliden) in ↑Ägypten. Die gefüllten Kornspeicher dürften als optimale Nahrungsquelle für Mäuse und Ratten Katzen bewogen haben, sich als ↑Kulturfolger dem Menschen anzuschließen (↑Tierrechte).

Drohgebärden sind ritualisierte Verhaltensmuster mit hohem »Wiedererkennungswert« im Rahmen innerartlicher Aggression, die zunächst einmal darauf ausgerichtet sind, es nicht zu einer tätlichen Auseinandersetzung kommen zu lassen. Zu den Drohgebärden der angreifenden oder sich verteidigenden Katze gehören Körperhaltung und Lautäußerung. Bei Überschreiten der tolerierten Distanz, sexueller oder sozialer Rivalität und der Verteidigung eines Wurfes kann aus dem sanften Haustier in kürzester Zeit eine unter Umständen bis zur Tötung des Kontrahenten bereite Furie werden. In der ersten Phase des Drohens faucht die Katze ihr Gegenüber an. Dabei wird die Atemluft so scharf ausgestoßen, daß das angefauchte Tier einen deutlichen Lufthauch spürt. Mit dem Fauchen ist zumeist die Angriffsform des Schlagens verbunden. Wenn die Katze anfängt, mit explosionsartigen Tönen zu spukken, ist die zweite Stufe der Eskalation erreicht. Hat sie begonnen zu knurren, steht ihr Angriff direkt bevor. Sie ist dann bereit, ihre Zähne einzusetzen. Direkter Blickkontakt und die Vergrößerung der Körperform durch das Aufstellen der Fellhaare sind gestische Zeichen ihrer Erregung. Während eine bedrohte Katze ihren Kopf eng an den Boden preßt, um den Nacken zu schützen, die Ohren anlegt und die Pupillen weit öffnet, stellt die angreifende Katze ihre Ohren seitlich auf, verengt die Pupillen und reckt den Kopf leicht vor. Kommt es in einer so

Drohgebärde

gearteten Situation zu einem Angriff, bilden die beiden Gegner schnell ein um sich schlagendes, kratzendes und beißendes Bündel, aus dem der Mensch sich besser heraushalten sollte. Klüger ist es, vorher deeskalierend einzugreifen.

Dumas, Alexandre (* Villers-Cotterêts 1802, † Puys 1870), zur Unterscheidung von seinem gleichnamigen Sohn auch zusätzlich als »der Ältere« bezeichnet. Der ungemein produktive Schriftsteller hinterließ ein Gesamtwerk von über 250 Bänden, darunter die Abenteuerklassiker *Die drei Musketiere* und *Der Graf von Monte Christo*. Er liebte nicht nur Katzen, sondern eigentlich alle Tiere. Alexandre Dumas lebte immer mit vielen Haustieren zusammen. In seinem Buch *Histoire de mes Bêtes* erinnert er sich an seine beiden Katzen, mit denen er nacheinander zusammengewohnt hat. Mysouff hatte die Angewohnheit, den Schriftsteller jeden Morgen pünktlich um halb zehn auf seinem Weg ins Büro zu begleiten, jedenfalls bis zur Rue de Vaugirard, wohl ihrer Reviergrenze, wie Dumas vermutet. Dort erwartete sie ihn bei seiner Heimkehr am Nachmittag und lief dann auf dem Nachhauseweg immer vor ihm her. Als Alexandre Dumas Jahre nach dem Tod von Mysouff einmal von einer längeren Reise zurückkehrte, fand er zu seinem Erstaunen auf dem Sofa beim Kamin eine schwarzweiße Katze vor. Er rief nach seiner Köchin, die ihm erklärte, sie habe das kleine Kätzchen im Keller gefunden. Und er selbst hätte einmal gesagt, sie müßten eine Katze haben. Dumas bestritt zwar diese Äußerung, aber die Katze blieb und erhielt den Namen Mysouff II. Das Zusammenleben von Alexandre Dumas mit Mysouff II., einigen Hunden, zahmen Affen und vielen Vögeln ging auch lange gut. Bis es Mysouff II. gelang, mit Hilfe von drei Affen in die Voliere einzudringen, in der Dumas seine seltenen Vögel hielt. Für die Affen war es eher ein lustiger Spaß. Mysouff II. dagegen ließ sich die Gelegenheit zu einem exquisiten Frühstück nicht entgehen. Er frühstückte für etwa 500 Francs, eine für die damalige Zeit erkleckliche Summe. Alexandre schickte nach ein paar Freunden und stellte Mysouff II. vor das spontan einberufene Privatgericht, das nach kurzer Beratung zu folgendem Ergebnis kam: Mysouff II. wurde zu fünf Jahren Haft im Affenkäfig verurteilt. Ob das Urteil jemals vollstreckt wurde, ist nicht bekannt.

Edelkatzen ↑Zuchtkatzen

Eggebrecht, Axel (* Leipzig 1899, † Hamburg 1991), deutscher Journalist, Schriftsteller und Drehbuchautor, veröffentlichte 1927 sein von B. F. Dolbin illustriertes Buch *Katzen*, das zu den schönsten und nachdenklichsten Katzentexten des 20. Jahrhunderts zählt und von Kurt ↑Tucholsky in der *Vossischen Zeitung* hymnisch rezensiert wurde. Seine großartige Liebeserklärung an die Katze wartet mit Einsichten wie dieser auf: »Die Katze blieb als letzte göttliche Inkarnation der Morallosigkeit, sie gehorcht nicht, sie hält nicht viel von Treue, der Fleiß ist für sie noch nicht erfunden – und sie ist herrlich schön wie am ersten Tag, noch ganz vollkommen, gesättigt mit ihrer Trefflichkeit, ein kleiner Löwe.«

Zeichnung von B.F. Dolbin aus Axel Eggebrechts Katzen*-Buch*

Eingewöhnung Wenn eine neue Katze ins Haus kommt oder man mit einer Katze in eine neue Wohnung zieht, benötigt sie eine gewisse Eingewöhnungszeit. Dieser Zeitraum kann unterschiedlich lang sein. Er ist in der Regel kürzer, wenn man mit einer Katze, die einem vertraut ist, umzieht, länger, wenn ein junges Kätzchen neu ins Haus kommt. In beiden Fällen sollte man die Katze nicht bedrängen, laute Geräusche vermeiden, häufig und ruhig mit ihr sprechen, sie nur dann streicheln, wenn sie zu einem kommt und es sich gefallen läßt. In den meisten Fällen gewöhnt sich die Katze zunächst an einen Raum. Diesen sollte man nicht versperren, während sie die anderen Räume erkundet. Denn falls sie sich dabei erschreckt, wird sie sich fluchtartig in die ihr bereits vertraute Umgebung zurückziehen wollen. Selbsterkundete Verstecke sollte man der Katze nicht verbauen. Oft braucht sie in dieser Phase Orte, wo sie ganz für sich allein sein kann. Wenn die Katze die Möglichkeit zum Freilauf hat, sollte man mit dem ersten Hinauslassen warten, bis sie sich an die Wohnung (und die Menschen in ihr) gewöhnt hat.

Einschläfern Das ist wohl der schlimmste Moment im Zusammenleben von Katze und Mensch, wenn der Katzenhalter eine Entscheidung darüber treffen muß, ob die unheilbar kranke oder schwerverletzte, in jedem Fall aber unabwendbar leidende und todgeweihte Katze eingeschläfert werden soll. Als Patricia ↑Highsmith sich einmal gezwungen sah, eine ihrer Katzen einschläfern zu lassen, hat sie nach dem Bericht einer engen Freundin sehr darunter gelitten. »Es war das einzige Mal, daß ich sie weinen sah. Ich war wirklich gerührt«, sagte Gudrun Müller, »weil es das erste Mal war, daß sie ihre Gefühle zeigte.« Patricia Highsmith selbst hat einem Kollegen darüber folgendes erzählt: »Es hat mich sehr mitgenommen, weil ich diese Macht hatte zu entscheiden. Es ist erschreckend, diese Macht zu haben. Ich komme dafür nicht ins Gefängnis, aber die Katze ist tot.«

Jeder muß diese Entscheidung vor seiner Katze und seinem Gewissen selbst verantworten, weshalb es hierbei keine allgemeingültigen Ratschläge geben kann – allenfalls ein paar Hinweise. Altersschwäche allein wäre beispielsweise kein Grund. Die Katze weiß zumeist, wenn es mit ihr zu Ende geht. Im letzten Lebensstadium verweigert sie die Nahrung und zieht sich an einen ruhigen Ort zurück. Dabei sollte man sie nicht stören und in Ruhe sterben lassen. Ernsthaft über das Einschläfern nachdenken sollte man, wenn die Katze sichtbar leidet und dieses Leiden nach Auskunft eines Tierarztes (der unbedingt konsultiert werden muß) nicht mehr umkehrbar ist. Aber hier ist Vorsicht angebracht. Tierärzte sind auch nur Menschen und können irren. So wollte eine Tierärztin meinen 20jährigen Kater ↑Shano einschläfern, weil der sich bei einem Sturz aus dem Fenster ein Bein gebrochen hatte. Begründung: Die altersbedingt verminderte Callusbildung würde das Zusammenwachsen des Gebeins nicht mehr ermöglichen, die morschen Knochen würden beim Nageln oder Klammern nicht mehr halten und überhaupt würde der Kater eine Narkose vermutlich nicht überleben. Ich wollte mich diesem Todesurteil nicht sofort beugen und nahm den Kater mit nach Hause, bettete ihn weich neben seine Katzenkiste und versorgte ihn dort, da er nicht laufen konnte, mit feinstem Trostfutter. Nach drei oder vier Tagen begann er langsam durch die Wohnung zu schleichen, zog dabei zwar seinen Hinterlauf nach, aber er lief wieder. Und nach ein paar Wochen rannte und sprang er sogar, etwas behindert und langsamer bzw. vorsichtiger, aber immerhin offensichtlich schmerzfrei. Er lebte noch fast vier Jahre und mußte dann aufgrund einer anderen Krankheit eingeschläfert werden. Zur Ehrenrettung dieser Tierärztin muß allerdings gesagt werden, daß hier ein Grenzfall vorlag. Ihre Angaben zur Knochenheilungstendenz in dem wahrlich fortgeschrittenen Alter meines Katers entsprachen zum einen dem Stand der Wissenschaft, zum anderen bezog sie sich vermutlich auf eine entsprechend hohe Wahrscheinlichkeit für das therapieassoziierte Eintreten von Komplikationen bis hin zur Todesfolge. Hier besteht diese Konfliktsituation: Die Katze ist wahrscheinlich unheilbar krank, wird allerdings behandelt und stirbt dann aufgrund eines »misslungenen« Therapieversuches durch den Tierarzt. Erfahrungsgemäß steht die Mehrzahl der Tierbesitzer spätestens nach Erhalt der Rechnung auf dem Standpunkt, daß der Tierarzt versucht habe, sich durch eine überteuerte und kontraindizierte Operation an einem altersschwachen Todgeweihten zu bereichern.

Vor der Entscheidung, die Katze einzuschläfern, sollte man deshalb besser auch mit Menschen reden, die schon viele Jahre mit Katzen zusammenleben und deshalb zwangsläufig über entsprechende Erfahrungen verfügen. Falls sich diese im Kreis der Bekannten und Freunde nicht finden, bieten zahlreiche Internetforen die Möglichkeit zum Erfahrungsaustausch. Allerdings muß hierbei einschränkend bemerkt werden, daß es nicht einfach ist, eine Situation angemessen zu beurteilen, wenn man die Katze und den Menschen nicht kennt.

Einzelgänger Lange Zeit war man der Auffassung, Katzen seien naturgemäß Einzelgänger, die sich fast ausschließlich zur Paarung treffen. Auf Wildkatzen trifft das (bis auf den Löwen) auch zu. Die Hauskatze hat sich im Prozeß ihrer ↑Domestikation in dieser Beziehung allerdings ein erstaunlich breitgefächertes Verhaltensrepertoire erworben: sie kennt nämlich beide Existenzweisen, die des einsamen Jägers und die des Lebens in einer sozialen Gruppe. Sie lebt gewissermaßen (wenn die Umstände es zulassen, sie also Freilauf hat) in zwei Welten, ist, wie die ↑Ethologin Rosemarie Wolff es formuliert hat, »ein kompliziertes Kontaktwesen«. Im Haus und dessen näherer Umgebung geht sie mit Menschen und anderen Katzen soziale Beziehungen ein, in freier Wildbahn verwandelt sich die Katze zum einsamen Jäger und Streuner. Augenfällig wird dies nicht nur in ihrem Verhalten, sondern auch in ihrer Sprache (↑Katzensprache). Verwilderte Hauskatzen bilden oft richtiggehende Katzengemeinschaften (↑Reiseziele, Italien, Rom), deren Mitglieder sich in einer eigenen sozialen Struktur organisieren. Paul ↑Leyhausen hat berichtet, daß inzwischen auf der ganzen Welt das Sozialverhalten von verwilderten Katzenpopulationen untersucht worden ist und man herausgefunden hat, »daß nicht zwei davon genau die gleiche Ordnung haben. Das steht in auffallendem Gegensatz zu den übrigen Haustieren, die meist nur noch eine im Vergleich zur Wildform verarmte Sozialstruktur entwickeln, wenn sie wieder verwildern.«

Eipper, Paul (* Stuttgart 1891, † München 1964), deutscher Schriftsteller, wurde vor allem als Autor zahlreicher Tierbücher bekannt. Zu seinen erfolgreichsten Büchern zählt *Du, liebe Katze* von 1953. Darin finden sich beispielsweise drei sehr schöne (und seltene) Fotografien einer Nubischen Falbkatze, der direkten Vorfahrin aller Hauskatzen dieser Welt (↑Abstammung).

Eisenbahn Im Gegensatz zum Flugzeug braucht man in der Eisenbahn für Katzen keine Beförderungsentgelte zu bezahlen. Trotzdem sieht man so gut wie nie Katzen in Zügen. Das liegt wohl daran, daß – im Gegensatz zu früheren Zeiten – heutzutage die Menschen mit ihren Katzen kaum noch unterwegs sind. In den 20er Jahren des letzten Jahrhunderts beobachtete Victor ↑Auburtin in einem Bahnabteil, wie sich die »hochmütige Herablassung« in den Gesichtern der Bahnreisenden in einem Abteil schlagartig änderte, als eine Dame mit einer Katze zustieg. Die getigerte Katze, die noch nie mit der Bahn gereist war, »betrachtet alles mit ruhiger Aufmerksamkeit, und kein Ruf des Schreckens oder Erstaunens kommt über ihre Lippen. Was dagegen uns Fahrgäste anbetrifft, so sind wir mit dem Auftreten der Katze andere Menschen geworden. Laßt uns den Umgang mit Tieren pflegen, Freunde«, folgerte der Schriftsteller, »damit wir unsere unsterbliche Seele nicht verlieren.« Beulah Roth schildert in ihrem Erinnerungsbuch *The Cosmopolitan Cat* die langen, gemeinsam mit ihrem Mann Sanford (↑Fotografen) unternommenen Reisen durch Europa, auf denen sie der Siamkater Louis XIV. in den 40er Jahren des letzten Jahrhunderts immer begleitet hat. Sie bevorzugte das Reisen mit der Bahn, vor allem, wenn man mit der Katze zusammen ein eigenes Abteil haben konnte. Aber vermutlich gab es keine

Katze mit Spielzeug-Eisenbahn. Foto: Jack Jacobs 1979

Katze auf der Welt, die mehr Bahnkilometer gefahren ist als Ti-Puss, die Katze von Ella ↑Maillart. Die Schriftstellerin hat den ganzen indischen Subkontinent mit ihrer Katze bereist und war dabei hauptsächlich mit der Bahn unterwegs. »Inzwischen war die Katze an Eisenbahnfahrten gewöhnt«, heißt es in ihrem Buch *Ti-Puss. Mit einer Katze in Indien*, nachdem viele anstrengende Bahnfahrten in hoffnungslos überfüllten Zügen hinter ihnen lagen. »Wenn sie das Menschengewimmel unerträglich fand, landete sie mit einem flugähnlichen Sprung im Gepäcknetz, wo sie sich schlafend stellte. Aber wenn wir bequem auf einem Eckplatz saßen, dann hatte Ti-Puss die Hinterbeine auf meinem Schoß, die Vorderbeine auf dem Fensterbrett und betrachtete mit gespitzten Ohren, gestrecktem Hals und wie ein Metronom taktschlagendem Schwanz die langen Meilen flachen Landes.« Ella Maillarts Reiseschilderungen lassen sich auch sechzig Jahre nach ihrer Niederschrift mit dem größten Vergnügen lesen. T. S. ↑Eliot hat in *Old Possums Katzenbuch* einer bei der Eisenbahn »angestellten« Katze (↑Berufstätigkeit) ein Denkmal gesetzt. Skimbleshanks (deutsch: Flickenmatz) heißt der lyrische Kater, ohne den der nächtliche Nordexpreß nicht abfahren kann: »Da heißt's: ›Flicky, wo ist Flicky, vielleicht noch auf Jagd nach Micky? | Wir finden ihn oder der Zug hat keinen Start‹.« Denn Flicky hat alle Vorgänge auf der Fahrt im Blick, vor allem wenn er »ohne Blinzeln hereinblickt zur Tür und sieht, was du denkst bei dir«. Zwischendurch trinkt er dann und wann einen Napf Tee, »dem vielleicht, weil's hält wach, noch ein Schuß Rum half nach«. Aus England ist bekannt, daß die Bahngesellschaft im letzten Jahrhundert Katzen beschäftigt hat. Der rote Kater Bobby versah seinen Dienst auf dem Londoner Bahnhof King's Cross, und von einem Kater namens Tiddles heißt es, er hätte mit großem Erfolg auf der Damentoilette der Station Paddington gearbeitet. Aber auch in der Schweiz hat es arbeitende Eisenbahnkatzen gegeben. 1998 war Gribouille im Depot der Lausanner Vororteisenbahn *Tramway du sud-oust lausannois* damit beschäftigt, gefräßige Nager von den Kabeln und den Kleidern der Mitarbeiterinnen und Mitarbeiter fernzuhalten. Die Katze mit dem merkwürdigen Namen war übrigens die einzige Angestellte der Gesellschaft, alle Techniker und Schaffner wurden von Tochterunternehmen entlohnt.

Eliot, **T**[homas] **S**[tearns] (* Saint Louis, Missouri 1888, † London 1965), amerikanisch-englischer Dichter, Herausgeber und Verleger, dessen Lyrik die anglo-amerikanische Literatur des 20. Jahrhunderts stark beeinflußt hat, wurde 1948 mit dem Nobelpreis für Literatur ausgezeichnet. 1939 erschien sein *Old Possum's Book of Practical Cats* (deutsch: *Old Possums Katzenbuch*, 1952) im Londoner Verlag Faber & Faber, dessen Direktor er war. T.S. Eliot wurde von Freunden »Old Possum« genannt und sein *Book of Practical Cats* ist das bedeutendste und skurrilste lyrische Werk der Katzenweltliteratur. Eine besonders sorgfältige Edition der Gedichte ist 1977 in der Bibliothek Suhrkamp mit Zeichnungen von Edward ↑Gorey und in Übersetzungen von Erich Kästner, Peter Suhrkamp, Siegfried Unseld, Carl Zuckmayer u. a. erschienen. Das *Old Possum's Book of Practical Cats* lieferte die literarische Vorlage für das erfolgreichste Musical der Welt: ↑*Cats*.

Enzyklopädien der Neuzeit

Vorbemerkung

Es ist keine überraschende Feststellung, daß sich das Wissen des Menschen über die Katze im Lauf der Jahrtausende ihres Zusammenlebens verändert hat – das gilt schließlich für alle Bereiche menschlichen Forschens und ist ein Prozeß, der niemals einen endgültigen Abschluß finden wird. Es ist aber hochinteressant (und mitunter auch amüsant), sich hier einmal genauer anzuschauen, welche Erkenntnisse über die Katze die Menschen früherer Zeiten gewonnen, gesammelt, für gültig befunden und verbreitet haben. Um diesen Gang durch die Geschichte des menschlichen Wissens über die Katze überschaubar zu halten, habe ich ihn einer räumlichen und zeitlichen Beschränkung unterworfen: Es soll im folgenden ein Blick auf das europäische Wissen über die Katze vom Beginn der Neuzeit bis in die Mitte des 19. Jahrhunderts geworfen werden. Diese Beschränkung wurde jedoch nicht allein aus Gründen der Übersichtlichkeit und des Umfangs gewählt. Zu Beginn der Neuzeit, die man auf die Mitte des 15. Jahrhunderts datieren und so mit der Erfindung des Buchdrucks um 1440 synchronisieren kann, entstehen in Europa zahlreiche Werke systematischen Wissens, die wir heute zusammenfassend Enzyklopädien nennen und die am Anfang des 18. Jahrhunderts die (alphabetische) Gestalt annehmen, die uns heute noch vertraut ist. Es handelt sich dabei um Werke, die das Wissen eines oder mehrerer Fachgebiete sammeln, ordnen und auf eine möglichst unkomplizierte Weise abrufbar und nutzbar machen. In diesen Referenzwerken des gültigen Wissens der Zeit läßt sich die Entwicklung der menschlichen Erkenntnisse über die Katze besonders deutlich ablesen.

Beim Lesen damaliger Einsichten gerät man leicht in Versuchung, sich über die manchmal in ihnen enthaltenen Merkwürdigkeiten zu mokieren. Deshalb darf nicht außer acht gelassen werden, daß sich der Kenntnisstand früherer Zeiten nicht nur durch seine Inhalte von dem unseren unterscheidet, sondern vor allem durch eine andere Art des Zustandekommens und Bewertens. Die Fachwelt redet in diesem Zusammenhang auch gern von einer anderen Wissenskultur. So wurden früher beispielsweise eingehende Berichte über fremde Kulturen und ferne Ereignisse, die oft aus zweiter oder dritter Hand stammten, nicht hinterfragt, sondern für wahr befunden und ohne nähere Überprüfung weitergegeben. Schilderungen von Monstern und anderen Anomalien aus dem Tierreich wurden weder als Unwahrheiten noch als Übertreibungen eingeschätzt. Noch 1718 erschien eine französische Enzyklopädie über die Wassertierwelt des Indischen Ozeans, in der eine Sirene (halb Frau, halb Fisch) abgebildet ist, die man in Indonesien gefangen haben wollte, aber vergeblich zu füttern versuchte. Sie habe kläglich gepiepst und sei dann gestorben, heißt es dort. Wie man überhaupt bis ins frühe 19. Jahrhundert grundsätzlich alle zur Verfügung stehenden Quellen einfach ausschlachtete und verwendete, ohne die so gewonnenen Inhalte zu überprüfen oder einer grundsätzlichen Bewertung zu unterziehen. Weil bestimmte Ereignisse und Erkenntnisse überliefert, beschrieben und gedruckt waren, galten sie als unumstößlich wahr und wurden weiterverbreitet.

Die Morgendämmerung der Neuzeit

Um 1350 entstand nach einer Quelle aus dem 13. Jahrhundert das *Buch der Natur* des Theologen und Naturforschers Konrad von Megenberg (1309–1374) als illustrierte Handschrift zunächst in lateinischer Sprache. In einer Art Präambel *Von den Katzen* unterscheidet Megenberg zwischen Waldkatzen (Wildkatzen) und Hauskatzen. Im Kapitel *Von der Katze* heißt es dann: »Musio oder Murilegus oder Cattus heißt eine Katze. Das ist ein sehr listiges Thier, wie Jakobus [Bischof von Genua im 11. Jahrhundert] sagt. Es sieht so scharf, daß es die Mäuse auch in großer Finsternis wahrnimmt. Zur Brunstzeit wird es leicht wild. Zuweilen kämpfen sie heftig miteinander, weil jede Katze ihren gewohnten Platz zum Mäusefangen behalten will. Am Maul haben sie langes Haar. Mit seinem Verlust schwindet auch ihr Mut. Zeigt eine zahme Katze Lust zum Verwildern, so schneide ihr die Ohren ab. Die Regentropfen fallen ihr dann in die Ohren, sie kann es im Wald nicht mehr aushalten und wird wieder zahm.« Anschließend wird mitgeteilt, daß Katzen, wenn sie ihr Spiegelbild in einem Brunnen erblikken würden, durch den vermeintlichen Anblick eines potentiellen Sexualpartners so erregt würden, daß sie ins Wasser stürzten und dabei ertränken. Bemerkenswert ist die Beobachtung, daß das Fehlen der ↑Vibrissen die Katze mutlos macht (↑Sinne, Gefühl).

In einer anderen Handschrift des ausgehenden Mittelalters, dem prächtig illustrierten *Buch der Jagd* von Gaston Phoebus aus dem Jahr 1389, kommt die Hauskatze zwar mit keinem Wort vor, doch es gibt darin eine Abbildung, die Erwähnung verdient. Es handelt sich um das Blatt *Von der Katze und ihrer ganzen Natur*. Darauf sind zwar nur Wildkatzen (Leoparden) abgebildet, doch wenn man den Kommentatoren Glauben schenken darf, haben Hauskatzen als Modell für den exotischen Räuber gestanden. Die abgebildeten Katzen säugen und tragen ihren Nachwuchs (↑Beißhemmung), klettern, jagen und putzen sich in der Art von Hauskatzen. Das Bild zeugt jedenfalls von einer genauen Beobachtung der Hauskatzen und gibt diese mit großer künstlerischer Begabung wider.

Danach tat sich lange Zeit wenig auf dem Gebiet der Beschreibung der Katze. 1499 erschien Megenbergs *Buch der Natur* in Augsburg und gilt seitdem als erstes systematisches Kompendium über die Natur in deutscher Sprache.

16. Jahrhundert

1546 veröffentlichte der Medicus Michael Herr ein Buch, das sich zu einem medizinischen Standardwerk der Zeit entwickelte und in dem sich einer der frühesten gedruckten Texte der deutschen Literatur über die Katze befindet: *Das neue Thier- und Arzneibuch*. Doktor Michael Herr arbeitete auch als Schriftsteller und Übersetzer, über seine Lebensumstände ist nicht viel bekannt. Während im Mittelalter Krankheit als gottgewolltes Schicksal und Strafe für sündiges Verhalten hingenommen wurde, entstand in der Frühneuzeit die Auffassung, daß auch die Arznei, die aus der Natur, also aus Pflanzen und Tieren gewonnen wurde, durch göttliche Macht geschaffen sei. Herrs Buch erschien zu einer Zeit, in der sich das ärztliche Wissen im städtischen Bürgertum verbreitete. Dem *Thier-*

Aus einem flandrischen Kalender Anfang 16. Jh.
Archiv Ralf Pannowitsch

und Arzneibuch eigen ist eine Aufteilung seiner Einträge in eine Beschreibung der Tiere und praktischen Hinweisen zu ihrer medizinisch-therapeutischen Nutzung. Über die »Beschaffenheit, Natur und Eigenschaft der Katze« kann man dort folgendes lesen: »Dieses Tier ist, obwohl jedermann es kennt, sehr schnell und kann geschickt hochsteigen und klettern, weshalb es den Mäusen sehr nachstellt, gegen die es einen besonderen Haß und eine besondere Feindschaft trägt. Wenn sie den Mäusen nachstellen, gehen sie langsam und sehr leise, damit sie die Mäuse ergreifen können. Das Tier hat auch die kluge Eigenart, daß es seinen Kot mit Kehricht oder Erde zudeckt und verbirgt, damit die Mäuse ihn nicht riechen und fliehen. Dieses Tier hat nachts Augen mit greulichem Glanz und ist dann abscheulich anzusehen. Wenn die Katzen sich paaren, machen sie ein ungewöhnliches und grauenvolles Geschrei, weil das Weibchen bei der Paarung mit dem Männchen leidet. Man sagt, daß die Katze mit Schmerzen empfange und ohne Schmerzen gebäre. Dieses Tier hat eine dem Hund entgegengesetzte Verhaltensweise, denn der Hund hat keine besondere Zuneigung zu seiner Wohnstätte, sondern nur zu dem Menschen, dem er anhängt und der ihn aufzieht. Die Katze aber denkt an ihre Heimstätte und liebt sie. Deshalb pflegt sie, wenn man sie anderswo hintut, stets ihre alte Wohnstätte wieder aufzusuchen.«

Fünf Jahre nach Michael Herrs *Thier- und Arzneibuch* begann der Schweizer Universalgelehrte Conrad Gesner (1516–1565) mit der Veröffentlichung seiner vierbändigen *Historia animalium*, die er 1558 abschließen konnte. (Von 1669 bis 1670 erschien das Werk unter dem Titel *Allgemeines Thierbuch* in deutscher Sprache.) Mit ihr ging er als Begründer der modernen Zoologie in die Geschichte ein. Zuvor hatte er mit seiner *Bibliotheca universalis* (1545) die erste gedruckte Bibliographie herausgegeben. Mit seinem Werk *Mithridates* (1555) legte er die Grundlage für die vergleichende Sprachwissenschaft. Gesner gründete in Zürich den Botanischen Garten, korrespondierte mit Gelehrten in ganz Europa und publizierte über 70 Bücher. Am 13. Dezember 1565 starb er im Alter von 49 Jahren an der Pest. In seiner großformatigen *Historia animalium* behandelt er die Hauskatze auf drei Seiten. Sie enthält eine genaue Beschreibung der äußeren Gestalt der Katze, ihrer Natur und Eigenschaften sowie deren ↑Nutzen für den Menschen. Ferner berichtet Gesner, daß in Spanien und Frankreich Katzen gegessen werden und gibt (wie Michael Herr) Ratschläge, zu welchen Arzneien Katzen bzw. bestimmte ihrer Organe verarbeitet werden können. Sein Kapitel »Von innerlicher Natur und Anmuthigkeit dieses Thiers« legt die Vermutung nahe, daß er selbst ein großer Katzenfreund war: »Ein possierliches Thier ist die Katz, und dem Menschen gantz angenehm: Sie butzt sich mit ihrer rauchen Zunge und den vorderen Tappen, hat gern, wann man sie über den

Foto: Heiko Neubert

Rücken bestreicht und sanfte antastet. So possierlich und spielhafftig sind sie, daß sie auch zu Zeiten mit ihrem eigenen Schatten oder Bildnüs in einem Spiegel oder Wasser auch mit ihrem Schwantz spielen. So man sie streichlet, so liebkosen sie ihnen selbst und geben das große Wohlgefallen, so sie davon haben, mit einem lieblichen Geräusch, so man an etlichen Orten Spulen, an etlichen aber Schnurren, an anderen auch Garnspinnen nennet.« Ferner beschreibt Gesner eine Vorliebe der Katzen für Fische, ihr Wärmebedürfnis (»Sie sitzen gern zu faulentzen auf den Herdstetten in der Küchen und auff den Stubenöfen, dieweil sie die Wärme lieben, auß welcher Ursach sie oft den Balg [Pelz] verbrennen«), ihren Abscheu gegen üble Gerüche (»Auß welcher Ursach sie ihren eygenen Koth in eine Gruben, so sie zuvor auffgescharret haben, verdecken und verkratzen: Oder wie Plinius schreibet, daß nicht die Mäuse solchen riechen, und sie also sich selber damit verrathen«) und die Tatsache, daß Katzen oft an ihren Heimatort zurückkehren, »ob sie schon in einem verschlossenen Sack an einen andern Ort getragen wird«.

Hier sei ein kurzer Ausflug in die schöne Literatur gestattet. In der zweiten Hälfte des 16. Jahrhunderts veröffentlichte der Nürnberger Arzt, Botaniker und Naturforscher Joachim Camerarius d. J. (1534–1598) in lateinischer Sprache sein Buch *Vier Hundert Wahl-Sprüche und Sinnen-Bilder*, das unter diesem Titel 1671 in Deutsch erschienen ist. Darin befindet sich eine höchst interessante Bemerkung über die Katze: »Der Katzen Eygenschafft ist, daß sie der Freyheit sehr begierig und das Gefängniß oder Einsperrung mitnichten dulden mag. Derohalben die alten Albaner, Burgunder und ↑Schwaben in ihren Kriegs-Fahnen eine Katze geführet, womit sie angedeutet, daß sie die Freyheit zu beschützen allzeit bereit wären tapffer und mannlich zu fechten.« In der gedruckten Literatur jedenfalls scheint dies der erste Hinweis auf die später viel beschriebene, sprichwörtliche Unabhängigkeit der Katze zu sein.

Wenn man sich die klerikale Ablehnung der Katze vor Augen hält (↑Christentum), ferner die Tatsache, daß in dieser Zeit die Pest in Europa noch nicht überwunden war, Hexenverbrennungen auf der Tagesordnung standen, und die Katzen von Papst Innozenz VIII. in einer Bulle 1484 zu »heidnischen Tieren, die mit dem Teufel im Bunde stehen« erklärt worden waren – dann wundert man sich, wie positiv die Katze in den vorgenannten Texten beschrieben wird.

17. Jahrhundert

Das gilt mit einer wichtigen Einschränkung auch für die hauswirtschaftliche Enzyklopädie des Theologen Johannes Colerus (1566–1639), die *Oeconomica ruralis et domestica* in deutscher Sprache. Allein im 17. Jahrhundert erlebte sie 14 Auflagen. In der Ausgabe von 1665 beschreibt Colerus die Hauskatze in fünf langen Spalten. Die erwähnte Einschränkung bezieht sich auf den Gesichtspunkt des Nutzens, unter dem der gesamte Artikel steht. Die Sorge um den Erhalt und die Vermehrung der bäuerlichen Erträge hat die Brille geschliffen, durch die Colerus die Katze betrachtet. Anders als bei Gesner findet sich hier kein freundliches Wort, kein Nachdenken »über die innerliche Natur und Anmuthigkeit dieses Thiers«. Mit kühlem Auge, ganz emotionslos schaut Colerus auf die Katze – aber gerade dieser taxierende Blick hebt den Text aus seiner Zeit hervor. Gleich zu Beginn seines Artikels wendet sich Colerus gegen die inzwischen offensichtlich weitverbreitete Relativierung der Nützlichkeit der Katze: »Ich weiß wol, daß grobe Leute seyn werden, die mich weidlich werden zu tadeln wissen, daß ich hier so viel von Hunden [die direkt vor der Katze abgehandelt werden] und Katzen schreibe, weil sie weder zu sieden noch zu braten dienen, wie die Ochsen, Schafe, Kälber, Schweine, Gänse, Hühner und ander gemein Haußvieh.« In diesem Zusammenhang erwähnt Colerus als erster die Herkunft der Hauskatze aus Ägypten: »Also sind auch die Katzen ein nöthig Ding im Hause, daß auch die Ägypter der Ursachen willen eine güldene Katze vor einem Gott geehret und angebetet haben. Dann wann man die nicht hat, so vertragen und zernagen die Meuse und Ratten viel Getreydes, zerbeißen und zerschroten die Kleyder, Bücher, Schue, Stiffeln, Speck, Liecht, Fleisch und lauffen einem des Nachts umb das Bette, über den Leib und über das Angesicht. Sie zerschroten ihm das Stroh und fressen ihm das Getreyde in den Scheunen.« Zwischen den Menschen und den Katzen herrscht nach Colerus nur in einem Einvernehmen: in der Feindschaft gegen die Mäuse und Ratten: »Die Meuse thun so großen Schaden im Hause, daß sie auch Eisen, Gold und andere Metall, Holz, Dücher, Brodt und andere Sachen zu nagen, zu beissen, zu bescheissen und beseichen.« Der sorgsame Landmensch hat bei den Katzen nur auf eines zu achten: »Allein sie ligen gern warm, kriechen deß Nachts in die Oefen, und wann alsdann Feuer an ihnen bleibt kle-

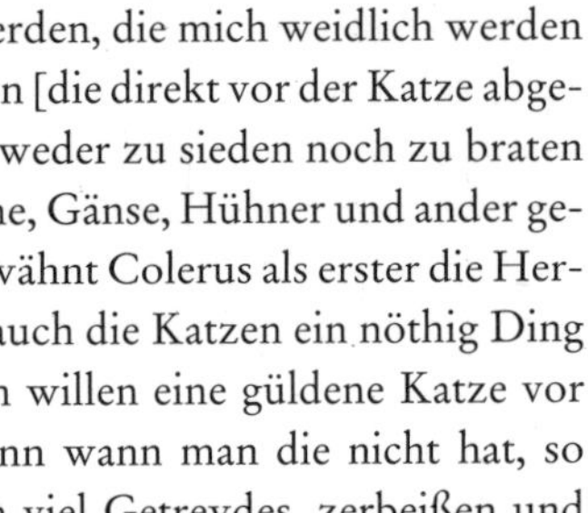

ben, und sie auffs Heu oder Stroh lauffen, so können sie einem guten Manne eine jämmerliche Kurzweil anrichten. Drumb soll man sonderlich zu Nacht die Oefen fleissig zuhalten.« Colerus empfiehlt ferner, sich junge Katzen anzuschaffen, damit sie von Geburt an mit Hunden vertraut werden, sonst »bleiben sie gar schwerlich«. In dem Kapitel »Wie man die Katzen zu Hause behalten kann« gibt Colerus außerdem den Rat, die Kater zu kastrieren und ihnen die Ohren abzuschneiden. Er ist fern jeglicher Tierliebe, warnt aber davor: »Daß ihnen auch etliche die langen Haar am Maul oder den Bart abschneiden, das ist nichts, sintemal sie ihre Kühnheit und freudigen Muth davon verlieren.« Wenn man sich aber doch von einer Katze trennen will, reicht es nicht aus, sie fortzutragen: »Wann man aber eine Katze wegbringen will, so ist der nechste Weg, daß man ihr einen Stein an den Halß bindet, und ins Wasser würfft. Sonst kompt sie bald wieder.« Selbstverständlich beendet Colerus – wie fast alle Autoren dieser Zeit – seinen Artikel mit nützlichen Hinweisen, »wie die Katzen zur Arzney dienstlich seyn«.

Ab der Mitte des 17. Jahrhunderts hatte die Pest in Europa ihren Zenit überschritten, und auch die Zeit der schlimmsten Hexenverfolgungen gehörte der jungen Vergangenheit an. Trotzdem hatte sich die über Jahrhunderte hinziehende Denunzierung der Katze als Pestbringer und Teufelstier in den Köpfen vieler Menschen verfestigt. In dieser Zeit stieg die Produktion von Enzyklopädien spürbar an, und Nachschlagewerke aus allen Wissensbereichen fanden in immer breiteren Kreisen der Bevölkerung Verbreitung. Vor allem in dieser gesteigerten Distribution scheint der Grund dafür zu liegen, daß sich das Bild der Katze in den Lexika plötzlich ändert.

18. Jahrhundert

1712 erschien im Verlag von Johann Friedrich Gleditsch und Sohn in Leipzig ein *Curieuses Natur-, Kunst-, Berg-, Gewerck- und Handlungslexicon*, das in späteren Auflagen noch den Titelzusatz *Zeitungs-Lexici* erhielt. Damit wollten die Verleger den Anspruch des Lexikons betonen, vielen Menschen das Verstehen der Zeitung zu erleichtern. In 22 Zeilen wird das Stichwort »Katze« abgehandelt: »Zahme Katzen seynd jedermann bekandt, von ihrer Natur ist nur dieses zu bemercken, daß sie schmeichelnd, aber dabey falsch und arglistig seyn, und pfleget der Kater seine Jungen, wenn er sie findet, umzubringen; sie sehen so gut bey Nacht als bey Tage, ihr Athem ist sehr ungesund.« Weiter wird hier gut 150 Jahre nach Gesners *Historia animalium* neben Spanien und Frankreich nun auch Holland in die Reihe der Nationen gestellt, bei denen Katzen auf der Speisekarte stehen. Daran schließt sich ein magerer Hinweis auf die medizinische Verwendung von Katzen an. Es ist nur ein kleiner Artikel, aber einer mit weitrei-

Holzschnitt aus dem Thierbuch von Conrad Gesner

chenden Folgen. Erstmals in einem Lexikon wird das Wesen der Katze als »falsch und arglistig« bezeichnet, erstmals ist von einer gesundheitlichen Gefahr der Katzenhaltung für den Menschen die Rede.

In einem *Frauenzimmer-Lexicon* von 1715 erscheint die Katze als »ein bekanntes und in dem Hause sehr nützliches Thier, so von denen Weibern deßwegen geheget wird, damit es die Ratten und die Mäuse wegfänget«. In China, heißt es weiter, werden die Katzen mit einem ↑Halsband geschmückt. Noch wird hier kein Wort über die Schädlichkeit von Katzen verloren.

Ganz anders im *Allgemeinen Lexicon der Künste und Wissenschaften* von 1721. Hier gilt die Katze als »ein sehr hitziges Thier, daher ihr Athem jedermann, sonderlich den jungen Kindern schädlich ist, noch mehr aber das Haar, wenn davon etwas ungefehr eingeschluckt wird, weil eine Zehrung und Schwindsucht daraus entstehet«. In diesem Artikel wird außerdem auch den »Irrländern« unterstellt, daß sie Katzenfleisch essen. Immerhin wird in diesem Lexikon eine neue Beobachtung mitgeteilt: »Wenn man bey Nacht eine Katze wider das Haar auf dem Rücken streicht, so läßt es sich ansehen, als ob Feuerfuncken davon ausfahren.« Innerhalb weniger Jahrzehnte ist in den Enzyklopädien aus der Katze ein funkensprühendes Wesen geworden, das Krankheiten verbreitet und die Gesundheit der Kinder bedroht.

1737 erschien das *Große vollständige Universal Lexikon aller Wissenschaften und Künste* von Johann Heinrich Zedler (1706–1751) mit dem Buchstaben *K* im 15. Band. Das bis dahin größte enzyklopädische Projekt in deutscher Sprache wurde 1731 begonnen und 1754 mit seinem 68. Band abgeschlossen. Mit seinen etwa 68 000 Seiten und fast 290 000 Artikeln übertraf es Diderots und d'Alemberts ungleich berühmtere *Encyclopédie*, die 1751 auf den Markt gebracht wurde, an Umfang glatt um das Vierfache. Doch in den dreieinhalb der Katze gewidmeten Spalten erfährt man nicht viel Neues. Immerhin wird erstmals die Reaktion von Katzen nach dem Genuß von ↑Katzenminze beschrieben: »Wenn man denen Katzen Baldrian, oder Katzen-Kraut vorwirfft, so machen sie allerhand lächerliche und poßierliche Sprünge und Posituren.« Dann wird als Novum noch eine Nachricht aus England kolportiert: »Der berühmte und vortreffliche Herr Boyle hat in seinen *Observationen* berichtet, wie daß sich in London im Jahre Anno 1684 eine grosse Ratte mit einer Katze belauffen, davon wären Junge gekommen, welche Ratten- und Katzen-Art zugleich gehabt, Deren eines hätte der König in Engelland bekommen und in den Thier-Garten setzen und aufziehen lassen.« Ansonsten wird vor den Krankheiten gewarnt, die Katzen verbreiten würden (»Schwindsucht«), und vor der von ihnen ausgehenden Gefährdung für Kinder.

Auch das *Frauenzimmer-Lexicon* von 1739 schwenkt nun um. Im Gegensatz zur Ausgabe von 1715 unterstellt es den Katzen ebenfalls Falschheit und warnt vor ihrem Atem und ihren Haaren, die den jungen Kindern gefährlich werden und »Zehrung und Schwindsucht« auslösen können.

In der zweiten Hälfte des 18. Jahrhunderts meldet sich dann eine energische Stimme aus Frankreich, die mit deutlichen Worten zur Katze Position bezieht: »Die Katze ist ein treuloses Tier und im Hause nur geduldet, um Tiere zu vertreiben, welche uns noch lästiger sind. Obschon Katzen in der Jugend von artiger und possierlicher Lustigkeit sind, so tritt doch schon ihre angeborene List, ihr falscher Charakter hervor, der sich mit jedem Tage immer mehr und mehr entwickelt und durch Erziehung sich nicht beseitigen läßt. Sie sind dem natürlichen Hange nach zum Diebstahl geneigt, die beste Dressur vermag das bloß zu verkleiden. Sie verstehen ihre Intentionen zu verheimlichen und den günstigen Augenblick abzuwarten, um sich auf ihre Beute zu stürzen, sich dann so lange fortzuschleichen, bis die Gefahr vorüber ist und sie ihrer Strafe entgehen.« Es ist Georges-Louis Leclerc Comte de Buffon (1707–1788), der in seiner *Histoire naturelle générale et particulière* auf jeglichen Anschein einer angemessenen Beschreibung der Katze verzichtet, was ihn auf eine bestimmte Art und Weise sympathisch macht. Während sich die zeitgenössischen deutschen Enzyklopädien einer scheinbar objektiven Darstellung befleißigen, kämpft der Graf mit offenem Visier: Er kann Katzen nicht ausstehen, und er macht keinen Hehl daraus. Das hochangesehene Mitglied der Académie des sciences und der Académie française beginnt mit der Veröffentlichung seiner Naturgeschichte 1749 (ab 1771 erscheint sie in Deutschland), sie kann 16 Jahre nach seinem Tod im Jahr 1804 mit dem 44. Band abgeschlossen werden. Interessant ist an seinem Text, daß Buffon das Wesen der Katze sehr genau beobachtend beschrie-

ben hat, allein seine Bewertung ist es, der man nicht folgen möchte. Es ist deshalb dazu nicht viel mehr zu sagen, als daß sich kein Katzenhasser vor ihm so brillant formulierend zur Katze geäußert hat.

Der durch Ritterschlag in den Adelsstand erhobene schwedische Naturforscher Carl von Linné (1707–1778) schuf mit seiner ab 1735 in mehreren Auflagen erschienenen *Systema naturae* die Grundlagen der modernen biologischen Systematik. 1773 erschien die deutsche Ausgabe des Werkes in der Übersetzung des Theologen und Biologen Philipp Ludwig Statius Müller. Darin findet sich die etwas eigentümliche Gruppe der »Gespenstthiere« (Lemures), zu denen auch die fliegende Katze zählt. Müller sah sich genötigt, für den deutschen Leser eine kleine Erläuterung zur Benennung dieser Tierart der Linnéschen Beschreibung voranzustellen: »Weil nun Persius die Lemures schwarze Geister, Horatius aber Nachtgeister nennet, welches alles soviel als bei uns ein Gespenst bedeutet, so werden die Thiere dieses Geschlechts im Deutschen am füglichsten mit dem Namen Gespenstthiere beleget, zumal sie einen langsamen und schleichenden Gang haben, welches vielleicht den Ritter veranlasset hat, diese Klasse Lemures zu nennen.« Nach der Beschreibung der fliegenden Katze, die »den fliegenden Eichhörnchen oder Fledermäusen« gleicht, fügt Müller kritisch folgendes an: »Der Ritter Linné, dem das Original noch nicht zu Gesicht gekommen, hat es in Ermangelung deutlicher Kennzeichen einstweilen zu dem gegenwärtigen Geschlecht der Gespenstthiere gebracht. Das Vaterland ist die Insel Ternare in Ostindien.«

Im Jahr der deutschen Erstausgabe der Linnéschen *Systema naturae* erschien auch die *Oekonomisch-Technologische Encyklopädie* von Johann Georg ↑Krünitz mit ihrem ersten Band. Der 1786 veröffentlichte 36. Teil dieses enzyklopädischen Mammutwerkes handelt das Stichwort »Katze« mit allen Nebenbedeutungen auf 90 Seiten ab – mehr als jedes andere Lexikon davor oder danach – und ist somit eine der fundiertesten Quellen des europäischen Wissens über die Katze im 18. und 19. Jahrhundert. Erstaunlich ist auch die Aktualität des Beitrages: sogar Werke, die erst im Januar des Erscheinungsjahres erschienen waren, sind in ihm zitiert. Nach der Erläuterung einiger Nebenbedeutungen des Wortes Katze kommt Krünitz auf die Hauskatze zu sprechen und erläutert zahlreiche Redensarten und Sprichwörter. Anschließend folgt eine genaue Darstellung der Anatomie der Hauskatze. Es ist unmöglich, hier alle Themen anzusprechen, die Krünitz in seinem Stichwort abgehandelt hat. Neu sind jedenfalls einige Erkenntnisse zur Fortpflanzung der Katzen. So soll eine Katze Enteneier ausgebrütet haben, »bis 9 hübsche junge Aenten hervor kamen, jedoch von Katzen-Natur. Denn so bald sie herum liefen, jagten sie den Mäusen nach, und wenn sie solche bezwingen konnten, schlangen sie dieselben begierig hinunter.« Ferner wird erzählt, »daß ein Wundarzt in Preussen etliche Hasen mit einer Katze zusammen gelassen, und da diese bey dem Werfen umgekommen sey, dieselbe aufgeschnitten, und zwey Kätzchen mit einem Häschen in ihr gefunden habe«. Auch vom »vorzüglichen Gedächtnis« der Katze weiß Krünitz eine interessante »... Geschichte anzuführen. Es ist in den Klöstern gewöhnlich, die Stunde der Mahlzeit durch den Klang einer Glocke anzukündigen. Die Katze im Kloster, die auch eher nichts bekam, als bis geläutet wurde, verhörte es niemahls. Eines Tages aber, da man sie in einer Kammer versperret hatte, läutete die Glocke für sie vergebens. Als sie nun einige Stunden darnach aus ihrem Gefängnisse befreyet wurde, lief sie hungrig nach dem Orte, wo man ihr Fressen hin zu setzen pflegte, fand aber nichts. Den Nachmittag hörte man zu einer ungewöhnlichen Stunde läuten; man lief, um zu sehen, was es wäre, und fand die Katze, welche sich an den Strick der Glocken angehängt hatte, die sie, so gut sie konnte, in Bewegung brachte, um eine Mahlzeit für sich auftragen zu lassen.« Immerhin findet sich bei Krünitz erstmalig in einer Enzyklopädie der Hinweis: »Zuweilen haben Katzen Anzeigen von Erdbeben (↑Sinne, Rätselhafte Sinneswahrnehmungen) gegeben.« Krünitz kolportiert hierzu den schriftlichen Bericht eines Handelsmannes vom Februar 1783 aus Messina, wonach Katzen in einem Haus versucht hätten, »sich durch den Fußboden des Zimmers durchzugraben. Da sie sich so vergeblich bemühten, öffnete ihnen der Hausherr die Thüre; und da ihnen hierauf alle Freyheit verschafft wurde, rannten sie gerade auf die Straße, und aus der Stadt zum Thore hinaus. Der Handelsmann, welcher nun aufmerksam geworden war, folgte ihnen ebenfalls nach. Bald darauf empfand er das starke Beben, und sah viele Häuser in der Stadt, nebst dem seinigen einstürzen; aber eben hierdurch rettete er sich selbst.« Danach berichtet Krünitz von Menschen, die starke Antipathien gegen Katzen entwickelt hätten – in England soll ein Mensch ohnmächtig geworden sein, weil er sich in einer Haustür unterstellte, über der ein Katzenschild hing –, um gleich anschließend von der göttlichen Verehrung der Katze in Ägypten zu berichten. Nach einer kurzen Erwähnung der »Hochachtung der Muhamedaner« macht Krünitz Schluß mit seinen »getreulichen Schilderungen«, »denn es gibt sehr viele Menschen, welche die Katzen mit einer wirklichen Art von Leidenschaft lieben«. Und für diese Art von Menschen hat der hochgelehrte Enzyklopädist gar kein Verständnis. »Diese Katzen-Freunde, welche die Katzen immer um und bey sich haben, und die man im Spotte Katzenmelker zu nennen pflegt, begnügen sich nicht damit, ihre Katzen auf den Schoß zu nehmen, sie aus der Hand fressen zu lassen, sie zu liebkosen, zu streicheln oder zu küssen; sondern sie treiben die Zärtlichkeit bis zur äussersten Thorheit, nehmen ihre Katzen mit in das Bette, lassen sie ohne Bedenken in ihren Armen ruhen, warten sie mehr als ihre Kinder, und setzen wohl gar nach dem Tode eine Summe zur Unterhaltung der verwaisten Lieblinge aus.« Und tatsächlich erzählt Krünitz anschließend ratlos von mehreren Testamenten des 18. Jahrhunderts, in denen Katzen begünstigt worden sind. Das muß Krünitz erschüttert haben, denn auf den nun folgenden 14 Seiten reiht er eine Diffamierung an die andere. Doch zunächst faßt er grundsätzlich zusammen: »So vielfältig nun der Nutzen der Katzen ist, so vielfältig auch der Schade, welcher öfters von ihnen entsteht, und die unerkannte Gefahr, die man von ihnen zu befürchten hat. Aus offenbaren und gebornen Räubern macht man aus ihnen, durch die beste Zucht, höchstens nur folgsame, schmeichelnde Betrieger. Sie lernen ohne Mühe gesellschaftliche Gebräuche, aber nie gesellschaftliche Gesinnungen. Ihr schmeichelndes Wesen ist nur ein betrieglicher Schein, welcher sich in ihren verdächtigen Bewegungen und zweydeutigen Blicken verräth. So lustig die Katzen sind, so grimmig sind sie hingegen wieder.« Zum Beweis holt Krünitz die Legende von der ↑Kindesmörderin aus der Mottenkiste vermeintlichen Wissens. Natürlich darf dann auch dieser Hinweis nicht fehlen: »Zur Pestzeit pflegen Katzen auch öfters die Pest von einem Haus in das andere zu bringen.« Schließlich werden Katzen noch für »Feuersbrünste« und andere Schrecklichkeiten verantwortlich gemacht. Heute kann man über diese Horrorgeschichten nur den Kopf schütteln. Dennoch sind sie Ausdruck des Denkens dieser Zeit, und es ist Krünitz zu verdanken, daß wir darüber so umfassend informiert sind. Selbstverständlich hat Krünitz neben zahllosen Quellen, die bis heute nicht alle ausfindig gemacht werden konnten, auch die *Systema naturae* von Carl von Linné gelesen und für seine Enzyklopädie verwendet. Das liest sich dann so: »Die fliegende Katze ist ebenfalls ein Thier eines anderen Geschlechtes, ob sie gleich, wegen einiger Ähnlichkeit mit den Katzen, von Klein unter diese Thiergattung gesetzt worden ist. Linné rechnet sie unter die Gespensthiere, und gibt ihr den Nahmen Lemur volans. Von Andern wird sie als eine Gattung der Fledermäuse betrachtet, und von Einigen auch der fliegende Maki genannt. Nach der Beschreibung, welche [François Henri] Turpin [1709–1799], in seiner *Histoire naturelle et civile du royaume de Siam* [1771], von diesen Thieren gibt, kommen sie sowohl in der Größe, als auch in der Gestalt des Kopfes und der Barthaare, unsern gewöhnlichen Katzen ziemlich gleich. Sie miauen und fauchen, wenn sie zornig sind. Ihr Schweif ist ziemlich lang. Sie unterscheiden sich aber von den gewöhnlichen Katzen, nicht nur durch eine feine Haut an beiden Seiten, welche ihnen zum Fliegen dient, wie bei den Fledermäusen oder den fliegenden Eichhörnchen, an allen vier Füßen befestigt ist, sich, wenn sie auf der Erde herum gehen, unter ihren Bauch bieget, und, wenn sie von einem Baume auf den andern fliegen, sich entfaltet, sondern auch durch ihre Lebensart, indem sie sich von

Baumfrüchten und andern Gewächsen ernähren. Man findet sie häufig in den Wäldern von Siam, und in andern Gegenden von Ost-Indien. Sie sind mit sehr feinen und kurzen Haaren bedeckt, deren die Siamer sich zur Beziehung ihrer Saiteninstrumente bedienen.« Den ganzen Krünitz kann man unter www.kruenitz1.uni-trier.de/ in digitalisierter Form studieren.

19. Jahrhundert

Die nachfolgenden Enzyklopädien bringen kaum neue Erkenntnisse über die Katze. Selbst das von 1778 bis 1807 erschienene Großwerk, die *Deutsche Encyclopädie oder Allgemeines Real-Wörterbuch aller Künste und Wissenschaften*, in der das Stichwort »Katze« auf immerhin 36 Seiten abgehandelt wird, enthält im Grunde kein Wissen, das nicht schon im Krünitz ausgebreitet worden ist. Im Brockhaus taucht das Stichwort »Katze« erst in der achten Auflage von 1835 auf, die Hauskatze wird in zwei knappen Zeilen erwähnt. Wesentlich ausführlicher äußert sich das *Universal-Lexikon oder vollständiges encyclopädisches Wörterbuch* von Heinrich August Pierer in seinem 11. Band aus dem gleichen Jahr über die Katze. Doch auch hierin wird fast nur vom Krünitz abgeschrieben. Neu ist allerdings die Erkenntnis, daß man sich der Katze »in Amerika gegen die Vampyrs bedient«. Und Pierer verzeichnet als erstes Lexikon das Sternbild der Katze, das Joseph-Jérome ↑Lalande erfunden hat. Im *Großen Conversations-Lexikon für die gebildeten Stände* von 1847 findet sich eine resümierende Bemerkung, die typisch für die erste Hälfte des 19. Jahrhunderts ist: »Zum Zeitvertreib muß man daher keine Katzen halten, am allerwenigsten mehrere, weil sie durch ihren Harn das Haus verstänkern und durch das Wetzen der Klauen die Stühle zerreißen.« Der Schaden, den die Katze anrichtet, ist größer als der Nutzen, den man von ihr hat – das ist die überwiegende Meinung der Enzyklopädien vom Beginn des 18. bis in die Mitte des 19. Jahrhunderts. Erst mit den Publikationen von Peter Scheitlin, Hermann Masius, Alfred ↑Brehm und Victor ↑Hehn setzt ein Umdenken ein, dessen historische Entfaltung unter dem Schlüsselbegriff ↑Rehabilitation dargestellt wird.

Erdbeben ↑Sinne, Rätselhafte Sinneswahrnehmungen

Eremitage In dem weltberühmten Sankt Petersburger Museumskomplex lagern über drei Millionen Exponate, nur ein Bruchteil davon ist ausgestellt. Die riesigen Archivbestände wurden seit 1745 von über 50 Katzen vor Ratten und Mäusen geschützt. In dem Jahr erließ die Zarin Elisabeth Petrowna aufgrund der zunehmenden Mäuseplage in der ganzen Stadt ein

Palastkater Vasya vor der Eremitage in St. Petersburg

Dekret, in dem das Direktorium der Eremitage angewiesen wurde, zum Schutz der Kunstwerke Katzen zu halten: »Man möge Boten ausschikken, um in Kasan die größten und besten Katzen zu finden, die in der Lage sind, Mäuse und Ratten zu fangen. Diese sind unverzüglich an den Hof Ihrer Majestät zu senden.« Warum die Katzen ausgerechnet aus der Wolgaregion 800 Kilometer östlich von Moskau geholt werden sollten, überliefern die Quellen nicht. In dem Dekret von Elisabeth Petrowna wurde auch bestimmt, daß alle Palastkatzen zu kastrieren seien, um die felide Kommunität in Grenzen zu halten. Ob ihre Nachfolgerin, Katharina die Große, eine ausgesprochene Hundefreundin, auch so sorgfältig mit der Kunstsammlung umging, darf bezweifelt werden. In einem Brief von ihr steht dieser Satz über die Eremitage und ihre magazinierten Kunstschätze: »Nur ich und die Mäuse können diese ganzen Herrlichkeiten bewundern.« Die Oktoberrevolution hat die aristokratischen Palastkatzen nicht angetastet, aber im Zweiten Weltkrieg kamen alle um – sie wurden während der 900 Tage währenden Belagerung Leningrads von hungernden Einwohnern geschlachtet. Nach dem Abzug der deutschen Truppen lebte kein verzehrbares Tier mehr in der Stadt. Heute beherbergen die Kellerfluchten der Eremitage (man braucht mehr als 40 Minuten, um alle zu durchqueren) nur noch dicke Heizungsrohre – und etwa 70 Palastkatzen. Das Magazin der Pretiosen ist längst in klimatisierten Gebäuden außerhalb der Eremitage untergebracht. Nicht nur in den härtesten Wintermonaten – die Temperaturen in Petersburg können auf bis zu minus 30° fallen – schlafen die Katzen gern auf den warmen Heizungsrohren. Im Keller wurde vor einiger Zeit auch die Katzenküche eingerichtet. Für die Palastkatzen wird nämlich täglich gekocht. Wenn genug Geld zur Verfügung steht, wird aus einem Kuhschädel eine Brühe gekocht, in der dann beispielsweise Hühnerköpfe mit Fischresten und Reis gegart werden. Tatjana Danilova ist für die Versorgung der Katzen zuständig. Hauptberuflich koordiniert sie die Arbeit des über 300 Köpfe starken Wachpersonals der Eremitage, das während der Öffnungszeiten etwa 350 Säle mit ungefähr 60 000 Exponaten sichern muß.

Mitarbeiterinnen und Mitarbeiter aus allen Abteilungen des Museums spenden monatlich etwas Geld von ihrem kargen Lohn, um das Futter und die medizinische Versorgung der Katzen zu finanzieren. Zuschüsse aus dem Museumsetat gibt es für die Palastkatzen nicht. Die städtische Tierklinik spendet notwendige Medikamente, Spritzen usw., und zweimal im Monat kommt eine Tierärztin, die von der deutschen Stiftung Pro Animale finanziert wird. Sie nimmt u.a. die heute noch obligatorische Sterilisation der Neuzugänge vor, denn immer wieder werden junge Katzen in der Eremitage ausgesetzt. Gleichzeitig ruft Tatjana Danilova in Radioansagen oder Zeitungsannoncen regelmäßig dazu auf, Katzen aus der Eremitage in Privathaushalten aufzunehmen. So kann die Population der Palastkatzen einigermaßen konstant gehalten werden.

Ethologie, vergleichende Verhaltensforschung nichtmenschlicher Tiere oder genereller deren Verhaltensbiologie. Sie erforscht die Gesetzmäßigkeiten tierischen Verhaltens, ist ein Teilgebiet der Biologie und wissenschaftshistorisch eine Nachbardisziplin der Psychologie. Zu den herausragenden Vertretern dieser Wissenschaft zählen Jean-Henri Fabre, Charles Darwin, Irenäus Eibl-Eibesfeldt, Konrad Lorenz und der wohl bedeutendste Katzen-Ethologe Paul ↑Leyhausen.

Ohne die Forschungsleistungen der Ethologie zu schmälern soll nicht unerwähnt bleiben, wie relativ und bruchstückhaft ihre Erkenntnisse oft sind. Der Schriftsteller Günter ↑Kunert hat sich in seinem Text *Leben mit Katzen* darüber Gedanken gemacht. Nach vielen klugen und brillant vorgetragenen Gedanken über Katzen und Menschen überkommt Kunert schließlich auch ein sehr sympathischer Selbstzweifel: »Wie weit auch immer die Verhaltensforschung vorangekommen ist, unser Wissen über unsere Lebenslaufbegleiter aus der Gattung der Feliden besitzt keine bessere Basis als das über uns selber. Von ihrer ›Seele‹ haben wir keine Ahnung, sowenig wie von unserer eigenen. Uns selber gegenüber arbeiten wir ja auch nur mit Wahrscheinlichkeitsrechnungen, benutzen Hilfskonstruktionen, und die Grundlage unserer Analysen ist weithin die Unterstellung. Wenn wir davon ausgehen, wie fragwürdig und bruchstückhaft uns die Psychoanalyse über unser eigenes Wesen informiert hat, müssen wir einsehen, daß wir unseren Haustieren gegenüber noch beschränkter sind als angesichts unserer eigenen Person.«

Europäische Wildkatze (Felis silvestris silvestris), auch Waldkatze genannt, eine von drei Unterarten der Wildkatze (Felis silvestris). Die anderen beiden Unterarten sind die Afrikanische Wildkatze (Felis lybica), auch Nubische Falbkatze, und die Asiati-

Europäische Wildkatze. Foto: Detlef Bluhm

sche Wildkatze (Felis ornata), auch Steppenkatze genannt. Da unsere ↑Hauskatze sich aus der Afrikanischen Wild- oder Falbkatze entwikkelt hat (↑Abstammung), ist ihr die Europäische Wildkatze relativ nahe verwandt. Deshalb gelingt es in der Regel nur Fachleuten, die beiden zu unterscheiden. In Bezug auf Hauskatzen sind Europäische Wildkatzen etwas größer, sie haben dichteres und längeres Fell, und ihr ↑Nasenspiegel ist immer fleischfarben. Ihr Kopf ist wuchtiger, das Gesicht breiter, der Schwanz wirkt buschiger und ist am Ende immer schwarz. Insgesamt wirken sie etwas gedrungener und kräftiger, die Schnurrhaare sind stärker ausgebildet und weiß. Die Europäische Wildkatze ist außerordentlich scheu, sie lebt am liebsten in Mischwäldern und Mittelgebirgszonen. Die von uns Menschen in den letzten Jahrhunderten vehement vorangetriebene Denaturalisierung unserer Umwelt und die Verfolgung der Europäischen Wildkatze als ↑Jagdschädling (was blanker Unsinn ist) hat zu einem drastischen Rückgang der Population geführt. Wenn nicht inzwischen ein Umdenken eingesetzt hätte, wäre die Katze in Deutschland vermutlich ausgestorben. Inzwischen versucht man, den Lebensraum der Wildkatzen zu erhalten und den Bestand durch gezielte Ansiedlungen wieder zu vermehren.

Feliden Katzenartige Raubtiere, die sich vor 40 Mio. Jahren gemeinsam mit den Kaniden (hundeartige Raubtiere) aus den Miaciden entwickelt haben (↑Abstammung). Feliden gehören zur Ordnung der Raubtiere, die etwa 270 Arten umfaßt, und hier zur Überfamilie der Katzenartigen (Felidea). Dazu zählen acht Familien, eine davon bilden die Feliden. Die Feliden teilen sich wiederum in drei Unterfamilien. Eine von ihnen, die Felinae, teilen sich erneut in zwei Gattungsgruppen, die Kleinkatzen (Felini) und die Großkatzen (Pantherini). Zu den Felini gehören 16 Gattungen, darunter die Gattung Felis. Eine von fünf Arten der Felis ist die Wildkatze (Felis silvestris). Eine Unterart der Wildkatze bildet die Gruppe der Falbkatzen. Zu dieser Gruppe gehört auch die Afrikanische (oder Nubische) Falbkatze (Felis lybica), aus der durch ↑Domestikation schließlich unsere ↑Hauskatze entstanden ist.

Fermor, Patrick Leigh (* London 1915), Reiseschriftsteller mit (berechtigtem) Kultstatus, gilt als großer Stilist der englischen Sprache und gehört zu den zehn *Companions of Literature*, die von der *Royal Society* auf Lebenszeit ernannt werden. In den 1960er Jahren ließ er sich gemeinsam mit seiner Frau Joan auf Mani, dem Mittelfinger des Peleponnes, nieder, wo er heute noch lebt – in einem von ihm entworfenen Haus mit Blick auf den Golf von Messenia. In seinem Buch *Mani* berichtet er über eine Begebenheit aus seiner griechischen Wahlheimat: »Eine Geschichte, die mir mein alter Freund Tanty Rodokanaki erzählte, deutet darauf hin, daß die Anwesenheit von Katzen manchmal nüchterneren Gründen als lediglich reiner Liebhaberei zugeschrieben werden muß. Ein Kapitän hatte einst, entsetzt über die vielen Ratten auf seinem Schiff, einen Priester herbeigerufen und ihn gebeten, den speziell gegen dieses Gezücht wirksamen Segen zu sprechen. Dies tat der Priester auch, und anschließend beweihräucherte und besprengte er das Schiff vom Bug bis zum Heck. Er steckte die übliche Gebühr ein und versicherte dem Kapitän, er werde in Zukunft nicht mehr unter der Rattenplage zu leiden haben, denn der Ritus habe noch nie versagt. ›Aber eines ist wichtig‹, fügte er dann noch hinzu. ›Was, Hochwürden?‹ Der Priester neigte sein bärtiges Haupt und flüsterte dem Seemann ins Ohr: ›Besorgen Sie sich eine Katze.‹ Seitdem bedeutet in Seemannskreisen die Redewendung ›sich eine Katze besorgen‹ soviel wie ›ganz sichergehen‹.« (↑Schiffskatzen) Fermor ist ein Katzenfreund ohne aufdringliche Attitüden. Als der Journalist Wieland Freund ihn in seinem Haus auf Mani besuchte, und im Garten einen Kater bemerkte der sich im Gras räkelte, erwähnte Fermor beiläufig: »Seine Urgroßmutter war eines Tages einfach da.« Und in einem Brief von Fermor, den Freund in seinem Artikel in der *Welt* vom 7. Juli 2007 zitiert, heißt es: »Ich kritzele im Studio vor mich hin. Durchs Fenster kann ich Joan sehen, die ihre Heerschar Katzen zum Dinner lädt; massenhaft Miaus steigen auf, und ihre Schwänze schlagen Wellen wie das Meer.«

Film

Unter den arbeitenden Katzen (↑Berufstätigkeit) zählen die Filmkatzen selbstverständlich zu den Spitzenverdienern. Hollywood hat die Tatsache, daß für eine Hauptrolle mehrere Katzen eingesetzt werden müssen (↑Tiertrainer), immer gern verschwiegen und aus Gründen einer wirkungsvolleren Pressearbeit der Öffentlichkeit statt dessen lieber nur eine Katze als Hauptdarsteller präsentiert. Die Traumfabrik hat sich das einiges kosten lassen. So beispielsweise bei der Kriminalkomödie *That Darn Cat* (Alles für die Katz) von 1964. Ein mit der Hauptrolle betreuter schwarzer Kater gehörte dem Ehepaar Gordon. Vor dem Kinostart des Films ließ der Produzent eine Fotografie an die Presse verteilen, die die strahlenden Gordons vor ihrem Haus zeigt – zusammen mit ihrem Kater, der auf der Gartenmauer hockt. An dieser Mauer war ein Schild mit der Aufschrift »This Home was bought and endowed by a Cat« angebracht. Tatsächlich hatte das glückliche Ehepaar die Hypothek für das Haus mit der Gage des Katers abbezahlen können. Über die Vermögensverhältnisse der anderen an der Hauptrolle beteiligten Kater ist nichts bekanntgeworden.

Angesichts dieser Ausnahmesituation muß festgehalten werden, daß die Katze im Film selten eine Hauptrolle spielt (davon ausgenommen sind der Märchen- und Zeichentrickfilm), meistens fungiert sie als Symbol der Freiheit, als erotisches Signal oder sie wird eingesetzt, um einen Schreckmoment zu inszenieren. Im Gegensatz zum Hund, der entweder gut *(Lassie)* oder böse *(Der Hund von Baskerville)* ist, bleibt die Katze aufgrund ihres Wesens eher unbestimmbar. Ihre betonte Eigenständigkeit verbietet in der Regel den Einsatz als treuer Freund des Menschen. Ein weiteres Problem besteht in der schon angedeuteten Schwierigkeit, Katzen für Filmaufnahmen zu dressieren. Weil man Katzen (im Unterschied zu Hunden) jeweils nur ein paar wenige Verhaltensweisen antrainieren kann, benötigt man für eine felide Hauptrolle in einem Spielfilm bis zu 40 im Aussehen identische Tiere. Deren Verhaltensrepertoire muß dann auch noch termingerecht abrufbar sein, um nicht wertvolle Drehzeit zu verlieren – was nicht selten mißlingt. Trotz dieser Schwierigkeiten hat es immer wieder Realfilme mit Katzen in Haupt- oder tragenden Nebenrollen gegeben – in allen Genres, die der Film zu bieten hat. Einige herausragende oder mindestens auffällige Beispiele sollen hier vorgestellt werden.

Beginnen wir mit einem ***Fernsehfilm***. Eine Pariser Straßenkatze wurde 2005 zum Star des halbstündigen Films *Der Streuner* von Angela Graas. Für diese Produktion des Bayerischen Rundfunks erhielt Christoph Castor 2006 beim 16. Deutschen Kamerapreis einen Sonderpreis des Kuratoriums, da der Film »in keine reguläre Kategorie einzuordnen ist und durch exzellente Kameraarbeit brilliert«. In der Begründung der Jury hieß es weiter: »Jedes Bild ist eine optische Praline. Durch Castors Blick wird der Zuschauer magisch in die Welt der Katzen gezogen. Er arbeitet dafür unter schwierigsten Originallichtbedingungen mit allen optischen Mitteln, die einem Kameramann möglich sind, und verschmilzt so die Welt der Schauspielkatze mit der Welt der Originalkatzen.« Der Film ist nämlich eine Mischung aus Spiel- und Dokumentarfilm, zwei Tiertrainer haben daran mitgewirkt. Er erzählt die Geschichte eines rotgestromten Straßenkaters, der lange Zeit zusammen mit einem Hund und einem Clochard auf den Straßen und in den Metrostationen von Paris lebte. Nach dem Tod seines Menschen und dem Verschwinden des Hundes streifte der Kater viele Tage durch Montmartre, um schließlich eine neue Heimstatt auf dem Tierfriedhof von Asnières (↑Reiseziele, Frankreich, Paris) zu finden. Drei Wochen blieb das Filmteam dem Kater auf der Spur, und zu den eindrucksvollsten und überraschendsten Bildern gehören die Sequenzen, in denen gezeigt wird, wie der Kater langsam und sehr vorsichtig in der Katzenkolonie des Tierfriedhofes heimisch wird. Dabei muß er die anfängliche Feindschaft der anderen Katzen ertragen und sich zunächst mit einem Leben am äußersten Rand der Gemeinschaft zufriedengeben. Im Lauf der Zeit kann er sich dann einen Platz in der Kolonie erobern und dort heimisch werden. Dieser in ruhigen und gleichermaßen kraftvollen Bildern schwelgende Film ist ein seltenes Bilddokument über das Leben

Standfoto aus dem Film Alien

von Straßenkatzen und eine cineastische Ausnahmeerscheinung.

Die wohl bekannteste Katze in einem ***Science-fiction-Film*** heißt Jones, wird aber meist Jonesy genannt, und spielt eine dramaturgisch bedeutende Rolle in *Alien* von Ridley Scott aus dem Jahr 1979. Der kräftige, rotgestromte Bordkater des Frachtraumschiffes »Nostromo« frißt zu Beginn des Films an einem Tisch gemeinsam mit den Raumfahrern, die außerplanmäßig aus ihrem Tiefschlaf geweckt worden sind. Später sieht man ihn kurz in der Nähe von Ellen Ripley (Sigourney Weaver), dem weiblichen dritten Offizier des Schiffes, während der Rest der Crew ein Raumschiff nichtmenschlicher Herkunft auf einem fremden Planeten untersucht. Jones liegt mit gespannter Aufmerksamkeit am Boden, so als ahne er, daß draußen etwas Ungewöhnliches geschieht. Nachdem ein Alien im Körper eines Raumfahrers an Bord der Nostromo gelangt, aus dessen Körper sehr blutig ausbricht und sich im Raumschiff verstecken kann, schwärmen alle Besatzungsmitglieder aus, um das Monster zur Strecke zu bringen. In dem Durcheinander verschwindet Jonesy. Der Bordtechniker Brett erhält den Auftrag, ihn zu suchen. In dieser fast fünf Minuten dauernden Szene, die einem wesentlich länger vorkommt, hat Jonesy seinen stärksten Auftritt. Es beginnt ganz harmlos. Brett durchstreift suchend das Raumschiff und ahmt immer wieder ein Miau nach. Er hört Jonesy aus der Ferne antworten. Dieses einträchtige Zwiegespräch der beiden beruhigt den Zuschauer aber nicht wirklich. Die Stille zwischen den Ruflauten wird immer bedrückender. Und plötzlich springt etwas fauchend durchs Bild und verschwindet sofort wieder. Man erschrickt augenblicklich, entspannt sich aber kurz darauf, denn es war Jonesy, nicht das Monster, dessen Auftauchen man in jeder Sekunde vermutet. Ohne genau zu wissen warum, steigt beim Betrachter die Spannung genau dann ins Unermeßliche, wenn Brett Jonesy endlich findet und der Kater erneut im Bild auftaucht. Man ahnt schon, daß gleich etwas Schreckliches geschehen wird. Jonesy schaut am Boden hinter einem Aggregat hervor. Brett entdeckt ihn, hockt sich hin und versucht, ihn mit beruhigenden Worten anzulocken. Jones kommt langsam aus seinem Versteck hervor. Doch dann sieht man Brett in Großaufnahme und daß sich hinter ihm etwas bewegt. Leinwandfüllend zieht sich Jonesy fauchend und knurrend wieder in sein Versteck zurück. Da begreift Brett, daß hinter ihm etwas vorgeht. Zu spät. Er wird das nächste Opfer des Alien. Während Brett einen grauenvollen Tod erleidet, wird der Kopf des Katers mit seinen grünen Augen eindrucksvoll in Szene gesetzt.

Ridley Scott hat das Fauchen und Sichzurückziehen des Katers mit einem simplen Trick inszeniert. Dicht neben dem Set ließ er ein Holzbrett aufbauen, dahinter wurde ein angeleinter Schäferhund postiert. Im richtigen Moment wurde das Brett hochgezogen, und der Kater reagierte prompt. Er erschrak vor dem Hund, fauchte und zog sich zurück.

Der Einsatz einer Katze beim Auf- und Abbau von Spannungsbögen ist selten so perfekt inszeniert worden wie in *Alien*. Kurz vor dem eigentlichen Showdown des Films spielt Jones eine schmusige Abschiedsrolle. Das Alien hat inzwischen alle Crewmitglieder bis auf Ripley umgebracht. Ripley konnte im Gegenzug das Raumschiff mit dem Alien sprengen und sich kurz zuvor mit Jones in einem Raumgleiter davonmachen. Sie streichelt den Kater, der schmeichlerisch maunzt, doch als sie ihn in eine Kälteschlafkammer setzen will, versteckt er sich knurrend. Spätestens in diesem Moment weiß man, daß die Geschichte noch nicht zu Ende erzählt ist.

In *Aliens – Die Rückkehr* von 1986 begegnen wir Jonesy noch einmal. Ripleys Raumgleiter wird 57 Jahre nach ihrem Abenteuer auf der »Nostromo« zufällig von einer Raumpatrouille entdeckt. Kurz nach ihrem Erwachen erhält Ellen Ripley im Krankenhaus Besuch von Burke, einem jungen Wissenschaftler, der ihr Jonesy mitbringt. Sie ist froh und schmust mit ihm, aber als sie erfährt, wie lange sie schlafend im All unterwegs war, erlebt sie eine Panikattacke, und Jonesy, der natürlich in diesem Film von einer anderen Katze verkörpert wird, springt fauchend vom Bett. (Beim Drehen dieser Szene hat der Regisseur James Cameron im Unterschied zu Ridley Scott statt eines Schäferhundes eine andere Katze benutzt, um Jonesy zum Fauchen zu bringen.) Später erfährt Ripley von Burke, daß ihre Tochter zwei Jahre zuvor im Alter von 66 Jahren gestorben ist. Zu Beginn dieser Szene scheint Ripley in einem Garten zu sitzen. Erst als die Kamera schwenkt und man die Totale des Raumes sieht, wird einem klar, daß Ripley sich in einem Raumschiff und nicht auf der Erde befindet. Ursprünglich war in dem simulierten Garten ein Vogelhäuschen vorgesehen. Jonesy sollte einen Vogel jagen und dabei gegen den Bildschirm prallen, auf den die Gartenlandschaft projiziert wird. Doch dann entschied man, Jonesy nicht als Räuber zu zeigen. In einer der nächsten Szenen sieht man Ripley und Jonesy wieder einträchtig in ihrer Wohnung, und als Ripley sich entscheidet, mit Burke noch einmal auf die Suche nach den Aliens zu gehen, verabschiedet sie sich von Jonesy hoffnungsvoll mit den Worten: »Und du, kleines Herzchen, hältst hier die Stellung.« Wir wissen es besser: Ripley wird ihren Kater nie wiedersehen, so wie ihre Tochter.

Eine sehr ambivalente Rolle, die den Film aber bemerkenswert macht, spielt die Katze des Ehepaars Carey in dem Science-fiction-Film *Die unglaubliche Geschichte des Mr. C.* von Jack Arnold aus dem Jahr 1957. Während einer Bootsfahrt auf dem Meer kommt Scott Carey mit radioaktivem Nebel in Berührung, während sich seine Frau unter Deck aufhält. Kurz darauf beginnt er zu schrumpfen. Die Katze der Careys ist ein verschmustes und verspieltes Tier, das anfangs mehrfach in niedlichen Posen gezeigt wird. Als Scott nur noch einen Meter mißt, ändert sich das Verhältnis zwischen ihm und seiner Katze – sie beachtet ihn kaum noch. Doch Scott schrumpft immer weiter, bis er schließlich in ein Puppenhaus einzieht, das im Wohnzimmer aufgebaut ist. Als er nur noch zehn Zentimeter groß ist, schlüpft die inzwischen draußen gehaltene Katze unbemerkt ins Haus und stöbert ihren miniaturisierten Mitbewohner, in dem sie nur noch eine willkommene Beute sieht, in seinem Puppenhaus auf. Es beginnt ein dramatischer Kampf um Leben und Tod, den Jack Arnold in fünf Filmminuten inszeniert. Kurz vor dem todbringenden Sprung der Katze gelingt es Scott, die Elektroschnur einer Tischlampe zu ergreifen und die Lampe von der Tischkante zu zerren. Der Aufprall verscheucht die Katze für einen Moment, aber schnell nimmt sie die Verfolgung wieder auf. Zwar kann sich Scott in den Keller retten (er fällt tief in einen Wäschekorb am Fuß der Kellertreppe), doch als seine Frau nach Hause kommt und das von der Wand abgerückte Puppenhaus, die am Boden liegende Tischlampe sowie ein kleines, blutgetränktes Teil seiner Kleidung und die Katze sieht, kann sie nur einen Schluß ziehen. In der nächsten Szene wird in den Fernsehnachrichten sein Tod gemeldet. Darin heißt es: »Careys Tod erfolgte auf ungewöhnliche Weise und ebenso völlig unerwartet. Er kam durch den Angriff einer Katze um.« Scott wird seine Frau nicht wiedersehen. Im Keller muß er noch den Kampf gegen eine Spinne überstehen, bevor er durch einen engen Maschendraht ins Freie und in eine ungewisse Zukunft gelangt.

Auch im Genre der ***Fantasy*** hat die Katze ihre Filmspuren hinterlassen, obwohl hier keine tiefen Eindrücke zurückgeblieben sind, beispielsweise in der Verfilmung des Buches der erfolgreichsten Kinderbuchautorin aller Zeiten, Joan K. Rowling, *Harry Potter und der Stein der Weisen*: Zu Beginn des Films ist es ganz dunkel. Langsam wird das milchige Licht einer Straßenlampe sichtbar. Auf einem Schild mit der Beschriftung »Privat Drive« hockt eine Eule und dreht ihren Kopf in die Richtung, in die die Kamera fährt. Wie aus dem Nichts taucht plötzlich Albus Dumbledore, Direktor der Zauberschule Hogwarts, aus dem nebligen Dunkel auf. Mit einem altertümlichen Gerät, das an ein Feuerzeug er-

innert, entzieht er den Straßenlaternen ihr Licht. Dann maunzt eine Katze. Dumbledore schaut auf die ungewöhnlich schöne, graugetigerte Katze hinab und ist nicht erstaunt. »Ich hätte wissen müssen, daß Sie hier sind, Professor McGonagall.« Die Kamera schwenkt langsam von der Katze weg, bis ihr Schatten an einer hölzernen Hauswand sichtbar wird. Und jetzt geht alles sehr schnell: Das Bild der Katze wächst im Nu zu einem menschlichen Schatten. Dann tritt Frau Professor McGonagall ins Bild. »Guten Abend, Professor Dumbledore.« Die Verwandlung der Katze hat nur wenige Sekunden gedauert. Und noch einmal werden wir Zeuge dieser Verwandlung. Harry und Ron kommen zu ihrer ersten Unterrichtsstunde auf Hogwarts zu spät. Die Professorin McGonagall scheint auch noch nicht nicht anwesend zu sein. Doch auf dem großen Lehrertisch aus Holz sitzt ruhig wartend eine graugetigerte Katze. »Noch pünktlich«, stellt der atemlose Ron erleichtert fest. »Was meinst du, was die alte McGonagall uns erzählt, wenn wir uns verspäten?!« Harry Potter kommt nicht mehr zu einer Antwort. Denn in diesem Moment erhebt sich die Katze, nimmt ganz kurz Lauerstellung ein und springt dann auf die beiden zu. Im Flug verwandelt sie sich in die Professorin. Das geht so schnell, daß man die Zeitlupe bemühen muß, um Einzelheiten zu erkennen. Hier wird an die Katze als mittelalterliches Hexentier (↑Christentum) erinnert, obschon dies auf eine symphatische Weise geschieht. Aber es existiert noch eine andere, eine richtige Katze auf Hogwarts. Ihr etwas struppiges Fell ist braungetigert, und sie hat gelbe Augen, die fast ins Rötliche gehen. Die namenlose Katze taucht zumeist mit Filch auf, dem unheimlichen Hausmeister, der nachts durch die Flure der Zauberschule schleicht, immer auf der Suche nach Schülern, die sich trotz eines strikten Verbotes außerhalb der Schlafräume aufhalten.

In *Batmans Rückkehr* von 1992 wird die schusselige, aber bildhübsche Sekretärin (Michelle Pfeiffer) zu Catwomen, nachdem sie von ihrem skrupellosen Boß (Christopher Walken) aus dem Fenster gestürzt und am Boden von einer riesigen Katzenhorde durch Küsse, Bisse und Beschnuppern auf wunderliche Weise wieder zum Leben erweckt worden ist. Die enttäuschende Fortsetzung von *Batman* überzeugt in bezug auf die Rolle der Katze(n) genausowenig wie der Film *Catwoman* mit Halle Berry in der Titelrolle aus dem Jahr 2004. (Immerhin hat sich Halle Berry während der Dreharbeiten in eine der schauspielernden Katzen verliebt und sie mit zu sich nach Hause genommen.) Auch der ***Horrorfilm*** hat keine überzeugenden Filme mit Katzen hervorgebracht. In den zahlreichen Adaptionen der Erzählung *Die schwarze Katze* von Edgar Allan ↑Poe wird die titelgebende Katze zumeist als Furie gezeigt. Die psychologisch dichte Konstellation der Erzählung hat noch keine filmische Entsprechung gefunden. Trotz der schauspielerischen Leistung von Harvey Keitel hat auch *The Black Cat* aus dem Episodenfilm *Two Evil Eyes* von 1990 keine andere Beurteilung verdient. Wie es scheint, gelingen in den Genres Fantasy und Horror keine angemessenen Katzendarstellungen.

Ganz anders verhält es sich beim ***Kriminalfilm***, wenngleich Katzen in ihm nur in Ausnahmefällen eine Rolle spielen. Besonders hervorzuheben ist hier *Der Tod kennt keine Wiederkehr (The Long Goodbye)* von Robert Altman aus dem Jahr 1973. Die Verfilmung des Romans *Der lange Abschied* von Raymond Chandler mit Elliott Gould als Philip Marlowe beginnt mitten in der Nacht. Marlowe liegt angezogen und schnarchend auf dem Bett. Sein rotgestromter Kater maunzt laut, und als das nichts nutzt, springt er von einer Kommode auf dessen Brust und reißt damit den Privatdetektiv aus seinem Schlaf: »Mein Gott, du hast Hunger.« Während der Kater lebhaft in der Küche über Anrichten und Schränke tobt, bereitet ihm Marlowe, da kein Katzenfutter mehr im Haus ist, eine aus Resten improvisierte Mahlzeit zu, die der Kater nach skeptischem Beschnuppern vorwurfsvoll vom Tisch auf den Boden befördert. Resigniert zieht sich Marlowe das Jackett an. »Um drei Uhr morgens gehe ich los und besorg diesem Mistvieh noch 'n spezielles Futter. Ich muß ja bescheuert sein.« Im Supermarkt ist natürlich das einzige Katzenfutter, das der Kater mag, ausverkauft. »Ja, das ist nicht da im Augenblick«, erläutert ein farbiger Verkäufer. »Nehmen Sie doch dieses hier. Ist doch sowieso alles dieselbe Scheiße.« Marlowe schaut den Verkäufer konsterniert an. »Ah, was Sie nicht sagen. Sie haben wohl keine Katze?« Der Verkäufer zieht genervt die Schultern hoch. »Was soll ich mit einer Katze? Ich habe eine Mieze.« »So, haha. Er hat 'ne Mieze und ich 'ne Katze.« In seiner Wohnung angekommen, sperrt Marlowe den Kater erst einmal aus der Küche aus. Dann öffnet er eine Dose und füllt den Inhalt in eine leere Büchse, die des Katers Lieblingsfutter enthalten hat. Danach verstaut er seinen Betrug wieder in der Papiertüte. Aber der Kater fällt auf die anschließende Vorstellung nicht herein. Unter Protestmiauen springt er vom Tisch und verschwindet durch eine Katzentür aus Pappe mit der handgeschriebenen Aufschrift »El Porto del Gato«. Marlowe folgt dem Kater auf die Veranda, um ihn zu rufen. In diesem Moment bekommt er überraschenden Besuch von seinem alten Freund Terry Lennox, der Marlowe bittet, ihn an die mexikanische Grenze zu chauffieren. Als Marlowe morgens wieder in Los Angeles eintrifft und die Suche nach seiner Katze fortsetzt, möchten zwei Polizisten mit ihm reden. Er erklärt, daß er jetzt keine Zeit habe, er suche seine Katze. »Vergessen Sie die verdammte Katze, Marlowe, und kommen Sie«, antwortet ein Detektiv. »Ich soll die verdammte Katze vergessen, sagt er«, murmelt Marlowe mißlaunig vor sich hin. »Diese Katze bedeutet mir verdammt viel, und jetzt soll ich sie vergessen. Muß ja was verdammt Wichtiges sein.« Die Katze bleibt für immer verschwunden. Zum Schluß des Films spürt er Terry Lennox, der sich als Mörder entpuppt hat, in Mexiko auf. Sein alter Freund hatte Marlowe entsetzlich hinters Licht geführt und durch seinen Besuch daran gehindert, seine Katze zu finden. »Du bist eben der geborene Verlierer«, stellt Lennox zynisch fest, als Marlowe erkennt, daß er von seinem Freund eiskalt benutzt worden ist. »Ja, ich hab sogar meine Katze verloren«, antwortet Marlowe und erschießt den Mörder, den keine staatliche Gerechtigkeit mehr zur Strecke bringen würde. Es sind die letzten Worte, die in diesem Film gesprochen werden.

In keinem der Romane von Raymond Chandler kommt eine Katze vor, obwohl ↑Chandler ein großer Katzenfreund war. Die Katze in *Der Tod kennt keine Wiederkehr* ist Marlowes Alter ego. Wie sie ist er allein, aber unabhängig. Die ungemein genau und kenntnisreich geschilderte Beziehung zwischen Marlowe und seiner Katze ist wohl auch als Hommage Altmans an den großen Schriftsteller zu verstehen.

Noch eine kurze, aber sehr berühmte und schwer zu deutende Filmszene muß hier erwähnt werden. In *Der dritte Mann* von Carol Reed (nach einem Buch von Graham Greene) aus dem Jahr 1949 wird der amerikanische Westernautor Holly Martins (Joseph Cotten) von seinem charmanten und jedermann schnell für sich einnehmenden Jugendfreund Harry Lime (Orson Welles) 1945 nach Wien eingeladen. Als Martins dort eintrifft, erfährt er, daß sein Freund bei einem Verkehrsunfall ums Leben gekommen sei. Er erfährt aber auch, daß Harry Lime des verheerenden Schwarzmarkthandels mit gestrecktem Penicillin verdächtig war, und beginnt mit eigenen Recherchen. Dabei gerät er in der Viermächtestadt zwischen die Fronten von Polizei, Militär und Geheimdiensten. Als er sich einmal nachts auf dem Heimweg in seine Pension befindet, bemerkt er auf der anderen Straßenseite im Schatten eines Hauseinganges undeutlich eine männliche Gestalt. Martins fühlt sich verfolgt und beschattet und beginnt laut zu zetern. Die geheimnisvolle Person solle den Mut haben, sich zu zeigen, aus ihrem Versteck herauszukommen. Zwischen den Füßen des im Schatten Verborgenen sitzt vertrauensvoll ein kleines, schwarzweißes Kätzchen und putzt sich selbstversunken den Kopf und die Vorderpfötchen. Eine Großaufnahme zeigt, daß sie sich von Holly Martins' Geschrei nicht beeindrucken oder gar stören läßt. Doch eine Anwohnerin wird wach. Sie schaltet das Licht im Schlafzimmer ein und geht zum Fenster, um sich nun ihrerseits lautstark über den nächtlichen Krach zu beschweren. In diesem Moment taucht der Kopf des vermeintlichen Verfolgers im Schein des Zimmerlichts auf – es ist der totgeglaubte Harry Lime. Gleichzeitig erklingt selbstverständlich auch das unverwechselbare Harry-Lime-Thema, das den bis dahin nahezu völlig unbekannten Zitherspieler Anton Karas über Nacht weltberühmt gemacht hat. Es ist wohl dieser Mehrklang aus Harry Limes plötzlichem Erscheinen, seinem unnachahmlich hintergründigen Lächeln, der gänzlich unbeteiligt wirkenden Katze und dieser wienerischen Zitherballade, der diese Szene zu einer Ikone der Filmgeschichte gemacht hat. Und welche Funktion hat das Kätzchen? Seine vertrauensvolle Nähe zu dem skrupellosen Verbrecher Harry Lime könnte dessen Fähigkeit betonen, sich bei jedermann schnell beliebt zu machen. Ihr demonstrativ zur Schau gestelltes Pfötchenputzen könnte aber auch daran erinnern, daß die Pfoten der Katze samtweich und gleichzeitig nadelspitz sind, ein Umstand, der ihr schon im Mittelalter den Ruf der Betrügerin eingebracht hat. Dann wäre sie ein Symbol für Harry Limes Verschlagenheit. Es könnte aber auch eine vertrauensvolle Solidarität der Ausgestoßenen visualisiert worden sein. Die heimatlose Katze, die nachts durch die Straßen schleichen muß, fühlt sich wohl in der Nähe des Outcast Harry Lime, der sich nur durch die Inszenierung seines eigenen Todes vor der Verfolgung durch die Justiz retten konnte, und dessen nächtliche Begegnung mit dem alten Freund der Anfang von seinem Ende ist. Wie oft in der Kunst ist eine eindeutige Antwort kaum möglich. Zu vielschichtig sind die Interpretationsspielräume, wenn es um die Bedeutung der Katze geht.

Nach *Dr. No* sind zwischen 1963 und 1971 insgesamt sechs James-Bond-Filme erschienen. (Womit wir beim ***Spionagefilm*** angekommen sind.) Darin ist mit Ausnahme von *Goldfinger* der Superverbrecher Ernst Stavro Blofeld Bonds Gegenspieler. Doch in den ersten beiden Blofeld-Episoden (*Liebesgrüße aus Moskau* und *Feuerball*) bleibt das Gesicht des Chefs einer weltumspannenden Verbrecherorganisation verborgen. Er besitzt dennoch ein spezifisches Erkennungzeichen. Es ist eine auf seinem Schoß sitzende schneeweiße ↑Angorakatze, die von dem Gangster beiläufig gestreichelt wird, während er seine heimtückischen Anweisungen erteilt. In *Diamantenfieber*, dem letzten Film mit Blofeld, hat diese Katze einen dramaturgisch bemerkenswerten Auftritt. Bond (Sean Connery) verschafft sich mit einer artistischen Kletterei Zutritt in die oberste Etage eines riesigen Hotelkomplexes. Dazu benutzt er eine Pistole, mit der er Halteklammern in die Fassade schießt. Im Innern des Gebäudes wird 007 entdeckt und muß seinen »richtigen« Revolver abgeben. Dann wird er in einen riesigen, futuristischen Raum geleitet, in dem er auf Blofeld und einen perfekten Doppelgänger stößt – und auf die aus den früheren Filmen schon bekannte Katze, die lässig in einem Ledersessel döst. Blofeld 1 und Blofeld 2 wissen natürlich nicht, daß Bond noch im Besitz der Pistole ist, mit der er sich seine Haken in die Fassade geschossen hat. Wir Zuschauer wissen allerdings, daß sich in dieser Pistole nur noch ein einziger Schuß befindet. Bond überlegt nun fieberhaft, wer von den beiden wohl der richtige Blofeld ist, und als er die Katze sieht, kommt ihm eine Idee. Er geht langsam auf sie zu und versetzt ihr plötzlich einen kräftigen Fußtritt. Seine Spekulation scheint aufzugehen. Die Katze springt erschrokken mit einem Riesensatz auf den Schoß ihres Herrn. Bond reißt blitzschnell seine Waffe hervor und tötet Blofeld. Doch in diesem Moment taucht hinter einer Wand eine zweite weiße Angorakatze auf. Sie trägt ein diamantenes Halsband und vertreibt fauchend das andere Tier. Man sieht deutlich, wer hier das Sagen hat. Mit provozierender Langsamkeit stolziert die Katze auf Blofeld zu und springt auf seinen Schreibtisch. Der richtige Blofeld lächelt Bond an. »Die Idee war an sich richtig.« Bond antwortet resigniert: »Aber es war die falsche Mieze.«

In dem ***Action-Thriller*** *Assassins (Die Killer)* von 1995, dessen eruptive Brutalität und schauspielerische Darstellung irgendwo zwischen Menschenverachtung und Parodie changieren, spielt neben Sylvester Stallone, Antonio Banderas und Julianne Moore eine weiße Katze mit graugetigerten Flecken die vierte Hauptrolle. Der Film erzählt die Geschichte des überdrüssigen Profikillers Robert (Stallone), der noch einen letzten Job erledigen und sich dann für immer zurückziehen möchte. Er soll die Computer-Hackerin Elektra töten und ihr eine Diskette mit brisantem Material abnehmen. Von Elektra ist nichts weiter als ihr Internet-Logo bekannt – zwei riesige, grüne Katzenaugen. Elektras Katze heißt Pearl und ist eine ↑Maine Coone. Die ebenfalls grünäugige Elektra mietet in einem Hotel zwei Zimmer unter dem Namen Cats. Dort wartet sie mit Pearl auf vier Männer, denen sie die Diskette für 40000 US-$ verkaufen möchte. Unterdessen bestellt sie viel Kaffee und Thunfisch in Dosen. Mit Ben tritt noch ein zweiter Profikiller auf (Banderas), der krankhaft von der Idee besessen ist, Robert zu töten und damit zur Nummer eins seines Berufsstandes aufzusteigen. In dem Hotel kommt es zu einer mörderischen Schießerei, und Elektra kann mit Robert und Pearl fliehen. Sie mißtraut Robert (zunächst aus gutem Grund) und kann ihm entkommen. Dabei muß sie ihre Katze bei Robert zurücklassen. Der findet in Elektras Auto eine Werbetüte ihres Tierfutterhändlers und sucht diesen mit Pearl auf. Dort nennt man ihm bereitwillig die Adresse der Besitzerin des Tieres. Auch Ben findet das Haus, in dem Elektra wohnt. Im Hotel hatte sie einige Fotos verloren, die Pearl vor ihrem Wohnhaus zeigen. In ihrer Wohnung kommt es zur nächsten Schießerei, und wieder können Elektra, Pearl und Robert zusammen fliehen. In ihrem Unterschlupf freundet sich Robert mit der Katze an, und auch er und Elektra kommen sich näher. Sie werden Geschäftspartner. Robert erkennt den wahren Wert der Diskette und erhöht

ihren Preis auf 20 Millionen US-$. Elektra staunt nicht schlecht, wollte sie doch von ihrem Erlös vor allem der Katze einen Kater kaufen. Der turbulente Showdown des Films findet in der Karibik statt. Natürlich besiegt Robert den bis zum fanatischen Wahnsinn getriebenen Ben, und natürlich überleben Robert, Elektra und Pearl, und natürlich haben sie zum Schluß auch das Geld. Der Film endet mit dem Satz: »Und jetzt kaufen wir für Pearl einen Kater.« Er ist beileibe kein cineastisch erwähnenswertes Werk, doch die Katze ist mehr als schmückendes Beiwerk, ihr wird felide Eigenwilligkeit zugestanden. Beispielsweise wenn Elektra, vom Killer gehetzt und in Todesgefahr, die Katze erst mühsam unter dem Hotelbett hervorlocken muß, bevor sie endlich ihr Leben retten kann.

Nicht einmal den ***Western*** hat die Katze in ihrer Filmkarriere ausgelassen. In *Der Marshal (True Grit)* von 1969 spielt John Wayne den trinkfesten und meist mürrischen U.S. Marshal Rooster Cogburn. (Für diese Rolle erhielt er übrigens 1970 seinen einzigen Oscar in der Kategorie »Bester Hauptdarsteller«.) Wenn er einmal nicht auf Verbrecherjagd im Indianerreservat unterwegs ist, wohnt er bei dem alten Chinesen Shen-Li, der einen kleinen Kolonialwarenladen betreibt. Dorthin lädt er das junge Mädchen Mattie Ross ein, das ihn unter Vertrag nehmen will, um den Mörder ihres Vaters zu finden. Auf dem Ladentresen liegt ein rotgestromter Kater. Mit den Worten »Das ist mein Neffe General Sterling Price« stellt er ihr den Kater vor. Nach dem Essen erschießt Rooster eine riesige Ratte, die sich ins Zimmer verirrt hat. Mattie trägt sie hinaus. General Sterling Price folgt ihnen schnurrend und schnappt sich die Ratte. »Das war eigentlich ihre Aufgabe!« beschwert sich das Mädchen. Nachdem Rooster am nächsten Morgen seinen Rausch ausgeschlafen und den Vertrag mit Mattie unterzeichnet hat, schmust er ausgiebig mit dem Kater. Im Reservat, auf der Jagd nach dem Mörder, entspinnt sich in der Nacht vor dem Gefecht ein Gespräch zwischen Rooster und dem Mädchen. Er erzählt ihm von seiner Frau, die ihn vor Jahren verlassen hat. »Und jetzt haben Sie niemanden mehr, bis auf Shen-Li und die kleine Katze«, stellt Mattie fest. »Nun, General Sterling Price gehört mir nicht«, antwortet Rooster Cogburn, »wir sind nur sehr gute Freunde. Er wohnt bei mir, und ich hänge auch sehr an ihm.« Nach der abenteuerlichen und selbstverständlich erfolgreichen Verbrecherjagd kehrt Rooster zurück in Shen-Lis Laden. Während die beiden abends Karten spielen, liegt der Kater auf dem runden Tisch und schnurrt behaglich. Er ist offensichtlich glücklich, daß sein Mitbewohner wieder zu Hause ist. Es ist nicht einmal eine Nebenrolle, die der Kater hier spielt, aber er ist meines Wissens der einzige Kater in einem Western, der nicht nur einmal zufällig über die Leinwand huscht.

Nach dem Roman *Die Katze* von Georges Simenon entstand 1970 der gleichnamige Spielfilm mit Simone Signoret und Jean Gabin. Im Unterschied zu Sime-

Standfoto aus dem Film Die Katze

nons Roman lebt die Katze zu Beginn des Films noch und hat einige schöne Szenen. Die Frau von Julien, Clémence, haßt die Katze ihres Mannes, »die er schon geliebt hatte, bevor er seine Frau kannte«. Sie erschießt das kleine Tier, und seitdem ist die Ehe der beiden vergiftet: Sie reden nicht ein einziges Wort mehr miteinander, kommunizieren nur noch durch kleine, handgeschriebene Zettel, die sie sich zuwerfen oder vorlegen. Auch ihr Essen nehmen sie getrennt ein, jeder bereitet seine Mahlzeiten selbst zu und benutzt einen eigenen Vorratsschrank. Ihr Leben ist eine einzige Hölle, bis Clémence plötzlich stirbt.

Eine wirkliche Hauptrolle spielt die Katze in: *Frühstück bei Tiffany* (1960) von Blake Edwards, nach dem gleichnamigen Kurzroman von Truman Capote, einer der wenigen Filme, in dem der Charakter des tierischen Hauptdarstellers nicht als Symbol oder szenischer Gag instrumentalisiert wird. Das liegt in diesem Fall allerdings auch nahe, denn der namenlose, rotgestromte Kater der Protagonistin Holly Golightly (Audrey Hepburn) soll wie Holly selbst das Streben nach Freiheit und Unabhängigkeit verkörpern und somit eigentlich nur sich selbst spielen. Der Kater tritt ständig in Erscheinung. Er liebt es, Menschen unvermittelt auf die Schulter zu springen, verfolgt die dramatische Comédie humaine gern vom höchsten Brett eines bücherleeren Regals aus, nimmt also die beobachtende Haltung von Victor von ↑Scheffels Literaturkater Hiddigeigei ein, und faucht, als der ihm eigentlich wohlbekannte Freund Hollys mit einer Gesichtsmaske durch das Fenster einsteigt. Gleich am Anfang des Films gibt es eine Schlüsselszene, in der Holly in Gegenwart ihres neuen Nachbarn – ein erfolgloser Schriftsteller, der von ihr Fred genannt wird – laut über ihr Zusammenleben mit dem Kater nachdenkt: »Armer alter Kater. Armes Vieh, hast keinen Namen. Ich finde, daß ich kein Recht habe, ihm einen Namen zu geben. Wir gehören eigentlich gar nicht zusammen. Er ist mir mal über den Weg gelaufen. Und ich will auch gar keinen Besitz haben, bevor ich nicht richtig weiß, wo ich hingehöre.« In der literarischen Vorlage heißt es noch ergänzend: »Er ist unabhängig, und ich bin's auch.« Zum Schluß des Films kommt es zu einer dramatischen Szene. Holly und Fred gestehen sich im strömenden Regen ihre Liebe ein, nachdem sie

Standfoto aus dem Film Frühstück bei Tiffany

den pitschnassen, vorher verstoßenen Kater wiedergefunden haben, und zerdrücken ihn fast zwischen sich. (Wie hat der Kater das nur ausgehalten?) Kein anderer Spielfilm hat bis dahin dem eigenständigen Wesen einer Katze so viel Raum gelassen – bis 1974 *Harry & Tonto* von Paul Mazursky in die Kinos kam. Die Geschichte, die der Film erzählt, ist schnell wiedergegeben. Harry ist Rentner und muß mit seinem rotgestromten Kater Tonto seine New Yorker Wohnung räumen, weil das Mietshaus abgerissen wird. Sein Sohn Burt nimmt ihn in sein kleines Vororthäuschen auf, das er mit seiner Frau und zwei fast erwachsenen Kindern bewohnt. Aber Harry fühlt sich dort nicht wohl. Er besucht nacheinander erst seine Tochter Shirley in Chicago, fährt dann über Boulder in Colorado nach Las Vegas und landet schließlich in Los Angeles, wo er seinen zweiten Sohn Eddi trifft. Ein Road-Movie also, eine Reise quer durch Amerika von der Ost- zur Westküste, die Harry und Tonto gemeinsam unternehmen. Dabei dominiert die Erlebniswelt Katze und Mensch alle anderen Handlungsstränge, ohne jemals in Kitsch zu verfallen. Im Gegenteil: manchmal wird Harry richtig böse auf seinen Kater. Beispielsweise als die beiden im Bus nach Chicago fahren. Irgendwann ist Tontos Katzenkiste naß, und er weigert sich kreischend und fauchend, sein Geschäft auf der Menschentoilette des Busses zu erledigen. Harry muß den Fahrer überreden, in der Nähe einer Kleinstadt kurz anzuhalten, wo Tonto sofort hinter einen weitentfernten Busch rennt und sich weigert, zum Bus zurückzukehren. Also läßt sich Harry schimpfend sein Gepäck herausgeben und den Greyhound weiterfahren. Erst nach dessen Abfahrt kommt Tonto zurück – er mochte die Busfahrt nicht. Harry kauft sich ein Auto, und Tonto nimmt schnurrend und zufrieden auf der Ablage über dem Handschuhfach Platz. Aber es sind vor allem die vielen kleinen Szenen, die das Zusammenleben zwischen Katze und Mensch so unspektakulär veranschaulichen: wie Tonto in seiner Kiste scharrt, Harry ihm nach einem Einkaufsbummel das Geschirr abnimmt, mit ihm spricht, ihm immer wieder Lieder vorsingt und anschließend fragt, wer der Sänger war, um ihn dann, wenn der Kater miaut, zu loben: »Richtig, Bing Crosby.« Typisch ist auch die Szene, in der sich Tonto ungerührt und ungehindert auf einem Motelbett Hähnchenteile aus einer Kentucky-Fried-Chicken-Packung angelt und nach seiner Mahlzeit ein Schlachtfeld hinterläßt. Die beiden begegnen auf ihrem Trip durch die Staaten allerhand kuriosen Gestalten. Harry, ein ehemaliger Lehrer, blüht während dieser Reise sichtbar auf, kommt sogar in den Genuß eines erotischen Vergnügens mit einer Edelprostituierten. Tonto ist die konstante Bezugsperson in dem Personenkarussell, das sich auf der Reise dreht, und als der Kater zum Schluß des Films stirbt, bleibt Harry allein, aber mit der Hoffnung zurück, daß das Alter nicht in auswegloser Einsamkeit enden muß.

Paul Mazursky ist durch seine Mutter auf die Idee zu dem Film gekommen, genauer durch deren roten Kater, den sie gern an einer Leine durchs New Yorker Greenwich Village führte. Der Regisseur hat nach eigenen Angaben lange Zeit seines Lebens mit Katzen zusammengelebt. Er sollte sogar Tonto nach Beendigung der Dreharbeiten als Geschenk erhalten, konnte aber den Kater nicht aufnehmen, weil seine Frau nach der Geburt ihres Kindes eine Katzenallergie (↑Allergie) entwickelt hatte. Über die Dreharbeiten zu *Harry & Tonto* hat sich Mazursky ausführlich geäußert. So erzählte er, daß Art Carney, der die Rolle des Harry verkörperte und dafür 1974 mit dem Oscar für die beste männliche Hauptrolle ausgezeichnet wurde, Katzen eigentlich haßte. »Genau deshalb spielte Art seine Rolle ohne jegliche Sentimentalität. Und die Katze mochte ihn, mehr und mehr.« Fragt sich nur, welche Katze, denn wir wissen ja bereits, daß man einen Spielfilm mit einer Katzenhauptrolle unmöglich mit nur einer Katze drehen kann. Um so erstaunlicher ist Mazurskys Auskunft, daß er mit lediglich zwei Katzen ausgekommen ist, und eine der beiden war Tonto, die »Hauptkatze«. »Eigentlich hätte Tonto den Oscar gewinnen müssen«, meinte der Regisseur, ohne damit die schauspielerisch beeindruckende Leistung von Art Carney herabwürdigen zu wollen. Mit zwei Tricks hat die für den Film engagierte Tiertrainerin geholfen, Tonto (fast) immer in die richtige Position zu bringen. Zum einen hat sie seine Schwäche für Leber ausgenutzt. In einer Szene sollte Harry

Standfoto aus dem Film Harry & Tonto

auf einem Stuhl sitzend den Kater ganz beiläufig am Kopf kraulen. Also hat man diesen Stuhl mit kleinen Leberstückchen präpariert und Tonto so angelockt. Dann war der Kater verrückt nach einem kleinen, roten Spielzeug, dem er sofort hinterhersprang. Diese Trumpfkarte wurde beispielsweise in einem Motel auf dem Bett ausgespielt. Zum Schluß des Films, als Tonto stirbt, mußte man sich allerdings medizinischer Hilfe bedienen. Der Kater bekam eine Betäubungsspritze. Das äußerst agile Tier wäre sonst wohl kaum so ruhig liegengeblieben. Diese unspektakulär leisen Aufnahmen sind in der Sparsamkeit ihrer Worte und Bilder sehr anrührend. Mazursky hat berichtet, dass vor allem das japanische Publikum überraschend emotional reagiert hat: »Als wir den Film in Tokio zeigten, weinten die Menschen in dieser Szene so laut, daß man nichts anderes mehr hören konnte. Japaner lieben Katzen, und sie liebten diesen Film.«

Eine Frage drängt sich nach diesem kleinen Rundgang durch die Filmgeschichte der Katze auf: Warum sind die meisten Filmkatzen rotgestromt? Genauer gefragt, warum sind Katzen in den Filmen, in denen sie eine eindeutig positive Rolle spielen, fast ausnahmslos rot? Vermutlich haben sich die für das Tiercasting Verantwortlichen von dem Gedanken leiten lassen, daß schwarze Katzen in den Augen vieler Menschen als Unglückstiere gelten und getigerte Katzen den Menschen zu sehr an das Raubtier in ihr erinnern. Rote Katzen wirken freundlich und harmlos, keine abergläubischen Vorstellungen oder archetypischen Ängste beeinflussen den gewünschten Effekt der spontanen Zuneigung, der in diesen Filmen angestrebt wird.

Nach dieser filmischen Spurensuche soll noch auf eine 34 Filme umfassende Liste im Zeitraum von 1919 bis 2001 hingewiesen werden, die unter www.detlefbluhm.de (unter »Bücher« auf »Katzenspuren« klicken) einsehbar ist. Weniger gängige Filme auf DVD und Videos aus aller Herren Länder (wie beispielsweise *Harry & Tonto*) besorgt gern das Berliner Fachgeschäft »M sucht nach Film«, Kantstraße 28, 10623 Berlin, www.msuchtnachfilm.de.

Flehmen Eine für Menschen nicht nachvollziehbare Form der Geruchswahrnehmung ist das Flehmen der Katzen und vieler anderer Säugetiere. Menschen fehlt das dazu notwendige ↑Jacobsonsche Organ, das bei Katzen im Gaumendach der Mundhöhle zu finden ist. Wenn Katzen flehmen, heben sie den Kopf leicht an, ziehen den Mundwinkel und einen Teil der Oberlippe zurück bzw. hoch. Kurz zuvor haben sie die Duftquelle beschnuppert oder beleckt. Im Moment des Flehmens verharren sie in der Regel sekundenlang völlig unbeweglich, fast entrückt. Die Forschung geht davon aus, daß überwiegend sexuell anregende Duftstoffe auf diese Art wahrgenommen werden. Doch es sind auch andere Auslöser für das Flehmen denkbar.

Flinders, Matthew (* Domington 1774, † London 1814), entwickelte schon als Junge, angeregt durch die Lektüre von Daniel Defoes *Robinson Crusoe*, den Wunsch, zur See zu fahren. Im Alter von 15 Jahren trat er der Royal Navy bei. Berühmt wurde Flinders durch seine Erforschung der australischen Küsten. Er war der erste Forschungsreisende, der ganz Australien umsegelte. 1799 wurde auf einer Fahrt nach Australien der Schiffskater ↑Trim geboren, den Flinders über alles liebte.

Foto: Wolfgang Lauter

Fontane, Theodor (* Neuruppin 1819, † Berlin 1898). Der Schriftsteller, Journalist und Kriegsberichterstatter Theodor Fontane wurde während des Deutsch-Französischen Krieges im Oktober 1870 auf einer Reise durch Frankreich als Spion verdächtigt und verhaftet. Da Spionage in Kriegszeiten automatisch mit dem Tode bestraft wurde, hing sein Leben an einem seidenen Faden. Nach mehrfacher Verlegung landete er schließlich auf der Insel Oléron, wo er in der Zitadelle zuvorkommend untergebracht wurde. (Bismarck hatte inzwischen gegen die Verhaftung interveniert.) Dort lernte er die weiße Katze Blanche kennen, die sich in seiner Zelle einrichtete und mit ihm freundschaftliche Bande knüpfte. In seinem Reisebuch *Kriegsgefangen* beschreibt Fontane ihre Kapriolen: »Sie ist ganz Spielzeug, und ich habe es längst aufgegeben, Ernsteres von ihr zu erwarten. Sie ist mir Schauspiel, Augenweide, Zirkusschönheit, im Hoch- und Weitsprung gleich ausgezeichnet, und den Tag über an der Klingelschnur zu Hause. Sie unterhält mich durch die wunderbarsten Kapriolen.«

Fotografen

Die erste Fotografie im engeren Sinn des Begriffes wurde 1826 durch Joseph Nicéphore Niépce hergestellt. In der Pionierzeit dieses Mediums war es durch die notwendig langen Belichtungszeiten nicht möglich, bewegliche Objekte wie Katzen aufzunehmen. Doch die technische Entwicklung schritt schnell voran. Bereits in der Mitte des 19. Jahrhunderts tauchten erste Fotografien von Katzen auf. Aus dem Viktorianischen England stammt die Fotografie eines unbekannten Lichtbildners mit drei Damen und zwei Katzen von 1850. Drei Jahre später entstand das Foto eines Kätzchens der Familie Hugo, liegend aufgenommen von Charles Hugo, dem Sohn des Schriftstellers Victor Hugo. 1854 lichtete sich der Fotograf Nadar in einem Selbstporträt liegend auf einer Parkbank ab, auf seinem Oberschenkel sitzt ein Kater, den er mit der linken Hand krault. In den folgenden Jahrzehnten setzte die Entwicklung der Fotografie zum Massenmedium ein, und Frankreich kreierte für Amateure, die ihre Katzen liebten und fotografisch verewigten, den Begriff »Chatographe«. Aber die Katze, seit der Renaissance Freund und Weggefährte der Künstler und Gelehrten, inspirierte nicht nur ambitionierte Dilettanten, sondern auch die künstlerische Avantgarde – fast alle bedeutenden Fotografen des 20. Jahrhunderts haben dem wohl schwierigsten Motiv der Fotografie ihre Aufmerksamkeit geschenkt. Obwohl der amerikanische Künstler Edward Steichen nach Auskunft seiner Witwe eher ein »Hundemensch« war, besaß er »die Bronzeplastik einer berühmten ägyptischen Katze, die jahrelang in seinem Atelier stand«. Er war fasziniert von der Ästhetik der Katzen, und seine undeutlich verwischten, ganz dunkel gehaltenen Fotostudien von 1902 und 1903 präsentieren die Katze als mythische Vision. Kurz nach Steichens Aufnahmen begann die massenhafte Verbreitung von Katzenmotiven auf ↑Ansichtskarten. Seitdem gehören Katzen zu den beliebtesten Motiven der Fotografie. Viele Schriftsteller und Maler, Bildhauer und Musiker, Schauspieler und Philosophen

Unbekannter Fotograf, etwa 1850

des 20. Jahrhunderts haben sich gern mit ihren Katzen ablichten lassen. So auch Gustav Klimt, von dem eine schöne Aufnahme mit seiner schwarzweißen Katze im Arm aus dem Jahr 1912 erhalten ist. Drei Jahre später hat Waldemar Titzenthaler den Maler Max Pechstein in dessen Atelier fotografiert, der in einem Korbsessel sitzend seine Katze streichelt. Der experimentierfreudige Maler, Bildhauer und Regisseur Man Ray hat sich als Fotograf ausführlich mit Katzen beschäftigt und neben Porträts 1922 vor allem reizvolle Studien angefertigt. Im gleichen Jahr hat Eugène Atget die Pariser Straßenkatzen als fotografisches Motiv entdeckt. Darin wurde er allerdings ein paar Jahre später von André Kertész noch übertroffen, der zwischen 1928 und 1931 das Motiv der Straßenkatze zur Kunstform entwickelt hat. Der Bauhaus-Künstler László Moholy-Nagy liebte es, mit unterschiedlichen fotografischen Techniken und Effekten zu experimentieren. 1926 entstand ein berühmtes Bild seiner Katze in Großaufnahme. Eine Beschichtung mit Silberbromid ergab in Kombination mit der Negativnutzung den Effekt einer exakt verkehrten Lichtwirkung. Ein Jahr später nahm die französische Künstlerin Claude ↑Cahun ihr *Selbstporträt mit Katze* auf, das sie mit ihrer Katze in einem ins Extreme gesteigerten Hell-Dunkel-Kontrast zeigt. Ihre Köpfe liegen dicht beieinander, beide schauen in die Kamera. Die Lichtgebung verleiht dem Antlitz der Künstlerin etwas Katzenhaftes. Diese Wirkung hat die italienische Fotografin und Futuristin Wanda Wulz bis zur Perfektion gesteigert. In ihrer wohl berühmtesten Arbeit von 1932, *Meine Katze und ich*, entstand mittels einer Doppelbelichtung ein Foto, auf dem die beiden Gesichter zu einem werden. Auch Brassaï hat sich fotografisch mit der Motivgruppe Frau und Katze beschäftigt. Eine Aufnahme von 1931 zeigt eine Opiumsüchtige schwer berauscht auf ihrem Bett, neben ihr liegt eine schwarzweiße Katze und schaut verunsichert in die Kamera. Weegee, der fotografische Chronist der Schattenseiten

Wanda Wulz, Meine Katze und ich, *1932. Courtesy of The Metropolitan Museum of Art, Ford Motor Company Collection, 1987*

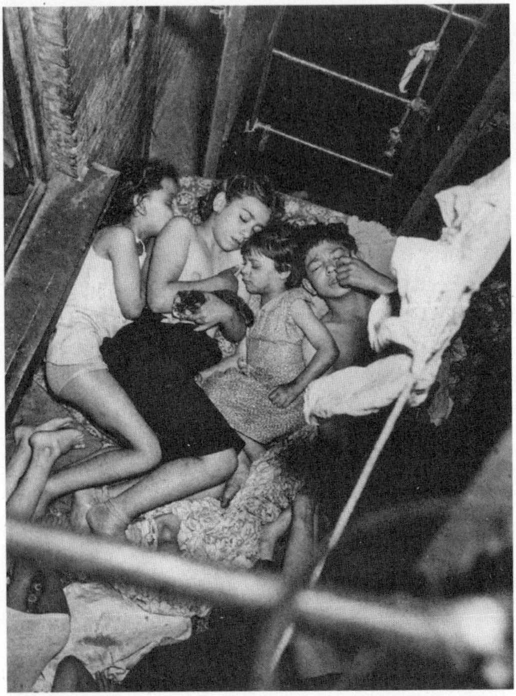

Weegee [Arthur Fellig], Ein heißer Tag, die Dächer von New York. *Courtesy of Wilma Wilcox, the Weegee Collection*

Amerikas, schuf 1940 die Aufnahme *Ein heißer Tag, die Dächer von New York*. Darauf ist ein kleiner Balkon in einem Armenviertel zu sehen, auf dem sechs oder sieben Kinder eng aneinandergedrängt schlafen. Ein Mädchen hält ein kleines Kätzchen im Arm. Kommen wir wieder zurück zu Porträts berühmter Künstler. Robert Capa, der 1954 als Kriegsberichterstatter in Vietnam durch eine Landmine ums Leben kam, fotografierte 1949 Henri Matisse im Bett seines Appartements in Nizza. Matisse schreibt auf einem über die ganze Breite des Bettes quergelegten, schwarzlackierten Brett, zwischen seinen Beinen liegt seine schwarze Katze. Anfang der 50er Jahre reisten der Fotograf Sanford Roth, seine Frau Beulah und ihr Siamkater Louis XIV. quer durch Europa, wobei Roth zahllose Persönlichkeiten aus Kultur und Wissenschaft porträtierte: Anna ↑Magnani und ↑Colette, Jean ↑Cocteau, Marc Chagall, Blaise Cendrars, Georges Braque, Igor Strawinsky, Giorgio de Chirico, um nur einige zu nennen. Dabei ließ Roth es sich nicht nehmen, mindestens ein Foto mit den Vorgenannten und dem Kater Louis XIV. aufzunehmen. Nach einer Sitzung mit Pablo ↑Picasso verbreitete sich die Nachricht, daß Louis XIV. der einzige Kater war, der jemals über Pablo Picassos Palette stolziert sei und dem der Maler anschließend eigenhändig die Pfoten gesäubert habe. Später porträtierte Roth viele Hollywood-Stars, u. a. Paul Newman und James ↑Dean mit seinem Kater Marcus. Beulah Roth veröffentlichte übrigens 1963 unter dem Titel *The Cosmopolitan Cat* ein Erinnerungsbuch über ihre Reisen mit Louis XIV. durch Europa (↑Eisenbahn). Neben vielen Alltagsszenen mit Katzen fotografierte Robert Doisneau 1953 den Schriftsteller Paul ↑Léautaud mit zahlreichen Katzen in seinem Haus. Mark Gerson porträtierte Doris ↑Lessing mit einer Katze neben der Schreibmaschine in ihrer Wohnung in Earls Court (1956) und Edith ↑Sitwell mit ihrem Kater Leo auf dem Schoß (1962). Neben einer Plakatwerbung für sein Stück *The Elder*

Statesman steht T. S. ↑Eliot an einem Hauseingang. Er stützt sich auf einen Regenschirm und betrachtet einen schwarzen Straßenkater, der auf ihn zugeht. Dieser schöne Schnappschuß von 1958 ist dem Fotografen Larry Burrows zu verdanken. Jean ↑Cocteau posiert auf einer Fotografie von Hervé Gloaguen aus dem Jahr 1962 auf seinem Bett mit drei Siamkatzen. Henri Cartier-Bresson gehörte zu den Fotografen, die Katzen nicht nur abgelichtet, sondern auch mit ihnen zusammengelebt haben. »Der Kater, den Henri Cartier-Bresson bei sich zu Hause fotografierte«, berichtete seine Witwe, »hieß Ulysses und war ein Streuner, den er adoptiert hatte.« Dem Streuner schien es bei Cartier-Bresson sehr gut zu gehen. Eine Aufnahme von 1978 zeigt Ulysses, einen riesigen, weißen Perserkater, in den Armen von Bressons Tochter Mélanie. Leonora ↑Carrington hält auf einem Bild des Fotografen Lucero Gonzáles 1993 zärtlich ihre Siamkatze im Arm. Und natürlich hat sich der Maler ↑Balthus immer wieder mit Katzen fotografieren lassen, so in einer Aufnahme von Martine Franck von 1999. Viele Porträts mit ihren Katzen existieren auch von ↑Colette und Patricia ↑Highsmith.

Noch nicht erwähnt wurden Fotografen, die sich der Katze in eigenen Büchern genähert haben. Hier ist in erster Linie Isolde Ohlbaum zu nennen, die mit ihren Porträts von Autorinnen und Autoren weltberühmt wurde und 1997 ihren ersten Bildband über Katzen veröffentlicht hat, dem weitere gefolgt sind. Isolde Ohlbaum hat eine Gabe: Sie fotografiert Katzen in dem Moment, in dem sie durch eine Geste oder Bewegung ihre Individualität zeigen. Und sie entdeckt sie in Gärten oder Parks in ihren Verstecken, hinter Büschen, in Efeufeldern lauernd, also dort, wo sie von den meisten Menschen übersehen werden. Hans Silvester, dem zum Teil unglaubliche Katzenfotos gelungen sind, ist durch seine griechischen Katzen bekanntgeworden, die auf den Straßen und Plätzen ein öffentliches Leben führen. Erst beobachtet er ihren Tagesablauf, denn Katzen sind ja bekanntlich ↑Gewohnheitstiere. Und bald weiß er, wann er welche Katze wo fotografieren muß, um zu seinem Bild zu kommen. Der amerikanische Fotograf Terry deRoy Gruber hat 1979 sein Buch *Working Cats* (deutsch: *Beruf: Katze*, 1985) veröffentlicht, für das er Katzen im Einzelhandel, in Hotels und Verlagen, auf Sportplätzen, in Kirchen und Druckereien, also überall dort foto-

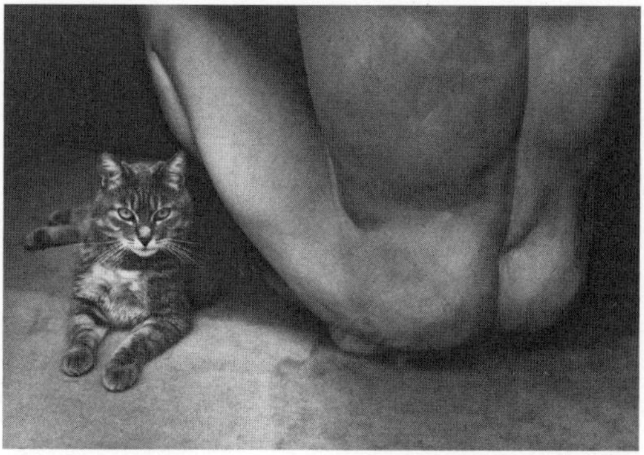

Foto: Isolde Ohlbaum

Foto: Walter Chandoha

grafiert hat, wo gearbeitet wird. Dieses hinreißende Buch darf in keiner Katzenbibliothek fehlen. Über zwanzig Jahre alt sind mittlerweile mehrere Katzenbücher von Helga und Victor von Brauchitsch, denen ebenfalls sehr sensible Katzenfotografien gelungen sind. Stefan Moses (*Das Tier und sein Mensch.* Mit einem Vorwort von Loriot) fotografierte Erich ↑Kästner, Christine Nöstlinger, Ralf Boysen und seinen Sohn Manuel mit Katzen und Katern. Zauberhafte Fotos hat der amerikanische Fotograf Walter Chandoha in dem Band *Schöne Katzen* (Text: Adie Suesdorf) versammelt. Chandoha fotografiert seit über vierzig Jahren Gärten, Hunde und immer wieder Katzen *(Walter Chandoha's Book of Kittens and Cats).* Unermüdlich in der Herausgabe von Katzenfotobänden ist der amerikanische Fotograf J. C. Suarès, von dem es inzwischen etwa zwanzig Bücher gibt, in denen er alles, was in der Katzenfotografie Rang und Namen hat, versammelt, wie z. B. Joan Baron, Ylla, Edward Weston oder Jane Bown, die neben Fotografien von Elizabeth II, Orson Welles oder John Lennon die schönsten Katzenporträts veröffentlichte. Auch Wolfgang Lauter ist an dieser Stelle zu erwähnen. Er hat nicht nur sehr schöne Fotos zu dem Buch *Die Kunst zu schnurren* von Eugen ↑Skasa-Weiß beigetragen, sondern zeichnet auch für die Initialen in diesem Lexikon verantwortlich. Und es darf hier ein Buch nicht vergessen werden, das vor zwei Jahren erschienen ist und erstmalig einen Überblick über die Geschichte der Katzenfotografie gibt: *Die Katzen der Fotografen*, herausgegeben von Jules B. Farber.

Wenn man sich mit der Geschichte der Katzenfotografie beschäftigt, fällt einem sofort auf, wie drastisch sich das äußere Erscheinungsbild der sogenannten Rassekatzen (↑Zuchtkatzen) im Lauf nur weniger Jahrzehnte verändert hat. Bis in die 50er Jahre des letzten Jahrhunderts hat sich die Kopfform der Siamesen beispielsweise kaum von der unserer Hauskatzen unterschieden. Im Zuge eines fragwürdigen Schönheitsideals wurde der Siamkopf extrem flach und lang gezüchtet, so daß dabei etwa ein Drittel des Gehirns auf der Strecke blieb. Auch die Perserkatzen dieser Zeit sind mit denen von heute nicht zu vergleichen. Sie hatten früher längere Nasen und größere Ohren. Ihr Gesicht entsprach zwar nicht dem Babyschema, dafür waren sie robuster und respekteinflößender und in jedem Fall nicht so anfällig für zahlreiche Krankheiten. Die Fotografie hat diesen Prozeß der planvollen Deformation unbestechlich dokumentiert.

Frank, Anne (* Frankfurt 1929, † Konzentrationslager Bergen-Belsen 1945), mußte ihren geliebten Kater Moortje zurücklassen, als sie mit ihrer Familie das Amsterdamer Versteck in der Prinsengracht 263 bezog. Die dreizehnjährige Anne Frank litt sehr unter der erzwungenen Trennung. Am 1. Oktober 1942 schrieb sie in ihr Tagebuch: »Im Garten läuft immer ein kleines, schwarzes Kätzchen herum. Das erinnert mich so an mein Moortje, oh, dieser Schatz!« Die beiden sind ein Herz und eine Seele gewesen: »Ich lief ins Eßzimmer, wo ich von Moortje mit Purzelbäumen begrüßt wurde.« (14. Juni 1942) In ihrem Versteck brauchte sie allerdings auf Katzen nicht zu verzichten. »Moffi ist die Lager- und Bürokatze und hält die Ratten vom Lager fern. Auch ihr politischer Name [»Mof« bzw. der Plural »Moffen« ist eine Bezeichnung für »Deutsche«] ist leicht zu erklären. Eine Zeitlang hatte die Firma zwei Katzen, eine für das Lager und eine für den Dachboden. Manchmal trafen sich die beiden, was immer zu heftigen Kämpfen führte. Die Lagerkatze war immer diejenige, die angriff, während das Dachbodentier am Ende doch den Sieg errang. Genau wie in der Politik. Also wurde die Lagerkatze die Deutsche oder Moffi genannt, und die Dachbodenkatze der Engländer oder Tommy. Tommy ist später abgeschafft worden, und Moffi dient uns allen zur Unterhaltung.« Am 3. Mai 1944 vertraut Anne Frank dann ihrem Tagebuch bitter an: »Habe ich dir schon erzählt, daß Moffi weg ist? Sie ist seit vergangener Woche Donnerstag spurlos verschwunden. Bestimmt ist sie schon im Katzenhimmel, und irgendein Tierfreund hat sich einen Leckerbissen aus ihr gemacht. Vielleicht kriegt ein Mädchen mit Geld eine Mütze aus ihrem Fell.«

Frankenfeld, Peter (* Berlin 1913, † Hamburg 1979). Der Pionier der Fernseh- und Rundfunkunterhaltung ist vermutlich der erste (und einzige) Mensch in Deutschland, dem es erlaubt wurde, sich für das Foto in seinem Führerschein zusammen mit seiner Katze ablichten zu lassen. Das Polizeipräsidium in Frankfurt am Main gestattete 1952 sogar, daß er neben seiner Unterschrift auch die seiner Katze Mutz setzte. Zu dieser Zeit war Peter Frankenfeld nach Meinungsumfragen neben Konrad Adenauer der berühmteste lebende Deutsche. Er verewigte Mutz in seinem Gedicht:

Meine Katze

Hier ist mein Geständnis in einem
Satze:
Ich habe zu Hause eine kleine Katze!
Sie schnurrt und schmeichelt zu allen
Zeiten
Und wartet ergeben auf Zärtlich-
keiten.

Nur geht sie leider auf eig'ne Faust
Zu Nachbarsleuten und stiehlt und
maust.
Die Wurst, das Fleisch – darin ist sie
eigen –
Schleppt sie ins Haus, um stolz es zu
zeigen.

Ich bete, daß nie ein Bestohl'ner aus
Wut
Dem Kätzchen etwas zuleide tut,
Denn davon leben wir königlich:
Meine Frau, die Kinder, die Katze –
und ich.

Freiheit Die Katze ist das Tier der Freiheit und Unabhängigkeit (↑Enzyklopädien der Neuzeit, 16. Jahrhundert, ↑Schwaben), als deren Symbol sie häufig gesehen wurde, auch in politischer Hinsicht. Schon in einem römischen Tempel des zweiten Jahrhunderts v. Chr. ist die Freiheit als weibliche Figur dargestellt, zu deren Füßen eine Katze sitzt. Um 1500 wählte die venezianische Druckerei Sessa ein Motiv zu ihrer Druckermarke, das unter einer Krone die Seitenansicht einer getigerten Katze zeigt, die hocherhobenen Hauptes eine Maus im Maul trägt. Die Verwendung des Bildes der für ihre Freiheitsliebe bekannten Katze kann als leiser Protest gegen die herrschende Zensur verstanden werden. (Drucker gehörten schon immer zu den politisch fortschrittlichsten Zünften.) Dieser Protest konnte sich hervorragend als Referenz an den Mäusefänger tarnen, der die Papier- und Bogenlager der Druckerei vor den Nagern schützte. Wenig später, 1611, beschrieb der italienische Schriftsteller und Vorläufer der modernen Kunstwissenschaft Cesare Ripa in seinem Hauptwerk *Iconologia*, einem Handbuch über mythologische und allegorische Gestalten, das ikonographische Bild der Freiheit so: »Ihre Gestalt ist diejenige einer weißgekleideten Frau mit einem Zepter in der rechten Hand, einer Mütze in der linken und einer Katze als Begleiterin. Man stellt dieses Tier zu ihren Füßen, da es kein anderes gibt, das die Freiheit ebenso liebt, das in keiner Weise erdulden kann, eingesperrt zu sein. Deshalb zeigten früher einige Völker, insbesondere die Burgunder, die Katze als Symbol auf ihren Kriegsbannern.« Auch in der Französischen Revolution taucht die Katze als Symbol politischer Freiheit auf. Im Louvre ist ein Kupferstich aus dem Jahr 1793 zu besichtigen, den Jacques-Louis Copia nach einer Vorlage des französischen Malers Pierre-Paul Prudhon angefertigt hat. Im Zentrum des Bildes steht eine als Frauengestalt dargestellte Allegorie der Freiheit, neben der ein abgeworfenes Joch und zerbrochene Ketten zu sehen sind und zu deren Füßen eine Katze sitzt, den Schwanz um die Vorderpfoten gelegt. Vorbild für diesen Kupferstich war übrigens die schon erwähnte Darstellung der Freiheit in einem vorchristlichen, römischen Tempel. Vermutlich waren George ↑Orwell diese Zusammenhänge bekannt, als er den Roman *Die Farm der Tiere* schrieb. Seine Darstellung der Katze paßt jedenfalls zu der politischen und ikonographischen Deutung der Katze in der europäischen Geschichte.

Venezianisches Druckersignet von 1578

Freya bedeutet »Herrin«. In der altnordischen Mythologie ist sie die Gattin von Odin, die Göttin der Liebe und Fruchtbarkeit sowie Ur- und Erdmutter aus dem Göttergeschlecht der Wanen. Auf ihrem Weg nach Asgard oder über das Himmelsgewölbe wird ihr Wagen von Katzen gezogen. Ihre Verehrung als Zugtier der Göttin hat der Katze nach der Christianisierung der germanischen Stämme nicht gutgetan. Sie wurde erst als heidnisches Tier, später als Hexentier verfolgt. (↑Christentum).

Friedman, Kinky (* Chicago 1944), zigarrerauchender amerikanischer Musiker, Schriftsteller und Politiker, gründete die »Utopia Animal Rescue Ranch«, die sich um streunende, misshandelte und alte Tiere kümmert. Seit 1986 schreibt Kinky Friedman in einem sehr eigenen Stil Kriminalromane, deren Protagonist, ein Privatdetektiv, autobiographische Züge trägt und mit der Katze Felicity zusammenlebt.

Fuld, Werner (* Heidelberg 1947), Journalist, Literaturkritiker und Buchautor, veröffentlichte 1999 (Neuauflage 2006) sein unverzichtbares Standardwerk über den Prozeß der Edukation, den der Mensch im Zusammenleben mit einer Katze (oder mehreren Katzen) unweigerlich durchläuft: *Von Katzen und anderen*

Menschen. Es glänzt aber auch mit zuverlässigen Einsichten in die Psychologie der Hauskatze: »Versuchen Sie zum Beispiel einmal, Ihrer Katze klarzumachen, daß sie entweder das milde geräucherte Forellenfilet auf ihrem Teller oder gar nichts zum Diner bekommt: Sie werden rasch merken, daß die Katze keines von beiden, sondern den Käsetoast in Ihrer Hand möchte.«

Futterautomat Der »Pet Mate C 50« eines hier besser nicht namentlich erwähnten Herstellers für Artikel des Heimtierbedarfs verfügt über fünf Fächer, deren automatisches Öffnen sich durch eine 96-Stunden-Schaltuhr einstellen läßt. So kann man ohne Sorge um die Fütterung der Katze fünf Tage verreisen. Mitgelieferte Kühlakkus halten das Futter solange frisch. Nur wer (bitteschön!) läßt seine Katze sechs Tage lang ohne menschlichen Kontakt allein zu Hause? Bei allem Verständnis für die Segnungen des technischen Fortschritts – hier bleibt doch ein schaler Geschmack zurück.

Gallico, Paul (* New York 1897, † Antibes 1976), amerikanischer Journalist, Kriegsberichterstatter und Schriftsteller mit über 40 Publikationen, hat 1964 unter dem Titel *The Silent Miaow* ein sehr amüsantes Katzenbuch veröffentlicht, das in deutscher Sprache unter dem Titel *Miau sagt mehr als tausend Worte* erschienen ist. Darin beschreibt er das Zusammenleben von Katze und Mensch aus der Perspektive einer Katze, was sehr gewagt, aber gelungen ist. Über 200 Fotografien von Suzanne Szasz illustrieren das Buch, am schönsten ist eine Serie, in der Paul Gallicos Katze an dessen Schreibmaschine »arbeitet«. Heute noch sehr beliebt ist auch sein Buch *Meine Katze Jenny*.

Gattara nennt man in Italien, vor allem aber gilt dies in Rom (↑Reiseziele in aller Welt), die Frauen, die sich hingebungsvoll um die Fütterung und die medizinische Versorgung frei lebender Katzen kümmern (Anna ↑Magnani). Nach jüngsten Schätzungen leben allein in Rom etwa 150000 ↑Straßenkatzen.

Aus: P. Gallico, Miau sagt mehr als tausend Worte, *Albert Müller Verlag, Rüschlikon 1981. Foto: Suzanne Szasz*

August Gaul, Katze, 1901. Museum der bildenden Künste, Leipzig

Gaul, August (* Großauheim 1869, † Berlin 1921), Berliner Bildhauer, zählt zu den bedeutendsten Tierplastikern der europäischen Moderne. Gaul schuf unglaublich viele Tierplastiken, aber erstaunlicherweise (und im Gegensatz zu Richard ↑Haizmann) nur eine einzige Katze. Sie entstand 1901, in dem Jahr, in dem er seine Großplastik *Löwin* vollendete, die in der Ausstellung der Berliner Secession gezeigt wurde und der er seinen künstlerischen Durchbruch verdankte. Die *Katze*, eine spannungsreiche Kleinplastik, ist nur 19,5 cm hoch. Die dunkle, auf einen Marmorstein montierte Bronze mit ihren vergoldeten Augen zeigt eine Katze mit eng nebeneinander gestellten Füßen, so daß sie einen hohen Buckel bildet. Der Schwanz ist aufgeregt erhoben, und sie schaut konzentriert mit hochgestellten Ohren geradeaus. Die Statuette *Katze* ahmt ihr natürliches Vorbild in verblüffender Perfektion nach. Die Erstauflage der *Katze* betrug 15 Exemplare. Nach Gauls Tod wurden 1923 zehn weitere Exemplare gegossen. Acht Monate vor seinem Tod schenkte er seinem Freund und Galeristen Paul Cassirer (↑Verlagssignet) zu dessen 50. Geburtstag einen verkleinerten Abguß der Katze als Kühlerfigur, die sogenannte *Automobil-Katze*.

Gautier, Théophile (* Tarbes 1811, † Neuilly-sur-Seine 1872). Französischer Schriftsteller mit einer ausgeprägten Zuneigung zu Katzen, befreundet mit Charles ↑Baudelaire. In seinem Buch *Ménagerie intime* (1869) berichtet er ausführlich von seinen Katzen Pierrot, Séraphita und Zizi, die Musik liebten und friedlich mit zahmen Ratten im Haus des Dichters zusammenlebten. Kaum ein anderer Schriftsteller des 19. Jahrhunderts hat so eindringlich die enge Beziehung zwischen Katzen und Dichtern beschrieben. Wie ein Manifest klingt dieser Satz: »Katzen fühlen sich wohl in der Stille, der Ordnung und der Ruhe, und kein Ort ist ihnen gemäßer als das Arbeitszimmer des Literaten.« Katzen wollen nach Gautier: »Ihr Freund sein, niemals aber Ihr Sklave.«

Gebiß Die Katze verfügt über ein hochdifferenziert konstruiertes Gebiß, der Brockhaus von 1835 spricht sogar von einer »Bewaffnung durch Zähne«. Es ist zum Ergreifen, Festhalten, Töten und Zerkleinern der Beute optimal angelegt. Der Kiefer mit seinen insgesamt 30 Zähnen ist stark genug, die Knochen von Mäusen und Ratten zu brechen. Mit ihren Reißzähnen, den besonders starken und spitzen Backenzähnen, schneidet sie das Fleisch aus der Beute heraus. Die leicht gebogenen Eckzähne des Unter- und Oberkiefers haken sich im Fell der Beute fest und vollziehen den tödlichen Biß. Mäusen wird das Herz durchstochen, größeren Beutetieren wie Ratten und Kaninchen durchtrennt sie das Halsmark. Beide Bisse töten augenblicklich. Bei ↑Zuchtkatzen (insbesondere gilt dies für ↑Perser) kann es durch ↑Inzucht oder Überzüchtung zu einer Fehlstellung der Zähne kommen. Dies war auch bei der Perserkatze Sebastian der Fall, die einem amerikanischen Zahnarzt aus Indiana gehört. »Die unteren Eckzähne meiner Katze sind unnormal schräg gewachsen und ragen weit aus dem Maul heraus«, gab der Zahnarzt der erstaunten Öffentlichkeit bekannt. »Bevor sie abbrechen, beschloß ich, sie mit Gold zu stärken.« Damit ist Sebastian die wohl erste Katze der Welt mit Goldzähnen. »Diese Katze ist Gold wert«, titelte eine Berliner Boulevardzeitung über ein Foto von Sebastian.

Félix Nadar, Théophile Gautier und seine Katzen, 1858

Gernhardt, Robert (* Tallinn 1937, † Frankfurt am Main 2006), deutscher Dichter, Maler und Zeichner, der zeit seines Lebens mit Katzen gelebt, Katzen gezeichnet und bedichtet hat. Kurz vor seinem Tod wollte er mit seiner Frau Almut, seinem Hund und den beiden Katzen – wie jedes Jahr – in die Toskana fahren, um den Sommer in seinem Landhaus in Montaio bei Florenz zu verbringen. Dazu ist es nicht mehr gekommen. Neben zahlreichen Katzenzeichnungen hat Gernhardt viele Katzengedichte hinterlassen, beispielsweise in seinem Gedichtband *Körper in Cafés* von 1987: »Von einer Katze lernen, | heißt siegen lernen. | Wobei siegen ›locker durchkommen‹ meint, | also praktisch: liegen lernen.« Seine Liebe zu Katzen spiegelt sich auch in einem anderen Gedicht aus dem kleinen Zyklus *Katzengedichte* wider: »Eine Katze haben, | heißt eine Katze verlieren. | Andere mögen von Menschen reden, | ich rede von Tieren.« Schön ist auch diese astronomische Betrachtung: »Die Katze schaut ins All. | Das All ist nicht ihr Fall. | Es ist zwar weit und groß | doch völlig leberlos.«

Gewohnheitstier Die meisten Menschen bewundern an der Katze ihr ungebundenes, eigenständiges, umtriebiges und durch viel Ruhezeiten geprägtes Leben, das immer wieder von spontanen Spielphasen unterbrochen wird. »Die Katze tut, was sie will und wann sie es will«, heißt es landläufig. Diese Meinung ist nicht falsch, bedarf aber doch einer wichtigen Ergänzung: Der Katzentag ist ein geregelter Alltag, der klar gegliedert ist und keinen Sonn- und Feiertag kennt. Jede Überraschung, alle plötzlichen Abweichungen vom Gewohnten sind der Katze suspekt. Das gilt zunächst in räumlicher Hinsicht und für Wohnungskatzen und Streuner gleichermaßen. Jede erhebliche Veränderung in Wohnung oder Revier ist der Katze ein Greuel. Wenn man ihr einen neuen, weich gepolsterten Pappkarton hinstellt, wird der zwar in aller Regel sofort neugierig beschnuppert und schnurrend in Besitz genommen. Doch erhebliches Umräumen von Möbeln oder Baumaßnahmen auf dem Grundstück, dem Revier erster Ordnung der frei laufenden Katze, betrachtet sie stets mit scheelem Blick. »Katzen lieben das Unveränderbare. Sie selber sind unveränderbar. Das Schlimmste für sie – und darin gleiche ich ihnen – wäre eine Ortsveränderung, ein Umzug, gar eine Flucht«, schrieb der Schriftsteller Hans Bender in seiner Geschichte *Katzen lieben Aufzeichnungen*. Abweichungen vom Gewohnten kann sie nicht leiden, weil sie sich mit den räumlichen Gegebenheiten arrangiert und die gesamte Umgebung in ihren Tagesablauf einbezieht. Und auch der unterliegt keiner lustvollen Spontanität, sondern ist streng reglementiert: schlafen und Fellpflege, spielen und Inspektionsgänge sowie das stille Beobachten der Innen- und Außenwelt der Wohnung oder des Hauses wiederholen sich Tag für Tag und Nacht für Nacht mit der Präzision eines Schweizer Chronometers. Wohnungskatzen sind sehr flexibel und passen sich dem Lebensrhythmus der mitwohnenden Menschen an. Dabei sind sie mühelos in der Lage, den regelmäßigen Wechsel von Werktagen und Wochenenden in ihre innere Uhr zu integrieren. Aber wehe, wenn Menschen ihre Tagesgestaltung ständig ändern, wenn das

Futter nicht regelmäßig serviert oder die Katzentoilette nicht pünktlich gesäubert wird. Das bereitet der Katze innere Probleme, die sich bis zur Neurose steigern können.

Giacometti, Alberto (* Borgonovo 1901, † Chur 1966), einer der bedeutendsten Bildhauer des 20. Jahrhunderts. Giacometti wird oft als Surrealist bezeichnet, weil er sich von 1930 bis 1935 in Paris der Gruppe um Breton und Aragon angeschlossen hatte. Sein bildhauerisches Werk ist jedoch so singulär, daß eine Einordnung in bestimmte künstlerische Strömungen nur schwer vorzunehmen ist. 1951 schuf er in seinem unverwechselbaren Stil die Bronzeplastik *Katze (Le Chat)*. Die etwa 29 cm hohe, 80 cm breite und 14 cm tiefe Skulptur zeigt eine schreitende Katze mit langgestrecktem Hals und Schwanz, die mit dem Körper eine gerade Linie bilden.

Gorey, Edward St. John (* Chicago 1925, † Chicago 2000), amerikanischer Autor und Buchillustrator. Gorey lebte mit bis zu sechs Katzen zusammen und illustrierte T. S. ↑Eliots *Old Possums Katzenbuch*. 1973 erschien sein textloses Bilderbuch *Category*. Auf 50 Illustrationen posiert ein Kater im rot-weiß gestreiftem Sweatshirt. Fast immer schaut er dem Betrachter ins Gesicht und auf jeder Illustration findet sich – vielfach variiert – eine fortlaufende Numerierung der Illustrationen.

Verbeuge mich, entblöß' die Glatze
Und grüße freundlich sie: OH KATZE!
Ill. aus: T. S. Eliot, Old Possums Katzenbuch

Gott Die Faszination, die von einem monotheistischen Gottesbild ausgeht, besteht wohl hauptsächlich in der Unbegreiflichkeit des Schöpferwesens, der Unergründbarkeit seines Ratschlusses und der Unvorhersehbarkeit seines Handelns. Diese grundsätzliche Unerkennbarkeit des Transzendenten findet sich auch in anderen religiösen Vorstellungswelten. So heißt es beispielsweise in Laotses *Tao* *te king*: »Das Wesen, das begriffen werden kann, ist nicht das Wesen des Unbegreiflichen. Der Name, der genannt werden kann, ist nicht der Name des Namenlosen.« Da seit der Zeit des Zusammenlebens von Katze und Mensch die Katze durch ähnlich unerklärbare Wesenszüge auffällig geworden ist, wundert es nicht, daß es eine Phase der menschlichen Religionsgeschichte gegeben hat, in der die Katze als Gott bzw. Göttin verehrt worden ist (↑Ägypten). Und es verwundert noch weniger, daß vor allem Künstler immer wieder Vergleiche zwischen Gott und der Katze gezogen oder beide in eine mehr oder weniger symbiotische Verbindung gebracht haben. Dies gilt hauptsächlich für die Malerei und die Literatur. Während in der Malerei überwiegend Jesus und die Katze dargestellt worden sind (Jesuskind- und Abendmahlsszenen), beschäftigen sich die Literaten lieber mit der Beziehung zwischen Katze und Gottvater. Als junges Beispiel dafür kann die Erzählung *Unser Kater kommt in den Himmel* herangezogen werden, ein kleines Meisterwerk der kanadischen Autorin Margaret Atwood (in: *Das Zelt*, Berlin 2006). Während bei Margaret Atwood Gottvater und der Kater eine ungleiche und skurrile Kumpanei bei der Bestrafung »böser Seelen« eingehen, handelt die etwas irreführend mit *Mensch, Katze* betitelte Erzählung der Berliner Autorin Katja Lange-Müller von einem furiosen Streit zwischen einer Katze und ihrem Schöpfer mit überraschendem Ergebnis (in: *Die Enten, die Frauen und die Wahrheit*, Köln 2003). Schon bei Goethe, der alles andere als ein Katzenfreund war, steht die Katze, wenn er sie erwähnt, immer in einer irgendwie gearteten Beziehung zum Absoluten. Im Gespräch mit Gott freut sich Mephistopheles auf das bevorstehende Spiel mit dem armen Dr. Faust und sagt: »Mir geht es wie der Katze mit der Maus.« In seinem *West-Östlichen Divan* rechnet er die Katze unter die *begünstigten Tiere* und versetzt sie in den Himmel: »Abuherrias Katze hier | knurrt um den Herrn und schmeichelt: | Denn immer ist's ein heilig Thier | Das der Prophet gestreichelt.« Und auf seiner italienischen Reise trifft der Geheimrat am 25. Dezember 1787 in Rom gar auf eine Katze, die Gottvater anbetet – jedenfalls interpretiert seine Wirtin das Verhalten ihrer Katze so, und Goethe findet das bemerkenswert genug, um es festzuhalten. Wesentlich respektloser hat Robert Musil über das Verhältnis von Katze und Gott nachgedacht: »Wenn Gott Mensch werden konnte, kann er auch Katze werden.«

Goya, Francisco José de (* Fuendetodos 1746, † Bordeaux 1828), spanischer Maler, hat des öfteren Katzen gemalt, doch nie als entspannt ruhende, spielende oder gar possierliche Tiere. Der illusionslose Beobachter und visionäre Phantast veranschaulichte durch Katzen die Abgründigkeit der menschlichen Existenz. Auf seinem Porträt des kindlichen Manuel Osorio de Zuñiga aus dem Jahr 1788 sieht man im Zentrum den bleichen Knaben mit ausdruckslosem Gesicht, der ins Leere schaut. Rechts neben ihm hockt eine zahme Elster, die er an einer Leine hält. Zu seiner Linken steht auf dem Boden ein Käfig mit Distelfinken. Im Hintergrund kauern drei wohlgenährte Katzen mit gierig aufgerissenen Augen. Das Objekt ihrer Begierde sind aber nicht die Distelfinken. Die Katzen haben es, schon sprungbereit, auf die Elster abgesehen. Auf den ersten Blick ist das nicht erstaunlich, denn die Distelfinken befinden sich ja im sicheren Käfig. Aber in der alten Malerei stehen Distelfinken immer als Symbol für die Dornenkrone, für das Leiden Christi, also für den Opfertod und die Erlösung der Menschheit. Deshalb nimmt in der häufig gemalten Trinität von Katze, Christuskind und Distelfink die den Vogel belauernde Katze fast immer die Rolle des Bösen ein, das den Finken töten und damit die Erlösung verhindern möchte. Selbstverständlich kannte Goya diesen ikonographischen Zusammenhang. Aber die Katzen auf seinem Bild scheren sich nicht um Heil oder Erlösung. Sie wollen den gezähmten Vogel zerreißen, das zum Haus gehörige Spielzeug des kindlichen Adligen, sein Eigentum, das Tier, das als diebisches, schwatzhaftes Wesen allseits bekannt

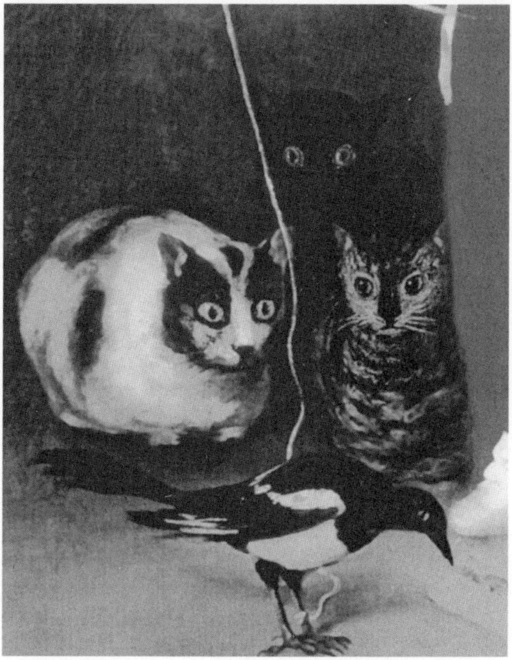

Francisco José de Goya, Porträt des Don Manuel Osorio *(Ausschnitt), 1788. Metropolitan Museum of Art*

ist. Der Junge spürt nicht oder will nicht spüren, daß der tödliche Sprung gleich erfolgen wird. Er macht keine Anstalten, die Katzen zurückzuhalten, er wird sie gewähren lassen. Hinter der früh erlernten Unschuldsmiene taucht seine Grausamkeit auf.

Gray, Thomas (* London 1716, † Cambridge 1771), englischer Gelehrter und Dichter, der zeit seines Lebens nicht mehr als 1000 Zeilen publizierte und trotzdem zu den bedeutendsten Dichtern des 18. Jahrhunderts zählt. Grays *Elegy Written in a*

Foto: Sylvia Born

Country Church-yard ist nach wie vor eines der am häufigsten zitierten Gedichte der englischen Literaturgeschichte. In seiner *Ode on the Death of a Favourite Cat, Drowned in a Tub of Gold Fishes* (Ode auf den Tod einer Favoritin, ertrunken im Goldfischbecken) beklagt er den Tod der Katze Selima, einer »tollkühnen Maid«. Sie »ahnt nichts vom Abgrund unter sich, | vom schlüpfrig-trügerischen Rand – | kopfüber purzelt sie hinein!« Obwohl sie achtmal aus dem Wasser auftaucht und um schnelle Hilfe miaut, erscheint niemand, um zu helfen. Die Katze ertrinkt. Dieses Gedicht ist wie ein Lehrstück. Es endet mit der Strophe: »Von nun an wisset, unverführt, ihr Schönen: | unwiderruflich ist ein falscher Schritt! | Seid drum mit Vorsicht kühn! | Nicht alles, was schweifende Blicke | und arglose Herzen lockt, ist legitime Beute. | Nicht alles ist, was glitzert – Gold!«

Grimes, Martha (* Pittsburgh 1931), hat mit dem leicht melancholischen Inspektor Jury eine Kultfigur des Kriminalromans geschaffen. Die amerikanische Autorin läßt ihre Serie, in der bisher 20 Titel erschienen sind, in England spielen, und zum Kreis der immer wieder auftauchenden Figuren gehört Jurys Vorgesetzter, Superintendent Racer. Der wiederum teilt sich sein Büro äußerst unwillig mit dem Kater Cyril. »Racer schob Cyril, den Kater, von seinem Schreibtisch. Er war eines Tages in den Korridoren von Scotland Yard gesichtet worden; niemand wußte, wie er hereingekommen war, aber offensichtlich war er in der Absicht gekommen, etwas zu melden. Jury war überzeugt, daß der Kater seine Gründe hatte, sich Chief Superintendent Racer anzuschließen – vielleicht gefiel es ihm, daß Racer ihn nicht ausstehen konnte. Er setzte sich mit Vorliebe auf Racers Schreibtisch, den Schwanz dekorativ um die Pfoten gelegt, als wäre er ein Teil der Schreibtischgarnitur. Diese Stellung nahm er auch auf der Erde wieder ein, aber er lauerte auf eine günstige Gelegenheit, den alten Platz zurückzuerobern.« *(Inspektor Jury sucht den Kennington-Smaragd)* Die aufgeräumte Leere von Racers Schreibtisch läßt übrigens lediglich einen Rückschluß zu: »Nur Augen und Ohren des Katers lugten über Chief Superintendent Racers Schreibtischplatte, letztere wie immer ein schlagender Beweis dafür, daß hier nicht gearbeitet wurde.« *(Inspektor*

Jury gerät unter Verdacht) Cyril verfügt über unbegrenzten Einfallsreichtum, wenn es darum geht, Racer zur Weißglut bringen. »Cyril blinzelte träge und begab sich wieder an seine Morgentätigkeit, Racers Schublade auszuleeren. Als der Kater fertig war, hob er den Kopf, als ob die Aufgabe ihn nun langweile.« *(Inspektor Jury gerät unter Verdacht)* Und der Kater nutzt jede Gelegenheit, um unbemerkt in Racers Büro einzudringen: »Als Jury eintrat, schlüpfte Cyril unbemerkt durch die Tür und nahm seinen Lieblingsplatz auf dem Fensterbrett hinter Racers Schreibtisch ein. Racer verabscheute ›das räudige Vieh‹, wie er zu sagen pflegte. Cyril war alles andere als räudig. Er hatte weiße Pfoten und ein kupferfarbenes Fell, das er ausgiebig pflegte, wenn er nicht gerade damit beschäftigt war, den Chief Superintendent zu überlisten ... Cyril saß in majestätischer Ruhe da, den Schwanz um die Vorderpfoten drapiert. Sein Fell glänzte im fahlen Licht der Wintersonne.« Doch kurz darauf dreht sich Racer um: »Racer stutzte; er hatte Cyril entdeckt, der anmutig von seinem Sitzplatz heruntergesprungen war. Der Chief Superintendent brüllte in die Sprechanlage, Fiona solle ihm den Mäusefresser vom Halse schaffen. Cyril umkreiste unterdessen den Schreibtisch und rieb sich an Jurys Bein, schnurrend wie ein kleiner Motor.« *(Inspektor Jury bricht das Eis)* Doch Racers Sekretärin teilt ihrem Chef mit, daß der Kater nicht ihr gehöre und sie nicht ständig auf ihn aufpassen könne – und Cyril bleibt. Neben Cyril tauchen auch andere Katzen in Martha Grimes Romanen auf, aber sie werden in weiteren Folgen nicht mehr gesehen. Einzig Cyril ist der felide Running Gag der Serie.

Grzimek, Bernhard (* Neisse 1909, † Frankfurt am Main 1987). Der deutsche Zoologe, Publizist, Dokumentarfilmer (Oscar-Preisträger 1960 für *Serengeti darf nicht sterben*), populäre Tierfreund und Direktor des Frankfurter Zoos von 1945 bis 1974 lebte immer mit Katzen zusammen und hat sich zeit seines Lebens bemüht, für Katzen den Gattungsbegriff Beutegreifer durchzusetzen. Er war der Meinung, die Bezeichnung Raubtier enthalte ein negatives Werturteil, das ein falsches Licht auf Katzen werfe. Er konnte sich mit seiner Idee nicht durchsetzen, was nicht wundert, wenn man allein das ↑Gebiß der Katze betrachtet. In seinem 1943 erschienenen Buch *Unsere Brüder mit den Krallen* beschrieb Grzimek unter dem Titel *Die Katze mit den zwei Heimaten* die

Geschichte der Katze Muschi. Nachdem sie auf dem Lande groß geworden war, zog sie mit ihren Menschen in die 20 Kilometer entfernte Stadt, um von dort bei jeder sich bietenden Gelegenheit an ihren Geburtsort zurückzuflüchten, wo sie abgeholt und in die Stadtwohnung zurückgebracht wurde. Diese anrührend erzählte Geschichte und die Katze Muschi sind, wie Grzimek im Vorwort seines Buches erwähnt, erfunden, »ihre Erlebnisse sind jedoch im einzelnen von mir oder anderen an verschiedenen Katzen beobachtet« worden (↑Sinne, Rätselhafte Sinneswahrnehmungen).

Händigkeit Auch Katzen sind Rechts- oder Linkshänder, die wenigsten sind – dem Menschen vergleichbar – in der Lage, beide Pfoten mit einem identischen Ergebnis zu nutzen. Während jedoch etwa 90 % der Menschen als Rechtshänder gelten, sind über die Hälfte der Katzen Linkshänder. Wie dem auch sei, ihre dominante Pfote schlägt oder fängt in jedem Fall mit höherer Präzision, und sie ist eindeutig schneller. Das entsprechende Vorderbein ist muskulöser und seine Venen sind stärker ausgeprägt. Man kann die Händigkeit seiner Katze ohne großen Aufwand, aber mit einer gehörigen Portion Geduld austesten. Dazu benötigt man eine schmale, feste Rolle, die fixiert werden sollte. Man legt etwas Trockenfutter in die Rolle, beobachtet, mit welcher Pfote es herausgeangelt wird, und dokumentiert die Ergebnisse. Dieser Test sollte mehrfach und an verschiedenen Tagen und zu unterschiedlichen Tageszeiten wiederholt werden, der Mensch nimmt dabei immer die gleiche Position zu der Rolle ein. Für die Intelligenz und das Wohlbefinden der Katze ist die Art ihrer Händigkeit ohne Belang.

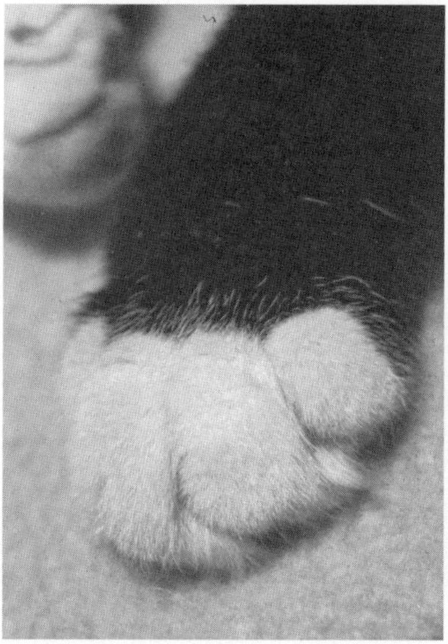

Foto: Sigrun & Peter Bley

Hängematte, eine heute eher unübliche Schlafgelegenheit, die Kolumbus in der Karibik kennenlernte. Zwei Tage nachdem er als erster Europäer Blätter der Tabakpflanze zu Gesicht bekommen hatte, notierte er am 17. Oktober 1492 in seinem Bordtagebuch über die Behausungen der Einheimischen, »ihre Betten und Decken [Hamaca] sehen aus wie Netze von Baumwolle«. Nicht Seeleute haben also die Hängematte erfunden, sondern Landratten. Gerade in der Seefahrt verbreitete sich der Gebrauch von Hängematten aus Raumnot und hygienischen Gründen schnell. »Hier, an den Gestaden der Neuen Welt«, schrieb der Journalist Maik Brandenburg, »erhob sich die christliche Seefahrt endlich aus dem Dreck.« So kam es schließlich dazu, daß Seeleute für beliebte ↑Schiffskatzen maßgerechte Hängematten fertigten, obwohl man sich landläufig eine Katze in der Hängematte kaum vorstellen kann. Doch es existieren zahlreiche schriftliche und fotografische Belege. Neben der an anderer Stelle schon erwähnten Schiffskatze der HMS »Eagle« (↑Armee) ist hier vor allem Nigger zu nennen, Schiffskater auf der »Terra Nova«, auf der Robert Falcon Scott am 1. Juni 1910 mit dem Ziel in See stach, als erster Mensch den Südpol zu betreten. Durch den Biologen Dr. Edward Wilson, der Scott als wissenschaftlicher Mitarbeiter begleitete und mit diesem und drei anderen Forschern im Januar 1912 bei der Expedition ums Leben kam, sind wir über Nigger gut informiert. Wilson hatte sich mit dem schwarzen Kater angefreundet und ihn häufig fotografiert. Ein Abzug aus dem Canterbury Museum in Neuseeland zeigt Nigger auf seiner Hängematte, die man aus Seilen und Segeltuch speziell für ihn gefertigt hatte. Als besonders bemerkenswert hat Wilson festgehalten, daß Nigger »gewöhnlich auf seiner Hängematte mit dem Kopf auf einem kleinen Kissen und unter der Bettdecke schlief. Er hatte es tatsächlich gelernt, auf die Hängematte zu springen und unter die Bettdecke zu kriechen.« Auf einem Zwischenstopp in Melbourne erhielt Scott Besuch von einem bedeutenden Admiral der englischen Kriegsmarine, dessen Namen Wilson nicht überliefern wollte. Als diesem das Schiff gezeigt wurde, kam die kleine Dele-

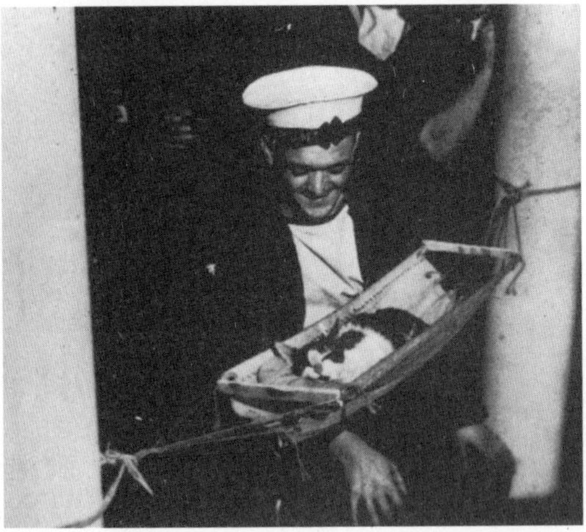

Schiffskatze auf der HMS »Hermione«, 1939, Britisches Museum

gation auch an Niggers Hängematte auf dem Vorderdeck vorbei. Wilson schreibt, daß der Admiral sehr belustigt war, als Nigger in diesem Moment seine Augen öffnete und den Admiral unbeeindruckt betrachtete, während er gähnte und eine Vorderpfote streckte, um schließlich die Augen wieder zu schließen. »Das war eine wirklich amüsante Vorstellung, und sie erfreute den Admiral und seine Offiziere mehr als alles andere«, hielt Wilson fest.

Haizmann, Richard (* Villingen 1895, † Niebüll 1963). Der heute vielen leider nicht mehr bekannte Bildhauer und Maler gehört mit August ↑Gaul zu den bedeutendsten deutschen Tierbildhauern des 20. Jahrhunderts. Im Gegensatz zu Gaul bewegt sich Richard Haizmanns Formensprache in einem schmalen Grenzbereich zwischen gegenständlicher Darstellung und Abstraktion. Er begann 1926 mit seiner Reihe großer Tierplastiken. Einen (wenn nicht *den*) künstlerischen Höhepunkt erreichte er mit einer fast zwei Meter hohen Plastik aus schwarzpoliertem Teakholz: *Große schwarze Katze* (1927). In seinen Erinnerungen (*Wandlung und Verwandlung*, Hamburg 1961) schrieb er dazu: »Eine ganz neue Gestaltungsfrage drängte sich mir auf, denn auch beim Tier wollte ich nicht die äußere Gestalt, sondern das Wesenhafte darstellen. So entstanden z.T. auch äußerlich überdimensionale Formen: [beispielsweise] eine ins Riesenhafte gesteigerte schwarze Teakholzkatze.« Sein Tagebuch gibt nähere Auskunft über die Arbeit an dieser Plastik, die zu den schönsten Katzendarstellungen der Bildhauerei gehört. Haizmann hatte den Teakholzstamm von einem Hamburger Holzhändler geschenkt bekommen: »So kam das schöne Material in eine Tischlerwerkstatt in der Nähe meiner Wohnung, und ich konnte dort bei dem befreundeten Besitzer der Werkstatt meine Plastik arbeiten. Das schöne Material regte mich an, in der ganzen Höhe eine Katze herauszubilden ... Ich polierte die Katze tagelang mit vieler Mühe, dann stand sie schwarzglänzend wie eine alte Tiergottheit da. Die Formen waren ganz verhüllt.« Man kann diese *Große schwarze Katze* heute im Foyer der Bibliothek der Kunsthalle Bielefeld bewundern, in deren Sammlung sich weitere Werke (auch Katzenskulpturen) von Richard Haizmann befinden (↑Reiseziele, Deutschland, Bielefeld). Haizmann gehörte übrigens unter der Herrschaft der Nationalsozialisten zu den »entarteten« Künstlern. Im Katalog *Entartete Kunst* der berüchtigten gleichnamigen Ausstellung, die am 4. März 1936 in München eröffnet wurde, ist eine große Brunnenplastik von ihm abgebildet. Darüber sieht man das Foto einer afrikanischen Holzplastik, die einen sehr schön geschnitzten Katzenkopf darstellt. Zu diesen Bildern heißt es im Katalog: »Wenn ein unheilbar Irrsinniger, ein Dilettant wohlgemerkt, eine Katze modelliert, so sieht das etwa so aus.« (Gemeint ist die afrikanische Plastik.) »Wenn dagegen der Jude Haizmann, der seinerzeit als ›genialer Plastiker‹ gefeiert wurde, auf die Idee kommt, ein ›Fabeltier‹ zu schaffen, so sieht dieses als Brunnenfigur gedachte Monstrum so aus, wie dieses Bild zeigt.« Und als wäre es ein Argument, heißt es neben der Abbildung: »Das Judengeschöpf wiegt nebenbei bemerkt etliche Zentner.«

Halonen, Tarja (* Helsinki 1943), finnische Staatspräsidentin, trat 2006 ihre zweite Amtszeit an. Sie ging dabei aus einer knappen Kampfabstimmung als Siegerin hervor, und einige politische Beobachter vermuten, daß ihre Katze Miska (deutsch: Muschi) und ihr Kater Rontti (deutsch: Frechdachs) ihr dabei nicht unerheblich geholfen haben, denn die beiden Katzen sind in Finnland äußerst populär. Auf der offiziellen Homepage der Staatspräsidentin (www.presidentti.fi) wurden im Wahlkampf eine Reihe von Fotografien der beiden Katzen eingestellt, beispielsweise bei dem Versuch, den Weihnachtshecht aus der Geschenkpackung zu angeln. Ihre Familienmitglieder (einschließlich Ehemann) mußten mit weniger Fotos vorliebnehmen. Die Popularität der beiden Tiere kann man auch daran ablesen, daß eine der erfolgreichsten jungen Musikgruppen Finnlands sich »Die Katzen der Präsidentin« nennt. Es gibt nicht viele Rockgruppen, die sich mit Katzen in Verbindung bringen lassen. ↑The Weakerthans veröffentlichten einen Song, in dem eine Katze sich über die zunehmende Depression »ihres« Menschen beklagt (Ry ↑Cooder).

Halsbänder für Katzen waren schon in ägyptischer Zeit bekannt. So zeigt eine der Fresken im Grabmal des Bildhauers Ipuy eine braungetupfte Katze mit Halsband und einem silbernen Ohrring. Das Grabmal steht bei Deir el Medina, und die bildliche Darstellung stammt aus dem Jahr 1275 v. Chr. Das Metropolitan Museum of Art in New York besitzt ein Faksimile und hat es in seinem sehr schönen Bildband *Metropolitan Cats* veröffentlicht. Im 16. und 17. Jahrhundert tauchen Katzen mit Halsbändern (meist mit einer oder mehreren Glokken) in der europäischen Malerei auf. Ein sehr schönes Beispiel hierfür ist das Gemälde *Schachpartie* von Cornelis de Man (1621–1706) aus dem Jahr 1670, das sich im Besitz des Budapester Kunstmuseums befindet. Eine im unteren linken Bildrand auf dem Boden sitzende Katze beobachtet aufmerksam ein schachspielendes Paar. Sie trägt ein rotes Textilhalsband, an dem eine runde, goldene

Glocke hängt. Bei frei laufenden Katzen signalisierte ein Halsband, daß die Katze einen Besitzer hat. Außerdem zeugte es durch sein Material und die Verarbeitung vom sozialen Status des Katzenhalters. Glockenhalsbänder sollten Vögel vor Katzen schützen (↑Schelle). Heute dient das Katzenhalsband darüber hinaus zum Anbringen der heimischen Adresse und Telefonnummer in einer Metallkapsel. Neuerdings kann man einen kleinen, etwa 30 Gramm leichten Peilsender (PetCom) am Halsband anbringen, dessen Signal bis zu einer Entfernung von etwa 1500 Metern empfangen werden kann (nähere Informationen unter www.petcom.se). Oft werden frei laufenden Katzen auch Anti-Flohhalsbänder angelegt (↑Katzenflöhe). Egal, welcher Zweck mit einem Halsband erreicht werden soll: für die Katze ist die Gefahr des Hängenbleibens damit verbunden, die zwar nicht hysterisch überschätzt, aber auch nicht unterschlagen werden darf. Vor allem wenn die Katze gejagt wird, kann es fatale Folgen haben, wenn sie sich mit ihrem Halsband an einem Ast o. ä. verheddert. Zwar werden inzwischen Halsbänder mit Gummizügen oder Sollbruchstellen angeboten, aber eine Garantie, daß sich die Katze in einer Gefahrensituation schnell von ihrem Halsband befreien kann, wird niemand übernehmen können. Es ist immerhin schon vorgekommen, daß Katzen sich an ihrem Halsband erdrosselt haben.

Handy Unter dem Namen »Hello Kitty« ist seit Oktober 2006 das BenQ-Siemens-Handy *AL26* auf dem Markt, ein Produkt speziell für Teenager. Auf der Homepage von BenQ-Siemens lautete die Beschreibung dieses Handys in der Einführungsphase so: »Hello Kitty ist ein cooles Handy für junge Frauen. Mit dem niedlichen Hello-Kitty-Anhänger wird das Mobiltelefon zum begehrten Fashion-Accessoire und echtem Hingucker. Das Konterfei der weltberühmten Katze ziert die Vorderseite des hochwertigen Kunststoffgehäuses. Das Hello-Kitty-Emblem mit passendem Schriftzug macht die Rückseite zu einem interessanten Blickfang.« Wer die »weltberühmte Katze« nicht kennt: Hello Kitty ist ein süßliches Kitschprodukt des japanischen Herstellers Sanrio (www.sanrio.com), das inzwischen so gut wie jeden Artikel des täglichen Gebrauchs ziert. Ein Hingucker im negativen Sinn ist das Kitty-Emblem in Thailand. Dort hat der Polizeichef von Bangkok jüngst verfügt, daß rüpelhafte Beamte zur Strafe einen Tag lang das Armband mit der Katze öffentlich tragen müssen.

Hardy, Thomas (* Upper Bockhampton 1840, † Max Gate 1928), englischer Schriftsteller, dessen Romane überwiegend in seiner Heimat Wessex angesiedelt und von einem düsteren Schicksalsglauben durchdrungen sind. Eine Fotografie, die im Dorset

Thomas Hardy. Dorset County Museum

County Museum zu sehen ist, präsentiert den hochbetagten Autor stolz mit seinem Kater auf dem Schoß. Mit diesem Tier hat es seine besondere Bewandtnis, wie der renommierte Reiseschriftsteller Peter Sager in seinem Buch *Südengland* 1996 überliefert hat: »Begrabt mein Herz auf dem Friedhof von Stintford, hatte Thomas Hardy verfügt, und dort lesen wir in Granit, seine Asche sei in der Poet's Corner in Westminster beigesetzt, hier aber ruhe sein Herz – zusammen, was die Inschrift nicht verrät, mit seiner Dorfkatze, der es gelungen war, Hardys Herz vor der Beerdigung zu fressen.«

Hauff, Wilhelm (* Stuttgart 1802, † Stuttgart 1827), promovierter Theologe, gilt als frühvollendetes Genie, dem es in seinem kurzen Leben nicht bestimmt war, sein literarisches Talent gänzlich zu entwickeln. 1825 veröffentlichte er einen satirischen Gesellschaftsroman unter dem Namen eines preußischen Bestseller-Schreibers, der daraufhin gegen den Verlag erfolgreich einen Zivilprozeß führte. Dadurch wurde Hauff mit einem Schlag berühmt. In seinem *Märchen-Almanach auf das Jahr 1826* erschien sein wohl bekanntestes Märchen, *Die Geschichte vom kleinen Muck*. Darin wird der hoffnungsvolle Wanderbursche zum Bediensteten der Fau Ahavzi, der sich einzig und allein um deren zwei Kater und vier Katzen kümmert, die Frau Ahavzi wie ihre eigenen Kinder verwöhnen läßt. Die mit der Zeit immer größer werdende Zerstörungswut der Katzen führt schließlich zur Flucht des kleinen Muck und wird somit zum Auslöser für seine weiteren Abenteuer.

Haushofer, Marlen (* Frauenstein 1920, † Wien 1970), österreichische Schriftstellerin, Verfasserin des berühmten Romans *Die Wand*. Sie veröffentlichte 1964 mit *Bartls Abenteuer* die Geschichte eines Katers, einen Roman »in der Sprache der Vierbeiner, aber ohne den Katzenton vieler Erwachsener«, wie es in einer zeitgenössischen Rezension heißt. 1969 erschien ihr Roman *Die Mansarde*, in dem die Protagonistin auf einer Wiese einer Katze begegnet. Die Katze weicht scheu vor ihr zurück. »Meine Hand zitterte vor Begierde nach dem weichen Fell, aber ich bewegte mich nicht und schloß wieder die Augen.« Marlen Haushofer lebte lange mit einem Kater namens Iwan zusammen.

Hauskatze. Foto: Wolfgang Lauter

Hauskatze Ursprünglich diente der Begriff »Hauskatze« zur Abgrenzung der domestizierten Felis lybica (↑Feliden) von ihrer wilden Stammform (↑Abstammung). Mit der Entstehung der ↑Zuchtkatze in der Mitte des 19. Jahrhunderts setzte ein Bedeutungswandel ein. Seitdem unterscheidet man vor allem in den Kreisen der Katzenzüchter und ihrer Verbände gern zwischen Hauskatzen einerseits und Zuchtkatzen (oder Edel- bzw. Rassekatzen) andererseits. Diese Unterscheidung ist aber falsch und irreführend, da sie eine nicht vorhandene Grundverschiedenheit von Haus- und Zuchtkatze impliziert. Es sollte nicht in Vergessenheit geraten, daß alle domestizierten Katzen der Welt, also Haus- und Zuchtkatzen, von der Felis lybica abstammen.

Hehn, Victor (* Dorpat 1813, † Berlin 1890), deutsch-baltischer Kulturhistoriker, der zahlreiche Reiseberichte und kulturgeschichtliche Abhandlungen veröffentlichte. Mit seinem 1870 erschienenen Hauptwerk *Kulturpflanzen und Hausthiere in ihrem Übergang aus Asien nach Griechenland und Italien sowie in das übrige Europa* griff er eifrig und wortmächtig in die wissenschaftlichen Bemühungen um die ↑Rehabilitation der ↑Hauskatze ein.

Elke Heidenreich und Nero. Foto: Isolde Ohlbaum

Heidenreich, Elke (* Korbach 1943), deutsche Autorin, Kabarettistin, Journalistin und Fernsehmoderatorin. 1995 erschien ihr von Quint Buchholz kongenial illustriertes Buch *Nero Corleone*, das als Kinderbuch herauskam, aber auch eine zwingende Lektüre für Erwachsene ist, die mit Katzen befreundet sind. Nach E. T. A. ↑Hoffmanns *Lebens-Ansichten des Katers ↑Murr* ist Nero Corleone außerdem eines der wenigen Werke der Literatur, das aus der Perspektive eines Katers erzählt, ohne in eine das Wesen der Katze verniedlichende Sprache zu verfallen. Mit geradezu verblüffender Einfühlsamkeit entfaltet Elke Heidenreich die Lebensgeschichte eines italienischen Katers. Man spürt beim Lesen, daß die Autorin den Katzen, mit denen sie zusammenlebt, und deren Vorgängerinnen und Vorgängern genau zugehört und zugeschaut hat. Eine Katzenbibliothek, in der *Nero Corleone* fehlt, ist ohne jeden Zweifel eine lückenhafte Sammlung.

Heine, Heinrich (* Düsseldorf 1797, † Paris 1856). In dem umfangreichen Werk des wohl bedeutendsten deutschen Schriftstellers des 19. Jahrhunderts befinden sich nur sehr wenige Texte über Katzen. Am bekanntesten dürfte sein Gedicht *Mimi* aus dem Jahr 1853 sein. Es beginnt mit diesen beiden Strophen: »Bin kein sittsam Bürgerkätzchen, | Nicht im frommen Stübchen spinn ich. | Auf dem Dach in freier Luft, | Eine freie Katze bin ich. || Wenn ich sommernächtlich schwärme, | Auf dem Dache, in der Kühle, | Schnurrt und knurrt in mir Musik, | Und ich singe, was ich fühle.« Man darf dieses Gedicht durchaus politisch verstehen. Im Unterschied zur damals wie heute eher abschätzig bewerteten ↑Katzenmusik ist Heines Gedicht auch ein Loblied auf deren Gesangskunst: »Brauchen keine Instrumente, | Sie sind selber Bratsch und Flöte; | Eine Pauke ist ihr Bauch, | Ihre Nasen sind Trompeten.« Möglicherweise ließ sich Joseph Victor von ↑Scheffel von Heines Gedicht zu seinem literarischen Erstlingswerk *Der Trompeter von Säckingen* inspirieren.

Bereits in Heines *Aus den Memoiren des Herren von Schnabelewopski* (1834) taucht eine Katze namens Mimi auf, wird aber nicht näher beschrieben. Erst in seinen posthum erschienenen *Memoiren* ist noch einmal von einer Katze die Rede, die aber namenlos bleibt. Heine beschreibt darin eine Rumpelkammer in der Dachstube seines Oheims, die von einer dicken Angorakatze bewohnt wird. Er vergleicht diese Katze mit einer verwunschenen Prinzessin, beschreibt, wie diese Katze immer wieder vor der grünen Porzellanfigur eines Mopses katzbuckelt und daß sie eine alte Flöte mit rosafarbenem Band zu ihrem Lieblingsspielzeug auserkoren hatte. »Welche geheimnisvolle Wonne jauchzte im Herzen des Knaben«, schreibt Heine, »wenn er auf jenem Söller, der eigentlich eine große Dachstube war, ganze Tage verbringen konnte.« – Offensichtlich immer in Begleitung der dicken Angorakatze.

Heirat In Amerika, bekanntlich das Land der unbegrenzten Möglichkeiten, kann man seine Katze oder seinen Kater inzwischen auch heiraten. www.marryyourpet.com lautet die Homepage, die sich zum Zentralorgan dieser neuen Bewegung gemausert hat. »Marriage is for Life if your Pet is the wife« (Die Ehe ist fürs Leben, wenn dein Haustier die Gattin ist) lautet das Motto des skurrilen Trends, wobei schlicht unterschlagen wird, daß die Lebenszeit der Haustiere in der Regel wesentlich kürzer als die des Menschen ist – wenn man einmal von bestimmten Papageienarten, zum Beispiel Kakadus, absieht, die weit über 80 Jahre alt werden können. In Amerika wird die Vermählungszeremonie u. a. in einer Bar in Baltimore vorgenommen, aber heutzutage kann man sich natürlich auch online trauen lassen. Entsprechende Zertifikate können über die o. g. Homepage geordert werden, wo man zwischen kleinen und großen Hochzeiten wählen kann. Wer es doch vorzieht, sich mit einem Menschen zu vermählen und zu diesem Zweck Ausschau nach gleichgesinnten Tierfreunden hält, kann sich seit einiger Zeit ebenfalls im Internet auf die Suche begeben. Unlängst wurden im Internet mehrere Möglichkeiten der Partnersuche für Tierfreunde eingerichtet. Unter www.petdating.de, www.singles.tierfreund.com und www.contasso.net kann man nachschauen, welcher Katzenfreund oder welche Katzenfreundin in der heimatlichen Region gerade nach intensiveren menschlichen Kontakten Ausschau hält.

Heirat. Foto: Horst Schüller

Zeichnung von Grandville, aus: Herzensleid einer englischen Katze

Hemingway, Ernest (* Oak Park 1899, † Ketchum 1961), amerikanischer Schriftsteller, wurde 1954 mit dem Nobelpreis für Literatur ausgezeichnet. Hemingway lebte viele Jahre auf Key West (↑Reiseziele, USA, Key West) mit zahlreichen Katzen zusammen. Er schrieb die Kurzgeschichte *Katze im Regen*, in der ein amerikanisches Ehepaar auf seiner Italienreise unverhofft zu einem Kätzchen kommt.

Henze, Hans Werner (* Gütersloh 1926), deutscher Komponist von Weltgeltung. Im November 1977 erlebte Henze in Paris eine dramatische Fassung der Erzählung *Herzensleid einer englischen Katze* von Honoré de Balzac, die ihn auf die Idee brachte, den Stoff für eine Oper zu verarbeiten. 1983 wurde *Die englische Katze* mit dem Libretto von Edward Bond (geb. 1934) uraufgeführt. In einem Tagebuch zur Entstehung der Oper notierte Hans Werner Henze am 30. Juni 1979, daß die »Handlungs-Musik und Prosa in der mysteriösen Tonwelt der Katzen (die ich recht gut kenne) angesiedelt sein könnten«.

Hesse, Hermann (* Calw 1877, † Montagnola 1962), deutscher Schriftsteller mit einer großen Zuneigung zu Katzen. Sein Sohn Bruno berichtete, daß Hermann Hesse immer mit mindestens einer Katze zusammenlebte. Seine letzte Katze, Porphy, überlebte ihn und seine Frau Ninon und wurde fast 20 Jahre alt. »Wenn Vater abends, auf dem Diwan liegend, Radio-Musik hörte oder sich vorlesen ließ, lag Porphy meistens auf seiner Brust oder Schulter.« 1931 zog Hermann Hesse mit seiner Frau in ein Haus bei Montagnola im Tessin, wo er bis zu seinem Tod lebte. Dort waren nach Bruno Hesses Worten Bibliothek und Eßzimmer »Tabu-Räume«, in denen Ninon keine Katzen dulden wollte. Aber »mit sanfter Beharrlichkeit haben sich die Katzen schließlich die Bibliothek erobert, bekamen, wenn Besuch zum Tee da war, sogar dort ihre Milch«. Anfang der 30er Jahre schrieb

Hermann Hesse das Gedicht *Des Löwen Klage*. Seine beiden Kater Löwe und Tiger waren gerade erwachsen, und es entstand zwischen ihnen eine so große Rivalität, daß sich Tiger schließlich für immer auf und davon machte. Man kann dieses Gedicht auch als Hermann Hesses Klagelied lesen: »Einsam steh ich, ich kanns nicht fassen, | Bäume rauschen, Blumen lächeln gelassen, | Mir aber ist alle Lust der Welt, | Ist jeder Schritt verdorben, vergällt. | Tigerlein, Spielkamerad, Brudergesicht, | Hörst du mich nicht?... Aber laß mich nicht so einsam stehen | Hier im Walde, wo die Farne wehen, | Wo die Spinne durch den Ginster kriecht | Und es oft so gut nach Vogel riecht. | Hab ich denn auf immer dich verloren? | Hörst du nicht auf meine Klagelieder? | Bist du als mein Zwilling nicht geboren? | Bruderherz, geliebtes, kehre wieder!« Katzen sind eher einzelgängerisch als gesellig. Hermann Hesse hat sich wohl deshalb so gut mit ihnen verstanden, weil Einsamkeit das Grundempfinden seines eigenen Lebens war. Schon 1906 heißt es in der letzten Strophe seines vielzitierten Gedichts *Im Nebel*: »Seltsam, im Nebel zu wandern! | Leben ist Einsamsein. | Kein Mensch kennt den andern, | Jeder ist allein.« Dennoch war Hesses Beziehung zu Katzen keine Verbrüderung in Moll, wie dieses *Scherzgedicht* zeigt: »Wenn man so beim Fische-Essen | Beispielsweise Felchen sitzt, | Kann man dessen nie vergessen, | Der hernach die Köpfe frißt.«

Hermann Hesse mit Katze 1935. Foto: Martin Hesse

Highsmith, Patricia (* Fort Worth 1921, † Locarno 1995). Die Katzenliebe der berühmten Schriftstellerin ist legendär. Der Zürcher *Weltwoche* vertraute sie in einem Interview am 21. April 1976 folgendes an: »Wenn ich in einer Straße eine hungernde Katze und ein hungerndes Kind anträfe, ich würde, wäre ich unbeobachtet, die Katze füttern.« Und nachdem einer Katze ihres Dorfes von Unbekannten der Schwanz abgeschnitten worden war, notierte sie am 13. August 1970 in ihrem Tagebuch, daß sie, wenn sie eine Waffe hätte und wüßte, wer der Täter wäre, nicht zögern würde, den Schuldigen zu erschießen. Das Verhältnis von Schriftstellern zu Katzen beschrieb Patricia Highsmith 1981 so: »Katzen geben Schriftstellern etwas, was Menschen ihnen nicht geben können: Sie leisten einem unaufdringlich Gesellschaft, stellen keine Forderungen und sind so friedlich und schillernd, wie eine ruhige, kaum bewegte See.« »Alle Katzen sind schön«, heißt es an anderer Stelle, »und alle Tiere interessant, sogar Ratten. Vom Menschen würde ich das nicht behaupten.« In Frankreich lebte sie mit zwei ↑Siamesen zusammen, für die sie eine ↑Katzentür einbauen ließ. Patricia Highsmith hat viele Katzenbilder gezeichnet und u. a. die schaurig-schöne Katzengeschichte *Mings größte Beute* geschrieben.

Höch, Hannah (* Gotha 1889, † Berlin 1978), berühmte Dadaistin. Die Künstlerin hat ihre riesige Angorakatze Ninn auf mehreren Zeichnungen und Bildern verewigt. Ihre Lebensgefährtin von 1926 bis 1935, Til Brugman, sagte über Ninn: »Sie ist von einer unendlich weichen Schale umgeben.« Eine Fotografie aus dem Jahre 1929 zeigt die drei auf einer Gartenterrasse. Hannah Höch hat Ninn in einem Text beschrieben, und ihr Nachruf auf die Katze endet mit den Worten: »Du warst mir sehr nahe, Geliebtes – und die Lücke, die Du hinterließest, sieht mich leer und mahnend an.«

Hoffmann, E.T.A. (* Königsberg 1776, † Berlin 1822). Der Jurist, Schriftsteller, Komponist und Zeichner veröffentlichte 1819 bis 1822 die *Lebens-Ansichten des Katers Murr* und schuf damit die berühmteste Katze der Literaturgeschichte. Hoffmann lebte am Berliner Gendarmenmarkt von 1818 bis 1821 mit seinem Kater ↑Murr, den er vermutlich auf dem Heimweg von einer seiner abendlichen Sauftouren irgendwo in der Gosse aufgelesen hatte. »Ich rettete einen Kater«, schrieb er in seinem Murr-Roman, »ein Tier, vor dem sich viele entsetzen, das allgemein als perfide, keiner sanften, wohlwollenden Gesinnung, keiner offenherzigen Freundschaft fähig ausgeschrien wird.« Und dann beschreibt Hoffmann, wie er zu seinem Kater gekommen ist. Nach einem Gartenfest, an dem vermutlich nicht wenig getrunken wurde, begab er sich auf den Heimweg. »Mitten auf der großen Brücke vor unserer Stadt blieb ich stehen und schaute noch einmal zurück nach dem Park, der vom magischen Schimmern des Mondes umflossen dastand, wie ein Zaubergarten, in dem das lustige Spiel flinker Elfen begonnen. Da fiel mir ein feines Piepen in die Ohren, ein Quäken, das beinahe dem eines neugebornen Kindes glich. Ich vermutete eine Untat, bückte mich tief über das Geländer und entdeckte im hellen Mondschein ein Kätzchen, das sich mühsam an den Pfosten angeklammert, um dem Tod zu entgehen. Wahrscheinlich hatte man eine Katzenbrut ersäufen wollen, und das Tierchen war wieder hinaufgekrochen. Nun, dacht' ich, ist's auch kein Kind, so ist es doch ein armes Tier, das dich um Rettung anquäkt und das du retten mußt ... Ich kletterte über das Geländer, griff, nicht ohne Gefahr, herab, faßte das wimmernde Kätzchen, zog es hinaus und steckte es in die Tasche. Nach Hause gekommen, zog ich mich schnell aus und warf mich, ermüdet und erschöpft wie ich war, aufs Bett. Kaum war ich aber eingeschlafen, als mich ein klägliches Piepen und Winseln weckte, das aus meinem Kleiderschrank herzukommen schien. – Ich hatte das Kätzchen vergessen und es in der Rocktasche gelassen. Ich befreite das Tier aus dem Gefängnis, wofür es mich dermaßen kratzte, daß mir alle fünf Finger bluteten. Schon war ich im Begriff, den Kater durchs Fenster zu werfen, ich besann mich aber und schämte mich meiner kleinlichen Torheit, meiner Rachsucht, die nicht einmal bei Menschen angebracht ist, viel weniger bei der unvernünftigen Kreatur. – Genug, ich zog mit aller Mühe und Sorgfalt den Kater groß. Es ist das gescheuteste, artigste, ja witzigste Tier der Art, das man sehen kann ... ein

Lebensansichten des Katers Murr von E.Th.A. Hoffmann

Buchschmuck und 8 farbige Originallithographieen von Maximilian Liebenwein

Titelseite der 1923 im Amalthea Verlag erschienenen Ausgabe

Kater, der wirklich in seiner Art ein Wunder an Schönheit zu nennen [ist]. Die grauen und schwarzen Streifen des Rückens liefen zusammen auf dem Scheitel zwischen den Ohren und bildeten auf der Stirne die zierlichste Hieroglyphenschrift. Ebenso gestreift und von ganz ungewöhnlicher Länge und Stärke war der stattliche Schweif. Dabei glänzte des Katers buntes Kleid und schimmerte, von der Sonne beleuchtet, so daß man zwischen dem

Schwarz und Grau noch schmale goldgelbe Streifen wahrnahm.«

Das Zusammenleben mit diesem Kater zeitigte literaturgeschichtliche Folgen, denn der wirkliche Kater Murr inspirierte Hoffmann zu seinem Roman. »Zu der äußern Form dieses Buches«, überlieferte der Freund und Biograph Julius Eduard Hitzig, »war Hoffmann durch einen ausgezeichneten schönen Kater veranlaßt worden, den er aufgezogen hatte und der ihm wirklich mehr als gewöhnlichen Tierverstand zu haben schien; wenigstens war er unerschöpflich in Erzählungen von den Klugheiten, welche von diesem Liebling ausgegangen sein sollten.« Hitzig berichtet auch, daß der Kater Murr am liebsten im »Schubkasten des Schreibtisches seines Herrn« ruhte, »den er sich mit den Pfoten selbst aufzog«. Auch Hoffmann selbst wies in einem Brief an seinen Freund Friedrich Speyer vom 1. Mai 1820 darauf hin, daß der Kater ihn inspiriert hatte. »Ein wirklicher Kater von großer Schönheit (er ist auf dem Umschlage seines Buches frappant getroffen) und noch größerem Verstande, den ich auferzogen, gab mir nämlich Anlaß zu dem skurrilen Scherz, der das eigentlich sehr ernste Buch durchflicht.«

Im November 1821 erkrankte Murr schwer, und die konsultierten Ärzte konnten ihm nicht helfen. Er starb in der Nacht vom 29. auf den 30. November. »Gegen Morgen starb er«, berichtete Hoffmann, »und nun ist mir das Haus so leer und auch meiner Frau. Ich wollte heute früh gleich zu Fiocati, und ihr einen sprechenden Papagei kaufen; aber sie will keinen Ersatz, und ich auch nicht. Nicht wahr, Freund, Sie halten auch nichts von Surrogaten für geliebte Gegenstände?« Einen Tag nach Murrs Tod schickte Hoffmann Freunden eine lithographierte Traueranzeige: »In der Nacht vom 29. bis zum 30. November d.J. entschlief, um zu einem beßern Dasein zu erwachen, mein theurer geliebter Zögling der Kater Murr im vierten Jahr seines hoffnungsvollen Lebens. Wer den verewigten Jüngling kannte, wer ihn wandeln sah auf der Bahn der Tugend und des Rechts, mißt meinen Schmerz und ehrt ihn durch Schweigen. Berlin d. 1. Decbr. 1821, Hoffmann.«

Homöopathie Die von dem sächsischen Arzt und Chemiker Samuel Hahnemann (1755–1843) begründete homöopathische Heilkunde ist eine natürliche pharmazeutische Wissenschaft, bei der die körpereigene Abwehr durch sehr geringe Dosen natürlicher Substanzen aus dem Pflanzen-, Mineral- und Tierreich stimuliert wird. Die homöopathische Therapie geht bei der Wahl ihrer Mittel nicht von der objektiven Krankheit, sondern von den subjektiven Krankheitssymtomen aus. Deshalb gibt es im Unterschied zur Schulmedizin kein einziges Mittel, das für jeden Patienten mit der gleichen Krankheit das richtige ist. Bereits zu Hahnemanns Lebzeiten wurde die Homöopathie mit Erfolg auf die Tierheilkunde angewandt, die erste wissenschaftliche Publikation dazu erschien 1815. Die Homöopathie ist das älteste und wohl verbreitetste alternative Heilverfahren (↑Alternative Medizin).

Homosexualität kommt bei Katzen zwar selten vor, und bei Katern häufiger als bei weiblichen Tieren, wurde aber von Paul ↑Leyhausen und anderen ↑Ethologen nachgewiesen und fotografisch dokumentiert. Dabei unterscheidet man in der Verhaltensforschung zwischen Freiwilligkeit und Vergewaltigung. Freiwillige Homosexualität unter Katern liegt dann vor, wenn ein sexuell gestimmtes Tier ohne Abwehrhaltung einen anderen Kater durch Einnehmen der Haltung einer paarungsbereiten Katze zum Übertritt auffordert. Nicht selten erfolgt anschließend die Kopulation, weil der »männliche« Part den Schlüsselreizen der vermeintlich weiblichen Katze erliegt. Vergewaltigungen können auftreten, wenn ein Kater das Revier eines anderen betritt und unterwürfig eine flache und regungslose Haltung einnimmt. Wenn in diesem Fall die Sexualität des revierdominanten Katers auch noch gestaut ist, interpretiert er die Haltung des Gastes leicht als paarungsbereite Stellung und erzwingt durch typisches Katerverhalten (Übertritt, Nackenbiß und Treteln mit den Hinterbeinen) die Einnahme der weiblichen Begattungsstellung, wonach der Geschlechtsakt vollzogen wird.

Homotoxikologie Eine von dem Arzt Hans-Heinrich Reckeweg (1905–1985) aus der Homöopathie entwikkelte Therapieform, die davon ausgeht, daß alle Krankheiten als biologisch zweckmäßige Abwehrvorgänge gegen gesundheitsschädliche, auf den Menschen einwirkende Gifte zu interpretieren sind. Die Homotoxologie versteht sich als Weiterentwicklung der Homöopathie, ihr Arzneimittelschatz ist um spezifische Wirkstoffgruppen erweitert worden (↑Alternative Medizin).

Huchel, Peter (* Berlin 1903, † Staufen 1981), bedeutender deutscher Lyriker. Ihm zu Ehren wird seit 1984 der Peter-Huchel-Preis verliehen, der inzwischen als wichtigster Lyrik-Preis in Deutschland gilt. Peter Huchel war ein großer Katzenliebhaber und hat ihnen in zahlreichen Gedichten literarisch nachgespürt. Peter Huchels Frau Monica überlieferte in ihrem Buch *Meine Katzen* ein Erlebnis des Dichters, das mit dem Tod einer Katze zusammenhängt: »In Paris, in der ›Rue Mouffetard‹, wo er einmal in einem kleinen Hotel garni gelebt hatte, gehörte zum festen Inventar auch eine

Peter Huchel mit Chérie. Foto: Roger Melis

wunderschöne Katze, mausgrau und zart. Die wenigen Hotelgäste kannten und liebten sie. Schon beim Frühstück umschnurrte sie die Anwesenden, und wenn sie beim Mittagstisch neben der Suppenterrine thronte, nahm ihr das niemand übel. Dann fuhr mein Mann für ein paar Tage in die Bretagne. Als er zurückkam, war die Pension geschlossen. An der Haustür hing, von schwarzem Trauerflor umwallt, eine Tafel: Mimi est morte. Erst drei Tage später wurde wieder aufgemacht.«

Hue, Jean-Louis (* Paris 1950). Der französische Journalist und Autor veröffentlichte 1982 mit dem Buch *Le Chat dans tous ses états* (deutsch: *Katzen. Eine Liebeserklärung und eine kleine Enzyklopädie,* 1984) ein Meisterwerk der Katzenliteratur, das in keiner Katzenbibliothek fehlen sollte, eine stilistisch brillante Fundgrube des Katzenwissens und -verständnisses. Zum Zeitpunkt seiner Veröffentlichung lebte Hue mit drei Katzen in Paris. »Wer weiß, ob sich hinter der Maske des Autors Hue nicht einfach eine Katze verbirgt?« hieß es nach Erscheinen des Buches in einer französischen Zeitung.

Humphrey (* London 1988, † London 2006), Englands Kultkater No. 1, 1989 bis 1997 Untermieter in Londons be-

Kater Humphrey auf tagesaktuellen Zeitungen im November 1997

kanntester Adresse: Downing Street No. 10. Der schwarzweiße Streuner tauchte im Alter von etwa einem Jahr während der Amtszeit Margaret Thatchers im Amtssitz der Premierministerin auf – und blieb. Er stand auch Thatchers Nachfolger John Major mit Rat und Trost zur Seite. Kurz nach der Amtsübernahme von Tony Blair wurde Humphrey in Pension geschickt, an einen geheimen Ort in der Londoner Vorstadt. Als offizielle Begründung galt ein Nierenleiden. Unterderhand munkelte man, Cherie Blair hasse Katzen. Tony Blair löste mit Humphreys Exilierung eine mittelschwere Staatskrise aus, die in allen Medien kontrovers diskutiert wurde. Ein Journalist konterte die Mitteilung von Humphreys Umzug mit der Frage: »Ist es vielleicht ein Friedhof?« Der für seine Exzentrik bekannte Tory-Abgeordnete Alan Clark vermutete in einer Zeitungskolumne, Humphrey sei wahrscheinlich »auf der Flucht erschossen worden«. Er kommentierte die offizielle Version seiner Pensionierung mit den Worten: »Ich glaube das erst, wenn ich Fotos in seiner neuen, ländlichen Umgebung sehe. Bis dahin ist Humphrey für mich eine vermißte Person. Was hat eigentlich amnesty international dazu zu sagen?« Daraufhin ließen Blairs PR-Strategen den Kater unter strikter Geheimhaltung an seinem neuen Wohnort auf tagesaktuellen Zeitungen fotografieren. Am folgenden Tag kommentierte der politische Korrespondent Andrew Pierce in der seriösen *Times* auf Seite eins mit britischem Understatement: »Downing Street hat zu einer äußerst ungewöhnlichen Maßnahme gegriffen.« Am 20. März 2006 verkündete ein Sprecher Tony Blairs den Tod des Katers, zahlreiche Medien veröffentlichten Nachrufe – die *Times* unter der Schlagzeile: »Die politische Welt trauert um einen Killer namens Humphrey«. Sogar der *Spiegel* brachte die Meldung (mit Foto) unter der Rubrik »Gestorben«, in der nur selten der Tod eines Tieres vermeldet wird.

Hund Die oft behauptete natürliche Feindschaft zwischen Hund und Katze existiert nicht. Entwicklungsgeschichtlich sind Begegnungen der beiden Tierarten in der Natur kaum

Hund mit zwei Katzen

vorgekommen, da unterschiedliche Lebensräume und vor allem verschiedene ↑Beuteschemata eine Konkurrenzsituation gar nicht erst aufkommen ließen. Auch nach ihrer ↑Domestikation sind Hund und Katze nicht zu Feinden geworden. Die Katze war lange Zeit das Drinnen-Tier, das zwar auch auf dem Hof, vor allem aber im Haus und in den Scheunen Mäuse zu jagen hatte und ein ständiges Zugangsrecht zu allen Zimmern im Haus besaß. Dagegen war der Hund das Draußen-Tier, das das gesamte Anwesen zu bewachen und zu verteidigen hatte. Den Hund nahm man nicht mit ins Haus. Es gab zwischen den beiden auch keinen Futterneid: während sich die Katze überwiegend selbst versorgte, wurde der Hund vom Menschen gefüttert. Erst als im Zuge der Urbanisierung Menschen und Tiere stärker zusammenrücken mußten und Hund und Katze auf engerem Raum miteinander auszukommen hatten, traten die Wesensunterschiede und damit auch die potentiellen Mißverständnisse zwischen ihnen deutlicher hervor. Lewis ↑Carroll ließ 1865 die Cheshire-Katze in *Alice im Wunderland* über diese Mißverständnisse berichten: »Ein Hund knurrt, wenn er zornig ist, und wedelt mit dem Schwanz, wenn er sich freut. Ich dagegen knurre, wenn ich mich freue, und wedle mit dem Schwanz, wenn ich zornig bin.« Man kann diese Unterschiede im Verhalten noch ergänzen. So ist das Pfotenheben beim Hund eine Geste der Annäherung und freundlichen Kontaktaufnahme, bei der Katze dagegen ein Signal bevorstehenden Schlagens. Der Hund freut sich, meint es in der Regel gut, wenn er auf jemanden zurennt, die Katze aber interpretiert dieses Verhalten als Angriff und reagiert entsprechend. Diese Mißverständnisse spielen aber so gut wie keine Rolle, wenn Hunde und Katzen miteinander aufwachsen. Dann entstehen sogar enge ↑Beziehungen zu anderen Tieren.

Huxley, Aldous (* Godalming 1894, † Los Angeles 1963), englischer Schriftsteller, der mit seinem Roman *Schöne neue Welt* (1932) Literaturgeschichte schrieb. Der Katzenfreund Huxley gab einem jungen Mann, der Schriftsteller werden wollte, den Rat: »Wenn Sie ein Verfasser psychologischer Romane werden und über die Rätsel der Menschenseele schreiben wollen, dann ist es das beste, Sie schaffen sich ein Katzenpärchen an.« Nur wenn man in der Lage sei, »sich die Lektionen, die Katzen über die menschliche Natur erteilen, zu merken, sie zu lernen und innerlich zu verarbeiten«, sei man für den Beruf des Schriftstellers geeignet.

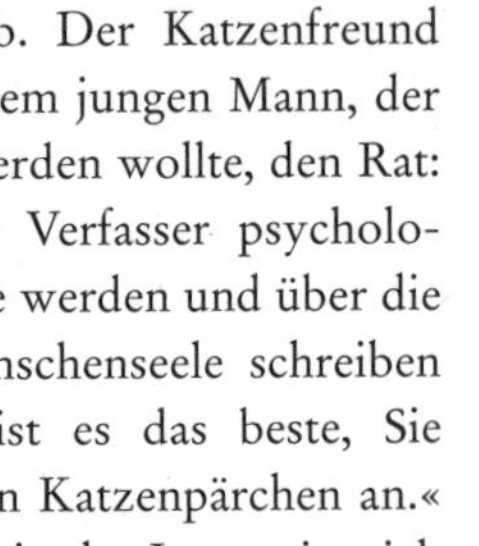

»... dann ist es das beste, Sie schaffen sich ein Katzenpärchen an.« (Huxley).

Innozenz VIII. (* Genua 1432, † Rom 1492) war einer der größten Katzenfeinde und Menschenschinder der Kirchengeschichte. Durch Bestechung des Kardinals-Kollegiums in der Nacht vor dem Konklave wurde er am 29. August 1484 zum Papst gewählt. Gut drei Monate später veröffentlichte er seine Bulle *Summis desiderantes affectibus*, die ihn zu einer berühmt-berüchtigten Gestalt der Geschichte gemacht hat. Darin wurden sowohl bis dato geltende Prozeßregeln und Einschränkungen der Folteranwendung bei Hexenprozessen als auch zulässige Berufungsverfahren außer Kraft gesetzt, was der Willkür Tür und Tor öffnete und vor allem in Deutschland eine starke Zunahme der Hexenprozesse und Hexenverbrennungen bewirkte. In dieser Bulle erklärte er Katzen zu »heidnischen Tieren, die mit dem Teufel im Bunde stehen« und fachte damit das Feuer der flächendeckenden Katzenvernichtung an.

Intelligenz Nach Paul ↑Leyhausen verfügen Katzen in jedem Fall über »ein Verständnis von ursächlichen Zusammenhängen«. Sie beobachten, wie Menschen auf die Klinke drücken, um eine Tür zu öffnen, und können es schnell nachahmen. Aber dabei sind gravierende Unterschiede zu beobachten. Manche Katzen springen hoch, ohne zwischen der Achse und dem Hebelende zu unterscheiden. Sie wiederholen dies so oft, »bis sie zufällig das letztere treffen und die Tür sich öffnet. Einige lernen es aber, direkt nach dem Hebelende zu springen und es im ersten Versuch herabzuziehen. Ganz wenige springen nach der Achse, halten sich daran mit einer Pfote fest und drücken ganz bewußt mit der anderen aufs Hebelende. Bei ihnen kann man wohl kaum daran zweifeln, daß sie wirklich erfaßt haben, wie's funktioniert.« (↑Shano) Es gibt also mehr oder weniger intelligente Katzen. Darin unterscheiden sie sich nicht vom Menschen. Zwar sind aus der Literatur zahllose ähnliche Beispiele bekannt, aber Paul Leyhausen macht in dieser Frage auf ein wissenschaftstheoretisches Problem aufmerksam: »Nun sind die eben geschilderten Beispiele Einzelbeobachtungen. Es liegt in der Natur der Sache, daß sich solches Verhalten nicht serienweise herbeiführen läßt. In der Wissenschaft stehen derartige Einzelfälle nicht hoch im Kurs und werden als ›Anekdoten‹ belächelt. Jedoch liegt gar kein Grund vor, anzunehmen, es handle sich hier um ganz seltene Einzelfälle. Es dürfte vielmehr nur Mangel an Beobachtung und Dokumentation sein, der sie uns so ungewöhnlich erscheinen läßt.«

Internetadressen zum Thema Katzen gehen inzwischen in die Millionen. Es ist kaum möglich, sich einen systematischen Überblick zu verschaffen. Für einen unterhaltsamen und lehrreichen Spaziergang durch die Internetwelt der Katze findet sich auf der Homepage www.literarischer-katzenkalender.de eine vollständige Aufstellung aller in diesem Lexikon genannten Websites, die ständig ergänzt wird.

Inzucht, heißt es etwas umständlich und fast beschönigend in einem Lexikon, ist die »Paarung von Individuen, die näher verwandt sind, als dies im Durchschnitt bei einem zahlenmäßig aus einer Population entnommenen Individuenpaar der Fall wäre«. In der Welt der Katzen kommt Inzucht so gut wie ausschließlich bei ↑Zuchtkatzen vor – dort aber oft in erheblichem Ausmaß und nicht selten gepaart mit den für die Inzucht typischen Degenerationserscheinungen. »Bei seltenen Rassen«, schreibt Paul ↑Leyhausen in seinem Buch *Katzenseele*, »sind alle Exemplare noch eng miteinander verwandt – die Inzucht dauert also an. Es dürfte eigentlich wohlbekannt sein, daß Inzucht über mehrere Generationen nicht selten auch Verhalten und Intelligenz beeinträchtigt. In der Tat ergibt die konsequente Durchzüchtung von Rassekatzen immer wieder Nachkommen, die man nur als debil bezeichnen kann.« Allerdings soll hier nicht unterschlagen werden, daß der sogenannten Inzuchtdepression die weniger bekannte Inzuchtsteigerung im Sinne inzuchtbedingter Leistungssteigerung gegenübersteht, obgleich diese mit geringerer Häufigkeit auftritt und bei Katzen so gut wie keine Rolle spielt.

Islam Ähnlich wie die ↑Bibel erwähnt auch der Koran die Katze mit keinem Wort. Doch sind von Mohammed (570–632) zahlreiche Legenden überliefert, die im Islam zu einer positiven Bewertung der Katze geführt haben. So mußte in manchen Zeiten

und Ländern der arabischen Welt derjenige eine hohe Strafe entrichten, der eine Katze tötete. Dies geschah zumeist in Form einer Getreideabgabe. Im Gegensatz zum Hund hatte die Katze zu den Moscheen ungehinderten Zutritt, weil sie als reines Tier galt, und nebenbei auch noch Ratten und Mäuse vertrieb. Sie befleckte den Betenden durch ihre Anwesenheit nicht, denn ihr auffälliges Waschverhalten wurde als rituelle Säuberung verstanden. »Katzenliebe ist Teil des Glaubens«, lautet ein weitverbreiteter Ausspruch. Und aus dem Türkischen stammt die religiöse Überzeugung: »Wer Katzen liebt, dessen Glaube ist stark.« Da der Prophet mit Katzen in seinem Haus zusammenlebte, ist es nach wie vor verdienstlich, Katzen zu halten, und selbstverständlich verboten, sie zu essen.

Italiener »Unter den übrigen Nationen sind die *Italiener*, zumal die Bewohner Roms, diejenigen, welche an den Katzen eine besondere Liebhaberey finden«, stellte eine deutsche Enzyklopädie bereits im Jahr 1796 fest. Und der immer zuverlässig berichtende Kunst- und Reiseschriftsteller Johann Jacob Volkmann (1732–1803), dessen Empfehlungen seiner dreibändigen *Reise durch Italien* (1770 und 1771) Goethe in Italien fast sklavisch folgte, berichtete aus Rom über eine ganz eigene Art der Katzenfütterung: »Die Abdecker, oder gewisse Personen, welche das Fleisch toter Pferde und anderer Tiere von ihnen kaufen, tragen solches in Stücken und an Stangen hängend durch die Straßen. Sie haben ein eigenes Geschrei, welches die Katzen sehr genau kennen. Kaum läßt sich ein solcher Kerl hören, so kommen aus allen Gebäuden die Katzen zusammen, und stellen sich vor dessen Tür, da ihr Wohltäter ihnen alsdann Stücke Fleisch zuwirft. Wer seine Katze auf diese Weise füttern lassen will, bezahlt monatlich eine Kleinigkeit dafür.« (↑Gattara, ↑Reiseziele, Italien, Rom)

Jacobsonsches Organ. Ein nach dem dänischen Chirurgen und Anatom Ludwig Levin Jacobson benanntes, spezialisiertes Geruchsorgan, mit dem vor allem Geruchsreize sexueller Natur über die Mundhöhle wahrgenommen werden können. Im Gegensatz zum Menschen verfügen Katzen und viele andere Säugetiere über das Jacobsonsche Organ (↑Flehmen).

Jagdschädling

Jagdschädling Ein beliebter Vorwurf gegen die Katze besagt, sie sei ein gefährlicher Jagdschädling, vor allem Vögel fielen ihr in unvertretbarem Ausmaß zum Opfer. Dabei wird gern übersehen, daß ihre evolutionäre Entwicklung die Katze zur Mäusejagd prädestiniert hat. Das genetisch bedingte ↑Beuteschema der Katze hat die Form einer Maus, nicht die eines Vogels. Die Katze ist optimal für die Bodenjagd auf Mäuse ausgerüstet. Das ergibt sich eindeutig aus ihrem Jagdverhalten, ihrem Körperbau und der Physiologie ihrer Nahrungsverwertung. Verschiedene wissenschaftliche Studien in Deutschland und den USA haben den Mageninhalt von toten Katzen untersucht und darin einen maximalen Vogelfleischanteil von 4,5 % gefunden, meist war er geringer. Es sind vor allem kranke oder verletzte Vögel, die dem Jagdtrieb der Katze zum Opfer fallen. Eine viel größere Gefahr für Vogelnester geht vom Marder, von Krähen, Elstern oder Eichhörnchen aus – und vor allem vom Menschen, der die Lebensräume von Vögeln immer weiter zerstört und Singvögel zu Abertausenden vom Himmel schießt, um sie zu essen. Nicht nur in Italien.

Jandl, Ernst (* Wien 1925, † Wien 2000), einer der bedeutendsten deutschsprachigen Lyriker des 20. Jahrhunderts, hat 1954 das vielzitierte Gedicht *Katze am Abend* geschrieben: »Ich vermute du hast | mäuse im kopf | und einen mächtigen nachtschwarzen kater, | katze am abend. || was aber tust du wenn dein | mächtiger nachtschwarzer kater | mäuse vor deinen augen | auffrißt, katze am abend?«

Horst Janssen, Alexander Schlüter, *1981*

Janssen, Horst (* Hamburg 1929, † Hamburg 1995), deutscher Zeichner und Graphiker, der zeit seines Lebens Katzen dargestellt hat – von ersten Holzschnitten aus dem Jahr 1947 über viele Pastell- und Aquarellzeichnungen bis hin zu der verstörenden Radierung *Angst* aus seinem Todesjahr. Zu seinen eindrucksvollsten Darstellungen gehören *Katze blau*, 1961 (Holzschnitt), *Goya*, 1978 (Aquarell), *Der kleine Kerl*, 1979 (Pastell), *Auf der Lauer*, 1993 (Radierung) und *Bedrohung*, 1995 (Tuschzeichnung), um nur einige Bilder verschiedener Zeiten und Stile zu nennen. Seinen Kater *Goya*, der im Mai 1980 »nicht zurück aus seinen Nächten« kam, hat er in einem längeren Text erwähnt. Danach biß Goya »zu gern in frisches sauberes weißes Papier, besonders in Papier Kartonagen-ähnlicher Struktur, Papier also«, das sich Janssen »was kosten läßt«. Dann beschreibt Janssen detailliert, aber ohne jeglichen Ärger, welche Schäden Goya an einem Siebdruck angerichtet hat. Diesen Text kalligraphierte Janssen fünf Tage nach dem Verschwinden des Katers. Er endet mit den Worten: »Und wenn er nun endlich auch wieder nach Hause käme …« Aber Goya kam nie mehr zurück.

Jerome, Jerome K. (* Walsall 1859, † Northampton 1927), englischer Journalist, Erzähler und Dramatiker. Jerome muß mit sehr ungewöhnlichen Katzen zusammengelebt haben. In seinem Erinnerungsbuch *Müßige Gedanken eines Müßigen* berichtet er ausführlich über Feinschmeckerkatzen, biertrinkende Katzen und solche, die ihn auf seinen Spaziergängen begleitet haben: »Ich besaß einmal eine Katze, die mir überallhin zu folgen pflegte. Schließlich wurde es mir ganz unbequem, und ich mußte es mir als eine persönliche Gunst von ihr ausbitten, mich fernerhin nicht mehr durch High Street zu begleiten. Sie pflegte aufzubleiben, wenn ich spät nach Hause kam, und begrüßte mich dann auf dem Flur. Deshalb kam ich mir beinahe wie ein verheirateter Mann vor, nur, daß sie niemals fragte, wo ich gewesen war, und es nicht glaubte, wenn ich es ihr erzählte.« Eine Fundgrube skurriler Katzengeschichten beinhaltet sein 1896 erschienenes Werk *Roman-Studien*. Auszüge daraus findet man in dem von Julia ↑Bachstein herausgegebenen *Großen Katzenlesebuch* (↑Beziehungen zu anderen Tieren, Eichhörnchen).

Johnson, Samuel (* Lichfield 1709, † London 1784), ist einer der bedeutendsten englischen Schriftsteller und Gelehrten, der durch sein zweibändiges, 1755 in erster Auflage erschienenes *Dictionary of the English Language*, das alle wesentlichen Wörterbücher der englischen Sprache beeinflußt hat, weltberühmt wurde. Johnson ist nach Shakespeare der meistzitierte englische Schriftsteller, über sein Leben sind wir vor allem durch eine umfangreiche Biographie seines Freundes James Boswell aus dem Jahr 1791 außergewöhnlich gut informiert. Ab 1737 lebte Johnson in London, von 1748 bis 1759 in einem Haus am Gough Square (↑Reiseziele, England, London) unweit der Fleet Street, dem damaligen literarischen Zentrum Londons, wo er sein Wörterbuch in siebenjähriger Arbeit fertigstellte. In diesem Haus lebte er mit seinem Kater Hodge zusammen. James Boswell erinnerte sich in seiner Biographie sehr gut an den Kater: »In diesem Zusammenhang darf nicht übergangen werden, wie tierlieb Johnson war. Es wird mir unvergeßlich bleiben, was er sich von Hodge, seinem Kater, alles gefallen ließ, für den er selber Austern holen ging, weil er befürchtete, falls er seinen Diener damit betraute, könnte dieser eine Abneigung gegen das arme Tier fassen.« Nun darf man nicht annehmen, Johnson hätte im Luxus geschwelgt und seinen Kater verwöhnt. Im 18. Jahrhundert wuchsen Austern in großen Mengen an der Küste Englands. Sie wurden so preiswert verkauft, daß sie für die Armen ein Hauptnahrungsmittel darstellten. Johnsons Diener wäre vermutlich entsetzt gewesen, hätte er das Billigfutter für den Kater besorgen müssen. Boswell selbst konnte Katzen nicht ausstehen: »Ich muß gestehen, daß mir die Anwesenheit des obengenannten Hodge oft recht lästig war.« Ihn störte wohl auch, wie vertraulich Samuel Johnson mit seinem Kater umging: »Ich erinnere mich, wie Hodge sich eines Tages mit augenscheinlich großer Wonne in Dr. Johnsons Brust verkrallte und ihm mein Freund, lächelnd und leise pfeifend, den Rücken kraulte, ihn am Schwanz zog und auf meine Bemerkung, es sei ein feiner Kater, erwiderte: ›Ei, gewiß, Sir, aber ich habe Katzen gehabt, die ich lieber mochte‹, und als spüre er, daß Hodge ihm diese Bemerkung übelnehme, hinzufügte: ›Doch, doch er ist ein feiner Kater, wirklich ein sehr feiner Kater.‹«

Über die von Johnson erwähnten anderen Katzen haben wir kaum Informationen. In einem Brief von 1738 nennt er allerdings eine weiße Katze namens Lily und beschreibt sie als ein Tier, das sich sehr gut benommen habe. Und in seinem Wörterbuch findet sich noch ein kurzer Eintrag über Katzen. Danach sind Katzen »domestizierte Tiere, die Mäuse fangen. Zoologen halten sie für die kleinste Unterart der Löwen.« Wir kennen weder Hodges Alter noch das Jahr seines Todes. Allerdings ist überliefert, daß Johnson für Hodge Baldrian besorgte (das ähnlich wie ↑Katzenminze wirkt), als dieser im Sterben lag, um ihm die letzten Stunden zu erleichtern. Nach dem Tod des Katers widmete ihm der englische Dichter Percival Stockdale eine Elegie: »Der, wenn sein Herr ihn streichelte | leidenschaftlich schmeichelte. | Und niemals vergaß zu schnurren den Dank | wenn sein schwarzes Fell in Wonne versank.«

Denkmal für Hodge am Gough Square

Joyce, James (* Dublin 1882, † Zürich 1941), irischer Schriftsteller, hat in seiner kurzen Erzählung *Die Katze und der Teufel* beschrieben, wie ein findiger Bürgermeister der südlich von Paris an der Loire gelegenen Stadt Beaugency den Teufel mit Hilfe einer Katze austrickst. In seinem Hauptwerk *Ulysses* wird Mr. Leopold Bloom, der Protagonist des Romans, gemeinsam mit seiner Katze Pussi eingeführt. Joyce beschreibt dessen Verhältnis zu seiner Katze bzw. sein Nachdenken über sie ausführlich. Es ist in der Frühe, Zeit, das Frühstück zuzubereiten:

»Die Katze umschritt steif ein Tischbein, den Schwanz in der Höh.

– Mkgnau!

– Ah, da bist du ja, sagte Mr. Bloom, sich vom Feuer wendend.

Die Katze maunzte eine Antwort und stakte wieder steif um ein Tischbein, maunzend. Just wie sie über meinen Schreibtisch stakt. Prr. Kraul mir den Kopf. Prr.

Mr. Bloom beobachtete neugierig, freundlich, die geschmeidige schwarze Gestalt. Sauberer Anblick: der Glanz ihres glatten Fells, der weiße Knubbel unter dem Knauf ihres Schwanzes, die grünen blitzenden Augen. Er bückte sich zu ihr hinab, die Hände auf den Knien.

– Milch für das Pussilein, sagte er.

– Mrkgnau! schrie die Katze.

Die sollen nun dumm sein. Dabei verstehen sie besser, was wir sagen, als wir sie verstehn. Die da versteht haarscharf alles, was sie verstehen will. Ist auch nachtragend. Möchte wohl wissen, wie ich so wirke auf sie. Hoch wie ein Turm? Nein, springt mir doch glatt auf die Schulter...

Grausam auch. Ihre Natur. Komisch, die Mäuse quieken nie. Scheinens wohl gar zu mögen.

– Mrkrgnau! machte die Katze laut.«

Das Schreien der ungeduldigen, hungrigen Katze steigert Joyce also durch Hinzufügung jeweils eines Buchstabens: »Mkgnau – M*r*kgnau – M*r*k*r*gnau«.

»Sie blinzelte empor aus ihren gierigen, beschämt sich schließenden Augen, maunzte klagend und lang. Ihm die milchweißen Zähne zeigend. Er beobachtete, wie die dunklen Pupillenschlitze sich vor Gier verengten, bis ihre Augen grüne Steine waren. Dann ging er zur Anrichte, nahm den Krug, den der Milchmann von Hanlon's eben für ihn gefüllt hatte, goß sprudelwarme Milch auf eine Untertasse und stellte sie behutsam auf den Boden.

– Garrhr! schrie die Katze, hinlaufend, um zu lappen.

Er betrachtete die Schnurrbarthaare, die drahtig leuchteten im schwachen Licht, als sie dreimal in die Milch tupfte und leicht schleckte. Ob das stimmt, dass sie nicht mehr auf Mäuse gehn können, wenn man sie ihnen kappt? Wieso eigentlich? Leuchten vielleicht im Dunkeln, die Spitzen. Oder sind so was wie Fühler im Dunkeln, vielleicht.«

Mr. Bloom denkt noch über die rauhen Zungen der Katzen nach und muß dann feststellen, daß für die Katze nichts zu essen im Haus ist. Er geht zum Fleischer, aber bringt der Katze nicht gerade viel mit – sie muß sich mit dem blutbeschmierten Papier begnügen, in das er Nieren hat einwickeln lassen. Zum Glück für die Katze brennen ihm die Nieren an, und Mr. Bloom wirft ihr das angebrannte Fleisch hin.

»Die Katze hatte sich das ganze Fell geputzt und kehrte nun zu dem fleischfleckigen Papier zurück, schnüffelte daran und stakte zur Tür. Sie blickte sich nach ihm um und maunzte. Will raus.«

Kurz darauf öffnet er der Katze die Tür.

»Die Katze sprang in weichen Sätzen die Treppe hinauf. Ah, wollte also nach oben, sich zusammenrollen auf dem Bett zu einem Ball. Er lauschte und vernahm ihre Stimme:

– Komm, komm, Pussi, komm.«

Es ist seine Frau Molly, die nach der Katze ruft, an dieser Stelle taucht Molly zum ersten Mal im Roman auf. Der Katzenfreund James Joyce (Sylvia ↑Beach) hat also den Auftritt seiner Hauptfigur des *Ulysses* sehr sorgfältig und wohlüberlegt mit dem seiner Katze verknüpft. Dies ist in der Wahrnehmung des Romans bisher nicht ausreichend berücksichtigt worden.

Jünger, Ernst (* Heidelberg 1895, † Wilfingen 1998), deutscher Schriftsteller, hat sich vor allem in seinem monumentalen Tagebuchwerk (*Siebzig verweht* und *Strahlungen*) immer wieder über Katzen geäußert, »die sich seit Jahrzehnten bei mir ablösen«. Vor allem Siamkatzen hatten es ihm angetan. Über die »Prinzessin Li-Ping« heißt es in *Strahlungen II*: »Das Tierchen ist beigefarben; Kopf, Schwanz und Beine sind wie mit chinesischer Tusche angeraucht. Es steckt grazile Erlesenheit in ihr, fernöstliche Geschmeidigkeit mit Anklängen von Bambus, Seide, Opium.« Betrachtet man Jüngers Lebensalter und die Tatsache, daß er die längste Zeit seines Lebens mit Katzen zusammengelebt hat, wundert es nicht, daß in seinen Tagebüchern auch viel vom Sterben seiner Katzen zu lesen ist: »Gestern abend bei der Rückkehr aus Laon fand ich Amanda sehr krank mit zwei toten und drei lebenden Kätzchen im Korb. Es war niemand zu Haus; ich heizte den Ofen und hüllte das Tierchen in warme Tücher ein. Es schnurrte noch ein wenig zum Dank. Heute morgen fand ich es tot, immer noch mit dem noblen Kopf. Es kann nicht viel gelitten haben, denn es lag noch in dem Tuch, in das ich es wikkelte.«

Doch es gibt auch hocherfreuliche und zeitlich passende Anlässe, über die berichtet wird: »Heute zum Hochzeitstage brachte Amanda drei prächtige Junge zur Welt. Das ist galant! Mit Erfolg fremd gegangen: die Tierlein, die sich wie ein Ei dem andern gleichen, sind getigert und gestromt.«

Ernst Jünger hat oft über die Kommunikation mit seinen Katzen nachgedacht. »Ich bemühe mich, zu erraten, was es [das »Tierchen« Amanda] gerade denkt. Wozu eigentlich? Wir beide kennen den Text – was sollen die Übersetzungen? Die Sympathie reicht tiefer als jeder Gedanke hinab.« An einer anderen Stelle faßte er diesen Gedanken noch radikaler: »Unser Verhältnis ist perfekt. Es dürfte nichts fehlen und nichts (etwa, daß sie sprechen könnten) hinzukommen.« Ein engverwandtes Thema ist die von vielen Schriftstellern immer wieder gespürte ↑Abwesenheit von Katzen, die zwar körperlich anwesend sind, deren Geist jedoch in anderen Regionen zu schweifen scheint. »Auch die Katze hat ihre Launen – dann nimmt sie, wenn ich sie streichle, kaum Notiz von mir. Doch weiß ich ein unfehlbares Mittel, sie zu ermuntern: ich schmiege den Kopf auf ihr Fell. Sogleich beginnt sie zu schnurren, wie von einem elektrischen Zustrom berührt. Das Behagen überträgt sich auf mich.« Beim Thema Katze konnte der an sich ernste Denker aber auch in harmlose Albernheit verfallen. So hat er mit scheinbar großer Belustigung gern folgenden Witz kolportiert: »Zwei Katzen treffen sich: Ich trinke heute abend Milch! sagt die eine. Ich werde Wein trinken, sagt die andere, denn ich habe gehört: Wer Wein trinkt, wacht am Morgen mit einem Kater auf.«

Kästner, Erich (* Dresden 1899, † München 1974), deutscher Schriftsteller, dessen Werke am 10. Mai 1933 in Deutschland verbrannt wurden. 1950 erschien seine von Walter ↑Trier kongenial illustrierte Nacherzählung *Der gestiefelte Kater*. Kästner hat außerdem den autobiographischen Bericht *Meine Katzen* geschrieben, in dem er unter anderem darlegt, warum Katzen gerade die Nähe von schreibenden Menschen suchen: »Die vier Katzen, die zu halten und über die zu schreiben ich das Vergnügen habe, sind aufgetaucht. Sie kommen, wenn wir schreiben, überhaupt gern in unsere Nähe. Das Thema ist ihnen gleichgültig. Daß sie diesmal selber an der Reihe sind, interessiert sie nicht weiter. Es geht ihnen ums Prinzipielle. Es tut ihnen wohl, wenn andere Leute arbeiten. Dann genießen sie ihr eigenes Nichtstun doppelt und dreifach.«

Erich Kästner. Foto: Stefan Moses

Kafka, Franz (* Prag 1883, † Wien 1924), tschechisch-österreichischer Schriftsteller. Kafka hat Katzen, wie er in einem Brief an Felix Weltsch vom 15. November 1917 selbst gestand, »im Geheimen seit je her gehaßt«. Als er sich im September dieses Jahres bei seiner Schwester zu einem Erholungsurlaub auf dem Land einfand, wurde er in seinem Zimmer von Mäusen so sehr geplagt, daß er sich gezwungen sah, die Katze des Hauses mit aufs Zimmer zu nehmen, die ihm dann tatsächlich Ruhe verschaffte. Er konnte es zwar nicht ausstehen, wenn ihm die Katze beim Schreiben auf den Schoß sprang, mußte aber in einem Brief an Max Brod zugeben, sie wäre »ein äußerst gutes kindliches Tier«. Die Katze, deren Namen er nicht nennt, war anfangs nicht stubenrein. Kafka beschrieb ausführlich die Kalamität, die sich daraus für ihn entwickelte: »Wie macht sie es also? Sie wählt z. B. einen Ort, der dunkel ist, der mir ferner ihre Anhänglichkeit beweist. Von der Menschenseite aus gesehn ist dieser Ort zufällig das Innere meines Pantoffels.« Darüber tröstete Kafka sich mit folgender Einsicht hinweg: »Katzen vertreiben die Mäuse schon durch die bloße Anwesenheit, vielleicht sogar schon durch die bloßen Ablagerungen, weshalb auch diese nicht ganz zu verachten sind.« Langsam gewöhnte sich Kafka an die Katze, er trug sie sogar »immer abends über den Ringplatz ›warm im Arm‹ nachhause«. Anfang Dezember berichtete er seinem Freund Max Brod stolz und glücklich von den Ergebnissen seiner erzieherischen Bemühungen in hygienischer Hinsicht: »Wunderbar, wenn man mit einem Tier einig geworden ist. Wie ein gut erzogenes Kind geht es am Abend nachdem es Milch bekommen hat, zur Schachtel, steigt hinein, buckelt sich, weil die Schachtel zu klein ist, und tut, was es muß.« (↑Katzenstreu) Und einem anderen Freund schrieb er, daß er »meiner kleinen schlafenden Katze Ihr Gedicht deklamiert« habe. So hatte sich der Katzenhasser Kafka langsam an die Katze gewöhnt und sie wohl auch liebgewonnen, als er Zürau im Frühjahr 1918 wieder verließ. Vielleicht hat Kafka diese namenlose Katze im Sinn gehabt, als er zwei Jahre später seinen einzigen literarischen Text über eine Katze geschrieben hat, die *Kleine Fabel*: »›Ach‹, sagte die Maus, ›die Welt wird enger mit jedem Tag. Zuerst war sie so breit, daß ich Angst hatte, ich lief weiter und war glücklich, daß ich endlich rechts und links in der Ferne Mauern sah, aber diese langen Mauern eilen so schnell aufeinander zu, daß ich schon im letzten Zimmer bin, und dort im Winkel steht die Falle, in die ich laufe.‹ – ›Du mußt nur die Laufrichtung ändern‹, sagte die Katze und fraß sie.«

Kambyses II. (König seit 529 v. Chr., † 522 v. Chr.). Der Perserkönig griff bei seiner Erstürmung der ägyptischen Stadt Pelusium 525 v. Chr. zu einer besonderen List. Über den Angriff auf die belagerte Stadt berichtete die griechische Geschichtsschreibung. Danach ließ Kambyses alle Katzen der Umgebung einfangen und sie bei seinem Ansturm den Ägyptern entgegenschleudern. »Die entsetzten Verteidiger von Pelusium zogen es vor, ihre Stadt zu übergeben, statt möglicherweise bei deren Verteidigung ihre Götter zu töten oder zu verwunden.«

Kambyses wurde schließlich Herr über ganz Ägypten, das seine politische Selbständigkeit – könnte man etwas überspitzt sagen – wegen der von ihnen vergötterten Katzen verlor.

Kannibalismus kommt zwar bei Landraubtieren vor, bei Katzenartigen aber niemals als Form regelmäßiger Nahrungsbeschaffung, sondern lediglich in Streßsituationen. Junge Erstlingsmütter können in seltenen Fällen aus Angst oder Unsicherheit ihre Neugeborenen fressen. In aller Regel wiederholt sich solches Verhalten nicht noch einmal. Jedenfalls hat diese Form des Kannibalismus nichts mit der Lebensfähigkeit oder Lebensunfähigkeit der Jungen zu tun. Kranke oder schwächliche Jungen werden von der Mutter eher vernachlässigt.

Kaspar Das 1889 eröffnete Londoner Hotel Savoy zählt zu den luxuriösesten der Welt. Es ist bekannt für seine exquisite Küche und die Tatsache, daß hier jeder noch so ausgefallene Wunsch erfüllt wird. Im Savoy residiert seit einiger Zeit der Kater Kaspar. Kaspar ist, wenn man so will, im Savoy fest angestellt. Er kommt immer dann zum Einsatz, wenn sich eine Abendgesellschaft mit 13 Personen zum Dinner angemeldet hat. Da die 13 auch in England als Unglückszahl gilt, nimmt Kaspar – mit weißer Serviette um den Hals – als 14. Gast an der Abendmahlzeit teil und wird auch bedient. Kaspar ist übrigens ein ausgesprochen schöner, schwarzer Kater mit konstant anständigen Tischmanieren und über achtzig Jahre alt. Er ist fast einen Meter groß und aus Holz.

Kater Kaspar: der 14. Gast im Hotel Savoy, London

Kastration Entfernung der Keimdrüsen, Hoden beim Kater bzw. der Eierstöcke bei der Katze. Der unter Narkose durchgeführte Eingriff sollte erst nach Eintreten der Geschlechtsreife vorgenommen werden. Die Kastration der Katze wird fälschlich oft Sterilisation genannt.

Katzenbuckel Durch eine Überlagerung oder Gleichzeitigkeit verschiedener Droh- bzw. Angriffsverhalten und Haltungs- sowie Bewegungselementen entsteht der sogenannte Katzenbuckel, der in der ↑Ethologie auch ↑Drohbuckel genannt wird. Das buckelnde Tier stellt sich dabei schräg breitseitig zum Gegner auf, wobei der

Kopf der Gefahrenquelle anfangs näher zugewandt ist als das Hinterteil. Wenn die Katze mit dem Vorderkörper schon zurückweicht, während die Hinterbeine noch »standhalten«, entsteht durch Stauung der Rückenwirbelsäule der Katzenbuckel. Dabei kann es vorkommen, daß das Vorderteil der Katze deren Hinterteil gleichsam »überholt«. Gerade bei darin noch ungeübten Babykatzen kann dies zum Umfallen führen. Katzen buckeln auch gern, wenn sie sich strecken.

Katzenfloh Der Ctenocephalides felis ist ein parasitierendes Insekt der Ordnung der Flöhe und zwischen 1,5 und 3 mm lang. Diese am häufigsten verbreitete Flohart geht auch auf andere Tiere und den Menschen über. Die Bißwunden auf der menschlichen Haut sind für Laien kaum von Mükkenstichen zu unterscheiden. Auffällig sind aber zumeist mehrere dicht beieinanderliegende Wundstellen, die einen heftigen Juckreiz auslösen. In der Regel kann man sich des Flohs durch langes, kräftiges Duschen entledigen. Der Katzenfloh kann Krankheiten übertragen, u. a. ist er ein wichtiger Zwischenwirt für Bandwürmer. Es ist also aus mehreren Gründen (natürlich auch um der Mieze willen) unbedingt notwendig, Katzen von Flöhen zu befreien. Viele Katzenhalter, deren Tiere nach draußen können, wählen als Prophylaxe ein Flohhalsband. Doch ein ↑Halsband birgt einerseits gewisse Gefahren, andererseits sollte man Katzen nicht mit Wirkstoffen belasten, wenn kein Flohbefall vorliegt. Katzen bringen ja nicht automatisch Flöhe mit, wenn sie im Garten stromern. Im Falle eines Falles hat sich die Anwendung eines Antiparasitikums (z.B. »Frontline«) bewährt. Das Mittel ist in Ampullen und als Spray verfügbar, wobei das Spray zum Aussprühen der Lieblingsplätze der Katze verwendet wird. Der Katze selbst wird, wenn sie von Flöhen befallen ist, der Inhalt einer Ampulle zwischen die Schulterblätter auf die Haut geträufelt. Von dort aus verbreitet sich das Mittel schnell über den ganzen Katzenkörper, und in der Regel sind innerhalb von 24 Stunden sämtliche Flöhe abgetötet. Der Inhalt einer Ampulle wirkt etwa einen Monat. Das Mittel dringt nicht in die Haut (und damit in die Blutbahn) ein, Nebenwirkungen sind bisher nicht bekannt geworden.

Katzen im deutschen Recht

Das Zusammenleben mit frei laufenden oder Wohnungskatzen in Miet- und Eigentumswohnungen oder Häusern berührt eine Vielzahl gesetzlicher Bestimmungen, über die sich die meisten Katzenhalter kaum im klaren sind – was wiederum nicht selten zu rechtlichen Auseinandersetzungen oder unliebsamen Überraschungen führt. Insofern ist es erstaunlich, daß bisher keine umfassende, systematische und kommentierende Zusammenfassung der relevanten Themen zur Verfügung steht, die das Halten von Katzen unter juristischen Gesichtspunkten erörtert. Die für dieses Lexikon verfaßte Zusammenstellung kann aus Platzgründen nur einen groben Überblick über das weite Feld der Rechtsbestimmungen geben. Sie möchte einerseits grundsätzlich über den Rechtsstatus von Tieren, über Tierschutz und ↑Tierrechte informieren und andererseits die konkreten Konfliktfelder erörtern, in denen Katzenhalter täglich stehen. Für die juristische Beratung bei der Abfassung dieses Schlüsselbegriffs sei der Rechtsanwältin Corina Klein besonders herzlich gedankt.

Tierschutz und der rechtliche Status von Tieren

Im altrömischen Recht wurden Tiere als Sache behandelt. Zurückzuführen ist dieses Rechtsverständnis auf die 494 v. Chr. eingesetzten Ädilen, römische Beamte, aus deren Edikten sich in späterer Zeit ein allgemeines Handelsrecht entwickelte. Sie schufen die Grundlage für die juristische Gleichstellung von Tieren und Sachen.

Nach germanischem Stammesrecht war für einen getöteten Menschen ein sogenanntes »Wergeld« (von althochdeutsch »Wer« = Mann) zu zahlen. Dabei handelte es sich aber nicht um einen Schadens- oder Wertersatz, sondern um ein Sühnegeld. Das Wergeld war auch für ein unrechtmäßig erschlagenes Tier zu entrichten. Daran zeigen sich erste Ansätze, Tieren eine schutzwürdige Rechtspersönlichkeit zuzusprechen. In England soll etwa zur gleichen Zeit erstmals Tierquälerei durch Gerichtspraxis als Straftat verfolgt worden sein. Wenig später entstand das erste *Gesetz zum Schutz der Haustiere*. Es wurde 936 unter dem walisischen König Howel dem Guten (880–950) formuliert, verfolgte aber keine Absichten im Sinne unseres heutigen Tierschutzgedankens. Vielmehr wurden in ihm Qualitätsmerkmale von Haustieren festgelegt, die beim Kauf und Verkauf der Tiere zur Festlegung ihres Preises herangezogen wurden. Ähnlich dem germanischen Wergeld sah ein anderes Gesetz dieser Zeit auf den Britischen Inseln folgende Strafe für denjenigen vor, der unrechtmäßig eine Katze getötet hatte: Das tote Tier wurde am Schwanz aufgehängt, so daß seine Schnauze den Boden berührte. Dann mußte der Katzenmörder so viel Korn für den rechtmäßigen Katzenbesitzer ausschütten, bis die Katze nicht mehr zu sehen war. Ähnliche Regelungen sind auch aus islamischen Ländern bekannt und haben in der Schweiz noch bis ins 18. Jahrhundert gegolten.

Am 22. Juli 1822 wurde endlich in England das erste *Gesetz zum Schutz der Tiere* verkündet. Andere Länder folgten diesem Beispiel, als erster deutscher

Staat legte Sachsen die Tierquälerei als Straftat in seinem Kriminalgesetzbuch von 1838 fest.

Gericht über die Tyrannen, eine Umkehrung der Herrschaftsverhältnisse stellt dieser Holzschnitt «Die Katze vor dem Mäusekönig» von Hans Eiditz dar. Das Spruchband über dem Mäusekönig sagt: «Der katzen hochmut wil ich brechen/al müss und grillen wil ich rechen.»

Nach Gründung des Deutschen Reiches wurde am 15. Mai 1871 das *Strafgesetzbuch für das Deutsche Reich* erlassen. Darin wurde in § 360 derjenige, der »öffentlich oder in Ärgernis erregender Weise Tiere boshaft quält oder roh mißhandelt«, mit Geldstrafe oder Haft bedroht. Wie sich aus dem Wortlaut ergibt, wurde dabei nicht die Tiermißhandlung als solche bestraft, sondern nur deren öffentlicher Vollzug. Im Vordergrund stand dabei also der Schutz menschlichen Empfindens, nicht der des gequälten Tieres. Dies änderte sich erst durch das *Gesetz zur Änderung strafrechtlicher Vorschriften* vom 26. Mai 1933. Nach § 145 b *Strafgesetzbuch* (StGB) wurde danach erstmalig derjenige mit Gefängnis bis zu sechs Monaten oder mit einer Geldbuße bestraft, der »ein Tier roh mißhandelt oder absichtlich quält«. Nach dieser strafrechtlichen Ahndung der Tierquälerei wurde schließlich am 24. November 1933 das *Reichstierschutzgesetz* erlassen. Neben dem in § 1 formulierten Verbot, ein Tier unnötig zu quälen oder roh zu mißhandeln, legte das Gesetz weitere zusätzliche Vorschriften zum Schutz der Tiere, meist in Form einzelner Verbote, fest.

Erste Versuche einer Novellierung des Gesetzes wurden in den 1950er Jahren angestrengt. Sie führten schließlich zum *Tierschutzgesetz* vom 24. Juli 1972. Das Gesetz ist seitdem mehreren Änderungen unterzogen worden. Derzeit liegt es in der Fassung vom 18. Mai 2006 vor. Das Tierschutzgesetz ist systematisch betrachtet ein Teil des Verwaltungsrechts, sein Vollzug erfolgt durch die Bundesländer. In § 1 wird der Zweck des Gesetzes definiert. Danach gehört es zur Verantwortung des Menschen für das Tier, dessen Leben und Wohlbefinden als Mitgeschöpf zu schützen. Niemand darf einem Tier ohne vernünftigen Grund Schmerzen, Leiden oder Schäden zufügen. In § 2 wird der Tierhalter zu einer artgerechten Haltung und Pflege der Tiere verpflichtet. Die Nutzung von Tieren zu bestimmten Zwecken, beispielsweise zu Tierversuchen oder zur Zucht, wird allerdings unter Genehmigungs- und Erlaubnisvorbehalte gestellt. Tierversuche dürfen danach nur zu medizinischen Zwecken, dem Erkennen von Umweltgefährdungen oder der Überprüfung von Stoffen oder Produkten auf ihre Unbedenklichkeit für die Gesundheit von Mensch und Tier oder zur Grundlagenforschung durchgeführt werden und nur, soweit sie für diese Zwecke »unerläßlich« sind.

Aber der § 7 Abs. 3 des Tierschutzgesetzes enthält eine sogenannte Abwägungsklausel. Danach dürfen Tierversuche an Wirbeltieren, die zu erwartende Schmerzen, Leiden oder Schäden nach sich ziehen, nur durchgeführt werden, wenn sie ethisch vertretbar sind. Und bei besonders quälerischen Tierversuchen müssen die mittels der Versuche angestrebten Ergebnisse vermuten lassen, daß sie »für wesentliche Bedürfnisse von Mensch oder Tier einschließlich der Lösung wissenschaftlicher Probleme von hervorragender Bedeutung sein werden«. In der Rechtspraxis erweisen sich diese einschränkenden Vorschriften allerdings als stumpfe Waffen im Kampf für die ↑Tierrechte. Weltweit werden an über 100 Millionen Wirbeltieren (von der Maus bis zum Primaten) Tierversuche durchgeführt. Die meisten dieser Tiere sterben während der Versuche oder werden anschließend getötet. Allein in Deutschland überleben jährlich 2,5 Millionen Wirbeltiere die an ihnen vorgenommenen Versuche nicht.

Tierversuche zur Erzeugung von Tabakerzeugnissen, Waschmitteln und dekorativen Kosmetika sind zwar grundsätzlich verboten, hiervon können aber ebenfalls durch Rechtsverordnungen Ausnahmen zugelassen werden. Ausnahmslos verboten sind dagegen Tierversuche zur Entwicklung oder Erprobung von Waffen. Daneben sind im Tierschutzgesetz weitere Einzelverbote geregelt, so in § 3, der die Aussetzung von Tieren verbietet und es unter Strafe stellt, »einem Tier, außer in Notfällen, Leistungen abzuverlangen, denen es nicht gewachsen ist, oder die seine Kräfte übersteigen«. Hinsichtlich der Zucht von Tieren verbietet § 11b des Tierschutzgesetzes die ↑Qualzucht.

Die einzige strafrechtliche Norm enthält das Tierschutzgesetz in § 17: Die ungerechtfertigte Tötung oder rohe und quälerische Mißhandlung eines Tieres wird mit Freiheitsstrafe bis zu drei Jahren oder Geldstrafe geahndet. Nach § 18 begeht eine Ordnungswidrigkeit, »wer einem Wirbeltier, das er hält oder zu betreuen hat, ohne vernünftigen Grund erhebliche Schmerzen, Leiden oder Schäden zufügt«. Die speziellen Verstöße sind in den Ziffern 2 bis 26 aufgeführt und werden mit Geldbußen bis zu 25 000,– € belegt.

Eine weitere Schwachstelle des geltenden Tierschutzgesetzes besteht wohl darin, daß es Tierschützern zwar möglich ist, tierschutzwidrige Gegebenheiten bei der zuständigen Behörde, in der Regel den Veterinärämtern oder der Polizei, anzuzeigen und um deren Einschreiten zu ersuchen, dagegen aber keine Möglichkeit besteht, die Interessen von Tieren selbst vor Gericht durchzusetzen. Der Deutsche Tierschutzbund fordert daher ein Verbandsklagerecht im Tierschutz, da der Tierschutz, ebenso wie der Naturschutz, seit 2002 als Staatsziel in § 20a

Grundgesetz aufgenommen worden ist und ein solches Klagerecht im Bereich des Naturschutzes bereits besteht und praktiziert wird.

Das nationale Tierschutzrecht bewegt sich zudem mehr und mehr im Rahmen internationaler Vorgaben, wie z.B. dem *Europäischen Übereinkommen zum Schutz von Heimtieren,* das am 13. November 1987 vom Europarat verabschiedet wurde und durch Zustimmung der Bundesrepublik Deutschland am 21. Juni 1988 in Kraft trat.

Trotz der beschriebenen Fortschritte in der Tierschutzgesetzgebung galten Tiere in Deutschland bis 1990 rechtlich als Sachen. Am 1. September 1990 trat dann das *Gesetz zur Verbesserung der Rechtsstellung des Tieres im bürgerlichen Recht* in Kraft. Durch die Einfügung des § 90a ins *Bürgerliche Gesetzbuch* (BGB) gelten Tiere seither nicht mehr als Sachen. Sie werden durch besondere Gesetze, beispielsweise das *Tierschutzgesetz*, geschützt. Nach dem Tierschutzgesetz und dem Strafrecht werden Tiere als Lebewesen und Teil der Schöpfung als schützenswert erachtet. Andererseits sind nach § 90a Satz 2 des BGB auf Tiere die für Sachen geltenden Vorschriften anzuwenden, soweit nichts anderes bestimmt ist. Dadurch besteht trotz der gesetzlichen Regelung, daß Tiere keine Sachen sind, die faktische Gleichstellung von Tieren und Sachen weitgehend fort.

So erwirbt der Käufer eines Tieres beispielsweise Eigentum an diesem, und dementsprechend sind die Vorschriften des *Kauf- und Gewährleistungsrechts* anzuwenden. Dies führt unter anderem zu einer kuriosen, aber folgenreichen Unterscheidung zwischen »neuen« und »gebrauchten« Tieren. Die Unterscheidung zwischen »neuen« und »gebrauchten« Tieren – in der Praxis handelt es sich zumeist um Pferde – ist für die Frage von Bedeutung, ob beim Verkauf eines Tieres durch einen Unternehmer an einen Verbraucher die zweijährige Verjährungsfrist für die Mängelansprüche des Käufers (§ 438 Abs. 1 Nr. 3, Abs. 2 BGB) auf ein Jahr abgekürzt werden kann, was nur beim Kauf gebrauchter Sachen oder Tiere möglich ist (§§ 475 Abs. 2, 90a BGB). Der Kaufvertrag für eine »neue« Katze kann also bis 24 Monate nach ihrem Erwerb rückgängig gemacht werden. Dieser Fall ist denkbar, wenn sie »fehlerhaft« ist, beispielsweise unter einer angeborenen Krankheit leidet. Die Frage, ob eine Katze als »neu« oder als »gebraucht« bewertet wird, ist im Zweifel eine richterliche Einzelentscheidung.

Ein entlaufenes Haustier, das gefunden wird, ist rechtlich gesehen ebenfalls eine Sache, nämlich eine Fundsache. Der Umgang mit ihm ist in den Vorschriften der §§ 965 ff. BGB über den Fund von Sachen geregelt (s. »Rechtsvorschriften für entlaufene Katzen« in diesem Artikel). Auch im Erbrecht gelten Tiere als Sachen. Im Todesfall des Tierhalters werden sie wie Nachlaßgegenstände vererbt (s. »Erbrecht« in diesem Artikel). Im *Strafrecht* verhält es sich ähnlich, an Tieren kann Diebstahl und Sachbeschädigung verübt werden.

In anderen Rechtsbereichen dagegen wirkt sich die Neuregelung von § 90a BGB (»Tiere sind keine Sachen«) stärker aus. So können nach § 252 Abs. 2 Satz 2 BGB die Heilbehandlungskosten für ein verletztes Tier auch dann als Schadensersatz verlangt werden, wenn sie den Sachwert des Tieres erheblich übersteigen. Dieser Rechtsgrundsatz, der den ideellen Wert von Haustieren und die Intensität der gefühlsmäßigen Bindungen, die der Tierhalter zu diesen hat, berücksichtigt, wurde durch das *Gesetz zur Verbesserung der Rechtsstellung des Tieres im bürgerlichen Recht* in das BGB aufgenommen, nachdem er zuvor bereits in die Rechtsprechung Eingang gefunden hatte.

Im Zwangsvollstreckungsrecht unterliegen Haustiere nach § 811c Abs. 1 der Zivilprozeßordnung einem Pfändungsverbot. Bei der Vollstreckung einer Räumungsklage ist daher zu beachten, daß mit Tieren eben nicht wie mit den Sachen eines Mieters verfahren werden darf, die einfach aus der Wohnung entfernt werden können. Weigert sich der Mieter, das Haustier mitzunehmen, oder ist ihm das aufgrund der Umstände nicht möglich, scheitert die Räumung der Wohnung, wenn die Ordnungsbehörde nicht gewillt oder in der Lage ist, sich um das Tier zu kümmern.

Miet- und Wohnungseigentumsrecht

Die Frage der Tierhaltung in Mietwohnungen ist gesetzlich nicht geregelt und richtet sich daher immer nach den Vereinbarungen im Mietvertrag. Grundsätzlich kann die Tierhaltung vom Vermieter untersagt oder von seiner Zustimmung abhängig gemacht werden. Die Haltung von Kleintieren bedarf nach einem Urteil des Bundesgerichtshofes allerdings keiner Erlaubnis des Vermieters. Formularklauseln, durch die das Halten solcher Tiere untersagt wird, sind deshalb unwirksam. Zu den Kleintieren gehören beispielsweise Vögel, Zierfische, Hamster, Mäuse, Eidechsen und Meerschweinchen. Bisher wurde noch nicht höchstrichterlich entschieden, ob Katzen auch zu den Kleintieren zählen. Im Jahr 2004 fällte das Kammergericht Berlin dazu jedoch ein wichtiges Urteil. Darin wurde entschieden, daß die Haltung von zwei Katzen in einer Großstadt zum vertragsgemäßen Gebrauch einer Mietsache gehört. Da der Vermieter in dem vorliegenden Fall keine nachvollziehbaren Gründe vortragen konnte, die ein Versagen seiner Zustimmung rechtfertigen

Zeichnung: Dora Carrington

konnten, war seine fristlose Kündigung unwirksam, obwohl der Mietvertrag ein Verbot der Katzenhaltung vorsah und eine Tierhaltung von der Zustimmung des Vermieters abhängig machte.

Grundsätzlich bleibt es aber trotzdem zulässig, im Mietvertrag zu vereinbaren, daß Katzenhaltung untersagt wird. Wenn der Vermieter sich seine Zustimmung zur Tierhaltung vorbehält, muß seine Entscheidung tatsächlich ausgeübt und von vernünftigen Gründen getragen werden. Er kann seine Zustimmung nicht grundlos verweigern. Die einmal erteilte Erlaubnis zur Tierhaltung darf nur aus wichtigem Grund widerrufen werden, der beispielsweise dann gegeben ist, wenn es zu Belästigungen und Störungen der Hausbewohner kommt, das Tier im Treppenhaus Verunreinigungen verursacht oder in andere Wohnungen eindringt. Die Erlaubnis zur Tierhaltung gilt für die Vertragsdauer. Wenn nach dem Tod eines Haustieres ein neues angeschafft wird, bedarf es keiner neuen Erlaubnis, falls es sich um dieselbe Tierart handelt.

Ferner hat die Rechtsprechung bei der Tierhaltung den Grundsatz der Gleichbehandlung entwickelt: Wenn also der Vermieter einem Teil der Mieterschaft die Tierhaltung erlaubt, handelt er rechtsmißbräuchlich, wenn er einem anderen Teil der Mieterschaft die Erlaubnis verweigert.

Kann sich der Vermieter zu Recht auf sein Verbot berufen, ist er nach herrschender Rechtsauffassung berechtigt, die Kündigung des Mietverhältnisses nach einer Abmahnung auszusprechen, wenn der Mieter das Tier trotz der Abmahnung nicht abschafft. Eine andere Möglichkeit zur Konfliktlösung besteht in einer Klage gegen den Mieter, in der dieser zur Entfernung des Tieres verurteilt werden kann.

Die nachfolgenden Kurzdarstellungen einzelner Urteile zur Katzenhaltung in Miet- und Eigentumswohnungen sollen beispielhaft verdeutlichen, wie die oben dargestellten Rechtsgrundsätze in der richterlichen Praxis angewandt werden:

Auch wenn der Mietvertrag das Halten von Katzen gestattet, darf der Vermieter einschreiten, wenn eine Mieterin gleich mit sieben Katzen ihre Drei-Zimmer Wohnung teilt. *(Amtsgericht Lichtenberg, 8 C 185/96)*

Ein Mieter darf trotz anderer Regelung im Mietvertrag eine Katze halten, wenn sich der Gesundheitszustand seines Kindes sonst verschlechtern würde. *(Amtsgericht Bonn, 8 C 731/93)*

Leiden Mieter andererseits unter einer Katzenhaarallergie, so darf der Vermieter anderen Mietern die Haltung von Katzen untersagen, auch wenn der Katzenhalter anführen kann, daß sein Sohn verhaltensauffällig ist und ein ärztliches Attest die Katze aus therapeutischen Gründen empfiehlt. Bei einer Interessenabwägung wurde die Gefahr für den Allergiker, der nachgewiesenerma-

Mietrecht. Foto: Heiko Neubert

ßen an allergischem Bronchialasthma litt, als schwerwiegender eingestuft. *(Landgericht München I, 34 S 16167/03)*

Einem Mieter, der eigenmächtig eine Katzenklappe in die Wohnungstür einbaut und diese auch nach einer Abmahnung mit Fristsetzung nicht mehr entfernen will, darf fristlos gekündigt werden. *(Landgericht Berlin, 63 S 199/04)*

Riecht es im Flur vor einer Mietwohnung, in der Katzen gehalten werden, »wie in einem Raubtierhaus im Zoo«, rechtfertigt dies eine fristlose Kündigung. *(Landgericht Berlin, 67 S 46/96)*

Selbst in ländlichen Gegenden darf ein Katzenhalter nicht beliebig viele Katzen mit freiem Auslauf halten, wenn sich ein Nachbar durch deren »Duftmarken« gestört fühlt. Ein Gericht entschied, daß maximal zwei Katzen mit freiem Auslauf gehalten werden dürfen. Die übrigen Katzen müssen im Haus bleiben. *(Landgericht Lüneburg, 4 S 48/04)*

Grundstücksbesitzer brauchen es nicht zu dulden, wenn drei Katzen des Nachbarn ihr Grundstück betreten und Kotspuren hinterlassen, insbesondere, wenn sie kleine Kinder haben. Aus nachbarschaftlicher Rücksichtnahme ist es allerdings hinzunehmen, daß eine Katze des Nachbarn freien Auslauf auch auf ihrem Grundstück erhält. *(Amtsgericht Neu-Ulm, 2 C 947/98)*

Auch bei Eigentumswohnungen kann die Eigentümergemeinschaft durch Mehrheitsbeschluß die Hausordnung dahingehend einschränken, daß sich Katzen nicht mehr frei in der Wohnanlage bewegen dürfen. Das Amtsgericht und das Landgericht München I entschieden, daß die Verunreinigung von Spielplätzen durch Katzenkot zu dieser Einschränkung berechtige. *(Landgericht München 1, 1 T 1633/04)*

Haftungs- und Versicherungsrecht

Jeden Tierhalter trifft die sogenannte »Gefährdungshaftung«, das heißt, er haftet unabhängig von seiner Schuld für Schäden, die durch sein Haustier verursacht werden. Nach § 833 BGB muß der Tierhalter Schadensersatz für Schäden leisten, die von seinen Haustieren verursacht wurden. Wenn dabei ein Mensch verletzt wird, kann auch Schmerzensgeld eingefordert werden (§ 253 Abs. 2 BGB). Die Haftungspflicht gilt auch für entlaufene Tiere, sie wird durch vorübergehenden Besitzentzug nicht aufgehoben. Der Schadensersatzanspruch entsteht unabhängig von der Schuld des Tierhalters, es reicht aus, wenn sich eine »typische Tiergefahr« verwirklicht hat. Darunter fallen alle Schäden, die durch die Unberechenbarkeit tierischen Verhaltens verursacht werden. Ein Schadensersatzanspruch kann beispielsweise entstehen, wenn eine Katze plötzlich über die Straße läuft und ein Autofahrer deshalb ausweicht und verunglückt. Haftungsbefreiend kann sich auswirken, wenn Katzen als Nutztiere gehalten werden. Dieser Nachweis dürfte bei Stadt- und Wohnungskatzen eher schwierig zu führen sein, kann aber bei einer auf dem Land gehaltenen Katze unter Umständen erfolgreich geltend gemacht werden. So erhielt in einem Urteil aus dem Jahr 1990 ein Autofahrer, dem nachts eine Katze vor den Wagen sprang, keinen Schadensersatz. Das Gericht kam zu der Auffassung, daß die Katze zum Zweck des Fangens von Mäusen und Ratten, also zum Schutz der Vorräte des Katzenbesitzers gehalten wurde. Um ihrer »Pflicht« artgemäß nachgehen zu können, mußte nach Auffassung des Gerichts die Katze nachts freigelassen werden. Den Katzenhalter traf deshalb keine Schuld, und der Autofahrer blieb auf seiner Reparaturrechnung sitzen.

Katzen sind im Gegensatz zu Hunden in der privaten Haftpflichtversicherung mitversichert. Jeder Katzenhalter sollte jedoch die Ausschlußgründe und das »Kleingedruckte« seines Versicherungsvertrages genau prüfen.

Auch wer nur vorübergehend auf eine fremde Katze aufpaßt, kann haftbar gemacht werden. Dann greift nämlich die Haftung des Tieraufsehers nach § 834 BGB. Wer eine zugelaufene Katze regelmäßig füttert und teilweise beherbergt, gilt nach einem Urteil von 1995 *(Landgericht Paderborn, 5 S 35 /95)* als Tierhalter – mit der Folge, daß er für den Schaden aufkommen muß, den das Tier anrichtet. Der Tieraufseher kann allerdings im Gegensatz zum Tierhalter den sogenannten »Entlastungsbeweis« einwenden. Das ist der Nachweis, daß man bei der Aufsicht des Tieres die »im Verkehr erforderliche Sorgfalt« beachtet hat.

Im Mittelalter wurden Tiere übrigens selber für die Schäden, die sie angerichtet hatten, verantwortlich gemacht. Nicht selten fanden Prozesse statt, in denen Tiere wegen bestimmter Vorfälle angeklagt und bestraft wurden. So kam es in England zu einem Prozeß, in dem gegen ein Schwein, das ein Kind verletzt hatte, Anklage erhoben wurde. Das angeklagte Tier wurde zum Tode verurteilt und hingerichtet, wobei andere Schweine zusehen mußten. Derartige Prozesse gab es noch bis zum Beginn des 19. Jahrhunderts.

Rechtsvorschriften für entlaufene Katzen

Die Regelungen für den Fund einer entlaufenen Katze ergeben sich aus den Vorschriften über Fundsachen nach den §§ 965 ff. BGB. Demnach muß der Fund einer entlaufenen, aufsichtslosen oder streunenden Katze beim Tierheim oder der Polizei angezeigt werden. Falls sich der Eigentümer innerhalb von 6 Monaten nach der Anzeige nicht meldet, erwirbt der Finder gemäß § 973 Abs. 1 BGB Eigentum an der Katze, es sei denn, er verzichtet auf sein Recht (§ 976 BGB). Die bis dahin entstandenen Kosten für die Versorgung des Tieres kann der Finder nach § 970 BGB vom Eigentümer zurückverlangen.

Falls die Katze erkennbar ausgesetzt oder von ihrem Eigentümer aufgegeben ist, gilt sie als herrenlose Sache. Der Finder kann sie sich durch Inbesitznahme aneignen und erwirbt das Eigentum an ihr (§§ 958, 959 BGB). Die genaue Definition einer erkennbar ausgesetzten Katze existiert nicht. In der Praxis wird es wohl schwierig oder gar unmöglich sein, eine entlaufene Katze von einer ausgesetzten Katze zu unterscheiden. Sie müßte schon ein Schild um den Hals tragen oder festgebunden sein, wie das bei ausgesetzten Hunden häufig der Fall ist.

Jagdrecht

Der Freilauf der Katze wird durch das Bundesjagdgesetz (BJagdG) eingeschränkt. In § 23 taucht der Begriff der »wildernden Katze« auf. Eine wildernde, also tatsächlich dem Wild nachstellende Katze darf zum Schutz des Wildes vom Jagdschutzberechtigten getötet werden, sofern sie sich nicht innerhalb einer Schutzzone von 200 bis 300 Meter Entfernung zu einem bewohnten Haus befindet. Die Einzelheiten hierzu überlässt das Bundesrecht den Ländern. In Deutschland werden jährlich über 200 000 Hunde und Katzen abgeschossen, die angeblich gewildert haben.

Auslandsreisen mit Katzen

Für Reisen mit der Katze in EU-Länder, ausgenommen Schweden, Irland, Malta, Großbritannien und Nordirland, gilt seit dem 1. Oktober 2004 die EU-Verordnung 998/2003. Damit soll ein verbesserter Schutz vor Tollwut gewährleistet werden. Wer mit seiner Katze in eines dieser Länder reist, muß einen Heimtierausweis mitführen, der vom Tierarzt ausgestellt ist und aus dem hervorgeht, daß im Einklang mit den Empfehlungen des Impfstoffherstellers eine gültige Tollwutimpfung des betreffenden Tieres mit einem inaktivierten Impfstoff nach WHO-Norm vorgenommen wurde. Nach dieser Verordnung müssen Heimtiere zur eindeutigen Identifikation elektronisch gekennzeichnet sein. Die Kennzeichnung kann bis zum Jahr 2011 auch in einer gut lesbaren Tätowierung bestehen. Für Schweden, Irland, Malta, Großbritannien und Nordirland gelten bis zum 3. Juli 2008 zusätzliche Auflagen, Einzelheiten können bei den entsprechenden Botschaften erfragt werden.

Insbesondere für viele Urlaubsländer außerhalb der EU wie Ägypten, Türkei, Marokko, Thailand und Tunesien gilt: Eine Einreise mit der Katze ist meist nicht aufwendig, die Wiedereinreise nach Deutschland jedoch nicht unproblematisch. Auch hier empfiehlt sich die Einholung aktueller Bestimmungen bei den zuständigen Veterinärämtern.

Viele Urlauber möchten ihnen zugelaufene Katzen mit nach Deutschland nehmen und stehen dann vor einem Berg von Einreisebestimmungen. Neben der Kennzeichnung des Tieres, einer nachgewiesenen und gültigen Tollwutimpfung, die im EU-Paß oder einer Veterinärbescheinigung dokumentiert sein muß, ist auch ein Bluttest auf Tollwutantikörper durch ein zugelassenes EU-Labor erforderlich. Vom Zeitpunkt der Blutentnahme bis zur Einreise nach Deutschland ist außerdem eine Wartezeit von drei Monaten einzuhalten.

Erbrecht

Wer sich um die Versorgung seiner Katze im eigenen Todesfall kümmern möchte, sollte rechtzeitig eine diesbezügliche Verfügung treffen. Denn Tiere können – entgegen landläufiger Vorstellungen – nach deutschem Recht nicht als Erbe eingesetzt werden. Eine entsprechende testamentarische Verfügung macht sogar das ganze Testament unwirksam.

Katzen gelten nach § 90a BGB zwar nicht mehr als Sachen, eine eigene Rechtsfähigkeit, die sie zum Erben befähigen würde, ist ihnen allerdings nicht zuerkannt. Vielmehr fallen sie unter das Vermögen des Erblassers und sind damit Nachlaßgegenstände. Um die Versorgung seiner Katze trotzdem abzusichern, gibt es mehrere Wege, die ein Katzenhalter beschreiten kann. Zum einen kann der Erblasser eine natürliche oder juristische Person als Erben einsetzen und diese durch eine Auflage (§ 1940 BGB) verpflichten, für eine artgerechte Versorgung des Tieres zu sorgen und diese aus dem Nachlaß zu finanzieren. Ebenso kann er einen Erben unter der Bedingung (§ 2075 BGB) einsetzen, die Katze zu versorgen. Hierbei steht der Erbe unter einem größeren Druck, denn wenn er diese Bedingung nicht erfüllt, verliert er das gesamte Erbe. Zur Kontrolle der artgerechten Versorgung und Pflege der Katze kann der Erblasser eine Privatperson seines Vertrauens bestimmen, aber auch einen vom Amtsgericht bestellten Testamentsvollstrecker oder einen Tierschutzverein. Da diese Art der Überwachung in der Praxis nur eine unzureichende Lösung darstellt, ist es wichtig, daß der Erbe mit der Übernahme der Katze grundsätzlich einverstanden ist und eine tiergerechte Pflege gewährleistet werden kann.

Wer seine Katze einer bestimmten Person zukommen lassen will, ohne diese zum Erben zu machen, kann dies in Form eines Vermächtnisses (§ 1939 BGB) tun. Per Vermächtnis kann angeordnet werden, daß die Erben demjenigen, der die Katze weiterversorgt, eine bestimmte Geldsumme ausbezahlen, ebenso kann auch ein Tierschutzverein mit der Versorgung der Katze beauftragt und mit den entsprechenden finanziellen Mitteln ausgestattet werden. Ein Vermächtnis hat den wesentlichen Vorteil, daß der Begünstigte nicht die manchmal notwendige und zeitraubende Einigung einer Erbengemeinschaft über die Aufteilung des Erbes abwarten muß, er kann sein Vermächtnis sofort einfordern. Der Erblasser kann aber auch bereits zu Lebzeiten mit der Person seines Vertrauens einen Schenkungsvertrag schließen.

Hat der Erblasser ein größeres Vermögen, das er seiner Katze und darüber hinaus dem Tierschutz zur Verfügung stellen will, besteht die Möglichkeit, durch sein Testament eine Stiftung von Todes wegen (§ 83 BGB) zu gründen, deren Zweck die lebenslange Versorgung der Katze ist. Da für die Anerkennung einer rechtsfähigen Stiftung eine Mindestkapitalausstattung notwendig ist, sollte neben der Versorgung der Katze noch ein weiterer Zweck, z. B. die Förderung des Tierschutzes, in die Zweckbestimmung der Stiftung aufgenommen werden. Nach den Vorschriften des Stiftungsrechts darf das Stiftungsvermögen zu keinem anderen Zweck als dem der unveränderlichen Stiftungssatzung eingesetzt werden.

Grundsätzlich ist jedem Tierhalter anzuraten, sich Gedanken über den Verbleib seines Tieres oder seiner Tiere zu machen. Denn wenn im Todesfall kein Testament bzw. kein offenkundiger Erbe vorhanden ist, wird das Tier zunächst in das örtliche Tierheim gebracht. Dort verbleibt es, bis die Erbfolge geklärt ist.

Rechtsvorschriften für die Beerdigung von Katzen

Nach dem Tod der Katze kommt die Entscheidung auf den Halter zu, wie er sein Haustier beerdigen will. Den rechtlichen Spezialstatus des § 90a BGB genießt ein Tier nur, solange es am Leben ist. Eine tote Katze wird wieder zur Sache und muß ordnungsgemäß entsorgt werden. Das geschieht in sogenannten Tierkörper-Beseitigungsanstalten. Wer seine Katze nicht auf diese Weise »entsorgen« will, kann sie auf speziellen Tierfriedhöfen beerdigen oder im Rahmen von Einzel- oder Sammeleinäscherungen verbrennen lassen.

Wer die Möglichkeit hat, kann seine Katze im eigenen Garten beerdigen. Voraussetzung für diese Form der ordnungsgemäßen Beerdigung ist nach § 5 Abs. 2 des Tierkörperbeseitigungsgesetzes, daß das Tier nicht an einer meldepflichtigen Krankheit gestorben ist, nicht in unmittelbarer Nähe öffentlicher Wege und Plätze begraben wird, mindestens 50 cm Erde über dem begrabenen Tier liegen und der Garten nicht in einem Wasserschutzgebiet liegt. Es ist allerdings ratsam, sich vorher noch einmal beim zuständigen Veterinäramt zu informieren, da diese Erlaubnis nach dem Tierkörperbeseitigungsgesetz im Einzelfall durch örtliche Verordnungen der Städte und Gemeinden eingeschränkt sein kann. So ist es in Bremen wegen des hohen Grundwasserstandes generell nicht erlaubt, sein Haustier im Garten zu beerdigen. Das Vergraben von Haustieren an öffentlichen Plätzen, beispielsweise im Wald, ist nicht erlaubt und wird mit Bußgeldern geahndet.

Etwa 300000 Katzen kommen jährlich durch den Straßenverkehr zu Tode. Katzenbesitzer, die verhindern möchten, daß ihr Tier in diesem Fall anonym »entsorgt« wird, können ihre Katze mit einer Plakette ausstatten, die auf den Halter und dessen Wunsch, das Tier im Todesfall beerdigen zu wollen, hinweist. Oder aber man kontaktiert die örtliche Polizei und hinterlegt dort ein Foto mit der Adresse des Halters und der Bitte um Benachrichtigung und den Wunsch nach Beerdigung, falls die Katze tot aufgefunden wird. Ob die Polizei sich daran halten muß, ist indes umstritten. Hilfreich könnte ein Hinweis darauf sein, daß die Beerdigung der Katze zu Lasten des Halters geht, während die öffentliche Beseitigung kommunale Kosten verursacht.

Katzenkratzkrankheit (KKK), weltweit vorkommende und häufig auftretende Infektionskrankheit bei Kindern und Erwachsenen. Das die KKK auslösende Bakterium wurde erst vor zehn Jahren entdeckt und erhielt den Namen Bartonella henselae.

Ursache: Wie der Name schon sagt, kann die Krankheit bei Menschen ausbrechen, die von einer Katze gekratzt worden sind. Seltener wird sie durch Katzenbisse übertragen. Etwa 25 % der Betroffenen hatten allerdings keinen Kontakt zu Katzen, bei ihnen bleibt der Ansteckungsweg bis heute unklar. Etwa 13 % aller deutschen Hauskatzen sind mit dem Bakterium infiziert, bei Streunern ist mit einem Befall von bis zu 70 % zu rechnen. Katzen erkranken nicht an dem Bakterium, das vermutlich durch Katzenflöhe von Tier zu Tier übertragen wird.

Symptome: Hier ist zwischen Menschen mit einem funktionsfähigen (immunkompetenten) und solchen mit einem geschwächten (immundefizienten) Körperabwehrsystem zu unterscheiden. Bei der ersten Patientengruppe treten ein paar Tage nach der Kratzverletzung Pusteln im Wundbereich auf, die oft als Insektenstiche fehlinterpretiert werden. Drei bis vier Wochen später entzündet sich die Lymphdrüse, die der Verletzung am nächsten liegt. Sie schwillt an und kann schmerzhaft werden. Bei der Hälfte dieser Fälle können die Beschwerden zusätzlich mit Fieber,

Glieder- oder Kopfschmerzen einhergehen. Normalerweise heilt die Krankheit nach einigen Monaten von selbst ab. Bei immundefizienten Patienten kann die Krankheit zu einer Schädigung des Zentralnervensystems, zu einer lebensbedrohlichen Blutvergiftung oder zu anhaltenden Fieberschüben führen.

Prävention: Immundefiziente Menschen sollten ihre Katzen in jedem Fall beim Tierarzt auf Bartonella henselae untersuchen lassen. Wenn ein Befall festgestellt wird, kann der Arzt versuchen, den Erreger mit Antibiotika abzutöten.

Therapie: In der Mehrzahl der Fälle wird die KKK überhaupt nicht erkannt und heilt ohne Therapie aus. Ist dies nicht der Fall, müssen Antibiotika verabreicht werden.

Katzenminze (Nepeta cataria), auch Katzenkraut genannt, gehört zur Gattung der Lippenblütler. Das ihr eigene Öl namens Nepetalacton löst bei etwa der Hälfte aller Katzen – das gilt auch für Raubkatzen – ungefähr zehnminütige Rauschzustände aus. Katzen reiben ihren Kopf an der Minze (in der Wohnung und im Freien) und reagieren dann wie toll. Sie beginnen laut zu schnurren, rollen sich auf dem Boden, vollführen Luftsprünge, bekommen einen flatternden Blick. Die Empfänglichkeit für diese Rauschzustände sind genetisch bedingt, also nicht geschlechtsspezifisch, alters- oder stimmungsbedingt. Bis zum Alter von drei Monaten meiden alle Katzen die Minze, dann entscheidet sich, ob eine Disposition für den »Drogengenuß« vorliegt oder nicht. Was sich im Kopf der Katze während des Rausches abspielt, ist noch nicht bekannt. Genausowenig hat man bisher negative Nebenwirkungen beobachten können. Ähnlich reagieren Katzen auf Baldrian. Nepetalacton wird übrigens zunehmend als biologischer Wirkstoff zur Insektenabwehr eingesetzt. Da darf man auf die Reaktion der frei laufenden Katzen gespannt sein, wenn die Droge konzentriert und großflächig ausgebracht wird.

Katzenminze (Nepeta cataria)

In Ausnahmefällen reagieren Katzen aber auch auf Drogen, deren Konsum man ihnen im Allgemeinen nicht zutraut, beispielsweise Haschisch. Die Witwe des polnischen Schriftstellers

Christian ↑Skrzyposzek hat in einem Rundfunkinterview mit dem Deutschlandfunk über die Katzen ihres Mannes diese Begebenheit erzählt: »Christian rauchte sehr, sehr viel, und das Schlimmste war, er rauchte halt sehr viel Haschisch. Das Komischste daran war, daß es immer viel Kampf mit den Katzen gab, denn die Katzen, die waren sehr wild auf Marihuana und haben es ihm geklaut. Er hat sogar Hanf gezüchtet, also in seinem Arbeitszimmer oben auf der Fensterbank, wo die Katzen eigentlich nicht hinkamen, und sogar der dickste Kater, der war so wild darauf, der hat es geschafft hochzuspringen und ihm das alles wegzufressen. Wir stehen morgens auf, und wir wundern uns, daß die Katzen so merkwürdig aussehen, denn alle hatten plötzlich lila Gesichter. Wir haben uns zuerst nichts dabei gedacht, und plötzlich höre ich einen Schrei. Christian schreit: ›Diese Biester, dieser Wahnsinn, das sind doch richtige Verbrecher, die haben uns alles geklaut, alles haben die mir geklaut!‹ Und dann lagen sie so ganz genüßlich auf dem Teppich und waren – na ja, man muß schon sagen – den ganzen Tag tatsächlich high.«

Ägyptische Mumie aus Abydos 30 v. Chr. (Britisches Museum)

Katzenmumien Im alten ↑Ägypten wurden Katzen wie Menschen mumifiziert. Und wie bei den Menschen fielen auch die Begräbnisrituale und die Ausstattung der Gräber von ärmlich bis königlich aus. Die größte Katzennekropole befand sich in Bubastis, der »Hauptstadt« des Katzenkultes. Unter englischer Besatzung begann eine unglaubliche Plünderung dieser Grabstätten. Im Januar 1890 verließen die zwei Frachtschiffe Phou und Thebes Alexandria mit 180000 Katzenmumien an Bord. Ihr Ziel war Liverpool. Sie sollten dort als Düngemittel verkauft werden. Als diese Nachricht in England bekannt wurde, hagelte es öffentliche Proteste von Archäologen. Doch diese blieben weitgehend folgenlos. Zu Beginn der Auktion wurden als Konzession an die Wissenschaftler einige wenige guterhaltene Mumien einzeln versteigert. (Wie es heißt, ist eine einzige Mumie aus dieser Lieferung erhalten geblieben – sie wird im Britischen Museum in London gezeigt.) Danach kamen die Mumienreste für gut drei englische Pfund unter den Hammer, wobei sich der Auktionator den pietätlosen Scherz erlaubte, einen Katzenschädel aus der Lieferung als Hammer zu benutzen (↑Mumifizierung.)

Katzenmusik Heute wird mit diesem Begriff abfällig eine unharmonische Musik bezeichnet (ähnlich: Katzenkonzert). Diese Bedeutung entsteht im späten 18. Jahrhundert. Im ↑Krünitz heißt es 1786: »Das eigentümliche Geschrei der Katzen ist nicht das angenehmste, daher nennt man eine tolle, unharmonische Musik figürlich eine Katzenmusik.« Bei dieser heutzutage allgemein verbreiteten Herleitung wird die mittelalterliche Bedeutung des spätlateinisch-französischen Wortes Charivari völlig außer acht gelassen, das gleichermaßen für Durcheinander, Lärm und Katzenmusik stand und mit dem man eine zwar ohrenbetäubende Musik bezeichnete, durch die aber Neuvermählte geehrt wurden. Dieser Volksbrauch wurde zuerst 1337 in Avignon verboten. Im frühen 18. Jahrhundert entstand dann bei Studenten die Sitte, individuelle und gesellschaftliche Mißstände durch laute Spottmusik anzuprangern, die bald als Katzenmusik bezeichnet wurde. Mit dem Wort Charivari bezeichnet man heute auch das Einstimmen des Orchesters vor Beginn einer Aufführung. Im übrigen sei darauf verwiesen, daß die Katze zahlreiche Musiker zu Kompositionen inspiriert hat. Das gilt allein in der klassischen ↑Musik für weit über 300 Werke. Sogar die Vortragsweise eines klassischen Stückes kann mit feliden Attributen beschrieben werden. So lautet die Tempobezeichnung zu einem Streichquartett von Ernst Toch: »katzenhaft schleichend«.

Katzensprache

Die Sprache der Katzen besteht aus einem komplexen Kommunikationssystem mit unterschiedlichsten Lautäußerungen sowie damit in Verbindung stehenden gestischen Verhaltensweisen und ist erst teilweise erforscht. Im engeren Sinn unterscheidet man stimmlose und stimmhafte Lautgebungen sowie die in der Kommunikation mit dem Menschen verwendete Sprache von derjenigen, mit der sich Katzen untereinander verständigen.

Zahlreiche ↑Ethologen sind der Meinung, daß die Katze über eine sprachliche Ausdrucksfähigkeit verfügt, die im übrigen Tierreich ihresgleichen sucht. Im Vergleich mit ihren wilden Verwandten – egal welcher Größe und Art – ist die domestizierte ↑Hauskatze jedenfalls ein wahrer Sprachkünstler. Dies liegt vereinfacht gesagt daran, daß sich bei allen Katzen zwischen der Mutter und ihrem Nachwuchs von Geburt an ein Lautsystem entwickelt, das später im Erwachsenenalter durch ein anderes ersetzt wird: das Paarungsverhalten, die Revierverteidigung usw. verlangen ein anderes Vokabular als der Schrei nach Schutz, Futter u. ä. Die Hauskatze kommuniziert auch als erwachsenes Tier mit dem Menschen immer in der Sprache ihrer Kindheit, da der sie versorgende Mensch die Rolle der Mutter einnimmt und die Katze sich auf diese Rollenverteilung einstellt. Die mit dem Menschen zusammenwohnende Hauskatze lebt also in zwei Sprachwelten – sofern sich in ihrer Wohnung Artgenossen befinden oder sie selbst Freigängerin ist.

Eine Besonderheit der sprachlichen Verständigung von Hauskatzen untereinander ist der sogenannte dyadische Dialekt (von Dyade: Zweiheit). Darunter versteht man Lautformen, die zwei einander gutbekannte Katzen miteinander, aber niemals mit Dritten austauschen. Insbesondere diese Form der Kommunikation ist leider bisher kaum erforscht, da der Aufwand erheblich wäre und in möglichen Erkenntnissen kein praktischer Nutzen gesehen wird. Daß sich hier eine Möglichkeit auftäte, das Wesen der Katze und ihre Fähigkeiten besser zu verstehen, scheint dabei ohne Belang zu sein. Als unsere Katze einmal mit einer frisch erbeuteten Motte zwischen den Zähnen auf dem Küchentisch saß und dabei vom auf dem Boden sitzenden Kater förmlich belagert wurde, ihre Beute also nicht in Ruhe verspeisen konnte, erklang aus ihrem Mund plötzlich ein von uns nie zuvor gehörter Laut, ähnlich dem menschlichen, resignierten Puh, wenn es nur im Kehlkopf »gesprochen« wird. Wir lachten vor Verblüffung, und der Kater verließ die Küche. Leider können wir nicht sagen, ob wegen des Puhs der Katze oder weil wir gelacht haben. Wir haben diesen Laut seitdem bei unseren Katzen nicht mehr gehört und können nur vermuten, daß der dyadische Dialekt bei einander vertrauten Katzen eine Vielzahl weiterer Möglichkeiten sprachlichen Ausdrucks umfaßt.

Stimmlose Lautgebungen

Die charakteristischste Lautgebung der Katze ist das Schnurren. Katzen sind die einzigen Lebewesen im Tierreich, die dazu fähig sind. Während die großen Verwandten der Hauskatze lediglich beim Ausatmen Schnurrlaute erzeugen können, schnurren alle Kleinkatzen beim Ein- und Ausatmen. Man hat viele Jahrhunderte darüber gegrübelt, wie die Katze schnurrt.

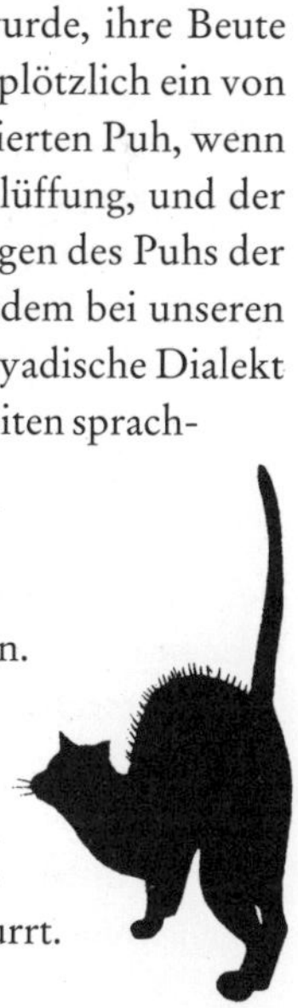

Heute weiß man, daß dieser Laut durch eine Kontraktion der Kehlkopfmuskeln erzeugt wird, die sich beim Schnurren zwanzig- bis dreißigmal in der Sekunde zusammenziehen. Die Katze schnurrt aus sehr unterschiedlichen Gründen. Ursprünglich ist es eine Lautäußerung der Babykatze, die ihrer Mutter damit bedeutet, daß alles in Ordnung ist. Die Jungen brauchen zum Schnurren nicht einmal das Saugen zu unterbrechen. Die Katzenmutter schnurrt bei der Rückkehr ins Nest, um die Jungen zu beruhigen. Erwachsene Katzen signalisieren mit dem Schnurren eine friedfertige Stimmung, aber auch ihre Vorfreude – beispielsweise wenn ihr Futter vorbereitet wird. Junge Katzen schnurren bei der Begegnung mit erwachsenen Tieren, um sie zum Spielen aufzufordern. Rangüberlegene Katzen schnurren, wenn sie sich unterlegenen Tieren in friedlicher Absicht nähern. Veterinär- und humanmedizinische Forschungen haben ergeben, daß sich bei einer Beschallung zwischen 20 und 50 Hertz – also der Schnurrfrequenz der Katze – ein schnelleres Knochenwachstum und eine kürzere Heilungsdauer bei Knochenverletzungen einstellen. Und so paradox es auch klingt, kranke, schwerverletzte und sterbende Katzen schnurren auch. Sie dämpfen damit die mögliche Angriffs- und Kampfbereitschaft überlegener Tiere.

Zu den stimmlosen Lautgebungen gehört auch der bedrohliche Dreiklang von Fauchen, Spucken und Knurren (↑Drohgebärden). Das sogenannte Schnattern oder Meckern markiert den Übergang von stimmloser zu stimmhafter Lautgebung. Das Schnattern wird beim Anblick begehrter Beutetiere ausgelöst, wenn äußere Hindernisse deren Fang unmöglich machen. Die Katze öffnet dann ihre Schnauze nur ein wenig, zieht die Mundwinkel weit nach hinten und setzt ihren Unterkiefer sehr schnell in Bewegung. Dadurch entsteht ein schnatterndes oder meckerndes Geräusch. Das Schnattern scheint aber keine Mitteilungsfunktion zu haben, denn andere Katzen reagieren darauf nicht. (Es sei denn, sie erblicken die Beute ebenfalls und beginnen ebenfalls zu schnattern.) Vielmehr scheint es, als würde die Katze mit dem Schnattern ihre Frustration über die Unerreichbarkeit eines Beutetieres ihre Jagdspannung abbauen.

Stimmhafte Lautgebungen

Zu den stimmhaften Lautgebungen zählen eine ganze Reihe unterschiedlicher Äußerungsformen mit teilweise fließenden Übergängen. Am bekanntesten, und im Zusammenleben von Katze und Mensch am häufigsten, ist das Miauen, dem Schrei des unzufriedenen Katzenjungen, das die Mutter um Hilfe ruft. Wenn die Katze in Gegenwart des Menschen miaut, macht sie ihn auf eine empfundene Mangelsituation aufmerksam und teilt ihm ihren Wunsch nach deren Behebung mit. Zur freudigen Begrüßung gurrt und maunzt sie, und wenn man sich Zeit nimmt, kann daraus eine regelrechte Unterhaltung werden.

Wenn die Katzenmutter mit Beute zum Nest zurückkehrt, kündigt sie sich durch einen lauten, schreienden Ruf an, der allerdings bei erbeuteten Mäusen und Ratten unterschiedlich ist. Die Katze weiß nicht nur, daß sie eine Maus oder eine Ratte mitbringt (und zwar unabhängig von der Größe der Beute), sie teilt es ihrem Wurf auch mit.

Neben dem Abwehrkreischen der bedrängten Katze und dem Gesang der Kater, der eher ein Droh- und Kampfgesang denn ein Liebesgesang ist (wie allgemein angenommen wird), existieren noch eine Reihe anderer Lautformen, die aber kaum erforscht sind.

Bemerkenswert ist an der Katzensprache auch, daß sie im Unterschied zum Menschen zu ihrer Ausformung die Rückmeldung über das eigene Gehör nicht benötigt. Auch taubgeborene Katzen entwickeln das gesamte Repertoire der hier geschilderten stimmlosen und stimmhaften Möglichkeiten.

Katzensteuer In schöner Regelmäßigkeit füllt sich das mediale Sommerloch alljährlich fast wie von selbst u. a. mit der Forderung nach der Einführung einer Katzensteuer. Hundehalter fordern sie im Interesse einer Gleichbehandlung und Finanzpolitiker denken mit €-Zeichen in den Augen an die fast 220 Millionen, die die Hundesteuer jährlich einbringt. (In Berlin beträgt sie jährlich immerhin 120,– € für den ersten Hund.) Bei der Erörterung dieser Frage darf nicht außer acht gelassen werden, daß das Recht zur Einführung einer Katzensteuer keinesfalls beim Bund, sondern bei den Ländern, genauer bei den Gemeinden, liegt – jedenfalls heute. Die Hundesteuer wurde erstmalig 1810 zur Finanzierung des Preußischen Heeres eingeführt, und auch eine Katzensteuer hat es, obwohl fast vergessen, in der Vergangenheit schon gegeben. Seit 1894 galt in Emmerzhausen (Westerwald): »Die erste Katze ist frei, die zweite kostet eine Reichsmark und die dritte Katze wird mit drei Reichsmark besteuert. Zwei Monate nach der Ge-

Foto: Edith von Welser-Ude

burt werden die Katzen steuerpflichtig.« Diese Regelung wurde allerdings schon 1902 wieder aufgegeben. »Als Maßnahme im Kampf gegen unerwünschte Mitesser in den Notzeiten des Krieges« wurde im Oktober 1916 in Dresden eine Katzensteuer von zehn Reichsmark eingeführt. Auch diese Steuer hatte nicht lange Bestand. Im Jahr 2003 ist Deutschland allerdings an der neuerlichen Einführung einer Katzensteuer mit Bravour vorbeigekommen: Mit nur einer Gegenstimme beschloß der Rat der schwäbischen Gemeinde Gäufelden den Antrag einer sich belästigt fühlenden Einwohnerin auf Erhebung einer Katzensteuer »nach gründlicher Diskussion« abzulehnen. Interessant sind die Entscheidungsgründe. So heißt es im offiziellen Protokoll der Sitzung, »eine Katzensteuer kann auch nicht ohne weiteres mit der Hundesteuer verglichen werden«, denn »die Hundesteuer soll dazu beitragen, die Hundehaltung einzudämmen und die damit verbundenen Belästigungen und Gefahren für die Allgemeinheit (z. B. Verschmutzung von Gehwegen, Kinderspielplätzen, Grünanlagen usw., Gefährdung von Kindern, Fußgängern, Lärmbelästigung) zu verringern.« Schon das Argument der Verschmutzung überzeugt, denn die Beseitigung von Hundekot verschlingt erhebliche Mittel. In Berlin beispielsweise sind jährlich über 20 000 Tonnen an »Hundehäufchen« zu entsorgen. Ein weiterer Beweggrund der ablehnenden Entscheidung war die Tatsache, daß »sich eben anders als bei Hunden nicht alle Katzen ohne weiteres einem bestimmten Haushalt zuordnen« lassen. »Ebenfalls von Bedeutung für die Entscheidung des Gemeinderats waren die zu erwartenden Verwaltungskosten. Bei einer Katzensteuer würde der Erhebungs- und Verwaltungsaufwand in keinem Verhältnis zum Ertrag stehen.« Und dann heißt es in dem Protokoll abschließend und weise: »Die Abwehr der Katzen muß dem privaten Grundstückseigentümer überlassen bleiben. Es können nicht alle Probleme, auch wenn sie für den einzelnen sehr erheblich sind, durch Maßnahmen des Staates gelöst werden.« Der Rat der Gemeinde Gäufelden hat uns vom Glauben an die grundsätzliche Möglichkeit vernünftigen Verwaltungshandelns überzeugt (www.gaeufelden.de).

Katzenstreu Bis zur Mitte des 20. Jahrhunderts verwendete man im Haus hauptsächlich Sand, Holzasche oder Papier zur Füllung von Katzentoiletten. 1947 kam die Halterin einer Wohnungskatze aus Michigan in ein kleines Farmergeschäft, um sich nach einer Alternative zu erkundigen, weil ihre Katze mit der von ihr immer genutzten Holzasche die gesamte Wohnung verschmutzte. Der Sohn des Geschäftsinhabers, Edward Lowe, riet ihr, es mit gebranntem Tongranulat zu versuchen, das man in verschiedenen

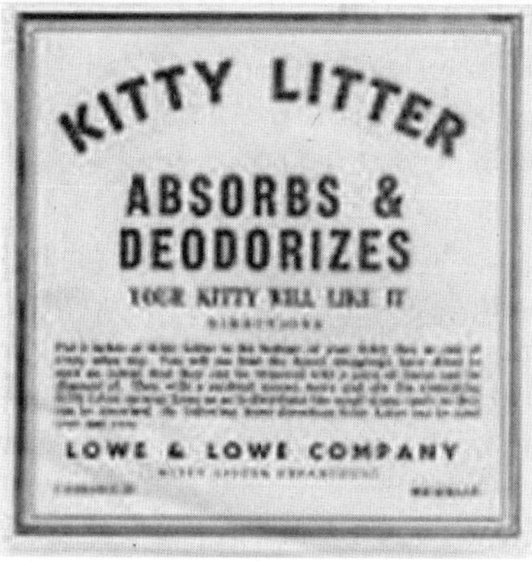

Kitty Litter, die erste Katzenstreu

Industrien als Bindemittel für flüssige Fette nutzte. Kurz darauf kam Kaye Draper hocherfreut erneut in den Laden, um einen großen Sack von dem Granulat zu kaufen – eine neue Geschäftsidee war geboren. Edward Lowe füllte daraufhin mehrere Papiertüten zu fünf Pfund von dem Granulat, beschriftete sie mit der selbsterfundenen Bezeichnung »Kitty Litter« und versuchte den Besitzer der örtlichen Tierhandlung davon zu überzeugen, die Beutel für 65 Cent anzubieten. Der lachte ihn nur aus, denn Sand oder Holzasche konnte man für einen Bruchteil dieser Summe erwerben. Lowe empfahl dem Tierhändler schließlich, die von ihm abgefüllten Beutel zu verschenken. Dessen Kunden kamen nach dem Verbrauch der Katzenstreu wieder und waren tatsächlich bereit, 65 Cent pro Beutel zu zahlen. Daraufhin gründete Edward Lowe eine Firma und bereiste eine Stadt nach der anderen, um seine Katzenstreu vom Lastwagen an örtliche Händler zu verkaufen. Um sein Kitty Litter schneller bekannt zu machen, besuchte er Katzenshows und bot allen Ausstellern an, den Inhalt der Katzenklos einmal kostenlos mit seiner neuen Erfindung zu füllen. Der geschäftliche Erfolg stellte sich bald ein. Er konnte damit beginnen, die Katzenstreu selbst industriell herzustellen. Vierzig Jahre später machte sein Unternehmen einen Jahresumsatz von mehr als 100 Millionen US-$, 1990 verkaufte er die Firma für 200 Millionen US-$. Edward Lowe starb 1995 als schwerreicher Mann im Alter von 75 Jahren. Der internationale Dachverband der Heimtierbedarfshersteller schätzt, daß in etwa 60 Millionen Haushalten Europas Katzen leben. Wenn alle Europäer jährlich etwa soviel Geld für Katzenstreu ausgeben wie die Deutschen, würde der europäische Jahresumsatz für Kitty Litter ungefähr 1,6 Milliarden Euro betragen!

Hersteller von Katzenstreu beschäftigen übrigens zahlreiche Katzen in ihrem Unternehmen (↑Berufstätigkeit). Diesen Katzen obliegt gewissermaßen die »Endkontrolle« der produzierten Streu.

Katzentür Viele Menschen, deren Katzen die Möglichkeit des Freilaufs haben, bauen Katzentüren ein, damit die Katze nach Belieben zwischen drinnen und draußen pendeln kann. Dies hat eine lange Tradition. Schon in den *Canterbury Tales* des englischen Dichters, Diplomaten und Gelehrten Geoffrey Chaucer (entstanden zwischen 1385 und 1400) wird »ein Loch am unteren Ende eines Brettes« erwähnt, »durch welches gewöhnlich die Katze schlüpfte«. Guy de Maupassant berichtete von einem Aufenthalt in dem 1530 erbauten Schloß Le Quatre-Tours in Südfrankreich. Der Gastgeber zeigte dem Schriftsteller die Katzentüren. »Ich erfuhr, daß nahezu alle alten Behausungen dieser Gegend mit solchen langen, engen Gängen durch die Mauern hindurch verbunden sind; sie führen vom Keller bis zum Speicher hinauf, von der Kammer der Zofe zum Schlafzimmer des Herrn und machen die Katze zur Königin und Beherrscherin des Hauses. Sie streicht nach Belieben umher, sie durchstreift ihren Bereich nach Gutdünken, sie kann in allen Betten schlafen, alles sehen und alles hören; sie kennt alle Geheimnisse, alle Gewohnheiten oder alle Schandflecke der Hausbewohner. Sie ist überall daheim, da sie überall hineinkann: das Tier, das keinerlei Geräusch vollführt, der schweigsame Herumstreicher, der nächtliche Wanderer durch Mauerhohlgänge.« In der Kathedrale von Exeter ist eine Katzentür ab 1610 belegt. Sie wurde eingebaut, nachdem Mäuse die Lederbälge der Orgel angefressen hatten. Von Isaac ↑Newton wird berichtet, daß ihn das Kratzen seiner Katze an der Tür bei der Arbeit störte, wenn die Katze eingelassen werden wollte. Also baute auch er eine Katzentür ein. Heute kann man elektronische Katzentüren kaufen, die durch einen Sender am Halsband der Katze gesteuert werden.

Katzentür. Foto: Günter Heiberger

Kindesmörderin Lange Zeit hat man geglaubt, Katzen seien für Kinder schädlich oder hätten auf sie sogar eine tödliche Wirkung. Im *Allgemeinen Lexicon der Künste und Wissenschaften* von 1721 heißt es: »Die Katze ist ein sehr hitziges Tier, daher ihr Atem jedermann, sonderlich den jungen Kindern, schädlich ist. Noch mehr aber das Haar, wenn davon etwas eingeschluckt wird, weil eine Schwindsucht davon entstehet.« Noch in der ersten Auflage von *Meyers Conversations-Lexicon für die gebildeten Stände* von 1847 (!) kann man folgende Meinung lesen: »Man hat Beispiele, daß sie Säuglinge, auf die sie sich gelagert, erstickt, auch die Augen ausgekratzt, ja sogar getötet haben.« Eine *Deutsche Encyclopädie* von 1796 nennt eines dieser Beispiele aus dem Dorf Altmannshof im Landgericht Sulzbach: »Die Frau war mit Futterholen für ihre Kuh beschäftiget, und hatte unterdessen ihr vierteljähriges Kind in der Wiege schlafend zurückgelassen. Die Mutter kam nach Hause, und sahe beym Eintritt in die Stube ihre Hauskatze auf dem blutigen und zerfleischten Gesichte ihres Kindes sitzen. Das Kind war todt und die Katze hatte ihm nicht nur den knorpelichen Theil der Nase, sondern auch alles Fleisch von dem rechten Backen ganz abgefressen, so daß das obere Kinnbacken- und Jochbein von allen Muskeln entblößt und wie abgeschabt, die Lippen und der vordere Theil der Zunge zerfetzt und halb zerfressen da lagen.« Erst im letzten Drittel des 19. Jahrhunderts, nach der wissenschaftlichen ↑Rehabilitation der Katze, verschwinden diese Schauermärchen und Mutmaßungen langsam aus den Enzyklopädien für die »gebildeten Stände«.

Kipling, Rudyard (* Bombay 1865, † London 1936), englischer Lyriker und Prosaist, wurde mit seinem *Dschungelbuch* (1894) weltberühmt. Er erhielt 1907 den Nobelpreis für Literatur. Mit seiner Erzählung *Die Katze geht ihre eigenen Wege* hat er sich einen Ehrenplatz im Kanon der Katzenliteratur verdient. In ihr beschreibt er auf märchenhafte Weise, wie Mensch und Katze zusammenkamen, die Katze dabei aber – im Unterschied zu den anderen Haustieren des Menschen – ihre Selbständigkeit und Unabhängigkeit behielt.

Kitler Auf der Homepage www.catsthatlooklikehitler.com sind zahlreiche Katzen zu sehen, die unterhalb der Nase mit einem schwarzen Fleck gezeichnet sind, der an den Schnauzbart von Adolf Hitler erinnert. Diese Katzen werden dort Kitlers genannt. Auch wenn die Betreiber dieser skurrilen Homepage versichern, nichts verharmlosen zu wollen, bleibt es eine Gratwanderung. Seine Meinung dazu kann man auf der Homepage unter »We love Kitlers« oder »We hate Kitlers« kundtun.

Kitten Heel In den späten 50er Jahren des letzten Jahrhunderts wurde in Amerika ein Schuh mit Pfennigabsätzen in Form einer Kätzchenpfote bis zur Höhe von etwa 4 cm für junge Mädchen eingeführt, weil es sich für

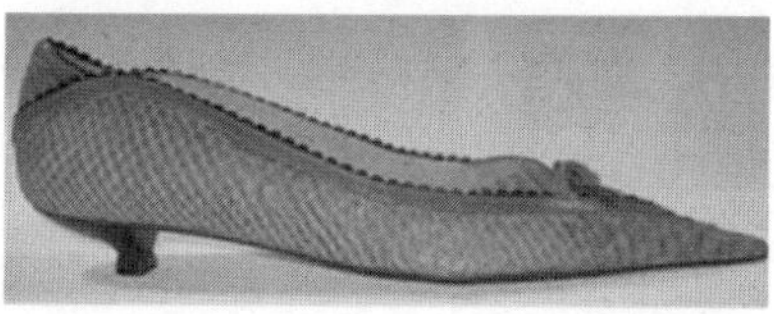

Kitten Heels

sie wegen der erotischen Impulse nicht schickte, Schuhe mit höheren Absätzen (High Heels) zu tragen. Sie wurden auch Trainer Heels genannt, weil die jungen Mädchen sich so langsam an das Tragen von Schuhen mit Absatz gewöhnten. Audrey Hepburn verhalf dem Kitten Heel zu großer Popularität.

Kirsch, Sarah (* Limlingerode 1935), deutsche Schriftstellerin, deren literarische Beschäftigung mit Katzen sich durch ihr Lebenswerk zieht. Vielzitiert ist die Anfangszeile aus ihrem Gedicht *Katzenleben*: »Aber die Dichter lieben die Katzen.« Im Jahr 2000 erschien im Manesse-Verlag unter dem Titel *Katzen sprangen am Rande und lachten* eine schöne Auswahl von Prosatexten und Gedichten über Katzen aus ihrem Gesamtwerk. In dem Text *Wie kommt Literatur zustande?* heißt es: »Stars können mir natürlich gestohlen bleiben, lieber gehe ich durch ein vogelstrotzendes Wäldchen und treffe zum Beispiel auf einer Lichtung sämtliche Katzen, die mir im Lauf meines Lebens begegnet sind, herrliche selbständige Katzen …«

Klemperer, Victor (* Landsberg 1881, † Dresden 1960), deutscher Universitätsgelehrter und Publizist, wurde 1947 durch sein Buch *LTI* (lingua tertii imperii: Die Sprache des Dritten Reiches) bekannt. 1995 wurden seine Tagebücher 1942 bis 1945 veröffentlicht. Darin berichtet er ausführlich vom Tod seines Katers ↑Muschel, der der verachtenden Gesetzgebung der nationalsozialistischen Herrschaft zum Opfer fiel. Am 15. Mai 1942 veröffentlichte das wöchentlich erscheinende *Jüdische Nachrichtenblatt* eine Verordnung der Nationalsozialisten, worin »Juden und den mit ihnen zusammenwohnenden Personen mit sofortiger Wirkung das Halten von Haustieren verboten« wurde. »Über die Ablieferung oder Abholung der Haustiere wird den Tierhaltern durch die zuständige jüdische Kultusvereinigung Anweisung zugehen.« Klemperer las die Verordnung noch am gleichen Tag. »Tiere dürfen auch nicht in fremde Pflege gegeben werden«, notiert er »gegen Abend« in seinem Tagebuch. »Das ist das Todesurteil für Muschel, den wir über elf Jahre gehabt haben und an dem Eva sehr hängt. Er soll morgen zum Tierarzt geschafft werden, damit ihm die Angst des Abgeholtwerdens und gemeinsamer Tötung erspart bleibt.« Die Klemperers schwankten dann noch ein paar Tage. Als sie am 19. Mai hörten, daß der Ablieferungsbefehl unterwegs war, nach dessen Empfang sie nicht mehr das Recht hatten, über den Kater zu verfügen, brachten sie Muschel um vier Uhr nachmittags zum Tierarzt und ließen ihn einschläfern. »Das Tier hat nicht gelitten«, schrieb Victor Klemperer. »Aber Eva leidet.«

Klonkatzen Nach mehr als vierjähriger Forschung wurde am 17. Oktober 2004 in Texas die graugetigerte ↑Maine Coone Little Nicky geboren, die erste Katze der Welt, die zum Zweck des Verkaufens geklont wurde. Genetic Savings & Clone Inc. heißt das amerikanische Unternehmen, das Little Nicky zum Preis von 50 000,– US-$ an eine Texanerin mit dem Vornamen Julie verkauft hat. Die Mitarbeiterin einer Fluggesellschaft (mehr ist über Julie nicht in Erfahrung zu bringen) hat öffentlich mitgeteilt, daß Little Nicky ihrer verstorbenen Katze Nicky zum Verwechseln ähnlich ist. Nicht nur die körperlichen Merkmale, auch ihr Charakter sei nahezu identisch. Zwischenzeitlich betrug der Preis für eine geklonte Katze bei Genetic Savings & Clone Inc. »nur noch« 32 000,– US-$, und die Homepage der Firma (www.savingsandclone.com) versprach, daß bei einer weiteren Preissenkung für alle bestellten und bis dahin noch nicht ausgelieferten Katzen der dann niedrigere Preis gelten solle. Auch Hunde sollten demnächst geklont werden, allerdings zum Preis von zunächst 100 000,– US-$. Im Oktober 2006 berichteten dann zahlreiche Medien, daß es sich ausgeklont hatte. Die kalifornische Biotechnikfirma hatte den Betrieb eingestellt, weil sie »bis jetzt keine Technologie entwickeln konnte, die das Klonen von Haustieren rentabel machen würde«. So wurde weltweit aus einer Firmenmitteilung zitiert. Die Katze ist nach Leonardo da Vinci nun einmal das »Meisterwerk der Natur« und nicht das der Retorte.

Klosterkatzen 2005 kam der u. a. mit dem europäischen Filmpreis ausgezeichnete Dokumentarfilm *Die große Stille* von Philip Gröning in die Kinos. In Bildern überwältigender Ruhe beschreibt er das karge Leben der Kartäuser-Mönche in der legendären Grande Chartreuse, dem Mutterkloster des im Jahr 1084 vom heiligen Bruno von Köln gegründeten Ordens in den französischen Alpen unweit von Grenoble. In diesem dreistündigen Film über einen der kontemplativsten Orte der Christenheit – die Kartäuser sind ein Schweigeorden – wird in einer zweieinhalbminütigen Sequenz die Spannung der Stille und geistlichen Konzentration aufgehoben. Man sieht einen der Mönche mit Blechkanistern auf dem Weg zum Dachboden. Dort schlägt er mehrfach mit einem Löffel gegen eine große, am Boden stehende Metallschüssel, pfeift, ruft lockend und ahmt das Miau der Katzen nach. Schnell erscheinen die Klosterkatzen zur täglichen Fütterung. Sechs oder sieben Tiere tauchen auf, »es fehlen zwei, drei ... die sind noch unten«, kommentiert der Mönch. Irgendwann einmal muß es eine ↑Siamkatze oder einen Siamkater in diese abgeschiedene Gegend verschlagen haben, denn mindestens drei Tiere stammen von dieser ↑Zuchtkatze ab. Nach der Fütterung nimmt der Mönch einen blauen Teddybären und lockt damit einen rotgestromten Kater mit weißem Latz zum Spielen. »Das ist der Chef«, sagt der Mönch, und die Kamera zeigt den breiten Katerkopf zum Abschluß der Szene in Großaufnahme.

Zeichnung und Widmung von Oskar Kokoschka

Es gibt sie also noch, die Klosterkatzen, Weggefährten des christlichen Mönchtums seit fast 2000 Jahren. Schon in der Frühzeit des Christentums mochten ägyptische Einsiedlermönche auf ihre Gegenwart nicht verzichten. Gegen Ende des 6. Jahrhunderts gestattete Papst Gregor I. die Katzenhaltung in Klöstern, wohl wissend, daß Katzen dabei helfen würden, die Ernteerträge zu sichern. Seitdem sind Klöster ohne Katzen fast undenkbar – bis in die heutige Zeit. So schlimm das ↑Christentum der Katze auch mitgespielt hat, in vielen Klöstern konnte sie Zuflucht finden, hat dafür aber auch fleißig gearbeitet, also Mäuse gefangen.

In der Literatur wird immer wieder vermutet, daß die Kartäuserkatze von den gleichnamigen Mönchen gezüchtet worden ist. Das ist jedoch äußerst unwahrscheinlich, da ein Zuchtinteresse bei Mönchen nicht erkennbar ist. Die Kartäuserkatze gehört jedenfalls zu den ältesten (und immer noch robusten) ↑Zuchtkatzen. Sie gelangte vor 1700 mit Handelsschiffen und vermutlich aus Syrien nach Frankreich. In einem französischen Handelslexikon wird bereits 1723 eine Katze mit blauem Fell beschrieben und als »Chartreux« (Kartäuser) bezeichnet.

Kokoschka, Oskar (* Pöchlarn 1886, † Villeneuve 1980), österreichischer Maler. Kokoschka hat nicht viele Bilder mit Katzen gemalt. Weithin bekannt sind eigentlich nur sein *Liebespaar mit Katze* von 1917, das als Aquarell und Ölbild ausgeführt wurde, sowie das Aquarell *Mädchen mit Katze* von 1945, dessen Motiv er 1975 für eine Farblithographie wiederaufgenommen hat. Auch in seinen Briefen und dem publizierten graphischen Werk finden sich kaum Katzenspuren. Zwar erkennt man auf einer undatierten Fotografie (vermutlich aus den 60er Jahren) in seiner Autobiographie im Hintergrund eine Katze, aber die ist bemalt und aus Holz oder Ton. Im Laufe der Arbeit an diesem Lexikon konnte ich ein Buch mit dramatischen Fassungen des Themas *Orpheus und Eurydike* aus der Hand verschiedener Autoren, u.a. von Oskar Kokoschka, erwerben. Es wurde 1963 veröffentlicht, und aus demselben Jahr stammt eine Zeichnung in Tinte mit einem Kater und einer Eule und der handschriftlichen Widmung auf dem Schmutztitel: »für die lieben Wächters von OK«. Zu dieser Zeit lebte Kokoschka am Genfer See, und die kunstsammelnde Familie Wächter zählte zu seinem engeren Bekanntenkreis. Vermutlich ist es die Katze der Familie Wächter, die Kokoschka hier porträtiert hat. In dem 1996 erschienenen Buch *Berichte aus einer eingebildeten Welt* mit Erinnerungen und Erzählungen des Malers findet sich der schwer zu deutende, alptraumartige Text *Die Katze und das Mädchen*.

Konvent der Katzen Ein bei frei lebenden Hauskatzen häufig zu beobachtendes Phänomen zeigt sich, sobald es dunkel wird. Dann versammeln sich Katzen und Kater wie verabredet an einem bestimmten Treffpunkt, der zumeist im »Niemandsland« einer Reviergrenze liegt. Die Tiere, die sich bei anderen Begegnungen oft wild jagen und kräftig raufen, sitzen friedlich, fast stimmlos in einem Abstand von zwei bis fünf Metern beieinander. Manche gehen sogar auf »Fellfühlung«, lecken oder reiben einander. Dieser Konvent der Katzen kann Stunden, ausnahmsweise auch die ganze Nacht dauern. Es herrscht eine entspannte, friedlich anmutende Atmosphäre, kaum ein Fauchen oder Grollen ist zu hören. Es ist ein rätselhaftes Beisammensein, das bis heute keine überzeugende Erklärung gefunden hat.

Kopi Luwak Eine aus Indonesien stammende Kaffeebohne, aus der der seltenste und teuerste Kaffee der Welt

Fleckenmusang, mit dessen Hilfe der Kopi Luwak, auch Katzenkaffee genannt, entsteht

gebraut wird. Die Jahresproduktion von Kopi Luwak beträgt lediglich 200 Kilogramm, ein Kilo kostet etwa 1000,– €, das sind ungefähr 6,– € pro Espressotasse im Privatverbrauch. »Kopi« bedeutet Kaffee und »Luwak« ist eine Region auf der Insel Java. Aber auch der dort beheimatete Fleckenmusang (eine Unterart der Schleichkatze) wird so genannt. Und der Fleckenmusang ist der eigentliche Produzent des Kopi Luwak. Diese Katzen haben eine ausgesprochene Vorliebe für reife Kaffeekirschen, können aber nur das rote Fruchtfleisch verdauen. Der Kern, also die eigentliche Kaffeebohne, durchläuft im Magen durch Verdauungsenzyme und Magensäure eine Naßfermentation, die ihre Geschmackseigenschaft verändert. Nach ihrer Ausscheidung werden die Bohnen von den Kaffeebauern nur noch aufgesammelt. Wissenschaftliche Untersuchungen an der University of Guelph in Kanada haben die besondere Beschaffenheit und geschmackliche Einzigartigkeit des Kopi Luwak bewiesen. Ein Beweis für die geschmackliche Qualität ist damit aber nicht erbracht worden. Die kanadischen Forscher vermuten eher einen Exklusivitätsdünkel hinter der steigenden Nachfrage. Für den Fleckenmusang hat der Marktpreis des Kopi Luwak – wie man sich leicht denken kann – keine positiven Folgen. Die einheimischen Kaffeebauern gehen immer mehr dazu über, die Katzen zu fangen, einzusperren und mit übermäßig viel Kaffeekirschen zu füttern. Die einseitige Ernährung mit ihrer Lieblingsspeise führt bei den Katzen dazu, daß sie nach kurzer Zeit an Mangelernährung verenden.

Kratzen dient in erster Linie dem Schärfen der Krallen und dem Abstreifen der abgenutzten äußeren Krallenschichten. Dabei werden allerdings auch Duftstoffe zur Markierung hinterlassen, die von zwischen den Zehen liegenden Drüsen abgesondert werden. Katzen kratzen aber auch, um anderen Tieren oder dem Menschen zu imponieren. Da man seiner Hauskatze das Spritzharnen (hoffentlich!) abgewöhnen konnte, bleibt ihr zur Reviermarkierung und zum Imponieren vor allem das Kratzen, es ist also für sie von großer Bedeutung. Hier treten oft entscheidende Interessengegensätze zwischen Mensch und Katze auf, denn die Katze entscheidet sich selbst für den Ort bzw. die Orte, an denen sie ihre Krallen wetzt. Es kann auch das ererbte Biedermeiersofa sein. Man sollte der Katze verschiedene Kratzstellen anbieten, möglichst in der Nähe der verbotenen Zone. Im Handel erhältliche Sisalrahmen an der Wand haben sich bewährt, vor allem, wenn sie hin und wieder mit etwas Baldrian besprenkelt werden. Auch fest fixierte Holzstämme eignen sich in der Regel gut. Es ist allerdings nicht sicher, daß die Katze die bereitgestellten Kratzplätze benutzt. Dann sollte man sich mit der langsamen, aber wirkungsvollen Vernichtung vorhandener Antiquitäten abfinden. Der Schauspieler Manfred Krug faßte das Thema in dem schlichten Satz zusammen: »Katze oder Polstersessel. Das ist die Entscheidung. Man kann eine zärtliche, treue Freundin gewinnen.«

Manfred Krug mit Katze. Foto: Progress Film-Verleih.

Krünitz, Johann Georg (* Berlin 1728, † Berlin 1796), Arzt, Naturwissenschaftler und Enzyklopädist, begann 1773 mit der Herausgabe der *Oekonomisch-Technologischen Encyklopädie*. Die insgesamt 242 Bände dieses Mammutwerkes erschienen von 1773 bis 1858 und umfassen fast 170 000 Seiten. Der Krünitz gilt als eine der wichtigsten Quellen zur Wirtschaft, Technik und Kultur der Zeit zwischen Aufklärung und Industrialisierung. Zu seinen Lebzeiten erschienen 72 Bände. Kurioserweise verstarb er während der Arbeit an Band 73 beim Abfassen des Stichwortes »Leiche«. Der 36. Band erschien 1786 und widmet dem Eintrag »Katze« 90 Seiten (↑Enzyklopädien der Neuzeit, 18. Jahrhundert).

Kulturfolger oder Hemerophile sind Tiere oder Pflanzen, die aufgrund menschlicher Maßnahmen Vorteile erlangen und ihm deshalb in seinen Kulturraum folgen. Die Katze zählt zu den Kulturfolgern des Menschen – aber auch Ratten und die Stubenfliege.

Kunert, Günter (* Berlin 1929), deutscher Schriftsteller mit bemerkenswerter Kenntnis von Katzen und Menschen. »Wer mit Katzen lebt, macht eine erstaunliche und gleichermaßen bedenkliche Erfahrung: Daß sein eigenes Dasein durch die Anwesenheit besagter Hausgenossen unvorhergeahnt bereichert wird«, schreibt Kunert einleitend in seinem Text *Leben mit Katzen*, der längst ein Klassiker in der feliden Literatur ist. Über die Lustanwandlungen der Katzen nach menschlicher Nähe heißt es dort weiter: »Wir wären kaum imstande, uns derart direkt die körperliche Nähe eines anderen anzueignen, wie es eine Katze tut, die schnurstracks auf irgendeinen Gast ihres Besitzers zumarschiert, um auf seinen Schoß zu springen und es sich dort mit platzergreifenden Drehbewegungen bequem zu machen. Übrigens ohne sich darum zu kümmern, ob der Okkupierte überhaupt mit der Besitzergreifung einverstanden ist.« Immer wieder kann man die Erfahrung machen, daß Katzen sich dabei gerade jene Menschen aussuchen, die Katzen überhaupt nicht mögen, »und man fragt sich beim Beobachten solchen Vorganges, ob das Tier den erspürten Widerwillen gegen sich selber als Verlockung auffaßt, ihn durch ihre wollig warme und schnurrende Körperlichkeit zu überwinden; ob sie nicht ihre ganze Erscheinung als Argument für die Gattung einsetzt«. Man kann sich dieses Phänomen allerdings auch aus einem anderen Blickwinkel erklären: Katzenfreunde reagieren in der vorgenannten Situation meist mit freudiger Lautstärke, sie versuchen, sich im Ausstoßen von Lockrufen gegenseitig zu übertreffen, schnalzen mit der Zunge, und ihre Körper geraten in Bewegung. Menschen, die Katzen nicht mögen oder gar Angst vor ihnen haben, bleiben ruhig und unbewegt. Gerade diese stille Haltung scheinen viele Katzen zu bevorzugen, sie verheißt ein ruhiges Plätzchen. Und so landen Katzen oft bei denen, die es lieber anders sähen.

Natürlich spielen Katzen auch in Günter Kunerts lyrischem Werk eine Rolle. Hier ein *Gedicht für Clarence (die uns nach langem Zögern erwählt hat)*: »Gesicht gesträubt: die Iris weit: | Ein unentschlüsselbarer Blick: | auf kleinen Pfoten läuft ein Stück | von Leben mit uns durch die Zeit.«

Lalande, Joseph-Jérome (* Bourg-en-Bresse 1732, † Paris 1807). Der französische Astronom bildete kurz vor 1800 aus einem von ihm entdeckten Sternhaufen das *Sternbild der Katze*. »Es gab schon dreiunddreißig Tiere am Himmel. Ich habe ein vierunddreißigstes eingeführt«, schrieb er in seiner *Astronomischen Bibliographie*. 1801 wurde dieses Sternbild im ersten großen Sternatlas des Direktors der Berliner Sternwarte Johann Elert Bode veröffentlicht *(Uranographia sive astrorum descriptio)*. 1865 tauchte das Sternbild letztmalig in Meyers Lexikon auf. Danach verschwand es für immer aus der astronomischen Wissenschaft. Jean-Louis Hue schreibt in seinem Buch *Katzen* über die Lalandsche Katze: »In einer Frühlingsnacht setzt sich die Lalandsche Katze wieder zusammen, Stern für Stern. Aus Koketterie hat sie sich Brillanten an die Ohren und um die Pfoten gesteckt. Ein Paillettenregen versilbert ihr Fell. Das Sternbild der Katze gleitet im Lauf der Jahreszeit langsam nach Westen. Genau wie auf der Erde läuft die Katze auch am Himmel davon.«

Lear, Edward (* Highgate 1812, † San Remo 1888), englischer Maler, Zeichner und Schriftsteller, der gemeinsam mit Lewis ↑Carroll als Meister der viktorianischen Nonsense-Literatur gilt. 1846 veröffentlichte Lear sein *Book of Nonsense*, das ihn berühmt machte. Edward ↑Gorey und T. S. ↑Eliot wurden durch sein Werk maßgeblich beeinflußt. Edward Lear unternahm in seinem Leben zahlreiche, lange und weite Reisen, die ihn bis nach Indien und Ceylon führten. 1870 verlegte er seinen Wohnsitz nach San Remo, wo er sich ein Haus bauen ließ. Im November 1872 nahm er den getigerten Kater Foss auf. Was dann geschah, gehört zu den vielen unbegreiflichen Kuriositäten, die die Geschichte der

Beziehung zwischen Mensch und Katze geprägt haben. In einem Brief aus Cannes berichtete Henry Strachey, der 1882 von Lear zum Weihnachtsfest ins 100 Kilometer östlich gelegene San Remo eingeladen worden war, folgendes: »Mr. Lears Villa war groß und bereits die zweite, die er dort gebaut hat. Sein erstes Haus wurde ihm unerträglich, weil man ein großes Hotel zwischen ihm und dem Meer errichtet hatte. Also suchte er sich für sein neues Heim einen Platz direkt am Meer, wo, wie er sagte, nichts seine Aussicht beeinträchtigen könnte, es sei denn, die Fische würden anfangen zu bauen. Dieses zweite Haus glich in jeder Hinsicht exakt dem vorigen. Mr. Lear erklärte mir, daß dies unerläßlich für seinen Kater Foss gewesen sei, der ein anderes Haus nicht gebilligt hätte.« Im Herbst 1885 schrieb Lear einem Künstlerfreund namens Mr. Underhill einen Brief, dem er nach seiner Unterschrift eine Zeichnung anfügte. Sie zeigt ihn selbst, gebückt an einem Stock gehend, darunter steht geschrieben: »Edward Lear, jetzt 73 1/2«. Hinter ihm schleicht sein stummelschwänziger Kater, darunter steht »Sein Kater Foss, jetzt 16«. Wenn diese Jahreszahlen stimmen (und warum sollten sie nicht?), kann es nicht sein, daß Foss im November 1888 im Alter von 17 Jahren starb – wie viele Quellen berichten (bitte selbst nachrechnen!). Doch wie dem auch sei, Edward Lear und sein Kater Foss verbrachten in San Remo lange Jahre ihres Lebens in völliger Abgeschiedenheit. Jeden Abend zündete der Dichter ein Kaminfeuer für seinen Kater an. »Herr Foss ist heimgekehrt, um am Feuer zu schlafen. So vergehen die Tage, die sich entschlossen ihrem Ende nähern.« Wenn einer seiner wenigen Freunde gestorben war, wurde dessen Porträt im Schlafzimmer aufgehängt – Lears einzige Reaktion auf die Außenwelt, von der er sich so weit entfernt hatte wie von einem unerreichbaren Ufer. Als Foss, Lears »täglicher Gefährte«, wann und in welchem Alter auch immer starb, begrub Lear ihn auf seinem Grundstück. Wie es heißt, überlebte Edward Lear den Tod seines Katers nur um wenig mehr als zwei Monate.

Zeichnung aus Edward Lears Nonsense-Alphabet

C was Papa's gray Cat,
Who caught a squeaky Mouse?
She pulled him by his twirly tail?
All about the house.

Léautaud, Paul (* Paris 1872, † Le Plessis-Robinson 1956), französischer Journalist und Schriftsteller, heutzutage in Deutschland so unbekannt, daß selbst die deutsche Ausgabe von Wikipedia ihm keinen Eintrag gönnt (Stand: Juni 2007) – was ungemein erstaunt und zusätzlichen Anlaß gab, den Vergessenen hier vorzustellen. Paul Léautaud war ein Katzen- und Hundefreund. »Auch die Hunde, aber vor allem die Katzen«, heißt es in einem Porträt seines Freundes Charles-Albert Cingria. Er war überhaupt ein Tierfreund, wie es ihn selbst unter den tiergeneigten Schriftstellerinnen und Schriftstellern kaum ein zweites Mal gegeben hat. Als Hauptwerk gilt sein *Literarisches Tagebuch*, das sich von 1893 bis 1956 erstreckt und in Frankreich in 19 Bänden erschienen ist. Darin finden sich zahlreiche Eintragungen über Katzen und Hunde, die insgesamt ein genaues Bild von Léautauds Zusammenleben mit seinen Tieren zeichnen. Anfang des 20. Jahrhunderts flüchtete der Misanthrop, er arbeitete als Sekretär für die literarische Zeitschrift *Mercure de France*, in das 9 Kilometer von Notre Dame entfernte Städtchen Fontenay-aux-Roses. Dort verschanzte er sich in einem kleinen Häuschen, in dem er bis zu seinem Tod wohnen bleiben sollte. Doch er blieb nicht allein in seinem Haus. »38 Katzen, 22 Hunde, 1 Ziege, 1 Gans« sind das Resultat einer Volkszählung von 1914. Das Erdgeschoß des Hauses gehörte ganz den Tieren, Léautaud hatte sich im ersten Stock mit wenigen Möbeln höchst bescheiden eingerichtet. Den Garten, der auch als Tierfriedhof diente, überließ

Zeichnung: Dora Carrington

er sich selbst. Paul Léautauds Verhältnis zu Tieren kann nicht anders als extrem beschrieben werden. Er hat – ähnlich wie Patricia ↑Highsmith – die Liebe zu Tieren der zu den Menschen vorgezogen: »Die armen verlassenen und verlorenen Tiere, die Hungers sterben und von diesem oder jenem gepeinigt oder geängstigt werden – mir nötigt das mehr Mitgefühl ab als sämtliche Geschichten und Unfälle von Bergleuten.« Léautaud ist sich natürlich bewußt, daß er in dieser Frage einen nicht gerade mehrheitsfähigen Standpunkt vertritt, und notiert 1906: »Mein Mitleid für die Tiere hat etwas Krankhaftes. Ich leide jetzt schon bei der Vorstellung, daß ein Tier – gleich welches – unglücklich sein könnte.« Auf seinem Weg zur Arbeit und seinen Streifzügen durch Paris hat er immer Halsband und Leine in der Tasche – es könnte ja sein, daß er auf einen Streuner trifft, der seiner Hilfe bedarf. Jeden Abend schleppt er in einer großen Einkaufstüte Futter für seine Tiere mit nach Hause: »Jetzt bringe ich jeden Tag Leber, das Pfund zu sechsunddreißg Sous. Ich selbst gehe dabei in Lumpen, die für die Frondienste, die ich leiste, gerade richtig sind.« Das geringe Geld, das ihm zufließt, kommt überwiegend seinen Tieren zugute. Und unter dem Datum vom 12. Juni 1907 findet sich in seinem Tagebuch dieser bemerkenswerte Eintrag: »Ich habe einmal Schicksal gespielt und mich gefragt: die Gesundheit meiner Katze oder der Prix Goncourt [noch heute der bedeutendste französische Literaturpreis]? Kein Zögern: die Gesundheit meiner Katze Boule.«

Worauf er aber nicht verzichtet, ist der jährliche Sommerurlaub. Charles-Albert Cingria hat einmal geschildert, wie er diesen verbrachte: »In gewissen Sommern bestimmter Jahre führte er mehr als vierundzwanzig Katzen an den Strand, um ihnen Ferien zu verschaffen. An den Strand, das ist so hingesagt, denn er selbst drehte dem Meer den Rücken zu und seine Katzen ebenfalls. Nur das weiche Gras und die Bequemlichkeit eines angenehmen Häuschens führte ihn an die bretonische Küste. Léautaud unternahm diese Reise – eine lange Reise von zwölf Stunden – zehn Jahre lang, seit 1914 jedes Jahr.« In dem 1928 erstmals erschienenen Werk *Passe-Temps* beschreibt er in dem Kapitel »Villégiature« seine Sommerreise (dt.: *Sommerfrische, Sommerfrische*): »Aber glauben Sie mir, bei der Ankunft wird man für seine Mühen reichlich belohnt. Sobald man im Garten ist, werden die Körbe geöffnet. Die Katzen heben die Köpfe. Sie kennen sich aus. Sie fangen an herumzulaufen und auf die Bäume zu klettern, und jede findet ihren gewohnten Winkel. Sie scheinen sich zu sagen: ›Und jetzt kommen vier Monate des Glücks.‹« Als die Deutschen auf Paris marschieren, denkt Léautaud nicht an sein Leben, sondern an das seiner Tiere. Am 11. Juni 1940 heißt es in seinem Tagebuch: »Die Einkesselung von Paris fängt jetzt wohl an. Ich bleibe. Ich bin immer entschlossen gewesen zu bleiben. Ich will nicht meine Lebensgefährten, die Tiere, opfern.« Doch der Krieg ist unbarmherzig, auch gegen die Tiere. Unter dem Datum vom 13. März 1944 findet sich dieser traurige Eintrag: »Der Kater Grison ist tot. Der letzte Überlebende aus der Schar von Katzen, die ich noch zu Beginn des Krieges hatte. Noch eine Lücke für den einsamen Mann, der ich bin, noch ein Lebensgefährte, der mir fehlt. Wenigstens habe ich ihn sehr verwöhnt, liebkost und umsorgt. In ihm liebte ich all die letzten, zu denen er gehörte und die ich verloren habe. Ihm und der Katze Minette, die ich im vergangenen Jahr aufgenommen habe, habe ich oft meine Fleischration gegeben, seit alles so knapp geworden ist.« Zwei Tage später läßt Léautaud seinen kleinen Affen – es handelt sich um eine Meerkatze – in das Zimmer, in dem der Katzenleichnam liegt, denn »die

Meerkatze hat ihn den ganzen Tag über in allen Zimmern gesucht«. Nachdem die Meerkatze also eingelassen war, »hat sie überall gesucht und sich umgeguckt. Dann hat sie den Kopf gehoben und zu den Möbeln hochgeblickt. Sie hat die Beine über den Tisch herabhängen sehen. Sie ist hochgeklettert. Hat zunächst unbeweglich hingeguckt. Ist dann um Grison herumgestrichen und hat mich dabei immer angesehen. Sie hat sich dann vor ihn hingestellt und angefangen, ihn zu flöhen, wie sie es sonst ständig tat. Die Starre des Kadavers hat sie wohl stutzig gemacht. Sie hat sofort aufgehört, ist vom Tisch heruntergeklettert und in ihr Zimmer zurückgegangen.« In diesem Eintrag steckt eine kleine, jedoch nicht unbedeutende Information. Die Meerkatze war gewöhnt, die Katze zu flöhen. Man stelle sich ein kleines Haus mit mehr als 30 Katzen vor, alle von Flöhen befallen. Léautaud lebte eng mit ihnen zusammen und ließ sie auch in sein Bett. Wer einmal von einem Katzenfloh gepeinigt wurde, kann sich jetzt allerhand ausmalen. Eine von Léautauds letzten Tagebucheintragungen datiert vom 28. Januar 1956: »Praline, eine sehr hübsche Katze von einem sehr hübschen Blaßgelb, die bereits gestern den Tag in meinem Zimmer verbracht und mein Mittagessen mit mir geteilt hat [richtiger ist wohl: *er* hat sein Mittagessen mit *ihr* geteilt!], wollte heute früh, daß man ihr meine Tür aufmache, und hat sich sogleich in mein Bett gelegt.« Keine vier Wochen später starb Léautaud. Der Abbé Arthur Mugnier (1853–1944), ein großer Freund der Literatur, gerngesehener Gast in den Salons der Belle Époque und eifriger Bekehrer der Schriftsteller – er hat Huysmans in ein Trappistenkloster geschickt –, hat für den bekennenden Materialisten Léautaud folgende versöhnlichen Worte gefunden: »Er kann Gott lästern, er kann ihn leugnen, verspotten, alles schreiben, was er will: Er wird doch gerettet werden. Am Tag des Jüngsten Gerichts wird es viele Hunde und viele Katzen geben, die für ihn zeugen, damit ihm aufgetan werde.«

Paul Léautaud, 1953. Foto: Robert Doisneau

1953 hat der Fotograf Robert Doisneau (↑Fotografen) den Schriftsteller in seinem Haus besucht und ihn selbstverständlich umgeben von Katzen angetroffen. Dabei entstand eine Fotoserie von großer Intensität und Intimität, von der hier nur ein Beispiel gegeben werden kann.

Wladimir Iljitsch Lenin

Lebenserwartung Hauskatzen erreichen normalerweise ein Alter von 10 bis 15 Jahren. Frei laufende oder verwilderte Katzen haben durch größere Krankheitsanfälligkeit, schlechtere Ernährung, unfallbedingte Ursachen und weitere Faktoren ein wesentlich geringeres Durchschnittsalter. Wohnungskatzen können auch wesentlich älter werden, mein Kater ↑Shano wurde fast 24 Jahre alt. Die älteste bekannte Hauskatze der Welt lebte in England. *Ma* mußte mit 35 Jahren eingeschläfert werden (↑Altersbestimmung).

Lenin, Wladimir Iljitsch (* Simbirsk 1870, † Gorki bei Moskau 1924), russischer Revolutionär und – erstaunlicherweise – Katzenfreund. Die Aufnahme eines unbekannten Fotografen zeigt den Initiator der Oktoberrevolution mit einem Kater im Arm. Rosa ↑Luxemburg wurde im Februar 1912 von Lenin besucht. In einem Brief an Konstantin Zetkin berichtet sie darüber: »Gestern ist Lenin gekommen und war bis heute schon viermal da. Die arme Mimi hat dem Lenin mächtig imponiert, er sagte, er hätte nur in Sibirien so stattliche Tiere gesehen, sie sei eine ›barskij kot‹ – herrschaftliche Katze!« Sarah ↑Kirsch hat ein Gedicht über Lenins weiße Katze mit dem Titel *Im Kreml noch Licht* geschrieben.

Leonardo da Vinci (* Vinci 1452, † Clos-Lucé 1519), Maler, Erfinder, Schriftsteller, Baumeister und Naturforscher – kurz: *das* Universalgenie der italienischen Renaissance. Von Leonardo wird dieser bemerkenswerte Satz überliefert: »Selbst die kleinste Katze ist ein Meisterwerk der Natur.« Es ist belegt, daß er auch Hunde und Pferde liebte und hielt. Ferner weiß man, daß er sich vegetarisch ernährt hat, jedenfalls in seinen späteren Lebensjahren. Der italienische Weltreisende Andrea Corsali beschrieb 1516 in einem Brief die Inder als »sanftmütiges Volk, das nichts ißt, was Blut enthält, und auch ansonsten nicht zuläßt, daß jemand ein Lebewesen verletzt, ganz wie unser Leonardo da Vinci.« Und einer von Leonardos engsten Freunden, Tommaso Masini, vertrat ähnliche Auffassungen: »Er kleidete sich in Leinen, um nichts Totes zu tragen.« Leonardos Achtung der Tierwelt glitt aber nie in Sentimentalität ab. Seine anatomischen Tierstudien basieren auf selbst vorgenommenen Sektionen. Vor allem aus seinen Fabeln spricht ein animistisches Weltbild, das von der Anschauung geprägt ist, die gesamte Natur sei empfindsam – danach empfänden nicht nur Tiere, sondern auch Bäume und Pflanzen, ja sogar Mineralien, Schmerzen und Glück. Leonardo hat sein Leben lang Tiere gezeichnet. Seine früheste Tierzeichnung stammt vermutlich aus dem Jahr 1478 und zeigt einen sitzenden Hund und zwei sich putzende Katzen. Zwischen 1478 und 1480 entstanden eine Reihe von Studien zu einer Madonna mit Christuskind und Katze. Davon sind acht Blätter erhalten, die meisten befinden sich im Londoner British Museum. Sie alle zeigen, mehr oder weniger ausgeführt, die Jungfrau Maria mit dem Christuskind auf dem Schoß. Mit freudigem Gesichtsausdruck drückt das Kind eine Katze mit beiden Armen fest an sich. Die Katze dagegen wendet sich ab und zeigt eindeutige Fluchttendenzen. Die gelungenste Skizze können die Uffizien in Florenz ihr eigen nennen. An dieser Studie ist deutlich zu sehen, daß Katze und

Leonardo da Vinci, Madonna mit Kind und Katze. *Florenz, Uffizien*

Christuskind zuerst als eigenständige Gruppe gezeichnet worden sind. Die Madonna kam erst später hinzu. Leonardos berühmteste Katzenzeichnung *Katzenstudien* befindet sich in der Royal Library in Windsor. Sie entstand zwischen 1513 und 1516. Etwa 30 Katzen tummeln sich in verschiedenen Haltungen auf der Zeichnung. Insbesondere die Werkgruppe Madonna mit Christuskind und Katze legt die Vermutung nahe, daß Leonardo auch im eigenen Haus Katzen gehalten hat. Die Kunstwissenschaft geht jedenfalls davon aus, daß die acht vorhandenen Studien nach der Natur gezeichnet worden sind, »daß die dort

Doris Lessing. Foto: Mark Gerson, 1956 (National Portrait Gallery)

abgebildete Katze nicht nur eine besondere und reale Katze, sondern auch ein Tier war, dem er vertraute«, wie Charles Nicholl in seiner so umfangreichen wie bemerkenswerten Biographie 2004 geschrieben hat. »Das Kind zieht und zerrt an der Katze und drückt sie fest an sich, und manchmal erkennt man, daß sie diese Behandlung nur widerwillig über sich ergehen läßt. Darum müssen wir annehmen, Leonardo vertraute darauf, daß sie dem Kind nichts antat.« Obwohl Katzen in der Renaissance oft als Symbol der Freiheit eingesetzt wurden, kann sich die Kunstwissenschaft bis heute nicht auf eine eindeutige Lesart dieser Studien verständigen, denn die Katze galt in dieser Zeit auch als Zeichen des Bösen. Es wäre Leonardo zuzutrauen, mit der Abwehrhaltung der Katze das Verhältnis der Kirche zur Katze kritisch zu kommentieren (↑Christentum). Es gibt auch eine schriftliche Notiz, aus der man auf die Anwesenheit von Katzen (zumindest in seiner Werkstatt) schließen kann: »Wenn das Auge sich nachts zwischen dem Licht und dem Auge der Katze befindet, sieht es dieses Auge glühen.« Nicholl beschließt sein Kapitel über Leonardos Verhältnis zu den Tieren mit den Worten: »Ich wage Vasaris Bemerkung, wonach Leonardo ›immer Pferde gehalten‹ habe, zu erweitern und zu sagen, er habe immer Hunde und Katzen gehalten. Sie waren Teil seines alltäglichen Lebens.«

Lessing, Doris (* Kermanschah, Iran 1919), hat sich mit ihrem 1967 veröffentlichten Buch *Particularly Cats* (deutsch als *Doris Lessings Katzenbuch* erschienen) in den ewigen Kanon der Katzenweltliteratur geschrieben. Eine besonders schöne Ausgabe des Buches hat der Verlag Klett-Cotta 1999 herausgegeben – mit den zusätzlichen Erzählungen *Rufus* und *El Magnifico am Ende seiner* Tage sowie zahlreichen Fotografien von Isolde Ohlbaum. Doris Lessing lebt seit ihrer Kindheit mit Katzen zusammen, und ihr Buch ist die Essenz dieser lebenslangen Partnerschaft: es stimmt manchmal traurig, zeichnet viele glückliche Stunden auf und hält sich fern von unangemessener Sentimentalität; eine absolut unverzichtbare Lektüre.

Lessing, Gotthold Ephraim (* Kamenz 1729, † Braunschweig 1781), deutscher Schriftsteller, Dramatiker und bedeutender Vertreter der Aufklärung. Zu seinen Hauptwerken zählt das heute noch oft aufgeführte Stück *Nathan der Weise*. Wie es heißt, hat sein ansonsten sehr liebenswerter Kater das Original des Dramas vollständig zerfetzt, so daß Lessing eine neue Reinschrift anfertigen mußte, was er aus Liebe zu seinem Kater klaglos getan haben soll.

Foto: Wolfgang Lauter

Lessing, Theodor (* Hannover 1872, † Marienbad 1933), deutsch-jüdischer Philosoph und politischer Publizist, wurde von nationalsozialistischen Attentätern in seinem Arbeitszimmer erschossen. In seinem Buch *Meine Tiere* von 1925 (Nachdruck 2006) finden sich die beiden Kapitel »Kaninchen und Katze« und »Hund und Katze«. »Das Kätzchen … wohnt in dem großen Lehnstuhl meines Zimmers, aber ist selten zu Hause, sondern stellt sich nur ein, wenn es Wünsche hat«, heißt es in »Kaninchen und Katze«. Gemeint ist das sechs Monate alte Kätzchen Nath: »Jedes Glied an ihr ist Ausdruck und Sprache. Hat man wohl beobachtet, wie eine Katze neu ins Haus kommt und Besitz ergreift? Sie gaunert und abenteuert von Zimmer zu Zimmer und macht sich die Welt untertänig. Alles wird ihr Jagdrevier und Herrschaftsbereich … Mit allem spielt sie; mit allem, was beweglich ist, führt sie Krieg.« Lessings *Meine Tiere* ist eine Bereicherung für jede Bibliothek und eine literarische Fundgrube der besonderen Art.

Leyhausen, Paul (* Bonn 1916, † Paris 1998), zählt zu den herausragenden ↑Ethologen und bedeutendsten Erforschern des Verhaltens von Katzen. Er veröffentlichte 1956 das trotz seiner wissenschaftlichen Diktion unbedingt lesenswerte Standardwerk *Katzen, eine Verhaltenskunde*, das zahlreiche Auflagen erlebte und zur Deutung kätzischen Verhaltens nahezu unverzichtbar ist.

Unter Mitarbeit von Mircea ↑Pfleiderer erschien 1996 das für den Laien verfaßte, nicht minder interessante und aufschlußreiche Buch *Katzenseele, Wesen und Sozialverhalten*.

Loti, Pierre (* Rochefort 1850, † Hendaye 1923), weitgereister Marineoffizier und Autor exotischer Romane und Novellen. Loti war fasziniert von fremden Kulturen, skeptisch gegenüber den Segnungen des technischen Fortschritts und thematisierte oft seine Todesfurcht. Als sein Hauptwerk gilt vielen sein Geburtshaus in Rochefort, das heutige Musée Pierre Loti, ein zur bizarrsten Architektur gewordener Dichtertraum voller exotischer Interieurs, die er sein Leben lang auf zahlreichen Reisen sammelte. Von unterwegs brachte er auch immer wieder Katzen mit. 1891 veröffentlichte er in einem Erzählungsband den Text *Vies de deux chattes*, der erst 1999 in einem kleinen Münchner Verlag erschienen und ungemein lesenswert ist. Auch in dieser Erzählung nimmt der Tod breiten Raum ein. Gleich am Anfang ist die Rede »von der immer fürchterlicheren Geschwindigkeit, mit der die Zeit verrinnt – so sehr eilen unsere Tage, sich zu verdüstern, so schnell stürzen wir der Nacht entgegen«. Doch zunächst beschreibt Loti das *Leben zweier Katzen* (so der Titel der deutschen Übersetzung, die mit außergewöhnlichen Farbillustrationen von Christiane Grauert ausgestattet ist), das Leben von Madame Moumoutte Blanche und Madame Moumoutte Chinoise. Beiden war allerdings keine lange Lebenszeit bestimmt. Als hätte Loti das geahnt, schrieb er über das Spielen der Katzen im Garten die folgende melancholische Betrachtung: »Und während sie, die Moumoutte, sich von all diesen Gesängen der Freude, der Jugend, des Beginnens betören ließ, spürte ich, der ich wußte, daß all das vergehen würde, zum ersten Mal in meinem Leben die Empfindung des Abends aufsteigen, des großen und unerbittlichen Abends ohne Morgen, des letzten Herbstes, auf welchen kein Frühling mehr folgt.« Kaum jemand hat das Sterben seiner Katzen so ausführlich und anrührend beschrieben wie Pierre Loti.

Luxemburg, Rosa (* Zamość 1870, † Berlin 1919), deutsch-polnische Revolutionärin, die nach dem Spartakusaufstand am 15. Januar 1919 zusammen mit Karl Liebknecht von Freikorpsoffizieren ermordet wurde. Eines Tages fand sie in einem Klassenzimmer der SPD-Parteischule in Berlin eine verletzte Katze, die sie mitnahm und gesund pflegte. Als Rosa Luxemburg 1915 eine lange Haftstrafe im Frauengefängnis Barnimstraße antreten mußte, wurde sie zum ersten Mal von Mimi getrennt. In ihren Briefen aus dem Gefängnis sprach sie oft über ihre Katze. Bereits wenige Tage nach ihrem Haftantritt schrieb sie im Februar 1915 an ihre Haushälterin Mathilde Jacob: »Liebes Fräulein

Jacob, ich erweise Ihnen die höchste Ehre, die ich einem Sterblichen antun kann: ich werde Ihnen meine Mimi anvertrauen! Sie müssen aber noch auf bestimmte Nachricht warten, die Sie von meinem Rechtsanwalt bekommen. Dann werden Sie sie in Ihren Armen (nicht etwa im Körbchen oder Sack!!!) im Auto entführen müssen. Mit Hilfe meiner Wirtschafterin, die Sie mitnehmen am besten (ich meine nur für die Fahrt, nicht fürs Leben) und die alle sieben Sachen der Mimi (ihr Kistchen, Torfmull, Schüsselchen und – bitte, bitte! – einen roten Plüschsessel, an den sie gewöhnt ist) mit verpacken wird.« Mimi wird in Rosa Luxemburgs Briefen aber auch erwähnt, um vertrauliche und geheime Nachrichten zu übermitteln. So heißt es in einem weiteren Brief an Mathilde Jacob vom 4. Juni 1915: »Mimis Vormund bitte ich um gelegentliche Information, ob von Mommsens Römischer Geschichte in diesem Jahr eine neue unveränderte Auflage erscheinen wird, wie ich im Tageblatt mal gelesen habe.« Mit »Mimis Vormund« war Rosas langjähriger Geliebter und Vertrauter Leo Jogiches gemeint, den sie auf diese Weise direkt ansprechen konnte, ohne daß die Zensur es bemerkte. Zumeist sind es aber persönliche Äußerungen, wenn Rosa Luxemburg Mimi in ihren Briefen erwähnt. Im Oktober 1915 hatte Mathilde Jacob vorgeschlagen, Mimi in einem Korb mitzubringen, wohl in der Hoffnung, Rosa Luxemburg würde sich darüber freuen, ihre geliebte Katze wiederzusehen. Aber die sozialdemokratische Revolutionärin reagierte am 10. Oktober 1915 daraufhin völlig unerwartet: »Die Idee mit der Mimi zeigt mir, daß auch gute Geister, ja namentlich diese, die Schwäche und Gebrechlichkeit der irdischen Dinge nicht zu erfassen vermögen. Die Mimi im Korb getragen, für einen Tag mitgenommen und dann wieder abgeliefert! Wie wenn es sich um eine gewöhnliche Kreatur aus der Gattung der felis domestica handelte! Nun wissen Sie, guter Geist, daß Mimi eine kleine Mimose, ein hypernervöses Prinzeßchen im Katzenfell ist, daß schon als ich, ihre eigene Mutter, sie einmal mit Gewalt aus dem Haus heraustragen wollte, Krämpfe gekriegt hat vor Aufregung und mir in den Armen steif geworden ist, mit brechenden Äuglein wieder in die Wohnung getragen werden mußte und nach Stunden zu sich kam. Ja, Ja! Sie haben keine Ahnung, was mein Mutterherz schon durchgemacht hat. Also lassen wir Mimichen in der Wohnung.« In einem Brief an Sophie Liebknecht vom 23. Mai 1917 erläuterte Rosa Luxemburg, warum sie nach wie vor auf die Gegenwart ihrer Mimi verzichtete: »Dies ist übrigens der Grund, weshalb ich den heroischen Entschluß gefaßt habe, meine Mimi doch nicht herkommen zu lassen. Das Tierchen ist gewöhnt an Munterkeit und Leben, sie hat es gern, wenn ich singe, lache und mit ihr durch alle Zimmer

Haschen spiele, sie würde mir ja hier trübsinnig werden. Ich lasse sie also bei Mathilde.« Kurz darauf starb die Katze, und Mathilde Jacob wagte es mit Rücksicht auf Rosa Luxemburgs Gesundheitszustand nicht, ihr von Mimis Tod zu schreiben. Erst vier Monate später erfuhr Rosa Luxemburg die Wahrheit und schrieb bitter: »Sie können wieder einmal sehen, daß es barmherziger ist, offen und ehrlich gleich die ganze Wahrheit zu sagen, als vor falscher Rücksichtnahme jemanden monatelang im Irrtum zu lassen.« Denn sie machte sich große Vorwürfe, daß sie die ganzen vier Monate klaglos gelebt hatte, ohne vom traurigen Ende des Tieres zu wissen.

Mackenzie, Compton (* West Hartlepool 1883, † Edinburgh 1972), schottischer Schriftsteller, Geheimagent, Schauspieler und Universitätsdirektor, der die meiste Zeit seines Lebens mit Siamkatzen (↑Siamesen, ↑Zuchtkatzen) auf schottischen Inseln verbrachte. Mackenzie lebte von seinem zweiten Lebensjahr bis zu seinem Tod mit Katzen zusammen. Nur einen Tag nach dem Tod der geliebten Katze Sylvia verließ er sein Haus auf der Insel Herm, weil er die vertraute Umgebung, die ihn ständig an die Katze erinnerte, nicht mehr ertragen konnte. Er zog in den noch unrenovierten Flügel eines Gutshauses. Nach einem Rundfunkvortrag über Siamkatzen und schottische Inseln wurde er einstimmig zum Präsidenten des 1901 gegründeten Siamese Cat Club gewählt, ein Amt, das er bis zu seinem Tod behielt. Trotzdem lehnte er es ab, jemals eine seiner Katzen auszustellen oder zu verkaufen. Er stemmte sich auch gegen Bestrebungen, den klassischen Knick im Schwanz der Siamkatze »auszumerzen«, und bezeichnete diese Tendenz »als beklagenswertes Beispiel für die Normierungssucht, die schon die geistige Entwicklung der Demokratie behindert hat« – ein vergebliches Bemühen, denn die heutigen Zuchtstandards verbieten diese uralte Besonderheit der Siamkatzen. Seine Katze Pauline, so berichtet er in seinem Buch *Die Katzen und ich* über ein Erlebnis auf der Insel Capri, wich Hunden keinen Zollbreit. »Freunde und Bekannte, die uns in der Casa Solitaria besuchen wollten, ermahnte ich immer, ihre Hunde nicht mitzubringen. Eines Tages kam Dr. Axel Munthe mit seinem Schottischen Terrier. Ich riet ihm, den Hund draußen zu lassen, weil Pauline Hundebesuche nicht schätzte. Er beachtete meine Warnung nicht, sondern erklärte fest: ›Scottie kann sich seiner Haut schon wehren.‹ Die Folge war, daß Scottie ein Stückchen seiner Nase zurückließ, als er an diesem Nachmittag nach Anacapri heimkehrte.«

Magnani, Anna (* Rom 1908, † Rom 1973), erhielt als erste Italienerin für die weibliche Hauptrolle in *Die tätowierte Rose* (1955) einen Oscar. Ihr letzter Film, *Fellinis Roma* (1972), geriet zur Hommage an die große italienische Charakterdarstellerin. Anna Magnani liebte Katzen und kümmerte sich mit Leidenschaft um die römischen Straßenkatzen (↑Reiseziele, Italien, Rom, Area Sacra di Largo Argentina). Von ihr stammt diese nachdenkliche Vermutung: »Vielleicht wäre es gut, wenn die Welt von Katzen regiert würde. Dann gäbe es in den höchsten Ämtern endlich ausreichend Klugheit, Instinkt, Einfühlungsvermögen, Beharrlichkeit und Energie.«

Maillart, Ella (* Genf 1903, † Chandolin 1997). Die Schweizer Sportlerin und Reiseschriftstellerin beschrieb in den 40er Jahren des letzten Jahrhunderts in dem Buch *Ti-Puss. Mit einer Katze in Indien* ihre Erlebnisse mit der Katze, die sie in Indien aufgezogen hatte. Mehrfach verlieren sich die beiden auf ihren Reisen durch den indischen Subkontinent – und doch finden sie sich immer auf fast wunderbare Weise wieder – bis Ella Maillart Indien verlassen muß. *Ti-Puss* ist eines der anrührendsten Bücher, das die Katzenweltliteratur hervorgebracht hat (↑Eisenbahn).

Anna Magnani. Foto: Sanford Roth

Ella Maillart mit Ti-Puss und Ming

Maine Coon Zu den ältesten ↑Zuchtkatzen zählt die Maine Coon. Die bis zu 10 Kilo schweren Langhaarkatzen sind vermutlich in der Mitte des 19. Jahrhunderts von russischen oder skandinavischen Einwanderern nach Maine, dem westlichsten Grenzstaat der USA zu Kanada, eingeführt worden und erfreuten sich dort bald großer Beliebtheit, weil sie mit den langen und harten Wintern dieser Region gut zurechtkamen. 1861 tauchten Maine Coones zum ersten Mal auf Katzenausstellungen in Boston und New York auf. Nach der Einführung der Perserkatze zu Beginn des 20. Jahrhunderts sank die Beliebtheit der Maine Coon schnell. Etwa 50 Jahre später besann man sich erneut auf diese »amerikanische« Katze, die heute wieder zu den meist verbreitetsten Rassen zählt.

Mark Twain (* Florida 1835, † Redding 1910), eigentlich Samuel Langhorne Clemens, amerikanischer Autor, notorischer Pessimist (»Der Mensch wurde am Ende der Wochenarbeit erschaffen, als Gott bereits müde war«) und Katzenliebhaber (»Unter allen Geschöpfen Gottes existiert nur eines, das sich nicht versklaven läßt, die Katze. Könnte man den Menschen mit der Katze kreuzen, würde man damit den Mensch verbessern, aber die Katze verschlechtern«). Mark Twain wuchs mit zahlreichen Katzen auf. In seiner *Autobiographie* erwähnt er, daß die Familie im Jahr 1845 mit 19 Katzen zusammenlebte. In den *Briefen von der Erde* erzählt er seinen Töchtern kauzige Katzengeschichten, und in seinem autobiographischen Roman *Durch dick und dünn* taucht ein Kater namens Tom Quarz auf, ein kluger, würdiger Kater, der zwar in seinem ganzen Leben nicht eine Ratte gefangen hat, weil ihm das »nicht fein genug« war, aber dafür eine große Spürnase für Goldvorkommen besaß. 1905 erregte Mark Twains einjähriger schwarzer Kater Bambino in mehrfacher Hinsicht große Aufmerksamkeit. Der siebzigjährige Schriftsteller lebte zu dieser Zeit in New York, war vernarrt in diesen Kater und sehr stolz darauf, ihm ein kleines Kunststück beigebracht zu haben. Wenn Mark Twain ihn im Bett zu sich rief und ihm zweimal zunickte, ging Bambino zu der Nachttischlampe und drückte mit seiner rechten Pfote auf den Knopf, um damit das Licht zu löschen. Nach einem Bericht der Hausangestellten Katy Leary gab Mark Twain gern damit an und ließ Bambino seine Fähigkeit unter Beweis stellen, wenn Freunde danach fragten. Anfang April verschwand der Kater durch ein offenes Fenster. Als er am nächsten Tag nicht wiederaufgetaucht war, schaltete Mark Twain Suchanzeigen in mehreren Tageszeitungen, in denen er für den Finder eine Belohnung von 5,– US-$ auslobte, damals kein geringer Betrag. Noch am gleichen Tag bildete sich eine große Menschenschlange vor seinem Haus. Doch die meisten Menschen brachten Katzen vorbei, die der gegebenen Beschreibung absolut nicht entsprachen. Sie hatten nur im Sinn, Mark Twain persönlich zu treffen. Zwei oder drei Tage später wurde der Kater von Katy Leary im Hof eines Nachbarhauses gefunden. Obwohl Mark Twain erneut Anzeigen aufgab, um dies öffentlich bekanntzugeben, riß die Schlange der Menschen vor seinem Haus nicht ab. Viele Menschen kamen trotzdem mit Katzen jeglicher Art, nur um einen flüchtigen Blick auf Mark Twain werfen zu können. Alle Tageszeitungen berichteten ausführlich darüber, nicht nur in New York.

Maus Die Katze ist bekanntlich der Erzfeind der Maus (↑Nutzen) – oder umgekehrt (↑Comic, Tom & Jerry). Wie dem auch sei, kein anderes Feindespaar aus dem Tierreich hat so tiefe Spuren in der Kunst- und Kulturgeschichte hinterlassen. Das ist nicht besonders erstaunlich, denn wir Menschen haben ja die Feindschaft gegen Mäuse von Anfang an mit der Katze geteilt. Oder anders gesagt, die Feindschaft gegen Mäuse hat die Freundschaft zwischen Katze und Mensch begründet. Die Kirche hat sich allerdings nie besonders freundschaftlich zur Katze verhalten, sie hat sie im Gegenteil 1484 sogar mit einem päpstlichen Bann belegt (↑Christentum). Da aber die Maus schon in der Bibel als unrein galt (3. Mose 11,29 und Jesaja 66,17), konnte die Kirche deren größte Feindin selbst in den schlimmsten Zeiten der Hexen- und Katzenverfolgungen nicht nur als Symbol des Bösen bewerten und behandeln. So zieht sich eine »doppelte« Sichtweise der Kirche durch deren Geschichte. Einerseits wird die Katze als Vertraute

Winchester Cathedral, Holzschnitzerei, 1305

Satans verfolgt, andererseits als Feind der Mäuse geehrt – letzteres vor allem in Malerei und Skulptur. Auf der Miniaturmalerei eines Bestiariums aus dem 13. Jahrhundert sieht man links vom Textinitial eine fette Ratte, die sich mit Beute im Maul davonstiehlt. Darüber, wesentlich größer und als Belehrung, wie das Schicksal des feigen Räubers aussieht, sind drei Katzen gezeichnet, die in fast zeremonieller Haltung eine erlegte Ratte präsentieren. In der Randspalte eines französischen Psalmenbuches um 1340 kann man eine getigerte Katze sehen, die, offensichtlich gut aufgelegt, ihr tödliches Spiel mit einer Maus treibt. Diese Zeichnung hat keinerlei Beziehung zu den Psalmen, die Mönche mit unglaublicher Sorgfalt geschrieben haben. Hier wird der Kopist wohl einfach eine Szene aus der Schreibstube festgehalten haben, wie sie häufig in Klöstern vorgekommen sein muß. Dort haben die Katzen ja nicht nur Lebensmittel, sondern auch Bücher vor den Mäusen bewahrt. Selbst in Kirchen findet man Beispiele, die den immerwährenden Krieg der Katze gegen die Mäuse würdigen. So zeigt das Schnitzwerk am Chorgestühl der Kathedrale von Poitiers aus dem 13. Jahrhundert eine Maus, die die Wurzel des Paradiesbaums annagen möchte, dabei jedoch von einer wachsamen Katze mit tödlichem Biß gepackt wird. Das skurrilste Dokument der Feindschaft zwischen Katzen und Mäusen ist wohl das Drama *Der Katzenmäusekrieg* des byzantinischen Schriftstellers Theodoros Prodromos (1100–1158), in dem ausnahmsweise einmal die Mäuse den Sieg davontragen. In Form eines antiken Dramas wird von einem heldenhaften Feldzug der Mäuse gegen die Feindin berichtet, die schließlich von einem herabstürzenden Balken erschlagen wird.

Den Beitrag, den Katzen noch heute bei der Vertilgung der lästigen Nager leisten, sollte man übrigens nicht unterschätzen, auch wenn einem gerade in den Städten die Maus fast nur noch als Warnschild vor Rattengift im Keller über den Weg läuft.

Mausefalle Die Entwicklungsgeschichte der Mausefalle und die Vielfalt ihrer Formen sind ein beredter Ausdruck menschlichen Erfindungsreichtums. Bereits in der Bronzezeit, also vor etwa 4000 Jahren, baute man Mausefallen nach dem Prinzip der heute marktbeherrschenden rückgrat brechenden Schlagbügelfalle, von der in guten Mäusejahren allein in Deutschland Millionen Stück abgesetzt worden sind. Prinzipiell unterscheidet man Totfallen und Lebendfallen. Während bei den Lebendfallen im Grunde nur zwei verschiedene Formprinzipien entwickelt wurden, nämlich Käfigfallen und Reusenfallen, beeindrucken Totfallen durch ihre Vielgestaltigkeit. Man kennt neben den Schlagbügel- oder Schlag- oder auch Schlagmausfallen noch die Torsionsfallen, Schwerkraftfallen, Wippfallen, Lochmausefallen, Schlingenfallen und die nicht zu vergessende Mäuseguillotine. Dazu addieren sich noch modernere Lösungsmöglichkeiten mit finalem Charakter, die mit Ultraschall, Strom oder Sofortklebern arbeiten.

Bei allem Formenreichtum sollte aber eines nicht vergessen werden: Die beste Mausefalle ist immer noch eine Katze (↑Nutzen). Weitere Informationen zu Mausefallen erhält man in einem kleinen Mausefallenmuseum (↑Reiseziele, Deutschland, Neroth).

McEwan, Ian (* Aldershot 1948) zählt zu den bedeutendsten englischen Gegenwartsautoren. 1994 erschien sein Roman *Der Tagträumer.* Die Hauptfigur Peter, ein zehnjähriger Junge, träumt tagsüber oft vor sich hin. Es ist eigentlich ein Episodenroman, denn nach einer kurzen Einführung des Protagonisten werden sieben seiner Tagträume erzählt. In dem Kapitel *Der Kater* tritt William auf, der 17jährige Kater der Familie. Nach einer Schilderung des tagtäglichen, ungemein hektischen Tagesbeginns im Haus der kleinen Familie wird William eingeführt: »Doch um genau zu sein, war da ein fünftes Mitglied des Haushalts, das keine Eile hatte und sich um das allgemeine Durcheinander keinen Deut scherte. Es lag, die Augen halb geschlossen, ausgestreckt auf einem Bord über dem Heizkörper, und sein einziges Lebenszeichen war ein gelegentliches Gähnen. Ein ungeheuerliches, ein beleidigendes Gähnen. Das Maul öffnete sich weit und entblößte eine rosa reinliche Zunge, und wenn es sich endlich wieder schloß, durchlief ein behaglicher Schauer den Körper von den Schnurrhaaren bis zum Schwanz: William, der Kater, machte es sich für den Tag bequem.« Danach erzählt Ian McEwan eine so abenteuerliche, phantasiereiche und spannende Tagtraumgeschichte, daß es einem den Atem raubt – eine Geschichte mit traurigem Ausgang und dennoch voller Trost, die zur Pflichtlektüre für jeden Menschen gehört, der mit Katzen zusammenlebt.

Moncrif, François Augustin Paradis de (* Paris 1687, † Paris 1770). Französischer Schriftsteller, Musiker und Schauspieler, der auch als geschickter Fechter, geübter Vorleser und galanter Herr am Hof galt. Moncrif veröffentlichte 1727 das erste Buch, das allein die Hauskatze zum Thema hatte, *Les Chats* (später: *Histoire des Chats*). Darin beschreibt er u. a. eine französische Harfenspielerin (Madame Dupuy), die oft ihren Katzen vorspielte, um an deren Reaktion die Qualität ihres Vortrages abzulesen. Aus Dankbarkeit für diese »Kritikertätigkeit« bedachte sie die Katzen in ihrem Testament. 1738 erschien in Frankreich als satirische Reaktion auf Moncrifs Katzenbuch eine *Histoire des rats.*

Illustration aus: Les Chats *von Moncrif*

Morgenstern, Christian (* München 1871, † Meran 1914), deutscher Schriftsteller, der hauptsächlich durch seine grotesk-komischen Gedichte und Schüttelreime bekannt ist. Eines seiner ganz anderen, *Wolkenspiele* genannten Gedichte ist einer Katze gewidmet: »Eine große schwarze Katze | schleicht über den Himmel. | Zuweilen | krümmt sie sich zornig auf. | Dann wieder | streckt sie sich lang, | lauernd, | sprungharrend. | Ob ihr die Sonne wohl, | die fern im West | langsam sich fortstiehlt, | ein bunter Vogel dünkt? | Ein purpurner Kolibri, | oder gar | ein schimmernder Papagei? | Lüstern dehnt sie sich | lang und länger, | und Phosphorgeleucht | zuckt breit | über das dunkle Fell | der gierzitternden Katze.«

Morgner, Irmtraud (* Chemnitz 1933, † Berlin 1990). Schlagartig bekannt wurde die Schriftstellerin 1968 durch ihren Roman *Hochzeit in Konstantinopel*. Darin spielt sie in einer surrealen Phantasie mit der erotischen Gleichsetzung von Frau und Katze. »Ich lasse mich nicht dressieren: Ich habe Charakter. Denn ich bin Katze, eine schwarze Katze. Und ich habe es gern, wenn man mich streichelt.« Ihr männlicher Gespiele begeht den verhängnisvollen Fehler, das Schnurren der Katzenfrau herablassend zu kommentieren und sich zu beschweren, als sie ihn zärtlich ins Ohr beißt. »Und da habe ich ihn gefressen. Neulich, als ich das Glück hatte, eine Katze zu sein.«

Morris, Desmond (* Purton 1928), englischer Zoologe, ↑Ethologe, Publizist und Maler, der u.a. gemeinsam mit Joan Miró (1893–1983) ausgestellt hat. Desmond Morris hat zahllose Artikel und Bestseller *(Der nackte Affe, Catwatching)* sowie Lehr- und Fernsehfilme veröffentlicht. Im Lauf seines abwechslungsreichen Lebens hat er zahlreiche Tätigkeiten als Zoologe und im Bereich der Kunst ausgeübt. In seinen Büchern und Artikeln hat er immer wieder für überraschende Ein-

Foto: Ewe Degiampietro

sichten und Thesen gesorgt. Seine unkonventionellen Überlegungen sind vielleicht nicht immer schlüssig, aber in jedem Fall mit großem Erkenntnisgewinn zu lesen.

Mumifizierung Die amerikanische Homepage www.summum.org/mummification bietet neben allerhand esoterischen Ungereimtheiten den Service der Mumifizierung von Haustieren an. Danach kostet die Mumifizierung einer Katze 4000 US-$, der Sarkophag, je nach Material und Ausstattung, zwischen 4000 und 14000 US-$. Ein Pluszeichen hinter dem letzteren Betrag deutet an, daß man auch unter wesentlich teureren Ausführungen wählen kann. In Deutschland kann man seine Haustiere lediglich ausstopfen lassen. Tierpräparatoren verlangen bei Katzen für diesen Service etwa 180,– € pro Tier.

Murr (* Berlin 1818, † Berlin 1821). Einziger Kater von E.T.A. ↑Hoffmann und Vorbild für Hoffmanns bedeutendsten Roman *Lebensansichten des Katers Murr*. Nach dem frühen Tod des wohl berühmtesten Katers der Literaturgeschichte setzte Hoffmann ihm in einer »Nachschrift des Herausgebers« zum zweiten Band der *Lebensansichten des Katers Murr* ein weiteres literarisches Denkmal, das die Intensität der Beziehung zwischen Hoffmann und seinem Kater Murr unterstreicht: »Am Schluß des zweiten Bandes ist der Herausgeber genötigt, dem geneigten Leser eine sehr betrübliche Nachricht mitzuteilen. – Den klugen, wohlunterrichteten philosophischen, dichterischen Kater Murr hat der bittre Tod dahingerafft mitten in seiner schönen Laufbahn. Er schied in der Nacht vom neunundzwanzigsten bis zum dreißigsten November nach kurzen, aber schweren Leiden mit der Ruhe und der Fassung eines Weisen dahin... Armer Murr!... ich habe dich lieb gehabt und lieber als manchen – Nun! – schlafe wohl! – Friede deiner Asche!«

Musäus, Johann Karl August (* Jena 1735, † Weimar 1787), Schriftsteller, Professor und Literaturkritiker. Auf Anregung von Christoph Martin Wieland (1733–1813) entstand seine fünfbändige Ausgabe *Volksmärchen der Deutschen*, die von 1782 bis 1786 gedruckt wurde und in vielen Auflagen und Übersetzungen erschienen ist. Während der Arbeit an dieser Ausgabe verbrachte er viel Zeit in seinem Sommerhäuschen mit Garten und mit seinem Kater Murner. Der Kater unterhielt zahlreiche Liebschaften mit den Katzen der Umgebung, was Musäus die Gelegenheit gab, mit den Besitzerinnen dieser Katzen Kontakt aufzunehmen. Vor allem die älteren Damen lud er in sein Haus ein und ließ sich von ihnen Märchen und Geschichten erzählen, die die Grundlage seines Sammelwerkes bilden. Sein kleiner Mitherausgeber wurde leider von einem Jäger erschossen. In einem Brief betrauerte Musäus seinen Kater Murner sehr, denn »er besaß der guten Geistes- und Leibeseigenschaften viele, und war immer von ehrlichem, aufrichtigem Gemüt und ohne Falsch. Und sehr fleißig und rüstig, das Geschlecht der Katzen zu vermehren.«

Muschel (* Dresden 1931, † Dresden 1942) Kater von Victor ↑Klemperer. Am 15. Mai 1942 veröffentlichte das *Jüdische Nachrichtenblatt* eine Verordung mit dem Titel »Halten von Haustieren«. Darin wurde Juden »mit sofortiger Wirkung das Halten von Haustieren verboten«. Vier Tage danach ließ Klemperer seinen Kater Muschel einschläfern, um dessen Abtransport und Tötung durch die Nationalsozialisten zu verhindern. In seinem Tagebuch *Ich will Zeugnis ablegen bis zum letzten* beschreibt er ausführlich, wie es ihm und seiner Frau in diesen Tagen ging. 15. Mai: »Das Tier mit seinen mehr als elf Jahren war in letzter Zeit besonders frisch und jugendlich. Für Eva war es immer ein Halt und ein Trost. Sie wird nun geringere Widerstandskraft haben als bisher.« 18. Mai: »Muschel wird gehätschelt, er hat als Henkersmahlzeit Kalbfleisch bekommen, wie im Frieden – bin ich grausam, wenn ich im geheimen anmerke: 450 Gramm – wo 600 Gramm die Wochenration für zwei Personen bedeuten? Eva sagt heute: ›Das Tierchen spielt herum, ist vergnügt und weiß nicht, daß es morgen stirbt.‹ Ob es jemanden gibt, der vielleicht von uns weiß: Morgen sterben sie? Ich muß mich immerfort wiederholen: Gefühlsverwirrung um den Kater.« 19. Mai: »Muschel †. Heute kamen Nachrichten, es sei ein Ablieferungsbefehl der Gemeinde unterwegs, nach dessen Empfang ich nicht mehr das Recht haben würde, selber über das Tier zu verfügen. Wir schwankten bis vier Uhr – um fünf endete die Sprechstunde des Mannes [Tierarztes]. Wenn nicht gerade bis morgen das Regime zusammenbrach, mußten wir den Kater einem grausameren Tod aussetzen oder mich in dringende Gefahren bringen. (Ein wenig gefährlich für mich ist schon die heutige Tötung.) Ich überließ die Entscheidung Eva. Sie trug das Tier in dem nun schon traditionellen Katzenkarton fort, sie war dann bei der Tötung, die in einer raschen Narkose geschah, anwesend – das Tier hat nicht gelitten. Aber sie leidet.« 22. Mai: »Evas Verstörtheit über Muschel will sich nicht geben, und auch mich verfolgt das arme Tier. Ich lese, um Eva zu helfen, sehr viel vor, in der Nacht, am frühen Morgen, zu jeder Zeit.«

Musik

Katzen sind musikalische Tiere. Die Katze von Théophile Gautier saß gern auf einem Stapel von Notenblättern und hörte »aufmerksam und vergnügt zu, wie Sängerinnen bei mir, am Klavier eines Musikkritikers, Proben ihres Könnens ablegten«. Das Klavier ist offensichtlich das Lieblingsinstrument vieler Katzen. Der Maler ↑Balthus berichtete in seinen *Erinnerungen* von besonders musikkundigen Katzen: »Sie lauschen Mozart mit mir, während ich im Salon vor den großen Fensterscheiben einschlummere, die das goldene Licht der Nachmittagssonne hereingelassen. Gewiß kennen die Katzen die Partitur von Così fan tutte auswendig.« Und auch Henning Mankell hat davon erzählt. »Einige meiner Katzen liebten Musik. Ich erinnere mich besonders an eine, die stets einschlief, wenn ich Bach spielte.« In jüngster Zeit hat die Katzenbuchautorin Renate Just den musikalischen Geschmack ihrer Katzen geradezu experimentell erforscht. Jedenfalls kann sie über deren Reaktionen auf verschiedene Musikangebote sehr genau Auskunft geben: »Zu einem Mozart-Quintett schläft meine Katze mit ruhig atmender Flanke, die Füßchen ordentlich übereinandergefaltet, bei einem Kanon von Alban Berg, von Schnittke für Streicher gesetzt, fängt sie erstaunlicherweise das Schnarchen an, aber bei einem Bariton-Trio von Haydn gehen die Ohren nervös hin und her. Von Slide- oder Bottleneck-Gitarre fühlt sie sich offensichtlich genervt – und wehe, ich pfeife oder singe irgendeine Melodie mit, dann starrt sie mich verwirrt und verärgert an, ob dieser merkwürdigen Laute aus meinem Menschenmaul.« Vermutlich ist es vom musikalischen Standpunkt her tatsächlich ein schwerer Fehler, in Gegenwart der Katze ein Musikstück pfeifend zu begleiten. Das Pfeifen als musikalische Darbietung dagegen wird von Katzen interessiert beachtet. Diese Erfahrung hat der Schriftsteller Karel ↑Čapek machen dürfen: »Kann mir jemand erklären, warum es die Katze in seltsamer Weise erregt, wenn man sehr hoch und dünn pfeift? Besonders wirksam ist die hoch und dünn gepfiffene Barkarole aus ›Hoffmanns Erzählungen‹. Da beginnt Miez sich fasziniert an Ihnen zu reiben, springt Ihnen auf den Schoß, beschnuppert erstaunt Ihre Lippen und beginnt zuletzt in einer Art gereizter Liebe an Ihrem Mund oder an Ihrer Nase zu nagen, wobei sie verderbt wollüstig dreinschaut. Worauf Sie das Pfeifen natürlich einstellen und Miez heiter und emsig wie ein kleiner Motor zu schnurren anhebt. Ich habe oft und lange darüber nachgedacht, doch weiß ich bis heute nicht, welch uralter Trieb die Katze zwingt, Pfeifen zu vergöttern – diese musikalische Verzauberung bleibt eines der Geheimnisse der Katzenseele.«

Foto: Wolfgang Lauter

In der Malerei finden wir das Motiv der musikalischen Katze ebenfalls häufig wieder. Der italienische Maler Gaspare Traversi (1732–1769) hat auf seinem Gemälde *Das Konzert* eine der Musik lauschende Katze dargestellt. Sie liegt vor einem Cembalo, dreht dem Betrachter den Rücken zu und hört mit spitz aufgerichteten Ohren zu. Die um das Cembalo versammelten älteren Menschen konzentrieren sich dagegen eindeutig auf die hübsche Cembalospielerin. Dieses Bild soll uns sagen: Allein die Katze genießt die Musik. In der bayerischen Staatsgemäldesammlung hängt ein Bild des flämischen Malers David Teniers d. J. (1610–1690), das auf einem runden Tisch sechs Katzen zeigt, die vor einem aufgeschlagenen Notenbuch sitzen und ein Chorwerk einüben. Als einzige Zuhörerin hockt eine weitere Katze auf einem schmalen Fenstersims und betrachtet die ungewöhnliche Szene. Neben vielen anderen Malern hat auch Jan Brueghel d. Ä. (1568–1625) musizierende Katzen gemalt. Auf seinem Bild *Katzenkonzert* hocken ein Dutzend Katzen ebenfalls vor einem Notenbuch, das als Besonderheit neben der normalen Notenschrift auch eine katzengerechte Transkription enthält: Auf der linken Seite des Buches sieht man auf den Notenlinien anstelle der Noten kleine Mäuse.

Noch seltener als musizierende Katzen sind solche, die Menschen Musikunterricht geben. Genaugenommen ließ sich nur eine Katze finden, die über diese Fähigkeit verfügte. Es war die Katze einer französischen Harfenspielerin in der Mitte des 17. Jahrhunderts, die François de ↑Moncrif in seiner *Histoire des Chats* 1727 beschrieben hat. Danach verdankte die in ihrer Zeit sehr berühmte Mademoiselle Dupuy ihrer namentlich leider nicht bekannten Katze »die Kunstfertigkeit, zu der sie gelangt war. Immer wenn sie auf der Harfe übte, hörte die Katze aufmerksam zu, und die Musikerin bemerkte bei der Katze verschiedene Grade des Interesses und der Rührung, je nachdem, wie präzise und harmonisch sie ihre Stücke spielte.« Die Katze wurde schließlich in Mademoiselle Dupuys

Testament bedacht. Eine Abbildung in Moncrifs Buch zeigt sie mit ihrer Katze auf dem Sterbebett, an einem Tisch daneben sitzen zwei Rechtsanwälte und notieren ihren sehr detaillierten Letzten Willen. Doch wir kennen auch Katzen, die selbst musizieren. Auf der Homepage www.detlefbluhm.de kann man das unglaubliche Video einer Katze bewundern, die selbst Klavier spielt. Dazu machte der englische Katzenautor Beverley ↑Nichols in seinem Buch *Katzen* eine grundsätzliche Anmerkung: »Mögen Katzen Musik? Manchmal glaube ich, ja. Wenn ein Kätzchen zum ersten Mal Klaviermusik hört, folgt zwar eine eilige Flucht unter das Sofa, um diesem seltsamen, knurrenden Ungeheuer zu entkommen. Aber schon bald kommt es wieder zum Vorschein, und schon bald wird es oben sitzen, aus seinen großen hellen Augen hineinschauen, mit der Pfote über die Tasten streichen und die Hämmer antupfen.«

Musizierende und unterrichtende Katzen sind zwar selten, aber eines ist sicher: Wie in der Literatur gibt es auch in der Musik zahlreiche Werke, die von Katzen inspiriert worden sind. Zum Beispiel die *Katzenfuge* des italienischen Komponisten Domenico Scarlatti aus dem 18. Jahrhundert, eine Sonate in g-Moll für das Klavier. Scarlattis Katze hieß Pulcinella. Es heißt, daß sie wie Théophile ↑Gautiers Kater Zizi einmal über die Tastatur des offenstehenden Spinetts lief und den Komponisten so zu seiner Fuge inspirierte. Zu den bedeutendsten Werken, die durch den Einfluß von Katzen entstanden sind, zählt sicherlich die Oper *L'Enfant et les Sortilèges* (Das Kind und der Zauberspuk) von Maurice ↑Ravel. Der französische Komponist lernte 1918 den Text für ein Kinderballett kennen, den die populäre Schriftstellerin und bekennende Katzenfreundin Colette geschrieben hatte. Aber erst Jahre später, nach seinem Umzug in das Belvédère, einer alten Villa mit Garten bei Versailles, begann er mit der Komposition. In seinem Haus, direkt am Wald von Rambouillet, lebte Ravel mit einer großen Familie siamesischer Katzen zusammen, die sich von allen anderen Katzenrassen durch ihre eindringlichen Stimmen und ihre besonders ausgeprägte Erzählfreude unterscheiden. Ravel war mit den Stimmen seiner Katzen sehr vertraut, er hörte ihnen gern zu und sprach häufig mit ihnen. »Er war überzeugt davon«, schrieb die amerikanische Journalistin Helga Dudman, »daß er die Katzensprache verstand und die Katzen wiederum seine Antworten begriffen. Diese Überzeugung äußerte er häufig in Briefen an Freunde, in denen er diese auch über die Launen und Streiche der Katzen auf dem laufenden hielt.« Daher verwundert es nicht, daß Ravel ein »Duett, musikalisch miaut vom schwarzen Kater und der weißen Katze« für diese Oper komponiert hat. Die Musikwissenschaftlerin Christine Wassermann Beirao schrieb dazu im Programmheft der Berliner Philharmoniker anläßlich einer Berliner Aufführung der Oper unter Simon Rattle im September 2002: »Obgleich als Verfasserin des Textes stets Colette allein angegeben wird, ist etliches daran Ravel zuzuschreiben. Besonders wichtig war ihm zum Beispiel das *Katzenduett*, das beim Pariser Publikum auf großes Unverständnis stieß.« Die Oper wurde trotzdem ein Welterfolg. Von 1926 bis 1930 hat man sie auch in Brüssel, Prag, Leipzig, Wien und San Francisco aufgeführt. Des weiteren wären noch einige Komponisten – in

Zeichnung: Dora Carrington

chronologischer Reihenfolge – anzuführen, die ebenfalls die Katze zum Thema ihrer Kompositionen gemacht haben: Von Gioacchino Rossini (1792–1868) stammt beispielsweise ein Katzenduett, das *Duetto buffo di due gatti*, von dem man neuerdings annimmt, es sei ihm doch nicht zuzuschreiben. Jacques Offenbach (1819–1880) komponierte *La chatte metamorphosée en femme* (Die verwandelte Katze), eine Operette in einem Aufzug. Von Igor Strawinsky (1882–1971) stammen die *Berceuses du chat* (Katzenwiegenlieder) für Frauenstimme und drei Klarinetten. Erik Satie (1888–1925) komponierte zwei Klavierstücke für Katzen, in Sergej Prokofjews (1891–1953) *Peter und der Wolf* übernimmt eine Klarinette die Darstellung der Katze. Dem *Gestiefelten Kater* ist ein leichtes Tanzstück für Klavier von Arvo Pärt (geb. 1935) gewidmet und Viktor von Scheffels melancholischen Kater Hiddigeigei hat Kurt-Rolf Ronner zwischen 1980 und 1983 geehrt, indem er alle Hiddigeigei-Verse aus dem *Trompeter von Säckingen* in Lieder für Baßstimme und Klavier verwandelt hat. Noch eine Oper sollte hervorgehoben werden: *Die englische Katze* von Hans Werner ↑Henze. Für das Buch *Staats- und Familienleben der Thiere* des französischen Zeichners und Karikaturisten Grandville hatte Honoré de Balzac 1842 eine Erzählung geschrieben, *Herzensleid einer englischen Katze*. Im November 1977 sah Hans Werner Henze eine dramatische Fassung dieser Geschichte und entdeckte darin einen Opernstoff. Sechs Jahre später wurde *Die englische Katze* uraufgeführt. Über seine Arbeit an der Oper hat Henze ein Tagebuch geführt, das 1983 unter dem Titel *Wie ›Die englische Katze‹ entstand* veröffentlicht wurde. Darin verliert der Komponist zwar kein Wort über eigene Katzen, aber er notierte nach der Lektüre des Librettos von Edward Bond: »Von mir verlangt es ein offenherziges, volkstümliches Komponieren, aber nicht nur das, sondern auch die Widerspiegelung meiner eigenen katzenhaften Welt.« Drei Wochen nach dieser Eintragung, am 30. Juni 1979, schrieb Henze: »Ich denke, ich werde die geschlossenen Nummern in einem recht einfachen Stil komponieren und mit einer Art traditioneller Harmonie versehen, während Handlungs-Musik und Prosa in der mysteriösen Tonwelt der Katzen (die ich recht gut kenne) angesiedelt sein könnten.« Und dann erinnert er sich bei dieser Gelegenheit daran, daß er »seinerzeit in der Oberschule zu Bünde i.W. von den Klassenkameraden ›Cat‹ gerufen wurde«. Mehr Hinweise zur Katze enthält das Tagebuch nicht, aber allein die selbstdiagnostizierte gute Kenntnis der »mysteriösen Tonwelt der Katzen« läßt auf eine große Vertrautheit des Komponisten mit diesen schließen.

Ein in der Musikliteratur einmaliges Notenblatt für Violine sei abschließend erwähnt. Es stammt von dem Romantiker und Landschaftsmaler Moritz von ↑Schwind und wird von lauter spielenden und herumtobenden Katzen bevölkert, kein einziger Notenkopf findet sich auf ihm. Eine Bibliographie von über 300 Einzelwerken der klassischen Musik, die durch Katzen inspiriert wurden, kann auf der Homepage www.detlefbluhm.de eingesehen werden.

Nackenbiß Ob die Katze eine Maus tötet oder während der Kopulation vom Kater im Nacken gefaßt wird, ob ein Kater seinen Rivalen beißt oder die Katze ein Junges ergreift, um es in Sicherheit zu bringen – das Gebiß der Katze packt den Nacken des jeweiligen Objektes immer gleich. Gerade weil der Nackenbiß für so unterschiedliche Verrichtungen eingesetzt wird, ist es von großer Bedeutung, daß die Katze ihre angeborene ↑Beißhemmung nicht vollständig verlernt. Weil der Kater die Katze während des Geschlechtsverkehrs in den Nacken beißt, hat sich in der Buchbranche für das Genre der sentimentalen Liebesromane der Begriff »Nackenbeißer« eingebürgert.

Foto: Walter Wissenbach

Narkose Falls Ihre Katze beim Tierarzt narkotisiert werden muß, sollte die Aufwachphase noch unter tierärztlicher Beobachtung stattfinden. Und erkundigen Sie sich bitte unbedingt nach dem verwendeten Narkosemittel. Ketamin-Präparate befördern eine Kälteempfindlichkeit, das seltener verabreichte M 99 das Gegenteil. Im ersten Fall reichen nach der Heimkehr der noch narkotisierten Katze eine lauwarme Wärmflasche und eine Decke an ihrem Lieblingsplatz völlig aus. Im anderen Fall sollte man im Winter und in der Übergangszeit die Heizung drosseln. Keinesfalls ist die narkotisierte Katze Zugluft auszusetzen. Im übrigen wird die Katze schon bald nach dem Erwachen aus der Narkose aufstehen und umhergehen wollen. Aber Vorsicht! Sie fällt dabei oft wieder hin, erbricht sich leicht und traut sich mehr zu, als sie zu leisten vermag. Man sollte auf die Katze gut aufpassen, sie möglichst nicht allein und auf gar keinen Fall vor die Tür lassen.

Nasenspiegel (Planum nasale), anatomische Bezeichnung für den unbehaarten Hautteil im Bereich der Nase bei einigen Säugetieren wie Hund und Katze. Bei der ↑Europäischen Wildkatze und der ↑Hauskatze ist der Nasenspiegel immer fleischfarben, bei ↑Zuchtkatzen sind verschiedene Varietäten erwünscht.

Natsume, Sôseki (*Tokio 1867, †Tokio 1916) gilt als einer der bedeutendsten Vertreter der modernen japanischen Literatur. Diesen Ruhm verdankt er vor allem seinem Erstlingswerk *Ich der Kater*. Ende 1904 wurde Sôseki Natsume darum gebeten, für die Literaturzeitschrift *Yamakai* einen literarischen Text zu schreiben. In der Ausgabe vom Januar 1905 erschien dann das erste Kapitel seines späteren Romans mit so großem Erfolg, daß der Verkauf der Auflage erheblich gesteigert werden konnte und man ihn um eine Fortsetzung bat, die dann im Februar abgedruckt wurde. Nachdem in der März-Ausgabe nichts von Sôseki Natsume erschienen war, sank der Abverkauf der Zeitung spürbar, und auf Bitten des Herausgebers entschloß sich Sôseki Natsume, an der Geschichte des Katers weiterzuschreiben. Im August 1906 erschien der letzte Teil des Romans, der in Buchform zwischen 1905 und 1907 in drei Bänden veröffentlicht wurde. Ganz ähnlich wie bei seinem literarischen Vorbild E.T.A. ↑Hoffmann wird die Geschichte des Romans von einem gebildeten, genau beobachtenden Kater erzählt, der ein ironisches und skeptisches Bild der menschlichen Gesellschaft zeichnet. In einer skurrilen, handschriftlichen Widmung für einen amerikanischen Bekannten heißt es: »In diesem Buch spricht ein Kater in der ersten Person Plural, also ›Wir‹. Ob dies die Redeweise einer Majestät oder die eines einfachen Herausgebers ist, entzieht sich der Kenntnis des Autors. Doch nun ist es höchste Zeit, daß dieser felide König seinen Platz friedlich in einem von Mr. Youngs Bücherregalen einnimmt. Und möge seine katzenpfotige Philosophie ebenso wie seine seltsame Sprache in den Augen von Abendländern auf immer so unverständlich sein wie Hieroglyphen.« Den letzten Satz der Widmung kann man nur als japanische Höflichkeit bezeichnen, denn der Roman ist klar und verständlich geschrieben und fesselt den Leser von der ersten bis zur letzten Seite – was hier wortwörtlich zu nehmen ist, denn auf den letzten Seiten gelingt Sōseki Natsume das literarische Kunststück, den Kater seinen eigenen Tod beschreiben zu lassen: Er ertrinkt besoffen in einer Wassertonne. »Ich sterbe. Der Friede wird mein sein im Tod. Denn nur den Toten öffnen sich die Pforten dieses Reiches. Friede, Friede meiner Asche! Welch großes Glück! Welch unermeßlich großes Glück!« Mit diesen Sätzen endet der Roman. Die Bedeutung Natsumes für die Geistesgeschichte Japans kann man schon daran ablesen, daß sein Porträt auf dem 1000-Yen-Schein der japanischen Notenbank abgedruckt ist.

Neruda, Pablo (* Parral 1904, † Santiago de Chile 1973), chilenischer Dichter, der sich sowohl gegen die Franco-Diktatur in Spanien als auch gegen den Faschismus im eigenen Land einsetzte und 1971 mit dem Nobelpreis für Literatur ausgezeichnet wurde. Pablo Neruda erlag zwölf Tage nach dem Militärputsch gegen Salvador Allende einem Krebsleiden. Sein kraftvolles Poem *Katzentraum* endet mit dieser Strophe: »Schlafe, schlaf, nächtliche Katze | mit deinen Bischofszeremonien | und deinen steinernen Schnurrhaaren; | bestimme all unsere Träume, | lenke die Dunkelheit | unserer schlummernden Großtaten | mit deinem blutgierigen Herzen | und dem langen Hals deines Schweifs.«

Newton, Sir Isaac (* Woolsthorpe 1643, † Kensington 1727), englischer Philosoph, Physiker und Mathematiker, beschrieb in seiner *Philosophiae naturalis principia mathematica* (1687) das universelle Gesetz der Gravitation. Newton soll ein großer Katzenfreund gewesen sein und gilt in der einschlägigen Literatur als Erfinder der ↑Katzentür, was aber nicht stimmt. Es wird auch erzählt, daß er in seinem Arbeitszimmer zwei unterschiedlich große Katzentüren für seine Katze und deren Nachwuchs einbauen ließ, damit diese sich ohne ihn zu stören frei bewegen konnten. Ebenfalls unklar ist der Wahrheitsgehalt der Anekdote, nach der Newton durch einen vom Baum fallenden Apfel auf die Idee der Gravitation gebracht worden sein soll. Sie geht zurück auf die *Memoires of Sir Isaac Newton's Life* (1752) von William Stukeley (1687–1765) und Voltaire (1694–1778), der diese Geschichte im 15. seiner *Philo-*

sophischen Briefe (1734) so überliefert hat: »Newton hatte sich 1666 aufs Land, nahe Cambridge, zurückgezogen, als er eines Tages in seinem Garten spazierenging und Obst von einem Baum fallen sah; er überließ sich einer tiefgehenden Überlegung über diese Schwere, deren Ursache alle Philosophen so lange vergebens gesucht hatten, und an der der Pöbel nicht einmal etwas Geheimnisvolles vermutet.« Voltaire lebte von 1726 bis 1728 in England und will über diese bedeutsame Initialzündung von Newtons Nichte Catherine Barton (1679–1739) informiert worden sein. Die Nichte führte von 1707 bis zu Newtons Tod dessen Haushalt und war mit Voltaire befreundet. Die vorgenannten Daten lassen den Schluß zu, daß Newton diese Anekdote selbst erfunden hat. Er wollte vermutlich mit ihr darlegen, wie man naturwissenschaftliche Erkenntnisse aus genauen Beobachtungen des Alltags gewinnen kann. Auf Catherine Barton geht auch die folgende Version dieser Geschichte zurück, die Ehm Welk (1884–1966) in seinem Buch *Die wundersame Freundschaft* (1940) abgedruckt hat, ohne allerdings seine Quelle zu nennen: »Als Newton durch seinen Garten ging, sah er auf einem Apfelbaum seinen Kater sitzen. Er rief das Tier an und klagte ihm die Unfruchtbarkeit seiner Gedanken. Der Kater erhob sich und strich den Ast entlang. Dabei lockerte er einen Apfel, der auf den Rasen fiel. Regungslos stand der Gelehrte und sah dem fallenden Apfel nach. Dann bückte er sich, hob den Apfel auf und maß mit dem Auge die Bahn des Apfels, vom Zweig zum Rasen und vom Rasen zum Zweig. Darauf breitete er die Arme gegen den Kater, der hineinsprang. Dann hielt er dem Kater einen Vortrag über das Gesetz der gegenseitigen Anziehung, dem er schon länger nachgegrübelt hatte. Aber der Kater langweilte sich. ›O du dummer Bursche‹, rief der Gelehrte schließlich, ›wüßtest du, zu welchem Geschenk du mir und der Menschheit verholfen hast. Aber was verstehst du von der Schwerkraft!‹ Und er warf den Apfel in die Luft und beobachtete seinen Fall. Mit einem Satz schnellte sich der Kater aus seinem Arm, ergriff den Apfel mit seinen Pfoten und spielte mit ihm. Da wurde Newton ernst und sprach: ›Mein liebes Tier, verzeih mir meine Überheblichkeit. Du brauchst von der Gravitation nichts zu wissen, du trägst das Gesetz als Gefühl in dir, denn du bist der Natur näher als der Mensch, der seinen Verstand dazwischen baute!‹ Darauf nahm er den Apfel in die linke Hand, den Kater unter den rechten Arm, trug beide in sein Studierzimmer und begann seine *Principia* zu schreiben.«

Nichols, Beverley (* Bower Ashton 1898, † London 1983), englischer Schriftsteller, Dramatiker, Schauspieler und Komponist mit einer leidenschaftlichen Zuneigung zu Katzen,

Beverley Nichols. Foto: Keystone Press Agency

verfaßte über 60 Bücher, darunter sein bezauberndes *Katzen ABC* und einen hübschen Fotoband mit dem unschlagbaren Titel: *Katzen*. Passagen der Einleitung zu diesem Buch lesen sich wie ein Katzen-Credo: »Was Katzen angeht, so habe ich einen allumfassenden Geschmack, was bedeutet, daß fast alles Katzenähnliche auf vier Beinen – mit langem oder kurzem Fell, mit grünen, braunen, grauen oder blauen Augen, mit oder ohne Schwanz – mich sofort ins Herz trifft. Ich habe nie behauptet, bei Katzen Vernunft walten zu lassen, und jetzt ist es viel zu spät, damit anzufangen. Wenn Sie wirklich in die weite feline Welt aufgenommen werden wollen – wenn Sie also den Zauberkreis betreten möchten –, dann dürfen Sie nicht vernünftig sein. Sie müssen sich hingeben. Sie müssen außerdem auf ihren Lieblingssessel verzichten. Wenn Sie beim Mittagessen durch die Anwesenheit einer Katze beehrt werden, müssen Sie – was wohl kaum erwähnt zu werden braucht – die Katze als erste bedienen. Das müssen Sie sogar dann, wenn Ihnen klar ist, daß die Katze keinen Hunger hat. Es geht in diesem Fall um die Geste.«

Nivelles, Gertrud von (* 626, † Nivelles 659) war entfernt mit Karl dem Großen verwandt und stand seit 652 dem von ihrer Mutter gegründeten Kloster in Nivelles (Belgien) als Äbtissin vor. Bereits zu Beginn der Feindschaft zwischen der katholischen Kirche und der Katze (↑Christentum) versuchte der Klerus, die Verdienste der Katze bei der Mäusevertilgung zu relativieren. Zu diesem Zweck wurde eine Legende verbreitet, nach der Gertrud von Nivelles durch ihr Gebet eine Ratten- und Mäuseplage beendet habe. Die nach ihrem Tod ungewöhnlich schnell Heiliggesprochene erfreut sich bis in die heutige Zeit großer Verehrung. Zum Gedenken an ihren Sieg über die Ratten und Mäuse stifteten niederrheinische Bauern 1822 dem Sankt-Gertrauden-Schrein in Köln eine silberne und eine goldene Maus. In Berlin-Mitte steht die 1895 fertiggestellte Gertraudenbrücke, die in

Die Post der DDR sprang übrigens 1985 über ihren ideologischen Schatten, als sie in einer Briefmarkenserie über Berliner Brücken auch die nach der christlichen Heiligen benannte Gertraudenbrücke auf einem offiziellen Postwertzeichen abdrucken ließ. Die Auswahl der Brücke als Briefmarkenmotiv belegt ihre historische Bedeutsamkeit.

Erinnerung an das ehemalige Gertraudenhospital am Spittelmarkt nach der Heiligen benannt wurde. Auf deren Brüstung steht eine 1896 modellierte Bronzeplastik, die die heilige Gertrud darstellt. Am Fries der Plastik entlangjagende Mäuse verweisen nebst einer Inschrift auf die alte Legende: »Ratten- und Mäusegezücht | Machst du zunicht, | Aber den Armen im Land | Reichst du die Hand.«

Nutzen Der renommierte ↑Ethologe Paul ↑Leyhausen hat einmal den Schaden, den die Mäuse anrichten, und damit den Nutzen, den der Mensch aus der Katze zieht, wie folgt berechnet: »Die durchschnittliche freilaufende Bauernkatze fängt pro Tag etwa ein bis zwei Dutzend Mäuse. Nehmen wir nun an, sie fange im Durchschnitt 15 Mäuse am Tag, so ist das sicher nicht zuviel gerechnet. Im Jahr macht das also 5000 bis 6000 Mäuse. Wer schon einmal eine Maus gehalten hat, weiß, welche erstaunlichen Futtermengen diese kleinen Tiere benötigen. 10 Gramm Getreide pro Tag und Maus sind wieder ein Minimum. Auf 5000 Mäuse ergibt das im Jahr 18 Tonnen. Und diesen Verlust erspart uns eine Mausekatze Jahr für Jahr, ihr ganzes Leben lang.«

Omega-Tier, auch Paria genannt, ist ein Begriff aus der ↑Ethologie und bezeichnet das rangniedrigste Individuum in einer sozialen Hierarchie. Man findet solche Tiere bei Katzen eigentlich nur unter den ↑Straßenkatzen, da sich diese in der Regel einer sozialen Ordnung unterwerfen. Omega-Tiere werden dort von den anderen Katzen auf Distanz gehalten, manchmal auch bedroht und verjagt. Sie leiden unter Streß, Hunger und sind besonders krankheitsanfällig (↑Film, Fernsehfilm). Im Gegensatz dazu nimmt das Alpha-Tier die ranghöchste Stellung innerhalb einer Gemeinschaft ein. Schon bei drei oder vier Wohnungskatzen kann eines der Tiere diese Position einnehmen, die oft mit gewissen Vorrechten auf Futternapf, bevorzugten Ruheplatz u.ä. verbunden ist. Bei größeren Populationen kann diese Position öfter und ohne große Kämpfe wechseln. Die Vorrechte sind dann zumeist gering und werden nicht unbedingt von allen Mitgliedern der Gemeinschaft beachtet.

Orwell, George (* Motihari/Indien 1903, † London 1950), englischer Schriftsteller und überzeugter Sozialist, veröffentlichte 1945 sein Buch *Die Farm der Tiere*, das ihn schlagartig berühmt machte. Der fabelartige Roman handelt von einer gründlich verratenen Revolution. Nach einer erfolgreichen Vertreibung der menschlichen Farmer durch die Tiere errichten diese eine freie, klassenlose Gesellschaft, die im Lauf ihrer Geschichte pervertiert und die Herrschaft der Menschen über die Tiere durch ein Terrorregime der Schweine ersetzt. Eines der Revolutionsgebote: »Alle Tiere sind gleich«, erhält schließlich den Zusatz: »Aber manche sind gleicher.« In dem Buch tauchen alle Tiere auf, die man üblicherweise mit einem Bauernhof in Verbindung bringt: Schweine, Schafe, Kühe, Hühner, Pferde, Esel, Hunde ... und eine Katze.

Schon während der Vorgeschichte der Revolution, als der Keiler Old Major alle Tiere der Farm zu einer nächtlichen Geheimkonferenz zusammenruft, um ihnen die Prinzipien der Revolution zu verkünden, spielt die Katze eine Außenseiterrolle: »Zuallerletzt erschien die Katze, die wie üblich Ausschau nach dem wärmsten Plätzchen hielt und sich schließlich zwischen Boxer und Kleeblatt [zwei Pferde] drängte; dort schnurrte sie Majors ganze Rede über zufrieden, ohne auch nur auf ein Wort von dem zu hören, was er sagte.« Auch nach der erfolgreichen Vertreibung der Menschen von der Farm und der Übernahme der Produktion durch die Tiere beharrt die Katze auf ihrer Sonderrolle. »Man stellte bald fest, daß die Katze nie zu finden war, wenn es Arbeit gab. Sie blieb stundenlang verschwunden und tauchte dann zu den Mahlzeiten oder abends, wenn die Arbeit getan war, wie von ungefähr wieder auf. Doch sie brachte immer so ausgezeichnete Entschuldigungen vor und schnurrte so ergeben, daß sich unmöglich an ihren guten Absichten zweifeln ließ.« Schließlich tritt die Katze dem »Reedukationskomitee« bei, das es sich zur Aufgabe gesetzt hat, die wildlebenden Tiere für die revolutionären Ziele zu begeistern – allerdings nicht ganz uneigennützig: »Die Katze war einige Tage lang sehr aktiv. Man sah sie eines Tages auf dem Dach sitzen und zu einigen Sperlingen sprechen, die sich außerhalb ihrer Krallenweite befanden. Sie erzählte ihnen, daß alle Tiere jetzt Genossen seien und daß sich jeder Sperling, der nur Lust dazu verspüre, auf ihrer Pfote niederlassen könne; doch die Sperlinge blieben auf Abstand.« Nachdem sich das Schwein Napoleon zum Diktator aufgeschwungen hat und der erste Schauprozeß gegen die Feinde der Revolution durchgeführt wird – vorher mußten sich die Angeklagten der in diesen Fällen üblichen Selbstkritik unterziehen –, sind die übrigen Tiere nach der Exekution der Verräter still entsetzt, »und einmütig lagerten sich alle hin, so als kuschelten sie sich wärmend aneinander, eigentlich alle, bis auf die Katze, die plötzlich verschwunden war, kurz bevor Napoleon die Tiere zusammenrief« (↑Freiheit). Die Katze blieb verschwunden, diese Revolution war ihre Sache nicht.

Paul (* Berlin 1993), graugetigerter Hauskater, ist im März 2000 mit seiner jüngeren Schwester Lisa in die Wohnung des Verfassers dieses Buches gezogen. Im Vergleich mit ↑Samos und ↑Shano ist Paul ein eher musisch ambitioniertes Tier ruhigen Gemütes. Allein der regelmäßig durchbrechende künstlerische Gestaltungswille sorgt in der Wohnung für kreatives Chaos, genauer gesagt wird dieses im Badezimmer angerichtet. Paul liebt es nämlich, dann und wann die Rolle mit dem Toilettenpapier, die seitlich neben dem Klo an der Wand angebracht ist, mit erheblichem Eifer und unter Zuhilfenahme aller Krallen seiner beiden Vorderpfoten in großer Geschwindigkeit zu entrollen. Je nachdem, wie dick die Rolle in diesem Moment der Anwandlung ist, entsteht eine kleinere oder größere Raumplastik, die an die experimentelle Materialkunst der 60er Jahre des letzten Jahrhunderts anzuknüpfen scheint. Weil in der Wohnung wegen zahlreicher Bücher kein Platz zur Aufbewahrung der fragilen Objekte zur Verfügung steht, werden sie kurz nach ihrer Entdekkung (und nach Prüfung verwendbarer Reste) immer gleich und dauerhaft entfernt.

Perser sind Langhaarkatzen verschiedener Varietäten und gehören zu den ältesten ↑Zuchtkatzen. Erste Exemplare gelangten im frühen 17. Jahr-

Paul, ein Kater ruhigen Gemütes. Foto: Detlef Bluhm

hundert nach Frankreich und Italien. Im 20. Jahrhundert begann man mit Extremzuchten dieser Rasse (↑Qualzucht), ihre Haare wurden immer länger, ihre Nasen immer kürzer. Sie gehören zu den krankheitsanfälligsten Zuchtkatzen (↑Angora).

Peta (People for the Ethical Treatment of Animals), 1980 gegründete, international größte Tierrechtsorganisation (↑Tierrechte) mit weltweit 1,6 Millionen Unterstützern (darunter zahlreiche Prominente wie Nadja Auermann, Dirk Bach, Kim Basinger, Naomi Campbell, Cindy Crawford, Ulrike Folkerts sowie Paul McCartney) und Büros in San Francisco, London, Den Haag, Hongkong und Stuttgart. Die Peta ist der Ansicht, »daß die Grundrechte von Tieren, also ihre ureigensten Interessen, berücksichtigt werden müssen, egal, ob die Tiere für den Menschen von irgendeinem Nutzen sind. Genau wie wir, können sie leiden und haben ein Interesse daran, ihr eigenes Leben zu leben. Daher steht es uns nicht zu, sie für Ernährung, Kleidung, Experimente oder aus irgendeinem anderen Grund zu benutzen.« Unter www.peta.de kann man sich ausführlich über die Tierrechtsorganisation informieren.

Petersen, Wolfgang (* Emden 1941), deutscher Regisseur, wurde 1980 mit der Verfilmung des Romans *Das Boot* von Lothar-Günther Buchheim (1918–2007) berühmt und arbeitet seit 1984 in Hollywood. Weniger bekannt ist sein Engagement für den Tierschutz. Gemeinsam mit seiner Frau Maria fördert er nachhaltig internationale Tierschutzprojekte. So setzte er sich gegen die Käfighaltung von Legehennen in Deutschland ein, kümmerte sich während der Dreharbeiten zu *Troja* um Straßenhunde und streunende Katzen in Malta und Mexiko, organisierte 2005 Rettungsaktionen für die nach der Flutkatastrophe in New Orleans zurückgebliebenen Haustiere und betreut in seinem amerikanischen Privathaus Katzen, die ein hartes Schicksal hinter sich haben. Für dieses Engagement erhielt das Ehepaar Petersen 2006 die Franz-von-Assisi-

Franz von Assisi-Denkmal im Garten der Chelmsford Cathedral

Medaille des Deutschen Tierschutzbundes, die höchste Auszeichnung dieser Tierschutzorganisation.

Petrarca, Francesco (* Arezzo 1304, † Arquà 1374), italienischer Schriftsteller, von dem dieser bemerkenswerte Satz überliefert wird: »Die Menschheit läßt sich grob in zwei Gruppen einteilen: in Katzenliebhaber und in vom Leben Benachteiligte.« Nach Petrarcas Tod soll dessen Schwiegersohn Petrarcas Katze mumifiziert haben. Der deutsche Schriftsteller Graf August von Platen fand bei seinem Besuch in Petrarcas Haus in Arquà zwar keine Katzenmumie, aber das Skelett einer Katze vor und schrieb dazu 1858 dieses Epigramm: »Heil dir, kleines Skelett, das einst die unsterblichen Rollen | Eines unsterblichen Manns gegen die Mäuse geschützt.« Heute kann man in der Casa del Petrarca wieder eine Katzenmumie anschauen, die in einer verglasten Wandnische ausgestellt ist. Auf einer Marmortafel ist zu lesen: »Zu Lebzeiten hielt ich die Mäuse fern von der heiligen Schwelle, um die Werke meines Herrn vor ihnen zu schützen, und auch heute noch, obwohl ich tot bin, zittern sie vor mir vor Angst.« Die ausgestellte Katze stammt jedoch vermutlich aus dem 17. Jahrhundert, kann also nicht die des Dichters sein.

Dennoch ist es ein wichtiges Denkmal, denn es erinnert an die Katze als Verteidigerin der Bücher.

Pfleiderer, Mircea (* Bregenz 1955), österreichische ↑Ethologin mit internationalen Forschungserfahrungen, wuchs mit einem schwarzen Kater auf, dessen Verhalten in der Natur sie intensiv beobachtete. Diese Erfahrung trug erheblich zu ihrem Entschluß bei, sich für das Studium der Zoologie zu entscheiden. Von 1990 bis zu seinem Tod 1998 arbeitete sie gemeinsam mit Paul ↑Leyhausen (dessen Buch *Katzenseele* unter ihrer Mitarbeit entstand und von ihr illustriert wurde) an verschiedenen Projekten, u. a. einer Freilanduntersuchung an drei Felidenarten in Südafrika.

Picasso, Pablo (* Málaga 1881, † Mougins 1973): »Ich wollte Maler werden und bin Picasso geworden.« Obwohl Picasso ein großer Freund von Katzen war, der über lange Zeiträume mit ihnen zusammengelebt hat, spielt das Bildmotiv der Katze in seinem Gesamtwerk quantitativ eine untergeordnete Rolle. Die Symbolkraft von Taube und Stier hat sein Schaffen mehr angespornt. Vielleicht waren ihm Katzen auch zu alltäglich-vertraut, um ein wesentliches Motiv seiner Malerei werden zu können. Dennoch hat Picasso eine Reihe von Katzenbildern gemalt, drei davon gehören sogar zu seinen Hauptwerken, was – angesichts der ungeheuren Anzahl seiner Bilder und Skulpturen und vor allem der geringen Zahl seiner Katzenbilder –, diese wiederum aus seinem Œuvre hervorheben.

Pablo Picasso, Die Katze

Bereits mit 19 Jahren malt Picasso eine verstörende Szene, das *Liebespaar auf der Straße*. Im bildfüllenden Vordergund sieht man einen Mann, der eine sich wehrende Frau kräftig festhält und ihr mit seiner rechten Hand in den Schoß greift, also genau das Gegenteil eines Liebespaares. Im Bildhintergrund erkennt man bei genauerem Hinsehen, wie in Édouard Manets berühmtem Bild *Olympia* von 1863, eine kleine, schwarze Katze mit nächtlich aufleuchtenden Augen, die das gewalttätige Geschehen aufmerksam beobachtet. 1901 entsteht dann, mit Feder, Tusche und Bleistift gezeichnet, seine *Parodie auf Manets Olympia*, in der neben der Katze, anders als bei Manet, auch ein Hund auf dem Bett zu sehen ist. Beide schauen aber nicht den Betrachter, auch das ist bei Manet anders, sondern Olympia an. Ein Jahr später entsteht ein kleines Aquarell, *Zwei Akte und eine Katze*. Ein im Liebesspiel versunkenes, nacktes Paar wird von einer sehr aufmerksam dreinschauenden, neugierig aufgerichteten Katze beobachtet. Es ist also das Thema Katze und Erotik, das Picasso in dieser frühen Phase sehr beschäftigt hat. Aus dem Jahr 1910 ist eine Fotografie überliefert, die Picasso in seinem Atelier zeigt. Er sitzt auf einem breiten Sofa, auf seinem Bauch hockt eine Siamesin, die er mit beiden Händen streichelt. Es darf wohl angenommen werden, daß es sich dabei um Picassos Katze handelt.

Am 1. April 1939 unterzeichnete der Putschist General Francisco Franco nach dem Fall der Städte Madrid und Valencia ein Dokument, das das Ende des spanischen Bürgerkriegs besiegelte. Drei Wochen später entstehen in kurzer Folge zwei einander sehr ähnliche Ölbilder: *Katze, die einen Vogel packt* und *Katze, einen Vogel zerreißend*. Diese beiden Katzen sind als Monster dargestellt, als mordende Räuber, die mit kalter Brutalität dabei sind, ihre Beute in blutige Stücke zu zerreißen. Picasso hat nicht widersprochen, als man Katze und Vogel, Räuber und Beute, als Allegorie des spanischen Bürgerkriegs interpretiert hat.

1941 porträtiert Picasso seine damalige Geliebte in dem Bild *Dora Maar mit Katze*, einem weiteren Hauptwerk des Künstlers. Dora Maar sitzt mit übereinandergeschlagenen Beinen und bunter Kleidung auf einem Holzstuhl, auf dessen Lehne mit erhobenem Schwanz eine miniaturisierte schwarze Katze balanciert, die wohl zum Haushalt gehört hat. Das rund 130 x 97 Zentimeter messende Gemälde wurde im Mai 2006 in New York vom Auktionshaus Sotheby's für 95,2 Millionen US-Dollar an einen unbekannten Sammler verkauft. 1942 schuf Picasso 40 Radierungen und Aquatinta für eine Neuausgabe der vielbändigen *Naturgeschichte* des Comte de Buffon (1707–1788). Den nicht besonders katzenfreundlichen Text (↑Enzyklopädien der Neuzeit, 17. Jahrhundert) illustrierte Picasso mit einem kräftig gebauten, sitzenden Kater, der verschlagen dreinblickt und dem Betrachter (oder dem Comte de Buffon) die Zunge herausstreckt. Zwanzig Jahre später taucht mit dem Ölgemälde *Stilleben mit Katze und Hummer* ein weiteres Katzenbild in Picassos Werk auf. Es reiht sich zwar auf den ersten Blick in seine unzähligen Stilleben ein, unterscheidet sich aber doch von ihnen, indem es das Motiv der Stilleben mit Katzen aus dem Barock aufnimmt. »Ich wollte Katzen malen wie die auf der Straße. Mit den Hauskatzen haben sie nichts zu tun, sie haben ein zotteliges Fell und können rennen wie der Teufel«, hat Picasso einmal geäußert. In diesem Bild ist eine hungrige, futtersuchende Katze dargestellt. Wie auf Bildern des 17. und 18. Jahrhunderts ist sie gekommen, um vom Tisch zu stehlen.

1964 entstehen schließlich innerhalb weniger Tage zwei sehr verwandte Ölbilder, *Frau mit Katze im Sessel* und *Jacqueline sitzend mit Katze*. Jacqueline Roque ist die letzte Frau in Picassos an Amouren reichen Leben. Sie trifft ihn 1953, heiratet ihn 1961 und harrt bis zu seinem Tod bei ihm aus. Eine Fotografie von 1964 zeigt Picasso in seinem Garten. Er hat die Arme verschränkt und schaut in die Kamera. Neben ihm ist das 195 x 130 Zentimeter große Bild *Jacqueline sitzend mit Katze* aufgestellt, das ihn mit Stolz zu erfüllen scheint. Auch mit der auf diesem Bild gemalten Katze wird das Paar zusammengelebt haben (↑Roth, Sanford). Vielleicht hat er sie sogar mit dieser Aussage gemeint: »Katzen sind die rücksichtsvollsten und aufmerksamsten Gesellschafter, die man sich wünschen kann.«

Poe, Edgar Allan (* Boston 1809, † Baltimore 1849), amerikanischer Schriftsteller. Poe veröffentlichte 1843 die unheimliche Geschichte *Die schwarze Katze*. Nach seinem frühen Tod geriet der berühmte Autor schnell in Vergessenheit. 1847 entdeckte der damals noch unbekannte Charles ↑Baudelaire in Paris zufällig diese Erzählung und wurde zu einem Verehrer seines amerikanischen Kollegen. Er übersetzte zwei Bände ins Französische, die acht Jahre nach dessen Tod erschienen. Durch die weite Verbreitung der französischen Sprache wurde Poe posthum weltberühmt, letztlich also durch seine Erzählung *Die schwarze Katze.* »Die Entdeckung Poes durch Baudelaire ist eine der wunderbarsten Begebenheiten der Weltliteratur« – mit diesen Worten kommentierte ein Poe-Biograph den literaturgeschichtlich vermutlich einmaligen Vorgang.

Polgar, Alfred (* Wien 1873, † Zürich 1955), österreichischer Kritiker, Übersetzer und Schriftsteller. In seiner kurzen Erzählung *Betsy jagte nach Sonnenflecken* machte Polgar auf das grausame Schicksal vieler Landkatzen aufmerksam, die von Sensen, Rasenmähern und Mähdreschern verletzt oder getötet werden: »Ja, sie strebte zum Licht. Ist dies schon bei vernunftbegabten Lebewesen ein gefährliches Streben, das sich an ihnen rächt, beziehungsweise an ihnen gerächt wird, um wie viel mehr bei solchem jeder geistigen Kontrolle entratenem Geschöpf, wie ein drei Monate altes Katzenkind es vorstellt. Eines strahlend schönen Herbsttages wurde die Gartenwiese gemäht, die Sense blitzte silbrig, und mit einem Sprung, der, Zeugen behaupten dies, etwas Ekstatisches gehabt haben soll, stürzte die Katze in das Funkelnde hinein. Da wurde einmal das Bild vom Tod mit der Sense Wirklichkeit.«

Polizeikatzen sind sehr selten, aber es gibt sie – obwohl Jean ↑Cocteau da anderer Meinung war. Zum Beispiel den russischen Kater Rusik, der am Kaspischen Meer erfolgreich zur Jagd auf Kaviarschmuggler eingesetzt worden war, dabei sogar einen deutschen Schäferhund um seinen Job gebracht hatte und im Juli 2003 von der Mafia durch einen fingierten Unfall beseitigt wurde. Oder eine Augsburger Katze, die zwar nicht im Polizeidienst steht, aber nach einem Pressebericht der Polizeidirektion Augsburg vom 23. Juni 2006 durch ihr Fauchen und Schreien dafür sorgte, daß ihr Mensch einen Einbruch in sein Juweliergeschäft bemerkte und den Täter auf frischer Tat ertappte.

Polydaktylie bedeutet Vielzehigkeit, also das Vorhandensein einer von der anatomischen Norm abweichend auftretenden Mehrzahl von Fingern oder Zehen und benennt damit eine in der Regel harmlose Anomalie, die bei Menschen und Tieren auftritt und sich nicht selten vererbt. Bei betroffenen Katzen (vor allem ↑Maine Coone) können bis zu zehn Zehen an einer, an mehreren oder allen Pfoten auftreten (↑Reiseziele, USA, Key West). Am weitaus häufigsten kommt aber eine überzählige Zehe vor.

Post In Postämtern lagernde Briefe, Pakete und Postsäcke waren schon immer ein bevorzugtes Angriffsziel für Mäuse. Deshalb wurden noch im letzten Jahrhundert Katzen von der Post »angestellt« (↑Berufstätigkeit). In Amerika sollen um 1900 noch 300 Katzen in 50 Postämtern tätig gewesen sein. Den Amtsleitern stand dafür ein Jahresetat von bis zu 40,– US-$ zur Verfügung. Wie aus dem Brief eines Londoner Postmeisters vom 23. September 1868 hervorgeht, waren drei Katzen pro Postamt erwünscht, sie mußten aber eine Aufnahmeprüfung (!) bestehen. Ein Shilling Wochengehalt wurde für jede Katze an Unterhaltskosten bewilligt. »Wenn innerhalb von sechs Monaten die Zahl der Mäuse nicht zurückgeht«, heißt es in dem Schreiben, »so ist die Auszahlung der Besoldung zu sistieren.« Besonders dankbar waren die Postgesellschaften den Katzen für die Mäusevertilgung offenbar nicht. Jedenfalls finden sich auf den zahllosen von der Post herausgegebenen ↑Briefmarken Katzenmotive eher selten.

Postkarten ↑Ansichtskarten.

Qualzucht Laut § 11b des Deutschen Tierschutzgesetzes (»Qualzuchtparagraph«) ist es verboten, Wirbeltiere zu züchten, wenn damit zu rechnen ist, daß bei den »Nachkommen erblich bedingte Körperteile oder Organe für den artmäßigen Gebrauch fehlen oder untauglich oder umgestaltet sind und hierdurch Schmerzen, Leiden oder Schäden auftreten«. (↑Katzen im deutschen Recht.) Zuständig für den Vollzug dieses Bundesgesetzes sind die Bundesländer. Leider hat bisher einzig und allein Hessen eine landeseinheitliche Auslegung des Qualzuchtparagraphen umgesetzt, der bereits seit 1986 (!) in Kraft ist (↑Zuchtkatzen). Das Amtsgericht Kassel verurteilte 1998 eine Züchterin wegen vorsätzlicher Qualzucht zu einer Geldbuße von 500,– DM. Sie hatte für ihre tauben, reinweißen Katzen mit dem Argument geworben, diese seien aufgrund ihrer Behinderung geduldiger im Umgang mit Kindern (↑Taubheit).

Qualzuchtgutachten Am 2. Juni 1999 wurde von der Sachverständigengruppe »Tierschutz und Heimtierzucht« das *Gutachten zur Auslegung von § 11b des Tierschutzgesetzes* verabschiedet, das sogenannte Qualzuchtgutachten, daß das Bundesministerium für Ernährung, Landwirtschaft und Forsten Ende 1999 herausgegeben hat. Es dient seitdem den Amtstierärzten der Veterinärämter auf Landesebene als Richtschnur zur Beurteilung, ob im Einzelfall Qualzuchten vorliegen oder nicht. Das Gutachten ist nicht ganz unumstritten und auch nicht mehr ganz aktuell, leistet im Einzelfall aber oft gute Dienste. Die seit dieser Zeit ergangenen Gerichtsentscheidungen zu Qualzuchtverboten basieren überwiegend auf den dort getroffenen Feststellungen. Insbesondere haben sich die Gutachter dafür ausgesprochen, die Zucht von Katzen mit folgenden Merkmalen (die z. T. Rassemerkmale sind) als nicht vereinbar mit § 11b des Tierschutzgesetzes aufzufassen (in Klammern sind, wenn eine rassespezifische Anomalie vorliegt, die Namen der betroffenen Zuchtrassen in Auswahl genannt): Kurzschwänzigkeit bzw. Schwanzlosigkeit (Manx), Taubheit in Verbindung mit Farbaufhellung, Anomalie des äußeren Ohres (Scottish Fold), Anomalien oder Abweichungen des Haarkleides (Rex, Sphinx), Kleinwüchsigkeit (Munchkin), Känguruhbeine (Känguruhkatze), Kurzköpfigkeit, Oberkieferverkürzung, Verengung der Tränennasenkanäle, Osteoporose (Knochenbrüchigkeit), Bänderschwäche, Zahnunterzahl oder Zahnoberzahl usw. Alle hier genannten Katzenrassen werden in Deutschland trotzdem munter weitergezüchtet (↑Zuchtkatzen).

Rassekatzen ↑Zuchtkatzen

Ravel, Maurice (* Ciboure 1875, † Paris 1937). Der französische Musiker komponierte eines der schönsten Musikwerke, das je durch den Einfluß von Katzen entstanden ist: *L'Enfant et les Sortilèges (Das Kind und der Zauberspuk)*. In dieser 1926 uraufgeführten Oper gibt es ein sehr kätzisches »Duett, musikalisch miaut vom schwarzen Kater und der weißen Katze«. Dieses Duett war Ravel sehr wichtig, doch beim Pariser Publikum stieß es auf sprachloses Unverständnis. Trotzdem wurde die Oper ein Welterfolg. Ravel lebte viele Jahre seines Lebens mit Siamkatzen zusammen, deren laute und erzählfreudige Stimmen ihn immer wieder inspiriert haben.

Rehabilitation

Im 19. Jahrhundert erreichte die wesentlich in der Renaissance begründete Zuneigung und Verehrung der Katze durch die Künstler, insbesondere sind hier die Schriftsteller zu nennen, ihren vorläufigen Höhepunkt. E. T. A. ↑Hoffmann schuf mit seinem Kater ↑Murr die bedeutendste Katzengestalt der Literaturgeschichte. Edgar Allan ↑Poe schrieb mit *Die schwarze Katze* eine seiner berühmtesten Erzählungen, Charles ↑Baudelaire besang die Katze in hymnischen Versen, Theodor ↑Fontane, Théophile ↑Gautier, Pierre ↑Loti u. v. a. schrieben Texte über die Katze, die oft in hohen Auflagen erschienen sind und nach wie vor zum feliden Literaturkanon gehören.

Insofern ist es erstaunlich, daß die Katze zu jener Zeit in breiten Kreisen der

Bevölkerung noch immer auf erhebliche Vorurteile und Ablehnung stieß. E. T. A. Hoffmann war sich dessen bewußt, als er den wirklichen Kater Murr bei sich aufnahm. In seinem Roman *Lebensansichten des Katers Murr* aus dem Jahr 1820 beschreibt er ausführlich, wie er seinen Kater gefunden hat. Anschließend merkt er an: »Ich rettete einen Kater, ein Tier, vor dem sich viele entsetzen, das allgemein als perfid, keiner sanften, wohlwollenden Gesinnung, keiner offenherzigen Freundschaft fähig ausgeschrien wird, das niemals ganz und gar die feindliche Stellung gegen den Menschen aufgibt.« Daß dies nicht die verstiegene Meinung eines begeisterten Katzenfreundes war, zeigt ein kurzer Blick in zeitgenössische Lexika (↑Enzyklopädien der Neuzeit, 19. Jahrhundert).

In Heinrich August Pierers elftem Band seines *Universal-Lexikons* von 1835 heißt es in einer Aufzählung der Beutetiere der Katze unvermittelt: »Katzen haben auch wohl Kinder und schlafende erwachsene Menschen erwürgt.« Als Vorteil der Katzen läßt Pierer zwar gelten, daß man sich ihrer gegen Ratten und Mäuse bedient, aber »der von ihnen bewirkte Schaden besteht in der Verunreinigung des Hauses durch ihren Harn, im Forttragen glühender Kohlen in ihrem Pelze« und überwiegt ihren Nutzen. Nicht viel anders tönt es aus Lorenz Okens *Naturgeschichte für alle Stände* von 1838. In ihr wird der Katze vorgeworfen, sie sei »weder ein Unterthan noch ein Begleiter des Menschen. Sie kommt zwar auf Ruf, aber nur um gefüttert und geschmeichelt zu werden.« Eigentlich eine zutreffende Beobachtung, die aber negativ bewertet wird. Doch dann folgt auch bei Oken eine Auflistung gefährlicher Eigenschaften, die aus der Mottenkiste dumpfer Aversionen herausgezogen wird. So sollen Katzen Säuglingen die Augen auskratzen, glühende Kohlen ins Heu verschleppen usw. »Zum Zeitvertreib muß man daher keine Katzen halten, am allerwenigsten mehrere«, folgerte der einflußreiche Gelehrte.

Auch die erste Auflage von Heinrich Joseph Meyers neuem *Konversations-Lexikon für alle Stände* von 1847 steckt noch voller Negativurteile über die Katze. »So notwendig die Katzen sind, so gefährlich werden sie doch bisweilen. Katzen haben einen außergewöhnlichen Hang zu stehlen und holen oft die Tauben aus dem Schlage und das kochende Fleisch aus den Töpfen. Man hält sie zu keinem anderen Zweck als zum Wegfangen der Mäuse, obschon die meisten so verwöhnt sind, daß sie sich nicht viel um das Geschäft kümmern.«

Bemerkenswert ist in diesem Zusammenhang, daß in den zeitgenössischen Damen-Lexika das Wesen der Katze anders beschrieben wird. 1836 erschien der sechste Band des von Carl Herloßsohn (im Verein mit Gelehrten und Schriftstellerinnen) herausgegebenen *Damen Conversations Lexikon*. Darin heißt es in einem relativ langen Stichwort zum Thema Katze: »Man wirft den Katzen Falschheit und Tücke vor, doch verletzen sie nur, wenn sie gereizt werden, und es gibt Beispiele von seltener Anhänglichkeit an ihre Herren.« Wie dem auch sei, die einflußreichen Groß- und Volkslexika kolportieren bis über die Mitte des 19. Jahrhunderts hinaus Erkenntnisse und Erfahrungsberichte über Katzen, die sich aus der mittelalterlichen Welt abergläubischer Vorstellungen speisten. Die Katze hatte noch nicht aufgehört, als Hexentier durch die Gehirne der Menschen zu spuken.

1779 kam unweit des Bodensees im schweizerischen St. Gallen Peter Scheitlin in der Geborgenheit einer angesehenen Kaufmannsfamilie zur Welt. Der zeit seines Lebens kränkelnde und kaum über seinen Heimatort hinaus bekannte Gelehrte wirkte als Pfarrer und Professor, bekleidete das Amt des Präsidenten mehrerer wissenschaftlicher, künstlerischer sowie gewerblicher Vereine und engagierte sich vorbildlich in der Armenfürsorge. Daneben entstand als einziges größeres Werk sein 1840 bei Cotta erschienener, zweibändiger *Versuch einer vollständigen Thierseelenkunde*, der nach seinem Tod im gesamten deutschen Sprachraum eine bemerkenswerte Wirkung entfaltete. »Stundenlang schrieb er unaufhörlich, oft mit der Hauskatze auf einer Schulter«, heißt es in einer Biographie aus dem Jahr 1929, die sich noch auf mündliche Überlieferungen des Sohnes stützen konnte.

In der Vorrede der knapp 1000 Seiten starken *Thierseelenkunde* skizzierte Peter Scheitlin sein Grundanliegen: »Ich wollte durch meine Ansichten nicht den Menschen erniedrigen, jedoch das Thier höher stellen und den Menschen näher bringen, die zu groß gemachte, widernaturgeschichtliche, unwahre Kluft zwischen Thier und Mensch kleiner machen und Achtung und Liebe zu den niedrigern Wesen lehren und geschichtlich begründen.« Daß Scheitlin mit seinem Werk die wissenschaftliche und populäre Rehabilitation der Hauskatze einleiten würde, wußte er bei der Abfassung mit Sicherheit nicht. Er starb acht Jahre nach der Veröffentlichung.

»Die Katze ist ein Thier hoher Natur«, beginnt sein 23seitiger Text über die Katze, der im Gegensatz zu fast allen anderen wissenschaftlichen Abhandlungen und Artikeln jener Zeit einzig und allein die Hauskatze (und nicht auch die Wildkatze) zum Thema hat. »Schon ihr Körperbau deutet auf Vortrefflichkeit. Alles an ihr ist harmonisch gebaut, kein Theil an ihr ist zu groß oder zu klein. Kein Thierkopf ist schöner geformt.«

Als vorbildlich stellt er die Erziehung der Jungen durch die Katze heraus: »Sind die Jungen größer geworden, und wollen sie spielen, so sitzt die Alte wie eine sanfte, unermüdlich geduldige Hausmutter, zwischen ihnen. Schön ist ihre Gemüthlichkeit, schön der Anblick ihres innigen Wohlgefühls im jungen Kreise, schön, wie sie sich herabläßt, mit ihnen zu spielen. Wäre sie Mensch, wir würden sie als Beispiel aufstellen.« Scheitlin beschreibt weiter mit großer Genauigkeit das Aussehen, die Sinne und das Verhalten der Katze, räumt mit allerlei zeitgenössischen Vorurteilen auf und erweist sich in seinem Text einerseits als intimer Kenner der Katzenseele, andererseits als theoretischer Vorreiter der heutigen Tierrechtsbewegung. So gründlich und einfühlsam, genau und vorurteilslos hat kein wissenschaftlicher Autor vor ihm die Katze beschrieben.

Erziehung der Jungen durch die Mutterkatze. Foto: Lilli Gast

1852, also zwölf Jahre nach der *Thierseelenkunde*, erschienen die *Naturstudien* von Hermann Masius, die im Sinne Scheitlins ebenfalls ein positives Bild der Katze propagierten. Hermann Masius wurde 1818 in Trebnitz (Provinz Sachsen) geboren, wuchs dort in kleinbürgerlichen Verhältnissen auf und erhielt nach einem Studium der Theologie und Philologie sowie verschiedenen Anstellungen als Lehrer 1862 den Ruf zum ordentlichen Professor für Pädagogik in Leipzig. Seine literarisch fruchtbarste Zeit verbrachte er jedoch von 1844 bis 1853 als Gymnasiallehrer in Salzwedel. Dort legte er durch gründliche Naturbeobachtungen die Grundlage für seine *Naturstudien – Skizzen aus der Pflanzen- und Thierwelt*, die es bis zu seinem Tod im Jahre 1893 auf neun Auflagen sowie Übersetzungen ins Holländische und Englische brachten. Im Unterschied zu Scheitlins gelehrter *Thierseelenkunde* erreichten die *Naturstudien* von Hermann Masius breite Kreise der Bevölkerung.

Masius, dem schon sein Abschlußzeugnis ein »schönes poetisches Talent« und »große Veranschaulichungsgabe« attestierte, stellte seinem Text über die Katze dieses programmatische Motto voran: »Von der Parteien Gunst und Haß verwirrt, schwankt ihr Charakterbild in der Geschichte.« Diese historische Unentschiedenheit in der Beurteilung der Katze will Masius beenden, denn »die Katze ist ein Raubthier vollkommenster Art«, was er nicht in Zweifel ziehen konnte, »freilich in winziger Verkleinerung«. Daß er Scheitlins *Thierseelenkunde* kannte, darf vorausgesetzt werden, denn in seiner weiteren Beschreibung des Körperbaus der Katze greift er auf Formulierungen des Gelehrten aus St. Gallen zurück. Vor allem aber würdigt er den bisher eher negativ bewerteten Freiheitsdrang der Katze: »Die Katze ist immer ein halber Wildling. Ferne von dienstbarer Unterwürfigkeit hat sie sich einen unbezwinglichen Freiheitstrotz bewahrt.«

Um seine positive Einstellung der Katze zu unterstreichen, beschreibt er sie in geradezu poetischen Bildern. So zeichnet er das Bild eines schwarzen Katers, der »daliegt wie ein Stück Nacht, aus der nur die grünen Augensterne hervorblitzen«. Und das Schnurren der Katze wirkt auf ihn wie »die süße Gewohnheit des Daseins«. Zum Schluß seines Textes erinnert Masius daran, daß bedeutende Geister der Vergangenheit der Katze zugetan waren. Er erwähnt dabei E. T. A. ↑Hoffmann, Kardinal ↑Richelieu, ↑Petrarca, ↑Lessing und Mohammed (↑Islam).

Nach Scheitlin und Masius schaltete sich schließlich auch Alfred ↑Brehm in die Bemühungen ein, die Katze von ihrem vorurteilsbelasteten Image zu befreien. In seinem *Thierleben* von 1864 ergreift er eindeutig für die Katze Partei: »Je höher ein Volk steht, je bestimmer es sich seßhaft gemacht hat, um so verbreiteter ist die Katze. Wo man sie in ihrem wahren Werthe erkannt hat, verbreitet man sie mehr und mehr. So hat sie nach und nach Heimrecht fast auf der ganzen Erde sich erworben, und erscheint überall als ein lebendes Zeugnis des menschlichen Fortschrittes, der Seßhaftigkeit, der beginnenden Gesittung.« An anderer Stelle des *Thierlebens* räumt auch Brehm mit zeitgenössischen Vorurteilen gegen die Katze auf: »Das geistige Wesen der Katze wird gewöhnlich gänzlich verkannt. Man betrachtet sie als ein treuloses, falsches, hinterlistiges Thier, und glaubt, ihr niemals trauen zu dürfen. Viele Leute haben einen unüberwindlichen Abscheu gegen sie und gebärden sich bei ihrem Anblicke wie nervenschwache Weiber oder ungezogene Kinder.« Brehm zitiert anschließend einige abfällige, häufig vorgetragene Bemerkungen aus der zeitgenössischen wissenschaftlichen Literatur, um abschließend zu folgender Bewertung zu kommen: »Eine derartige Charakterzeichnung enthält wohl ein Körnlein Wahrheit, jedoch weit mehr Unrichtiges, und darf eher eine Verlästerung als eine Beschreibung der Katze genannt werden.« Schließlich zitiert er ganze Seiten aus Scheitlins *Thierseelenkunde*.

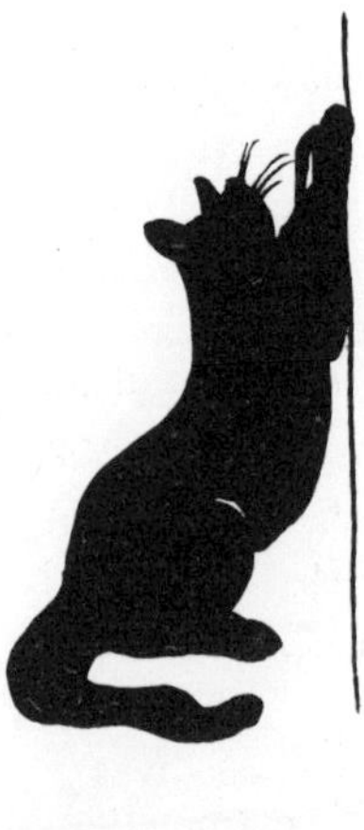

Nach diesen energischen Interventionen zugunsten der Katze setzt langsam ein Umdenken ein. In der zweiten Auflage von Meyers Konversations-Lexikon 1865 sind die negativen Urteile und Ratschläge der Erstausgabe fast vollständig eliminiert. Während 1847 noch festgestellt wurde, daß Katzen »einen ungewöhnlichen Hang zum Stehlen« haben, war nun von einem »großen Hang zum Naschen« die Rede. Die radikale Kehrtwendung der Redaktion wird vor allem an der Einschätzung deutlich, Katzen seien »für den veredelnden Einfluß der Erziehung keineswegs unempfänglich. Die Hauskatze zeigt oft treue Anhänglichkeit an den Menschen und großen Verstand.« Daß Scheitlin und Brehm maßgeblich zu diesem Positionswechsel beigetragen haben, sieht man schon daran, daß die Werke der beiden am Schluß des Stichwortes als weiterführende Literatur genannt sind.

In einen wesentlich größeren Zusammenhang als die drei Vorgenannten stellte der 1813 geborene Kulturhistoriker Victor ↑Hehn das Wesen der Katze. In seinem 1870 erschienenen Werk *Kulturpflanzen und Hausthiere in ihrem Übergang aus Asien nach Griechenland und Italien sowie in das übrige Europa* hielt er fest: »Dies Thier so vollkommen zu zähmen und an den Menschen zu gewöhnen konnte nur dem Ägypter gelingen und war die Arbeit von Jahrtausenden. Nur wenn viele, sehr viele Generationen des Thieres auf dieselbe behutsame, pflegende, liebevolle Art behandelt wurden und in der langen Zeit jede Erfahrung eines verursachten Schmerzes oder zugefügten Leides aus dem Gedächtnis der scheuen Creatur ausgelöscht war, konnte aus der wilden Katze, deren Geschlecht von allen am wenigsten auf Zähmung angelegt scheint, unsere jetzige, anschmiegsame Hauskatze werden.«

Diese Jahrtausende umspannende Perspektive setzte einen Schlußstrich unter die überwiegend negative und vorurteilsvolle Sicht auf die Katze in gelehrten Zirkeln und weiten Kreisen der Bevölkerung. Es dauerte nur noch etwas mehr als einhundert Jahre, bis die Katze ihren Platz als beliebtestes Haustier der Welt einnehmen konnte.

Reinig, Christa (* Berlin 1926), deutsche Schriftstellerin mit der bedenkenswerten Meinung, freie Landkatzen würden nicht miauen. »Die echte alte Katzensprache ist ein vogelähnliches Gurren, so wie es die Katzenkinder von ihren Müttern erlernen. Erst, wenn sie sich an Menschen gewöhnt haben, machen sie miau.« Am 12. August 1961 fuhr die Ostberliner Autorin auf Freundesbesuch in den Westteil der Stadt, wo sie auch übernachtete. Am folgenden Tag erfuhr sie, daß West-Berlin hermetisch abgeriegelt war. Sie würde, wenn sie nach Ost-Berlin zurückkehre, ihre Freunde im Westen vermutlich nie mehr besuchen können. »Ich schlug alle Bitten, Mahnungen, Warnungen, alle Einladungen und Hilfsangebote in den Wind und

Grab von Kolumbus im Köllnischen Park Berlin. Foto: Julia Bachstein

sagte: ›Ich muß Kolumbus füttern‹, ging in den Osten zurück und ließ mich einmauern.« Ihr Kater Kolumbus starb sechs Monate später. Christa Reinig trug den Leichnam in den Köllnischen Park und begrub ihn unter der Monumentalplastik *Herkules und der Löwe*, die 1792 nach einer Skizze von Johann Gottfried Schadow geschaffen worden war. »So bekam er das größte Katzendenkmal der Welt.«

Reisende Katzen Der getigerte Kater Chico mit dem ehrfurchtgebietenden Beinamen »el terrible« kam im Juli 1999 in Las Palmas de Gran Canaria zur Welt. Als ihm im Oktober desselben Jahres Jean-Pierre und Vreni Sauvain zufällig über den Weg liefen, bekam seine Zukunft ein Zuhause: die Segelyacht Vito, mit der das schweizerische Ehepaar knapp ein Jahr vorher zu seiner vierten Weltumsegelung aufgebrochen war. Seit 1968 sind die beiden auf allen Meeren der Welt unterwegs, zumeist unter dem Kommando einer Schiffskatze, wie sie mir selbst mitgeteilt haben. Kurz vor ihrer Begegnung mit Chico war die Stelle als Schiffskater frei geworden, und so heuerte der Graubraune kurzentschlossen an. Inzwischen hat er mehr als 30 000 Seemeilen (das sind über 55 000 Kilometer!) hinter sich gelassen und gehört mit Sicherheit zu den am weitest gereisten ↑Schiffskatzen der Gegenwart. Im Südpazifischen Ozean hat er beispielsweise im Tuamotu-Archipel Atolle und unbewohnte Inseln besucht, von denen Jean-Pierre Sauvain mit einer gewissen Sicherheit annehmen kann, daß sie noch nie zuvor von einer Katze betreten worden sind. Chico wird nicht seekrank, und bei stürmischer See sucht er sich einfach einen sicheren Schlafplatz. Er ist zwar schon ein paarmal über Bord gegangen, aber glücklicherweise noch nicht auf hoher See, sondern in sicheren Häfen. Dort kann er dann an extra für ihn aufgehängten Stricken allein wieder auf die Yacht zurückklettern.

Mit diesem ungewöhnlichen Kater ist eine relativ seltene Spezies unter den Katzen angesprochen, die reisende Katze. Viele Menschen sind der (irrigen) Meinung, solche Katzen gäbe es nicht. »Katzen reisen nicht«, hat der schwedische Schriftsteller Henning Mankell einmal in einer illustrierten Frauenzeitschrift behauptet, »sie sind eben keine spazierenden Tiere.« Falsch, ganz falsch. Es existieren zahlreiche, gutdokumentierte Berichte von Katzen mit sehr ausgeprägter Reiselust. Sie tauchen in diesem Buch unter verschiedenen Stichwörtern auf. In der ↑Armee sind Katzen mit den Soldaten an die Front gegangen, um die Schützengräben und Feldküchen mäusefrei zu halten, und in der Schweiz haben sich Katzen dem ↑Bergsteigen verschrieben. Die schweizerische Autorin Ella ↑Maillart hat über eine Reise mit ihrer Katze Ti-Puss durch Indien ein Buch geschrieben. Eine andere Autorin, Juli ↑Zeh, reist häufig in Begleitung ihrer Katze Tiger und zwei Hunden. Berühmte Schiffskater sind Mrs. ↑Chippy, ↑Simon und ↑Trim, der mit Matthew ↑Flinders als erste Katze Australien vollständig umschifft hat. Eine Katze ist sogar bis in den ↑Weltraum vorgedrungen.

Ein schwarzer Kater namens Morle aus der Bahnhofsgaststätte in Mühldorf am Inn ist hier gesondert zu erwähnen, weil er immer wieder allein in die ↑Eisenbahn steigt, um ein paar Stationen mitzufahren. Die Betreiberin der Gaststätte, Josefine Guerra, fand den verwahrlosten Kater vor zwölf Jahren auf den Gleisen und nahm sich seiner an. Morle dankte es ihr und blieb. Der neugierige Kater erforschte bald die Umgebung der Gaststätte, also den Bahnhof selbst und die umliegenden Geschäfte, die er heute noch gern für ein Nickerchen, eine Liebkosung oder einen Extrabissen aufsucht. Eines Tages wurde es ihm in Mühldorf zu fad, und er stieg in den Zug. Der Schaffner des Regionalzuges kannte Morle und staunte nicht schlecht, als er ihn im Zug entdeckte. Einmal hat es Morle sogar bis zum Münchner Ostbahnhof geschafft. Ein lohnendes Reiseziel wäre ja auch Salzburg – von Mühldorf aus kann man die Mozartstadt in 1:06 Stunden direkt erreichen.

Im Juli 2001 haben Pascal Isoardi aus Barcelonette, einem kleinen Dorf in den französischen Alpen, und seine Frau Anita aus Brand-Erbisdorf die sächsische Heimat verlassen, um auf eine ungewöhnliche Reise zu gehen. Bis zum Gardasee sind sie noch mit dem Bus gefahren – dann ging es zu Fuß in Richtung Portugal weiter. Unterwegs schloß sich Doggenwelpe Tufi (ein Geburtstagsgeschenk) der kleinen Reisegruppe an, weshalb das Lauftempo zunächst reduziert werden mußte. Im Januar 2003 erreichten die drei schließlich nach 6000 Kilometern ohne Hilfe jeglicher Transportmittel Albufeira, wo sie als Tourismusassistenten arbeiteten, um die Reisekasse aufzubessern. Nachdem noch zwei Hengste erworben worden waren, fand Tufi eines Tages im Garten ihres kleinen Mietshauses ein winziges, heimatloses Kätzchen, das sie ebenfalls aufnahmen und auf den Namen Tigris tauften. Glücklicherweise wählte sich Tigris bald darauf einen Pferdesattel als Schlafplatz aus, was eine gewisse Reisetauglichkeit vermuten ließ. Im November 2004 brachen die sechs dann zur Rückreise auf. An das Schwanken des Sattels auf dem Pferd hat sich Tigris schnell gewöhnt. Sie durfte als einzige reiten, die beiden Menschen und Tufi gingen zu Fuß. Der Weg über die winterlichen Pyrenäen war bei Temperaturen weit unter dem Gefrierpunkt sehr strapaziös, und oft zog sich Tigris in einen warmen Pullover unter dem Sattelschutz zurück. In Südfrankreich angekommen, war es dann die Hitze, die den Reisenden zu schaffen machte. Für Tigris mußte ein kleines Sonnenverdeck auf dem Pferdesattel gebaut werden. Immerhin hat die Katze auf dem Weg durch Frankreich ihre Scheu vor Mäusen verloren und ist eine Spezialistin im Mäusefang geworden. Inzwischen hatte die Reisegruppe die Aufmerksamkeit der Medien geweckt. Als »romantische Vagabunden« wurden sie durch eine Reportage in *arte* bekannt, was ihnen unterwegs viel freundliches Entgegenkommen beschert hat. Nach der Heimkehr im Herbst 2005 ging es im Sommer des folgenden Jahres wieder los. Diesmal hieß das Reiseziel Istanbul. Während dieser Artikel geschrieben wird, halten sich die sechs in einem Vorort von Istanbul auf, die beiden Menschen versuchen, in ihren Beruf zurückzukehren. »Aber hier am Bosporus, dem Tor zu Asien, schmieden wir vielleicht bald neue Abenteuerpläne, schließlich ist nach Osten hin viel Platz ...«, schrieb mir Anita Isoardi kürzlich in einer Mail. Irgendwann werden sie also weiterziehen, mit den beiden Pferden, Tufi und der Katze Tigris.

Reiseziele in aller Welt

Alle hier vorgestellten Reiseziele sind zwar sorgfältig recherchiert, aber nicht in jedem Fall selbst bereist worden. Für die Gültigkeit der touristischen Informationen im Anhang des Lexikons (Eintrittspreise, Öffnungszeiten usw.), die sich erfahrungsgemäß im Lauf der Zeit ändern, kann keine Garantie übernommen werden. Daher wird geraten, vor Reisebeginn im Internet bzw. telefonisch aktuelle Informationen einzuholen. Aus Platzgründen konnte hier nur eine Auswahl zusammengestellt werden. Hinweise auf weitere, hier nicht berücksichtigte Reiseziele an www.detlefbluhm.de sind herzlich willkommen!

Australien

Sydney Zwischen Parlament und Botanischem Garten kann man in der Mitchell-Sammlung der Staatsbibliothek von New South Wales in der Macquarie Street eine Bronzestatue des ↑Schiffskaters ↑Trim bewundern. Sie wurde 1996 auf einem Fenstersims aufgestellt, von dem die Plastik auf die Statue von Matthew ↑Flinders herabschaut, dem menschlichen Lebens- und Leidensgenossen des Katers. Zur Einweihung von Trims Denkmal spielte eine Marinekapelle für 400 Ehrengäste. Seitdem ist Trim das Maskottchen der Bibliothek, sogar eines der beiden Museumscafés ist nach ihm benannt.

Belgien

Ypern In dem nahe der französischen Grenze im Westen Belgiens gelegenen kleinen Städtchen Ypern wird alle drei Jahre am zweiten Wochenende im Mai das größte Katzenfest Europas gefeiert – das nächste findet im Jahr 2009 statt. Es geht auf eine spätestens seit dem Jahr 962 nachgewiesene Tradition zurück, in der der Stadtnarr am letzten Tag des jährlichen Volksfestes Katzen vom Rathausturm zu Tode warf. Zum letzten Mal wurde diese Grausamkeit 1817 praktiziert. 1938 begründete man eine neue Tradition und warf für die Kinder Stoffkatzen vom Turm. 1955 wurde die große Katzenparade eingeführt, 1958 verlegte man das Fest auf den zweiten Sonntag im Mai. Es beginnt aber eigentlich schon am Samstag. Um 20:30 Uhr wird das Fest auf dem Großen Markt angekündigt und um 22:30 Uhr zündet man das imposante Feuerwerk. Am Sonntag startet dann um 15:00 Uhr die große Katzenparade mit Prunkwagen, Riesenfiguren und über 2000 Mitwirkenden. Um 18:00 Uhr versammelt man sich auf dem Großen Markt, wenn das »Katzenwerfen« vom Rathausturm stattfindet.

Deutschland

Bamberg Von 1808 bis 1813 lebte E. T. A. ↑Hoffmann in Bamberg. Daran erinnert auf dem Theatervorplatz seit 1983 eine lebensgroße Bronzeplastik, die ihn mit seinem Kater ↑Murr auf der Schulter zeigt. Gleich gegenüber befindet sich das einen Besuch lohnende, zum Museum ausgebaute E. T. A. Hoffmann-Haus. Zu sehen ist dort beispielsweise die Erstausgabe der *Lebensansichten des Katers Murr* (1820) in dem von Hoffmann selbst entworfenen Originaleinband und

Das E.T.A. Hoffmann-Denkmal mit dem geschulterten Kater Murr. Foto: Ulrich Traub

Hoffmanns Todesanzeige für seinen wirklichen Kater Murr vom 1. Dezember 1821.

Bielefeld In der sehenswerten Kunsthalle befinden sich neben der Plastik *Große schwarze Katze* weitere Katzenskulpturen und -skizzen von Richard ↑Haizmann.

Erfurt Wer Erfurt besucht, wird sich die Krämerbrücke aus dem 14. Jahrhundert nicht entgehen lassen. Die 32 Fachwerkhäuser auf der Brücke bilden eine 80 Meter lange, lückenlose Gasse, wie sie in Europa ihresgleichen sucht. Und mit etwas Glück kann man Franz, den Brückenkater, sehen. Er gehört zum Haus der Holzbildhauermeisterin Gabriele Leuschner (Krämerbrücke 22). Dort kann man auch ein sehr schönes Kinderbuch über den Brückenkater Franz kaufen, das nicht nur Kindern Freude macht.

Frankfurt am Main Das 1816 begründete Städel-Museum präsentiert Gemälde, Skulpturen sowie eine graphische Sammlung aus sieben Jahrhunderten und gehört zu den bedeutendsten Sehenswürdigkeiten der Stadt. Katzenfreunde können dort u. a. die Gemälde *Frankfurter Hauptbahnhof* und *Die Synagoge* von Max ↑Beckmann bewundern, auf denen Katzen abgebildet sind. Außerdem besitzt das Städel noch einige Graphiken von Beckmann, auf denen Katzen zu sehen sind. (Wenn man das Museum nur wegen dieser Bilder besuchen möchte, ist ein vorheriges Telefonat angebracht: Die Beckmann-Gemälde sind häufig ausgeliehen.)

Neroth Die kleine Ortschaft liegt inmitten der Vulkaneifel und beherbergt als besondere Attraktion Deutschlands einziges Mausefallenmuseum. Es ist wirklich erstaunlich, was man dort über ↑Mausefallen alles erfahren kann.

Traunstein Im bayerischen Traunstein findet man in einem kleinen, privaten Katzenmuseum über 10 000 Exponate, Figuren, Bilder, Bücher, Hausrat, Textilien usw. Mit einem Raum für thematische Wechselausstellungen, Museumsshop und kleinem Museumscafé.

England

London Am Gough Square 17 steht ein ehemaliges Wohnhaus, in dem der englische Schriftsteller Samuel ↑Johnson von 1748 bis 1759 gelebt hat, die meiste Zeit mit seinem Kater Hodge. Vor dem jetzigen Johnson-Museum enthüllte Londons Oberbürgermeister Sir Roger Cook am 26. September 1997 eine Bronzeplastik des Bildhauers Jon Buckley. Sie zeigt Hodge, der auf einem Band von Johnsons berühmtem Wörterbuch hockt, vor sich eine geöffnete Auster. Die Inschrift auf dem Sockel lautet: »HODGE – A very fine cat indeed«. In Ermangelung einer genauen Vorstellung von Hodge hat Jon Buckley die Statue nach seinem Kater Henry modelliert.

Frankreich

Paris In der nordwestlich von Paris gelegenen Stadt Asnières, die mit ihren fast 100 000 Einwohnern zur Banlieue der Metropole gehört, liegt auf der Ile des Ravageurs der 1899 gegründete, älteste Tierfriedhof Europas. Genaugenommen liegt der älteste Tierfriedhof im Londoner Hyde Park, auf dem von 1880 bis 1915 über 300 Tiere begraben wurden. Aber das waren ausschließlich Hunde, weshalb man eigentlich nicht von einem Tierfriedhof sprechen kann. Dagegen können in Asnière alle Arten ihre letzte Ruhe finden. So liegt dort auch der zahme Löwe begraben, mit dem die Feministin und Mitbegründerin des Friedhofes (Marguerite Durand, 1864–1936) auf den Straßen von Paris spazierenzugehen pflegte. Neben den zahlreichen und teils bizarren Grabsteinen und Monumenten der Erinnerung kann man auch das Grab einer wackeren ↑Schiffskatze mit folgender Inschrift entdecken: »Als alle Menschen schliefen, wachte Pom-Pom und rettete unser Schiff. Wir werden sie nie vergessen! Die dankbare Besatzung der Résistance.« Der Tierfriedhof wurde 1987 unter Denkmalschutz gestellt. Der Fernsehfilm *Der Streuner* von Angela Graas (↑Film, Fernsehfilm) zeigt den Friedhof (und die auf ihm lebenden Katzen) in ungewöhnlich schönen, intensiven Bildern, und erzählt dabei eine sehr anrührende Geschichte.

Banknote mit dem Kater John Pierpont Morgan. Kattenkabinet, Amsterdam

Holland

Amsterdam Inmitten der Altstadt und an einer ihrer schönsten Grachten steht das 1667 erbaute Haus Herengracht 497. Es beherbergt seit 1990 das Kattenkabinet, eine Ausstellung mit über 5000 Bildern, Katzenfiguren, Plakaten, Kacheln usw. Sehenswert sind auch die übrigen Räume des Hauses, Ballsaal, Musikzimmer, Speisesaal und Bibliothek. Das Museum wurde von Bob Meijer in Zusammenarbeit mit seinem rotgestromten Kater John Pierpont Morgan eingerichtet. Der Kater erhielt zu jedem fünften Geburtstag ein besonderes Geschenk, das ihn selbst abbildet. Zum fünften Geburtstag war es eine Porträtzeichnung von Ansel Sandberg, zum zehnten Jahrestag eine Bronzeplastik, und als er fünfzehn Jahre alt geworden war, ließ Bob Meijer eine Ein-Dollar-Banknote drucken, die ganz auf den Jubilar abgestimmt war. Statt George Washington blickt einen John Pierpont Morgan an, und anstelle der Worte »In God we trust« heißt es dort »We trust no dog«.

Italien

Rom | *Cestius-Pyramide* und *Protestantischer Friedhof* An der verkehrsumtobten Via Ostiense steht im Stadtviertel Testaccio und in der Nähe der Metrostation Piramide an der aurelianischen Stadtmauer die vor über 2000 Jahren erbaute Cestius-Pyramide. Gleich dahinter schließt sich der Protestantische Friedhof (Cimitero Protestante) an, der genauer gesagt ein nichtkatholischer Friedhof (Cimitero accattolico) ist. Italienreisende wie die englischen Dichter Keats und Shelley, der Architekt Gottfried Semper und Goethes Sohn August haben hier ihre letzte Ruhestätte gefunden. Nach einer päpstlichen Verordnung waren Beerdigungen von Nichtkatholiken nur nachts erlaubt. Um so erstaunlicher ist die Inschrift über dem Eingang: RESURRECTURIS (Denen, die auferstehen werden). Wenn das Tor geschlossen ist, kann eine kleine Glocke geläutet werden.

Seit der Mitte des 18. Jahrhunderts beherbergt das Areal eine der berühmtesten römischen Katzenkolonien mit heute zwischen 200 und 300 Tieren, die von der ↑Gattara Matilde Talli und ihren zahlreichen Helferinnen versorgt werden – ein Ausflug, der in vielerlei Hinsicht lohnt.

Rom | *Area Sacra di Largo Argentina* Südlich des Pantheon liegt zwischen der Via Florida und der Via di S. Nicola ai Cesarini ein als Area Sacra di Largo Argentina bezeichneter Grabungsbezirk, der erst bei Bauarbeiten Ende der 20er Jahre des letzten Jahrhunderts entdeckt wurde. Seitdem leben frei laufende Katzen auf dem archäologischen Gelände. In den 60er Jahren kümmerte sich der italienische Filmstar Anna ↑Magnani um die Tiere, seit 1994 sorgt sich die frühere Opernsängerin und berühmteste ↑Gattara Italiens Silvia Vivanni um Hunderte herrenloser Katzen, die es sich dort gutgehen lassen.

Römische Katzen. Foto: P. Rast

Am 12. Dezember 2001 fand an der Area Sacra eine denkwürdige Zeremonie statt. Nachdem Rom als erste Stadt der Welt kurz zuvor ein eigenes »Referat für die Rechte der Tiere« eingerichtet hatte, wurde an diesem Tag ein Dekret verkündet, das die Römer verpflichtet, sich um die frei laufenden Katzen zu kümmern.

Rom | *St. Maria del Popolo* In der urprünglich zu Beginn des 12. Jahrhunderts gebauten Kapelle, die als Kirche in ihrer heutigen Gestalt von 1472 bis 1480 neu errichtet und 1655 bis 1660 umgebaut wurde und in deren klösterlichem Anbau Martin Luther von 1510 bis 1511 gewohnt hat, befindet sich vom Eingang aus gesehen bei der dritten Säule linker Hand auf dem Fußboden ein Marmorstein mit der Grabinschrift »Hospes disce novum mortis genus, improba Felis | Dum trahitur, digitum mordet, & intereo | Franciscus Tovar Vallisoletanus, J. U. D.«

(Höre, Besucher von einer neuen Art des Todes: Eine untreue Katze, indes sie mit Würde behandelt wird, beißt und ich gehe zugrunde.) Dies steht jedenfalls im ansonsten sehr zuverlässigen *Allgemeinen Real-Wörterbuch aller Künste und Wissenschaften* von 1796. Der Schriftsteller F. C. Delius hat allerdings vergeblich nach dieser Grabplatte gesucht. Dafür fand er an der bezeichneten Stelle eine Marmorplatte aus dem 19. Jahrhundert, die vermutlich die Gesuchte inzwischen ersetzt hat. Wie dem auch sei: An der ↑Katzenkratzkrankheit, die auch durch Bisse übertragen werden kann, wird der spanische Edelmann, um den es sich gehandelt haben soll, kaum gestorben sein, denn die verläuft nicht tödlich. Möglicherweise hatte die »untreue« Katze die Tollwut. Leider ist über diesen ehemals in Stein gemeißelten Vorgang heute nichts mehr herauszufinden.

Japan

Tokio Der Legende nach stand im westlichen Tokio des 17. Jahrhunderts der kaum beachtete, arme Tempel Gotoku-ji, dessen Mönch sich eine Katze namens Tama hielt, um die er sich rührend kümmerte. Die Katze Tama bemühte sich aus Dankbarkeit, Besucher in den Tempel zu locken. Eines Tages kam der Gouverneur Naokata Ii zufällig an dem Tempel vorbei und folgte Tamas Einladung. Nachdem er den Tempel mit seinem Gefolge betreten hatte, begann ein großes Unwetter, und der Mönch bot ihm Unterschlupf. Dann trug er dem Gouverneur die Lehren Buddhas vor. Naokata Ii konvertierte zum Buddhismus, legte seine Kriegsrüstung ab, spendete sein Vermögen dem Tempel und wurde Jünger des Mönches. Die Katze Tama wurde nach ihrem Tod auf dem Tempelgelände begraben. So jedenfalls haben Mönche dem mir befreundeten Fotografen Mario Ambrosius die Legende geschildert, als er dort für diesen Eintrag recherchierte. (Es werden auch andere Versionen dieser Geschichte kolportiert.) Der Katzentempel liegt innerhalb des Stadtgebietes in einem sehr guten Wohngebiet und ist mit der S-Bahn zu erreichen. Es ist ein aktiver und reicher Tempel der glückbringenden Katze Maneki Neko inmitten einer gepflegten Anlage mit großem Friedhof. Man kann Figuren der Maneki Neko, der japanischen Glückskatze, kaufen und für eine gesonderte Gebühr segnen lassen. Alten Überlieferungen zufolge kamen Katzen übrigens im 6. Jahrhundert aus China nach Japan (↑Bibliothekskatzen). Aus der Regierungszeit des Kaisers Ichijo (980–1011) ist überliefert, daß am 19. Tag des 9. Monats 999 eine Katze am Hof fünf Junge zur Welt brachte. Der Kaiser wies zwei hohe Beamte an, sich um die Gesundheit der Neugeborenen zu kümmern. Die Katzen wurden außerdem von einer Hofdame versorgt und genossen höchste Wertschätzung.

Lettland

Riga. Foto: Kai Grahl

Riga In der lettischen Hauptstadt steht am Livonischen Platz unübersehbar das sogenannte Katzenhaus. Vom Eckturm des imposanten Gebäudes schaut eine buckelnde Katze auf die gegenüberliegenden Gildehäuser. Weil die deutschen Kaufleute einem lettischen Händler die Aufnahme in die Gilde aufgrund seiner Herkunft verweigerten, baute dieser ein Haus gegenüber. Die Katze auf dem Dach zeigte den Gilden ursprünglich das Hinterteil. Wie es heißt, wurde der lettische Kaufmann schließlich doch in die einflußreiche Vereinigung aufgenommen, woraufhin er die Katze umdrehen ließ.

Österreich

Wien Das Naturhistorische Museum ist Wiens erste Adresse für wissensdurstige Naturfreunde. Es zählt zu den zehn besten Museen der Welt und beherbergt in seinen 39 weiträumigen Schausälen unglaublich viele Präparate, Skelette und mineralogische Objekte. Dort kann man auch eine präparierte Afrikanische Falbkatze (Felis lybica) anschauen (↑Feliden), die Stammform aller Hauskatzen dieser Welt (↑Abstammung), ein schönes Tier mit braunweißem Fell, langem, schlankem Schwanz und relativ schmalem Kopf. Sehenswert (neben vielen anderen Tieren) ist auch eine wesentlich kompaktere ↑Europäische Wildkatze. In der Porzellansammlung des Museums für angewandte Kunst ist eine Katze aus der Produktion der Kopenhagener Königlichen Porzellanmanufaktur ausgestellt. Sie wurde 1896 von dem dänischen Jugendstilkünstler Carl Frederik Liisberg (1860–1909) modelliert, ist in hellen Tönen bemalt und glasiert. Die ungewöhnlich schöne Arbeit zeigt eine Katze im Schleichgang, das Gesicht und die Augen voller Entschlossenheit.

Porzellankatze von Carl Frederik Liisberg

Schweiz

St. Gallen Unter der Federführung von Dr. Eva Noser ist ein rühriger Freundeskreis dabei, im schweizerischen St. Gallen ein Katzenmuseum aufzubauen.

Tschechien

Schloß Lnàre Etwa 100 Kilometer südwestlich von Prag, zwischen Pilsen und Budweis, liegt an der E 49 das sehenswerte Barockschloß Lnàre in einem großen Park. Seit dem Juli 2005 beherbergt das kunsthistorische Kleinod neben einem Hotel auch ein Katzenmuseum, das Anna Vanicková, die Ehefrau eines der Mitbesitzer, in vier Räumen des Erdgeschosses eingerichtet hat.

USA

Carmel-by-the-Sea Für Reisende, die in Amerika mit ihrer Katze unterwegs sind, ist das Hotel »The Cypress Inn« im kalifornischen Carmel eine erste Adresse, denn Katzen und Hunde sind hier ausdrücklich und herzlich willkommen. Man kann sogar mit seinem Haustier gemeinsam am Tisch sitzen und für den Liebling spezielle Menüs ordern. (Auch andere Restaurants in der Stadt offerieren Speisen für Katzen und Hunde.) Die Zimmerpreise liegen zwischen 145,– und 575,– US-$, für die Katze sind zusätzlich 30,– US-$ pro Übernachtung zu entrichten. Dafür kann man sie abends auch in »Terry's Bar« mitnehmen. Mitinhaberin des Hotels ist übrigens Doris ↑Day.

Key West Auf einer der Spitze Floridas vorgelagerten Insel liegt Key West, Nordamerikas südlichste Stadt. Hier lebte Ernest ↑Hemingway mit seinen Katzen in einem 1851 erbauten Haus ab 1931. Von einem Schiffskapitän erhielt er als Geschenk den Kater Snowshoes, der sechs Zehen an jedem Fuß hatte, eine seltene Laune der Natur, die in der Medizin als ↑Polydaktylie bezeichnet wird und häufig bei der ↑Maine Coon auftritt. Heute beherbergt das Haus ein Museum, und etwa 60 Katzen leben regelmäßig auf dem Grundstück. Fast die

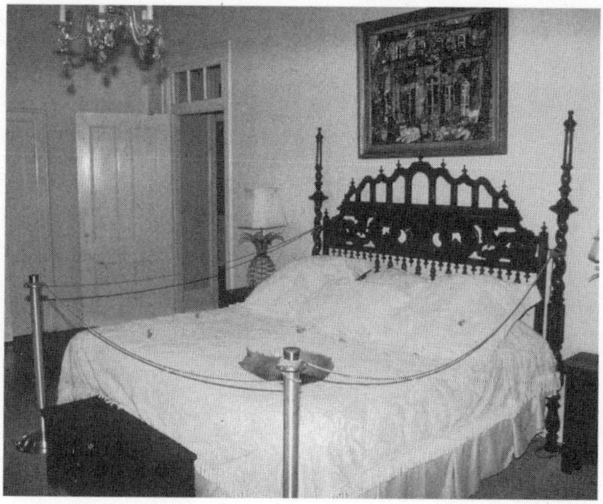

Hemingways Bett in Key West mit Katze. Foto: Stefanie Bisping

Hälfte weisen die genannte Anomalie auf, ihre Stammlinie geht direkt auf Hemingways Kater zurück. Die Katzen werden vom Museum gefüttert, medizinisch versorgt und in der Mehrzahl kastriert, um die Population nicht anwachsen zu lassen. Alle Katzen erhalten einen eigenen Namen, zumeist stehen Schauspieler, Autoren oder Maler dabei Pate. Während dieses Buch geschrieben wird, beschäftigt sich die amerikanische Justiz mit Hemingways Katzen. Nach jahrelangem Streit mit dem Ministerium für Landwirtschaft haben die Verwalter des Hemingway-Hauses nun ein Bundesgericht in Miami angerufen. Das Ministerium möchte, daß die Katzen in Käfige eingesperrt werden, da sie sonst das von einer 1,80 Meter hohen Mauer umgebene Grundstück verlassen könnten. Die Verwaltung will dies den Katzen nicht zumuten und sich juristisch zur Wehr setzen.

New York Im Norden New Yorks – 30 Minuten von Manhattan entfernt – liegt im Westchester County der Vorort Hartsdale mit seinem 1896 gegründeten Tierfriedhof, auf dem inzwischen über 70000 Tiere begraben wurden. Die Haustiere vieler berühmter New Yorker haben auf dem grünen Anwesen ihre letzte Ruhe gefunden.

Revier Jede frei laufende Katze hat ihr Revier, das aus einem Heimbereich, dem »Heim erster Ordnung«, in dem sie ruht oder schläft, frißt oder die Umgebung betrachtet, und ihrem Streifgebiet besteht. Das Streifgebiet der Katze beträgt bis zu einem Quadratkilometer, das des Katers ist mehrfach größer. Die Streifgebiete verschiedener Katzen überlappen sich, wobei es selten zu Begegnungen kommt. Nach Paul ↑Leyhausen sorgen innere Zeitpläne ähnlich Eisenbahnfahrplänen dafür, daß Zusammenstöße vermieden werden. Zum noch sehr wenig erforschten ↑Konvent der Katzen scheinen die Reviergrenzen aufgehoben zu sein. Bei Wohnungskatzen kommt es selten zur Revierbildung, schon weil der zur Verfügung stehende Raum dazu nicht ausreicht.

Richelieu, Kardinal (* Paris 1585, † Paris 1642), bedeutender französischer Kirchen- und Staatsmann. Der einflußreichste Politiker am Hof Ludwigs XIII. hat einmal bemerkt: »Legt mir sechs Zeilen vor, die der ehrenwerteste aller Menschen geschrieben hat, und ich finde in ihnen etwas, das ihn an den Galgen bringen kann.« Der rücksichtslose Machtpolitiker hielt sich in seinem Arbeitszimmer immer zwischen zehn und fünfzehn Katzen, um deren Versorgung sich zwei Bedienstete zu kümmern hatten. Nach dem Aufwachen ließ er sich mehrere Katzen zum Spielen ans Bett bringen, und in seinem Kardinalsgewand soll er immer zwei oder drei Katzen verborgen gehalten haben. Ein zu wesentlich späterer Zeit angefertigtes Gemälde von Charles Édouard Delort (1841–1895) zeigt den Kardinal an seinem Schreibtisch inmitten seiner kleinen Katzenschar.

Rühmkorf, Peter (* Dortmund 1929), deutscher Schriftsteller mit einem stark erkennbaren Hang zu Katzen. Rühmkorf hat 1980 mit *Auf Wiedersehen in Kenilworth* ein von Albert Schindehütte kongenial illustriertes Katzenmärchen geschrieben, in dem der Geist von Schloß Kenilworth die Schloßkatze in ein Menschenmädchen und den Verwalter des englischen Anwesens in einen Kater verwandelt. Nach der ungewollten Transformation erwachen die beiden in Rom bzw. Indien. »Auf Wiedersehen in Kenilworth« ist die einzige Erinnerung an ihr altes Leben, die ihnen bleibt, und der beherrschende Wunsch, der sie antreibt …

Der FAZ gab Rühmkorf ein Interview, das dort am 4. Oktober 1985 unter dem Titel *Warum lassen Sie Ihre Katze nicht mitreden, Herr Rühmkorf?* erschienen ist und inzwischen mehrfach nachgedruckt wurde, beispielsweise in der von Julia ↑Bachstein herausgegebenen Anthologie *Von Katzen & Menschen*. Darin erweist sich Peter Rühmkorf als genauer Beobachter des Verhältnisses zwischen Mensch und Katze. Beispielsweise bei der Beantwortung dieser Frage:

»*Wer weiß mehr über wen, Sie über die Katze oder die Katze über Sie?*«

»Zunächst einmal sind wir beide Haustiere. Ich arbeite den ganzen Tag in der Wohnung, die Katze hat auch irgendwie hier zu tun, das schafft dann ein Klima von wettbewerblicher Koexistenz. Die Katze meint wohl, mich ziemlich genau zu kennen, das heißt, sie hält mich für berechenbar. Andererseits halte ich sie für nicht ganz so unberechenbar, wie sie sich selber einschätzt. Das führt dann gelegentlich zu diesen Ich-kenne-dich-besser-Wettkämpfen.«

Die besagte Katze war übrigens ein

Kater mit Namen Micio, er lief dem Ehepaar Rühmkorf 1969 in Italien zu – und blieb. In Peter Rühmkorfs 2004 veröffentlichter Ausgabe seiner Tagebücher von 1971 bis 1972 wird er mehrfach erwähnt. Unter dem 19. Juni 1972 findet sich dieser Eintrag: »Nach einem kleinen Elbauf-und-Elbabgang eigentümlicherweise Federflaum in der Küche entdeckt, aufgelesen, betrachtet u. auf einmal bemerkt, daß es graubraune Haarbüschel waren. Als sich Micio, stillmaunzend, an meine Hosenbeine schmiegte, sah ich auf einmal den wahren Grund der Bescherung. Beinah bloßliegender Muskel wie bei einem enthäuteten Karnickelbraten. Mein kleiner niedlicher Pazikatz. Hat solche gefährliche Krallen, richtige Rundnadeln, aber nutzt sie im Kriegs- bzw. Ernstfall gar nicht. Wie der Vater – so der Kater.«

Saki (eig. Hector Hugh Munro, * Akyab/Burma 1870, † Beaumont-Hamel 1916), englischer Journalist, Korrespondent und Schriftsteller, fiel als Freiwilliger im Ersten Weltkrieg. Saki hat zwar nur eine kurze Erzählung zum Thema Katze geschrieben, aber die ist so englisch, so komisch und so gut, daß sie hier Erwähnung finden muß. *Tobermory* ist der Kater einer begüterten englischen Familie, die zur Hausparty geladen hat. Einer der Gäste – Mr. Cornelius Appin –, der als klug bezeichnet wird, verblüfft mit der Behauptung, er hätte dem Kater des Hauses das Sprechen beigebracht. Der Kater ist anwesend, also kann die Behauptung schnell überprüft werden. Sie erweist sich als wahr. Nun erlebt und beobachtet ein Kater ja allerhand. Wenn er darüber reden könnte, würde er wohl viel Unruhe auslösen. Das genau ist das Thema von Sakis wunderbarer Erzählung *Tobermory.*

Samos (* Samos 1975, † Berlin, vermutlich 1982), griechischer Inselkater, den der Verfasser dieses Buches im Alter von knapp vier Wochen gemeinsam mit seiner Zwillingsschwester in einem Militärzug nach Berlin schmuggeln ließ. Sechs Jahre später zog man gemeinsam in eine Parterrewohnung der Fasanenstraße, zu der ein kleiner Garten gehörte. Es dauerte ein paar Tage, bevor der Kater die Möglichkeit erhielt, erstmals in Berlin freies Gelände zu erkunden. Die gegenüberliegende Wohnung wurde von einem Nachbarn bewohnt, der sich einen abgerichteten Schäferhund hielt. Gleich an seinem ersten Tag in freier Natur kam es zu einer folgenschweren Begegnung dieser beiden so unterschiedlichen Tiere. Nach anfangs noch vorsichtigen Erkundungszügen innerhalb der Grenzen des eigenen Gartens bemerkte Samos den Schäferhund, der friedlich im milden Sonnenlicht vor den Stufen einer kleinen Terrasse auf der gegenüberliegenden Seite saß. Der Kater duckte sich und schien zu überlegen. Dann wakkelte er kurzentschlossen mit dem Hinterteil, sprang auf und rannte mit großer Geschwindigkeit auf das (aus seiner Sicht) Riesentier zu, das ihn bemerkte, aber lediglich die Ohren spitzte. Bei dem Hund angekommen, sprang Samos auf ihn los und versetzte ihm mit der rechten Pfote einen schrecklichen Schlag auf die Nase, drehte postwendend um und kam zurückgerast, um kurz hinter dem schützenden Holzzaun abrupt zu bremsen und sich umzuschauen. Von dem Hund war allerdings nichts mehr zu sehen. Der hatte sich jaulend in die ihm vertraute Wohnung geflüchtet. Von diesem Tag an waren die Herrschaftsverhältnisse im Gartengebiet zwischen Fasanen- und Uhlandstraße geklärt. Der weitere Umgang der beiden Tiere miteinander kann als respektvoll und konfliktfrei beschrieben werden, wobei der Schäferhund sichtbar Wert darauf legte, die Kreise des stromernden Katers nicht durch seine Anwesenheit zu stören. Ein Jahr darauf kam Samos von einem seiner vielen Streifzüge nicht mehr zurück. Sein Schicksal bleibt bis heute ungewiß. Siehe auch ↑Paul und ↑Shano.

Scheffels Kater Hiddigeigei

Scheffel, Joseph Victor von (* Karlsruhe 1826, † Karlsruhe 1886) Der promovierte Jurist gab seine wissenschaftliche Laufbahn 1852 auf, um Schriftsteller zu werden. 1854 erschien in Stuttgart sein literarisches Erstlingswerk, *Der Trompeter von Säckingen*, das einer der größten Bestseller des 19. Jahrhunderts wurde und zahllose Auflagen erlebte. Eine der Hauptfiguren des Buches ist der Kater Hiddigeigei, der entfernt an Heinrich ↑Heines literarische Katze Mimi erinnert. Doch im Gegensatz zu Heines nach politischer Freiheit dürstenden Mimi ist Hiddigeigei kein optimistischer Charakter. Die *Lieder des Katers Hiddigeigei* beschreiben ihn als misanthropischen Philosophen: »Da ward Hiddigeigei entsetzlich belehrt, | Da ließ er das Schwärmen und Schmachten, | Da ward er trotzig in sich gekehrt, | Da lernt' er die Welt verachten.« Und Hiddigeigei folgert: »Menschentun ist ein Verkehrtes, | Menschentun ist Ach und Krach; | Im Bewußtsein seines Wertes | Sitzt der Kater auf dem Dach!« – Was ja keinesfalls gegen den Kater spricht! Hiddigeigei kann man auch im Internet begegnen. Unter www.trompeter-von-saeckingen.de hat Bad Säckingen eine umfangreiche Trompeter-von-Säckingen-Homepage zur Ankurbelung des Fremdenverkehrs eingerichtet. Hiddigeigei muß dort allerdings mit einer einzigen Seite vorliebnehmen. Immerhin wird die Wirkungsgeschichte des Buches gut dokumentiert.

Schelle Ein altes Sprichwort lautet: »Er hängt einer Katze die Schelle um.« Es bedeutet soviel wie ein Unternehmen auszuposaunen und damit zu gefährden. Genauso wie man die Mäuse vor der Katze warnt und ihre Jagd sabotiert, wenn man ihr eine Schelle oder Glocke an einem ↑Halsband umhängen würde. Der Maler Pieter Brueghel der Ältere (zwischen 1525/1530–1569) hat diese Redewendung 1559 als

Pieter Brueghel, Flämische Sprichwörter (Ausschnitt)

eines von 119 identifizierten Sprichwörtern auf seinem berühmten Gemälde *Die niederländischen Sprichwörter*, das übrigens in der Berliner Gemäldegalerie zu bewundern ist, bildlich umgesetzt. Der Mann, der auf dem Gemälde einer mißmutig dreinschauenden Katze die Schelle umhängen möchte, hat sich für sein Vorhaben gut gewappnet: Er trägt sicherheitshalber eine Ritterrüstung – so groß ist seine Angst vor den Krallen der Katze. Auch in der Literatur taucht das Bild von der Katze und den Schellen auf. Johann Georg ↑Krünitz hat in seiner *Oekonomisch-technologischen Encyklopädie* 1786 diese Fabel kolportiert, leider ohne seine Quelle zu nennen: »Einsmahls hatten die Mäuse einen Reichstag, die große Frage betreffend: wie sie vor ihren grimmigsten Feinden, den Katzen, sich Sicherheit verschaffen möchten. Lange saß die Versammlung. Da fehlte es nicht an den weisesten Vorschlägen. Zuletzt stimmten die meisten für dieses Mittel: man müsse jeder Katze eine Schelle anlegen; da würden dann die Mäuse nichts weiter zu thun haben, als bey dem ersten Geklingel in ihre Höhlen sich zurück zu begeben. ›Herrlicher Rath! Anschlag voll Weisheit!‹ hörte man überall erschallen. Man würde von dieser lauten Bewunderung auch so bald nicht zurück gekommen seyn, wenn eine angesehene alte Maus nicht hervor getreten wäre. ›Ihr findet den Rath herrlich? Wohlan dann, gehe Einer von euch, und hänge der Katze die

Schellen an!‹ – da ward aus dem Sturme eine Windstille. Einer nach dem andern verlor sich aus der Versammlung, und der ganze merkwürdige Reichstag war zerrissen.«

»Schiffskatze«. Foto: Heidi Pohl

Schiffskatzen Etwa 1000 v. Chr. entdeckten die handelstüchtigen Phönizier in Ägypten die domestizierte Hauskatze und brachten zahllose Tiere (trotz Exportverbotes) außer Landes. Der in der übrigen Welt noch unbekannte Mäusejäger vertilgte die lästigen Nager an Bord und ließ sich gewinnbringend im Mittelmeerraum verkaufen. So gelangte die Hauskatze als Schiffskatze nach Europa. Im 15. Jahrhundert und später begleiteten Schiffskatzen jedes Schiff, das auf interkontinentale Fahrt ging. Ohne Katzen hätten Ratten und Mäuse auf den langen Seereisen nach Amerika, Afrika und Asien Nahrung und Schiffsladungen vernichtet. So kam die Hauskatze um die ganze Welt und kolonisierte mit der Zeit alle Kontinente. Der Übergang von Holz- zu Stahlschiffen, die Entwicklung chemischer Ratten- und Mäusevernichtungsmittel und die Einführung der Containerschiffahrt haben zur strukturellen Vernichtung des Berufes der Schiffskatze geführt. Sie existiert heute nur noch als mitfahrende Hauskatze. Berühmte Schiffskatzen: ↑Chippy, ↑Simon, ↑Trim, siehe auch ↑Hängematte, ↑Armee, ↑Reiseziele, Australien, Sidney.

Schlaf ist offensichtlich die Lieblingsbeschäftigung der Katze. »Katzen sind nie müde«, heißt es bei dem Dramatiker Jan Neumann (* 1975). »Entweder sind sie wach oder sie schlafen.« Etwa sechzehn Stunden widmet sie sich täglich dem süßen Nichtstun. Darin wird sie nur vom Opossum (achtzehn Stunden) und der Fledermaus (zwanzig Stunden) übertroffen. Aber Schlaf ist nicht gleich Schlaf, das gilt auch für die Katze. Jeder, der mit Katzen zusammenlebt, hat sicherlich schon bemerkt, wie die ruhende Katze plötzlich ihr Verhalten ändert. Die Pfoten beginnen zu zucken, die Schwanzspitze schlägt leicht aus, sie beginnt leise zu schnattern oder zu maunzen, ihre Bartvibrissen zittern. In diesem Moment brennt im Gehirn der Katze nur noch eine winzige Notbeleuchtung – sie ist im Tiefschlaf angekommen. Vermutlich träumt sie in dieser Schlafphase, aber auch das weiß niemand genau. Nach etwa sechs Minuten fällt sie wieder in den Leichtschlaf, sie liegt bewegungslos auf ihrem Lager, ihre Sinne sind wieder stärker aktiviert. Jede halbe Stunde kommt der Tiefschlaf über sie. Warum die Katze so lange schläft und so lange träumt, sind ebenfalls bis heute nicht schlüssig beantwortete Fragen und ist Gegenstand zahlloser Spekulationen. Schlafforscher haben festgestellt, daß die Länge des Tiefschlafes und die Traumdauer abhängig davon sind, wie hoch das Gehirn entwickelt ist: Fische und Reptilien schlafen traumlos. Vögel träumen immerhin schon fast eine Minute pro Tag, Ratten gleich eine halbe Stunde, der Mensch zwei Stunden. Die Katze träumt fast drei Stunden pro Tag, mehr als jedes andere Lebewesen auf diesem Planeten. Mit diesen drei Stunden, so der französische Autor Jean-Louis ↑Hue, »dominiert sie die gesamte Schöpfung«.

Einer Frage, die sich wohl jeder stellt, der mit Katzen zusammenlebt und sie schlafend beobachtet hat, geht der Schriftsteller Günter ↑Kunert in seinem Text *Leben mit Katzen* nach:

Foto: Edith von Welser-Ude

»Und als vermutlich ewig unbeantwortbare Frage: Spielen wir selber, der Mensch, in diesen Träumen eine Rolle? Träumt meine Katze von mir? Wie erscheine ich in ihrem Traum? Wie benehme ich mich in den Bildsequenzen ihres Tiefschlafes? Die Spiegelung der Menschenwelt im Katzentraum bleibt unerahnbar.« – Wie so vieles an der Katze (↑Abwesenheit).

Schmidt, Arno (* Hamburg 1914, † Celle 1979), einer der bedeutendsten Schriftsteller der Nachkriegszeit, »läßt sich, von expressionistischen Stilelementen seiner frühen Prosa abgesehen, keiner zeitgenössischen Literaturrichtung zuordnen«. Diese nach wie vor gültige Einschätzung gab Meyers Enzyklopädie 1977 und ergänzte anschließend etwas polemisch, daß seine Texte »ihren Autor zunehmend als wenig kommunikationsfreudigen Sonderling erkennen« ließen. An Arno Schmidt scheiden sich zwar heute noch die Geister, sein Werk steht jedoch zweifellos wie ein Monolith in der deutschen Literaturgeschichte des 20. Jahrhunderts. Eine der wenigen Kontinuitäten seines Lebens war die enge Verbundenheit mit Katzen. Schon 1934 schrieb er seinem ehemaligen Schulfreund Heinz Jarofsky: »Ich spinne während der Arbeit wie eine Klosterkatze.« Am 31. Januar 1958 schickte er einen Brief an seinen Freund, den Maler Eberhard Schlotter (* 1921). An den Anfang des ansonsten auf Maschine getippten Briefes hat Arno Schmidt (amtliche Usancen karikierend) handschriftlich »Ihr Zeichen: es« eingefügt. Und nach »Unser Zeichen« eine liegende Katze gezeichnet. Als er im selben Jahr vor der Entscheidung stand, das Stadtleben aufzugeben und ein Häuschen in dem kleinen Heidedorf Bargfeld bei Celle zu erwerben, wurde der Kater Purzel um seine Meinung befragt. »Miau, Mio: ich bin schon 3 Jahre, gleich 21 Menschenjahre alt«, notierte Schmidt in seiner *Akte Bargfeld.* »Soll ich denn nie auf ein grünes Wiesel kommen?« In seinem Werk tritt Purzel erst- und einmalig in *DYA NA SORE* (1958) auf. Der Kater wird darin beobachtet, wie er »oben auf dem Regal hinter Büchern wandelte«. Und noch zwei Katzen sind im Werk von Arno Schmidt namentlich erwähnt. Da ist zunächst Hintze, der heimliche Star in *Das steinerne Herz* (1954), ein dreifarbiger Kater (»Dickebuntehintze«), der es in dem Buch auf 16 namentliche und teils ausführliche Erwähnungen bringt. Als »eine Katze mit nationalem Gesicht, schwarzweißrot«, wird Hintze in *Seelandschaft mit Pocahontas* von 1959 beschrieben. Und dann heißt es dort weiter: »›Die dreifarbigen sinn die Besten!‹ beteuerte der Alte erfahren: ›Die bringt Ratten. Bald jeden Tach: das tut nich jede!‹« Schließlich ist noch Conte Fosco zu erwähnen, ein »mächtiger, weißgrauer Kater«, dem alle Katzen des Haushaltes zu verdanken hatten, daß sie von Arno Schmidt während der Arbeit an *Zettels Traum* nicht mehr ins Schreibzimmer gelassen wurden: Er hatte dort in Schmidts wertvolle Cooper-Ausgabe gepinkelt. Conte Fosco heißt übrigens auch der Busenfreund von Sir Percival Glyde in Wilkie Collins (1824–1889) Kriminalroman *Die Frau in Weiß*, den Arno Schmidt ins Deutsche übersetzt hat. Überhaupt wimmelt es in Arno Schmidts Werk von Katzen. Der kenntnisreichen Durchsicht aller Prosawerke Arno Schmidts, die der Berliner Buchhändler Gumny (Danke!) für dieses Lexikon unternommen hat, entnehmen wir als quantitatives Ergebnis, daß dort insgesamt 123 felide Fundstellen enthalten sind (eins, zwei, drei: eine logische, sehr unkätzische Zahlenfolge; das hätte Arno Schmidt bestimmt Freude bereitet), und sie stecken (wie bei diesem Autor nicht anders zu erwarten) voller hintergründiger Bezüge. – Wer diese Zahl verifizieren möchte, halst sich eine ungeheure Arbeit auf. – In seinen Büchern verleihen Katzen einem Sternbild ihren Namen (Joseph-Jérome ↑Lalande), sitzen auf Zaunpfählen und schauen mitleidig verächtlich auf einen Dackel herab, sind manchmal schwul (↑Homosexualität), verstecken Wäscheklammern in Schuhen (auch Tischtennisbälle), stehen im Weg, versprühen nachts Funken, spielen im Korridor, randalieren, bekommen Nachwuchs, werden bekocht (»Katzen essen leidenschaftlich gern gedünstete Pilze, mit Zwiebeln,

Pfeffer, Salz, Kümmel«), zeigen »Krallenfächerchen«, halten immer wieder erwartungsvoll nach der Wurstbüchse Ausschau (und werden selten enttäuscht, auch wenn sie dann als »schmatzende Ruhestörer« gelten), streichen den Menschen um die Beine, dürfen sich über Libby-Milch als Lekkerli freuen, werden gestreichelt und auf den Schoß genommen, beäugen Besucher mißtrauisch, zeigen Wetterwechsel an (↑Aberglaube), schleichen (»dienstlich geduckt« heißt das bei Arno Schmidt) auf Mäusefang, sitzen auf Tischen, stoßen ungeduldige Wehlaute aus, waren in byzantinischer Zeit besser als Wiesel (»der Villicus sagte erst gestern wieder: er wüßte bald nicht mehr, wie ne Maus aussieht!«), lecken sich am Arsch (»dann steht 1 Pelz-Stelz-Bein so hoch in die Luft weg!«), werden mit Arsenik vergiftet und müssen also für die Erfindung von Gottes Ebenbild büßen, stehen mit den Vorderpfoten auf dem Schemelrand und schauen angeregt beim Kochen zu, sind ein Sinnbild der unerreichbaren Freiheit (»Und das ist ja einer der seltenen Fälle, wo der Singular mehr ist als der Plural: ›Freiheiten‹ gewährt man den Völkern allenfalls noch; DIE FREIHEIT nimmermehr«), beobachten das Tun der Menschen, sitzen herum und schnurren oder sind einfach nur genannt, also präsent – dies alles sei hier nur erwähnt, um wenigstens einen kleinen Einblick in das Schmidtsche Katzenuniversum zu geben. In *Kühe in Halbtrauer* (1964) hat Arno Schmidt sogar eine kurze, aber überdeutliche Begründung für seine Katzenliebe gegeben: »die weißgrauschweigende Katze auf dem Erlenstumpf: ›Ich schätze diese Tiere fast über Gebühr; allein schon deshalb, weil sie sämtlich Nicht-Kristn sind.‹« (↑Christentum)

Schmidt-Rottluff, Karl (* Rottluff 1884, † Berlin 1976), deutscher Maler, einer der wichtigsten Vertreter des Expressionismus. Schmidt-Rottluff hat, wie viele Expressionisten (Max ↑Beckmann, Oskar ↑Kokoschka), immer wieder Katzen zum Gegenstand seiner Malerei gemacht. Zu seinen schönsten Katzenbildern zählt die Tuschzeichnung *Die Katze vor der Futterschüssel* von 1913.

Karl Schmidt-Rottluff, Die Katze vor der Futterschüssel, *1913*

Schnurren ↑Katzensprache, Stimmlose Lautgebungen

Schokolade ↑Weihnachten

Schönfeldt, Sybil Gräfin (* Bochum 1927), Publizistin und Buchautorin mit den Schwerpunkten Kinder- und Jugendliteratur sowie Gastrosophie. Die Gräfin mit Hamburger Wohnsitz kann als Freundin echter Katzen kaum durchgehen; in ihrem jüngsten Buch *Meine Katzen* kommentiert sie das darin abgedruckte Bild einer graugetigerten Katze aus den 30er Jahren mit dem Satz: »Die Katze auf der Fotografie war meine Kinderkatze, meine letzte lebendige Katze.« Und an anderer Stelle des Buches erläutert sie kurz, warum sie nach ihrer Kindheit nicht mehr mit Katzen zusammengelebt hat: »Ich werde wohl eine Weile in Großstädten wohnen, dachte ich, und deshalb wollte ich keine lebendige Katze bei mir einsperren.« Aber dann hat sich die Gräfin doch eine Katze gekauft, »zum Trost«, eine Katzenfigur aus Porzellan, die sie die Schlangenkatze nennt. Es sollte nicht die einzige Katzenfigur bleiben. Sie begann zu sammeln, Katzen aus aller Herren Länder, aller Größen und Materialien, Farben und Formen. Diese Sammlung ihrer Katzenfiguren stellt sie in ihrem Buch vor und plaudert darüber so leicht und kenntnisreich, mit stolzer Freude und abgeklärten Erinnerungen, daß dieses kleine, zu ihrem 80. Geburtstag publizierte und liebevoll hergestellte Buch mit seinen schönen Abbildungen einen Sonderplatz in meiner Katzenbibliothek, Abteilung Kuriosa, erhalten hat und hier Erwähnung finden muß.

Schreiner, Margit (* Linz 1953), österreichische Schriftstellerin, in deren Roman *Haus, Friedens, Bruch* der alte Kater und die neue Katze tragende Rollen spielen. »Wenn die kleine Katze den Sessel ›Cumulus‹ vibrieren hört, dann kommt sie schnell gelaufen und setzt sich auf mich. Ich glaube, sie glaubt, der ›Cumulus‹ schnurrt, und sie schnurrt dann auch. Der alte Kater, der das Schnurren ganz allgemein haßt, weiß dann oft nicht, ob er jetzt den ›Cumulus‹ oder die kleine Katze anfauchen soll…« In ihren Romanen und Geschichten tauchen Katzen oft dann auf, wenn von Glück die Rede ist, was keinen Katzenfreund wundert.

Schrobsdorff, Angelika (* Freiburg 1927), deutsche Schriftstellerin, wanderte 1983 nach Israel aus. In ihrem ungemein lesenswerten Erinnerungsbuch *Jerusalem war immer eine schwere Adresse* berichtet sie auch über ihre »Phase mit den herrenlosen Katzen«. Mit feiner Ironie schreibt sie über ihre Zeit in einem der katzenreichsten Viertel Jerusalems. »Ich liebe Katzen und entdecke selbst in den scheußlichsten einen liebenswerten oder eleganten Zug. Und außerdem entdecke ich in jeder eine arme, verfolgte, diskriminierte Kreatur. Also machte ich es mir zur Aufgabe, ihnen ein sorgloses, vor Hunger, Kälte und Not geschütztes Dasein zu bescheren.« Sie mußte allerdings bei ihren Hilfsaktionen lernen, daß israelische

Katzen »vieles von ihren zweibeinigen Mitbürgern angenommen oder gelernt [haben], zum Beispiel das starke Organ, die Chuzpe und die Entschlossenheit, sich nicht nach allgemeingültigen Vorschriften zu richten«. Kein Wunder, daß ihr Leben mit zeitweise über zwanzig Katzen von ihren Freunden und Nachbarn argwöhnisch betrachtet wurde.

Schwab, Gustav (* Stuttgart 1792, † Stuttgart 1850), deutscher Pfarrer und Schriftsteller, der mit seinen *Sagen des klassischen Altertums* (1838–1840) selbst einen Klassiker geschrieben hat. Schwab hat auch die Erlebnisse der Bürger von Schilda aufgezeichnet und überliefert. Über die Schildbürger hinaus weist die Episode mit einer Katze, die die Schildbürger von einem fremden Wandersmann gekauft hatten, um der Mäuse Herr zu werden. Die Schildbürger bekommen aber Angst, daß die Katze nach den Mäusen erst ihr Vieh und dann sie selbst fressen wird. Deshalb beschließen sie, die Katze, die in ihrem Vorratshaus nach Mäusen jagt, mit dem ganzen Haus zu verbrennen. Doch der Versuch mißlingt, die Katze kann durch ein Fenster entkommen und versteckt sich in einem anderen Haus. Mit dem verfahren die Bürger von Schilda ebenso – bis das ganze Dorf verbrannt ist. »Und seitdem gibt es Schildbürger in der ganzen Welt«, heißt es zum Schluß der Erzählung.

Wappen von Ronheim

Schwaben, ehemaliges Stammesherzogtum, das zur Zeit der Auflösung des karolingischen Großreiches im 10. Jahrhundert nach einem erbitterten Machtkampf zwischen den Alaholfingern und den Burchardingern von Burchard I. gegen den heftigen Widerstand der Reichskirche begründet wurde. Die Schwaben galten seitdem als besonders freiheitsliebend. Dies spiegelt sich in einem Ausspruch des französischen Kardinals Jules Mazarin (1602–1661) wider: »Die Katze ist ein Zeichen der ↑Freiheit und wurde von den alten Schwaben wegen dieser Deutung in den Fahnen geführt.« (↑Enzyklopädien der Neuzeit, 16. Jahrhundert) Das 1200jährige Ronheim führt heute noch eine weißsilberne Katze im Stadtwappen.

Schwind, Moritz von (* Wien 1804, † Niederpöcking 1871), österreichischer Maler und Zeichner, neben Carl Spitzweg einer der bedeutendsten Vertreter der deutschen Spätromantik. Moritz von Schwind war mit Franz Schubert, Eduard Mörike und Franz Grillparzer eng befreundet. Er wirkte u.a. in München, Karlsruhe und auf der Wartburg, wo eines seiner berühmtesten Bilder hängt: *Der Sängerkrieg*. 1868 schuf er *Die Katzensymphonie*, ein hinreißendes Notenblatt mit Feder, Pinsel und Bleistift. Er hat das in der Kunstgeschichte einzigartige Werk einem Freund, dem ungarischen Violinisten, Dirigenten und Komponisten Joseph Joachim gewidmet, als dieser zum Gründungsdirektor der Berliner Hochschule für Musik berufen wurde. In einem Brief an Eduard Mörike vom 19. Januar 1869, dem er eine Fotografie der *Katzensymphonie* beilegte, schrieb von Schwind seinem Freund:

»Ich bin Musiker geworden, und zwar Zukunftsmusiker im zweiten höheren Grade. Weg mit dem alten, steifen, trocknen Notensystem! Veraltet, überwunden, abgetanes Zeug – es braucht ein neues, durchgeistigtes, lebensvolles Ausdrucksmittel für meine neuen ungeahnten Gedanken – ob es Töne, Bilder oder der Teufel weiß was sind, das ist auch ganz wurst – ich habe das Unglaubliche geleistet. Beiliegende, Hr. Joachim gewidmete Sonate sei ein redender Beweis.

Er gesteht, daß er nicht imstande ist, sie zu spielen – dieser Hexenmeister auf der Geige! Nebenbei kann bemerkt werden, daß Joachim und ich dem berühmten Orden von der schwarzen Katze angehören und das dieser unscheinbare Anlaß es war, – der diesen Riesenschritt in der Musik hervorrief.«

Die Katzensymphonie *von Moritz von Schwind. Staatliche Kunsthalle Karlsruhe*

Shano (* Berlin 1976, † Berlin 2000), eigentlich Ajashano von Anduin-Palantîr, schwarzer Halbsiamese (Ebony), Abkömmling aus der Kreuzung einer griechischen Straßenkatze mit einem Siamkater, der auf eine eindrucksvolle Ahnengalerie zurückblicken konnte. Shano lebte vom Tag (genauer von der Nacht) seiner Geburt an bis zu seinem Tod ununterbrochen mit dem Verfasser dieses Buches in vier verschiedenen Wohnungen zusammen. (Also immerhin 24 Jahre!) Seiner ungewöhnlichen Herkunft, die ihm in seiner offiziellen Ahnentafel den Vermerk »zuchtuntauglich« eingebracht hat, verdankte er die seltene Kombination aus frecher Gewitztheit, aristokratischem Gleichmut und kühner Intelligenz, die er immer wieder verblüffend unter Beweis stellte. In der Wohnung seiner Geburt, einer Schöneberger 7-Zimmer-Etage, befand sich im Berliner Zimmer eine unverschlossene, aber stets geschlossene Tür, die die Grenze zwischen dem Wohnbereich der Haupt- und dem der Untermieter bildete. Eines Tages kamen die weiblichen Untermieter, um sich zu beschweren. Bei ihrer Heimkehr hätten sie die besagte Tür geöffnet vorgefunden, aber nicht nur diese. Auch die Tür ihres Eisschrankes hätte offengestanden und vor allem seien diverse Lebensmittel abhanden gekommen. Die Verwunderung der Hauptmieter über die vorabendliche Appetitlosigkeit der kleinen Katzengemeinschaft hatte damit eine Erklärung gefunden. Also versprachen die Hauptmieter, diese Tür ab sofort durch den vorhandenen Riegel zusätzlich zu sichern. Groß war das Erstaunen, als die Untermieter wenige Tage später erneut einen verlustreichen Angriff auf ihren Kühlschrank meldeten, für den es keine nachvollziehbare Erklärung zu geben schien. Bis die Hauptmieter eines Tages zufällig beobachteten, wie Shano zur Klinke dieser Tür sprang, sich mit den Vorderpfoten an ihr festhielt und dann mit den Hinterpfoten den Riegel in die waagerechte Position brachte, um schließlich mit einem Ruck der Vorderpfoten die Klinke zu drücken. Dann stemmte er ein Hinterbein gegen den Türrahmen, um so die Tür zu öffnen, die nach dieser eindrucksvollen Demonstration felider ↑Intelligenz mit Hilfe zweier Haken und eines kräftigen Gummibandes endgültig gesichert wurde. Siehe auch ↑Paul und ↑Samos.

Siamesen zählen zu den ältesten ↑Zuchtkatzen. Die kurzhaarige Katzenart mit ihrem ursprünglich dunkel gefärbten Gesicht (auch Pfoten und Schwanz) wurde vor allem in Siam (Thailand) verehrt. Nach Compton ↑Mackenzie liegt »der Ursprung der Siamkatze im dunkeln; am einleuchtendsten ist die Theorie, daß sie eine durch Inzucht entstandene Semi-Albino-Varietät der malaiischen Katze ist und überhaupt nicht verwandt mit den Katzen des Abendlandes«. Eine andere Auffassung besagt, daß die Siam ihren Ursprung in einer vor etwa 500 Jahren in Asien aufgetretenen Mutation hat. Im späten 18. Jahrhundert wurde sie von dem Berliner Arzt und Naturforscher Peter Simon Pallas (1741–1811) erstmals ausführlich beschrieben. Im 19. Jahrhundert gelangte sie nach Europa und avancierte schnell zur Lieblingskatze der feinen Gesellschaft. Siamesen sind besonders erzählfreudig – und laut! Ihre durchdringenden Stimmen sind beeindruckend, aber auch gewöhnungsbedürftig. Erst in den 50er Jahren des 20. Jahrhunderts begann man, die ursprünglich kompakten Tiere als Katze mit sehr graziler Körper- und übertrieben schlanker Kopfform zu züchten. Dabei hat man ihr fast ein Drittel ihres Gehirns weggezüchtet, manche Tiere haben in ihrem schmalen Kiefer nicht genug Platz für alle 30 Zähne. Ab 1987 wurde damit begonnen, die Art wieder auf ihre ursprüngliche Form zurückzuzüchten – mit dem Ergebnis einer größeren Robustheit.

Der im Lager Lodz gestorbene Schriftsteller Paul Kornfeld (1889–1942) beschrieb den Typus der Siamkatze in seinem Buch *Blanche oder Das Atelier im Garten* kurz und bündig so: »Ich weiß nicht, ob Sie wissen, daß ich eine Katze habe, ja, eine Siamesin. Kennen Sie siamesische Katzen? Sie sind beige bis braun, mit weißem Hals, schwarzer Maske, schwarzen Ohren, schwarzem Schwanz, schwarzen Füßen wie schwarze Pantöffelchen und mit hellblauen Augen. Sie ist das wildeste und zugleich zärtlichste und liebebedürftigste Tier.«

Siebeck, Wolfram (* Duisburg 1928), deutscher Gastronomiekritiker, Publizist und Schriftsteller mit einer Katze namens Frau Hoffmann. Der Name der Katze leitet sich von dem Schriftsteller E. T. A. ↑Hoffmann, aber auch von Hoffmanns Stärke (↑Werbung) ab. Siebecks amüsante Plaudereien mit Frau Hoffmann glossieren ein weites Feld von Alltagsereignissen bis hin zu den Höhen (oder Niederungen) der Berliner Lokal- oder Bundespolitik. Die Gespräche mit Frau Hoffmann füllen inzwischen zwei Bände (*Frau Hoffmanns Erzählungen* und *Frau Hoffmanns neue Erzählungen*). Am Schluß des zweiten Buches büchst die gewitzte Katze aus und macht sich auf den Weg nach Berlin. Man darf auf den dritten Band gespannt sein.

Simon (* Hongkong 1947, † Hackbridge 1949), Schiffskater auf dem Schlachtschiff Ihrer Majestät »Amethyst«. In den Wirren des chinesischen Bürgerkrieges, der am 1. Oktober 1949 mit der Gründung der Volksrepublik durch Mao Tse-tung endete, vertrat England offiziell eine neutrale Position, und die »Amethyst« war auf dem Jangtsekiang stationiert. Im Mai 1948 kam Simon, ein schwarzweißer Kater, der im Geschäft eines Schiffsausstatters geboren worden war, als offizieller Schiffskater und Mitglied der Mannschaft auf die »Amethyst«. Er erhielt ein rotes Halsband mit einer runden Metallplakette, auf der die Inschrift »Simon« und darunter »HMS Amethyst« eingraviert war. Simon freundete sich mit vielen Matrosen und Offizieren schnell an und wurde der besondere Liebling von Kapitän

Simon von der »Amethyst«. Foto: Imperial War Museum, London

Griffiths. Beim Essen durfte er am Kapitänstisch Platz nehmen. Am 20. April 1949 geriet die »Amethyst«, obwohl sie deutlich als englisches, also neutrales Schiff gekennzeichnet war, etwa 100 Seemeilen von der Mündung des Jangtsekiang entfernt auf einer Routineflußfahrt unerwartet unter Kanonenbeschuß rotchinesischer Einheiten und lief infolge der schweren Treffer auf einer Sandbank fest. Der Kapitän und 24 Marines starben bei dem kurzen, aber heftigen Angriff, und auch Simon blieb nicht verschont. Geschoßteile verletzten seine Vorderpfoten und durchschlugen seinen Brustkorb. Im Gesicht erlitt er Brandverletzungen, seine Schnurrhaare wurden versengt. Nach der schweren Kanonade begannen komplizierte Verhandlungen zwischen den kommunistischen und den englischen Offizieren über ein freies Geleit für die »Amethyst«. Ein paar Tage später fanden Matrosen Simon in einer dunklen Ecke, in die er sich (wie um zu sterben) zurückgezogen hatte. Der schwerverletzte Kater wurde sofort untersucht und medizinisch versorgt. Ein Querschläger hatte sein Herz verletzt, und seine Überlebenschance war eher gering. Doch zur Überraschung aller erholte sich Simon erstaunlich schnell und konnte schon bald wieder seiner Hauptbeschäftigung, dem Ratten- und Mäusefang, nachgehen. Das war auch dringend nötig und eine Frage des Überlebens. Denn die Verhandlungen über einen freien Abzug der »Amethyst« zogen sich in die Länge, und es schien, als würden sie bis zum Ende des Bürgerkrieges dauern. In dieser schwierigen Situation entstand eine neue Gefahrenquelle. Zahlreiche Ratten machten sich über das festliegende Schiff und seine Lebensmittelvorräte her. Die aufgestellten Fallen zeitigten nur mäßigen Erfolg, und die Mannschaft war auf Simons Fähigkeiten angewiesen, der trotz seiner Verwundung jeden Tag bis zu fünf Ratten tötete. Insbesonders eine riesige Ratte, fast so groß wie Simon selbst, machte dem Schiff zu schaffen. Die Matrosen hatten sie auf den Namen Mao Tse-tung getauft. Sie überfiel das Schiff täglich mit vielen kleineren Ratten im Gefolge und richtete großen Schaden an. Eines Tages kam es zu dem von der Mannschaft gleichermaßen befürchteten wie ersehnten Kampf zwischen Mao und Simon, aus dem der nach wie vor durch seine Wunden gehandicapte Kater als Sieger hervorging. Simon avancierte vom Liebling der Matrosen zum Kriegsheld. Sein unermüdlicher Kampf gegen die Ratten dauerte mehr als drei Monate, erst dann konnte die »Amethyst« die Heimfahrt zum englischen Flottenstützpunkt antreten. Dort angekommen, versammelte sich die gesamte Mannschaft der »Amethyst« am 1. August zu einer ungewöhnlichen Zeremonie an Deck des Schiffes. Alle Offiziere und Matrosen standen in Reihe, als Simon vom Ersten Offizier mit einem Ordensband der »Amethyst« für seine Verdienste ausgezeichnet wurde. »Es sei hiermit zur Kenntnis gegeben, daß du, Simon, am 26. April 1946, als die ›Amethyst‹ festlag, trotz schwerer Wunden allein und unbewaffnet den Kampf gesucht und Mao Tse-tung besiegt hast, eine Ratte, schuldig an zahlreichen Sturmangriffen auf unsere knappen Lebensmittelvorräte. Es sei weiter festgehalten, daß du bis zum heutigen Tag mit unbeugsamer Treue Seuchen und Schädlinge von der HMS ›Amethyst‹ ferngehalten hast.« Die Nachricht von Simons tapferem Kampf gegen die Ratten und besonders gegen Mao Tsetung ging in der Zeit des Kalten Krieges wie ein Lauffeuer um die Welt, Simon wurde zum Medienstar. Neugierige und Journalisten fanden sich jeden Tag am Schiff ein, um Simon zu sehen und zu fotografieren. Reporter fragten die Seeleute nach Simon aus, man nahm ihm sogar Pfotenabdrücke ab. Die Heimfahrt der »Amethyst« geriet für Simon zu einem Schaulaufen. In jedem Hafen, den das Schiff anlief, warteten schon Pressevertreter auf Fototermine und Interviews, und viele Menschen versammelten sich am Kai, um einen Blick auf den legendären Kater zu werfen. Im August beschloß die Tierschutzorganisation People's Dispensary for Sick Animals (PDSA), Simon als 54. Tier mit der ↑Dickin Medal auszuzeichnen. Zum ersten Mal sollte eine Katze und mit ihr ein Kriegsheld der Marine mit der Medaille geehrt werden. Am 1. November 1949 erreichte die »Amethyst« ihren Heimathafen Plymouth. Doch Simons Berühmtheit bewahrte ihn nicht vor den strengen Regeln der englischen Quarantänebestimmungen, er mußte für sechs Monate in ein Tierheim. Dort sollte er am 11. Dezember mit der Dickin Medal ausgezeichnet werden. Die Namensgeberin der Medaille und der Oberbürgermeister von London wollten an der feierlichen Zeremonie teilnehmen. Kurz davor wurde Simon plötzlich krank und bekam hohes Fieber. Der schnell herbeigerufene Tierarzt untersuchte ihn ausführlich, diagnostizierte eine bakterielle Infektion und verabreichte ein Antibiotikum. Doch in der folgenden Nacht starb Simon. Laut der Auskunft des behandelnden Arztes hatte sein durch die Verwundung geschädigtes Herz einfach aufgehört zu schlagen. Auch diese traurige Nachricht verbreitete sich blitzschnell. Radiostationen und Zeitungen meldeten weltweit Simons Tod. Das *Time Magazine* rückte sein Foto unter der Überschrift »In Honoured Memory« in die Todesanzeigen ein. Simon wurde auf dem Tierfriedhof der PDSA in Ilford in einem eigens hergestellten Sarg beigesetzt, der mit einem kleinen Union Jack bedeckt war. Auf seinem Grabstein, der heute auch im Internet unter www.pdsa.org.uk/ilfordcemetery.html besichtigt werden kann, steht folgende Inschrift: »In Erinnerung an Simon | Gedient auf der HMS Amethyst von Mai 1948 bis September 1949 | Ausgezeichnet mit der Dickin Medal im August 1949 | Gestorben am 28. November 1949 | Während des Vorfalls am Jangtsekiang war sein Verhalten von größter Vorbildlichkeit.«

Sinne

Während die Spezies Mensch ein relativ junges Erdengeschöpf ist – die meisten Wissenschaftler gehen davon aus, daß die eigentlichen Vorfahren des Menschen vor etwa 40 000 Jahren das Licht der Welt erblickt haben –, kann die *Katze* auf eine Evolutionsgeschichte von annähernd 20 Millionen Jahren zurückblicken (↑Abstammung). In dieser unermeßlichen Zeitspanne haben sich die Sinne der Katze bis zur Vollendung perfektioniert. Damit sind nicht der Leistungsumfang und die Leistungsfähigkeit jedes einzelnen Sinnesorgans gemeint, sondern das Zusammenspiel aller Sinne, die Feinabstimmung ihrer unterschiedlichen Wahrnehmungen.

Gefühl

Die Haut ist das größte Organ jedes Säugetieres. Bei der Katze gehört das Fell dazu. Darüber und über die Haut mit ihren Nervenzellen erhält die Katze wichtige Informationen. Die Natur hat die Katze mit einem dichteren Fell als jedes andere Haussäugetier ausgestattet. Die obere Schicht ihres Haarkleides besteht aus langen Leithaaren und dem geschmeidigen Grannenhaar. Darunter wächst ihr weiches Vollhaar, dessen Dichte sich je nach Jahreszeit ändert. Hauptaufgabe dieser komplexen Behaarung ist die Thermoisolation – das Fell schützt die Katze gleichermaßen vor Hitze und Kälte, Nässe und Wind. Es dient aber auch dem Informationsempfang. Fast ein Dutzend unterschiedlicher Nervenenden umgeben die Haarwurzeln und verwandeln jede Berührung der Katze in einen Nachrichtenfluß. Bei kämpferischen Auseinandersetzungen oder bei der Begattung, beim Beuteschleichen wie beim wohlig empfundenen Streicheln durch den Menschen – stets treffen über das Fell wichtige Informationen im Gehirn der Katze ein und werden blitzschnell verarbeitet. Bei unserer Haut ist das grundsätzlich nicht anders. Allerdings scheint die Informationsfülle, die die Katze über ihr Fell aufnimmt, wesentlich komplexer zu sein. Im Bauchbereich empfindet die Katze das Streicheln des Menschen übrigens deshalb so intensiv und als so angenehm, weil ihre Behaarung dort besonders dicht ist.

Daneben übernimmt das Fell der Katzen aber noch weitere Aufgaben, vor allem im sozialen Bereich: Im Falle einer Bedrohung kann sie ihre äußere Erscheinung erheblich vergrößern, indem sie den Buckel nach oben krümmt und ihre Haare aufstellt. Diese Fähigkeit trifft man bei allen behaarten Säugetieren an. Sie dient ihnen zur gezielten Veränderung von Umriß, Gestalt und Größe ihres Körpers bei Gefahr, aber auch zur Vergrößerung des durch die Haare geformten Luftpolsters bei Kälte.

Kein Wunder also, daß die Katze so viel Zeit und Sorgfalt an den Tag legt, um ihr multifunktionelles Haarkleid zu pflegen. Jeder, der sich ein wenig mit Katzen auskennt, wird deshalb bei dem Wort »Katzenwäsche« verwundert den Kopf schütteln. Vermutlich liegt der Ursprung dieses Wortes, das ja eine rasche und oberflächliche Säuberung bezeichnet, darin, daß die Katze in der Regel wasserscheu ist. Selten hat es jedoch eine unzutreffendere Analogie gegeben. Die gesunde Katze wäscht sich mit einer Ausdauer, Häufigkeit und Hingabe, wie sie bei kaum einem anderen Tier zu beobachten ist. Mit ihrer rauhen Zunge stimuliert sie ihre überall auf der Haut verteilten Talgdrüsen zur Produktion von fetthaltigem Sekret, das sie beim Putzen gleichmäßig auf ihr Fell verteilt. Von dieser weichen, eingefetteten Haarschicht perlt jeder Regentropfen ab. Abgesehen davon, daß die wenigsten Katzen es mögen, verbietet es sich vor allem aus diesem Grund, die Katze regelmäßig zu baden, womöglich noch mit Shampoo zu »säubern« und anschließend einzupudern, wie einige Katzenbücher bedenkenlos anraten. Man zerstört damit die wichtige Schutzschicht ihres Fells und zwingt sie zu einer immensen Arbeit, mit der sie nach einem Bad ihr Haarkleid wieder einfetten muß.

Wenn miteinander vertraute Katzen sich gegenseitig putzen, hat das in der Regel keine hygienischen, sondern soziale Gründe. Jede Katze überdeckt den Eigengeruch der anderen bei der gegenseitigen Fellpflege. Dies wiederum dient der täglichen Bekräftigung und Erneuerung der freundschaftlichen Beziehung. Ähnlich verhält es sich bei ihrem Kontakt zum Menschen. Beim Streicheln der Katze überträgt er seinen Geruch auf sie. Wenn sich die Katze anschließend putzt, was sie fast immer tut, schleckt sie den menschlichen, vertrauten Geruch gewissermaßen auf. Sie genießt beim Streicheln also nicht nur

die körperliche Stimulation, sondern auch die geschmackliche Komponente dieses Vorgangs.

Zum Fell der Katze gehören auch ihre Schnurrhaare, selbst wenn diese erheblich dicker als die gewöhnlichen Haare und mit einer größeren Anzahl von Nervenenden verbunden sind. Der geläufige Begriff »Schnurrhaare« ist insofern mißverständlich, als diese Art verstärkter Haare – wenn auch nicht ganz so dick und lang – ebenfalls an den Wangen, über den Augen, am Kinn und an der Rückseite der Vorderbeine wachsen. Der wissenschaftliche Name dieser Haare lautet Vibrissen, und mit ihnen verfügt die Katze über besondere Tast- und Fühlorgane.

Jede Katze ist mit durchschnittlich zwölf Schnurrhaaren auf jeder Seite ausgestattet, deren Wurzeln dreimal so tief sitzen wie die ihrer anderen Haare und die in vier Reihen angeordnet sind. Die beiden oberen können unabhängig von den unteren Reihen bewegt werden. Die allgemeine Vorstellung, daß die Katze mit Hilfe ihrer Schnurrhaare Öffnungen abtastet und somit die Breite eines Durchganges abmessen kann, ist zwar richtig, aber nur die halbe Wahrheit. In Wirklichkeit ist die Funktion der Bartvibrissen viel komplexer. Um das Phänomen der Schnurrhaare zu verstehen, ist ein kleiner Blick in die Physik nötig. Jeder Körper verändert die normale Luftströmung, indem er leichte Wirbel verursacht. Die Vibrissen der Katze können diese Luftwirbel »ertasten«, ohne den Körper der Beute dabei zu berühren. Selbst die blinde Katze kann sich so durch unbekanntes Gelände bewegen, ohne irgendwo anzustoßen oder herunterzufallen.

Aber auch bei der Jagd leisten die Bartvibrissen unschätzbare Dienste: In dem Moment, in dem die Katze ihre Beute mit den Zähnen gefaßt hat, stellt sie ihre Barthaare nach vorne. Diese umschließen sofort das Beutetier, tasten es ab und signalisieren der Katze unverzüglich die Körperform der Beute und damit die Stelle, wo der Tötungsbiß anzusetzen ist.

Intakte Vibrissen sind für die Katze also lebensnotwendig. Wenn man sie ihnen entfernt, läßt man die Katze im Zustand großer Hilflosigkeit zurück.

Die Vorliebe der Katzen für warme, behagliche Ruheplätze ist sprichwörtlich und gehört zum festen Wissensinventar des Menschen über sein beliebtestes Haustier. In früheren Zeiten stand man dieser Neigung der Katze kritisch gegenüber. So heißt es in einem hauswirtschaftlichen Lexikon von Johannes Colerus aus dem Jahr 1665: »Allein sie liegen gern warm, kriechen des Nachts in die Öfen, und wenn dann Feuer an ihnen bleibt kleben, und sie ins Heu oder Stroh laufen, so können sie einem guten Manne eine jämmerliche Kurzweil anrichten.« Zumindest in unseren Breitengraden scheint Wärme für die Katzen fast so notwendig zu sein wie die Nahrungsaufnahme. Man erlebt kaum eine Katze, die nicht

Siamesin auf Wärmflasche. Foto: Wolfgang Lauter

die Gelegenheit nutzt, sich genüßlich der prallen Sonne auszusetzen oder sich – manchmal stundenlang – in unmittelbarer Nähe einer anderen Hitzequelle aufzuhalten. Axel ↑Eggebrecht hat diese Lust der Katze auf Wärme etwas zugespitzt so formuliert: »Den Platz auf einem heißer werdenden Ofen wird eine Katze unweigerlich erst im allerletzten Augenblick vor dem Gebratenwerden aufgeben, wenn der Geruch der eigenen angesengten Bauchhaare ihre Nase beleidigt.«

Die auffällige Zuneigung der Katze zu Sonnenplätzen und vom Menschen geschaffenen Hitzequellen hat schon immer die Aufmerksamkeit der Menschen erregt und ist in zahlreichen Bildern und Texten festgehalten worden. Hierin unterscheidet sich die Katze von fast allen anderen Tieren, unter denen die Furcht vor dem Feuer weit verbreitet ist. Ihre Vorliebe für Feuer und Wärme macht sie zu einem sonderbaren Geschöpf, zu einem »wundersamen« Tier, das mit diesem Verhalten eine Sonderstellung im Tierreich einnimmt.

In einem prächtig illustrierten, französischen Gebetbuch aus dem Jahre 1345 findet sich die Darstellung einer häuslichen Szene. Ein wohlhabender Mann in Nachtkleidung sitzt in seinem Stuhl vor einem offenen Feuer, über dem ein Kessel hängt, in dem seine Abendmahlzeit köchelt. Zwischen ihm und dem Feuer sitzt eine Katze am Boden, ihr Blick ist nachdenklich auf das Feuer gerichtet. Man sieht daran: Das Interesse der Katze für das Feuer kann weit größer sein als für das Essen.

Bis heute ist der Grund für diese Vorliebe nicht endgültig geklärt. Man findet in der Katzenliteratur auch nur wenige Hinweise darauf. Die von einigen Leuten vertretene Meinung, die Katze sei aufgrund ihrer etwas höheren Körpertemperatur versucht, diese durch das Aufsuchen warmer Plätze konstant zu halten, ist medizinischer Unsinn. Auch die von Desmond Morris ins Gespräch gebrachte Erklärung, das Fell der Katze würde im Sonnenschein das für die Ernährung wichtige Vitamin D produzieren, ist medizinisch nicht haltbar. Vermutlich trifft der Hinweis des Tiermediziners Christian Marquardt zu, daß fast jedes Tier über einen temperaturbedingten Komfortbereich verfügt. Vorstellbar ist, daß der Komfortbereich der Katze in Wärmezonen liegt, die auffällig höher sind als die anderer Haustiere.

Eine plausibel klingende Erklärung dafür, warum die Katze sich so gern wie eingekugelt bettet, gab der Zoologe Otto Schmidt in seinem weitverbreiteten *Lehrbuch der Zoologie* schon 1907. Er machte auf die physikalische Erkenntnis aufmerksam, daß von allen Körpern mit gleichem Rauminhalt die Kugel über die kleinste Oberfläche verfügt und sich deshalb durch den geringsten Wärmeverlust auszeichnet. Dies erklärt, warum die Katze so gern eine eingerollte Ruheposition einnimmt: Sie speichert damit ihre Körperwärme und kann so ihren »temperaturbedingten Komfortbereich« auch im Schlaf aufrechterhalten. Aber letztlich bleibt der Grund für die Neigung der Katze zu warmen Plätzen so offen wie viele andere Fragen auch.

Gehör

Schon die äußere Form dieses Sinnesorgans, die Ohrmuschel, ist erstaunlich: Jede wird unabhängig voneinander von fünfzehn Muskeln gesteuert. Die Ohrmuscheln leisten der Katze bei ihrem permanenten Abhören der Umgebung wertvolle Dienste. Mit ihrer Hilfe kann sie jede Tonquelle exakt orten und die Entfernung zu ihr genau bestimmen. Selbst im Schlaf ruht das Ohr nicht. Uninteressante Geräusche, auch wenn sie noch so laut sind, werden wie im Wachzustand zwar gehört, aber aus der Wahrnehmung ausgeblendet. Doch das noch so leise Trippeln einer Maus, das vorsichtige Aufziehen der Kühlschranktür, Schritte im Garten oder im Hausflur oder andere verheißungsvolle oder beunruhigende Töne führen dazu, daß die Katze binnen Bruchteilen einer Sekunde hellwach und angriffs-, jagd- oder verteidigungsbereit ist. Die Katzenohren sind vierundzwanzig Stunden lang wachsam. Vermutlich ist dies der Grund für die nur sehr kurzen Tiefschlafphasen der Katze und führt dazu, daß sie zum Ausgleich so viel Zeit zur Ruhe braucht (↑Schlafen).

Im anatomischen Aufbau unterscheidet sich das Ohr der Katze im Gegensatz zu ihren Augen kaum von dem des Menschen und von anderen Säugetieren. Über die Ohrmuscheln erreichen die Schallwellen den Gehörgang und anschließend das Trommelfell, das sie an die Gehörknöchelchen weiterleitet. Die dort umgesetzten Schwingungen gelangen nun zum Innenohr, dem eigentlichen Hörorgan, das die Schallwellen in elektrische Impulse umwandelt und über den Gehörnerv an das Gehirn weiterleitet. Erst dort entsteht zusammen mit den anderen Sinneseindrücken die Wirklichkeitswahrnehmung der Katze.

Trotzdem liegen Welten zwischen dem Gehör der Katze und dem des Menschen. Während Menschen auf dem Höhepunkt ihrer Hörfähigkeit höchstens

20 000 Schwingungen (Hertz) pro Sekunde registrieren können – Hunde sind in der Lage, es bis auf die doppelte Anzahl zu bringen –, umfaßt die Hörleistung der Katze vermutlich Töne bis zu 60 000 Hertz. Für den Menschen unhörbar sind die sogenannten Stimmfühlungslaute, mit denen Mäuse und andere Kleinnager sich fortwährend über den »Stand der Dinge« unterhalten. Diese permanente Kommunikation findet auf einer Frequenz von über 40 000 Herz statt, also in einem Hörbereich, den jede Katze mühelos erlauschen kann.

So ausgestattet kann die Katze noch in einer Entfernung von 20 Metern zwei Geräusche genau orten, die nur 40 Zentimeter auseinanderliegen. Sie ist auch in der Lage, zwei verschiedene Geräusche exakt anzupeilen, die zwar aus der gleichen Richtung, aber aus unterschiedlichen Entfernungen stammen. In einem Radius von 15 Metern entgeht ihr nicht das leiseste Geräusch einer Maus. Die Entfernungsmessung zu einer Geräuschquelle und deren Ortung ist so genau, daß selbst blinde Katzen mit Hilfe ihres Gehörs Mäuse, Fliegen und sogar Spinnen fangen können.

Geruch und Geschmack

Früher war man der Auffassung, Katzen seien nicht besonders geruchsbegabte Tiere. Inzwischen denkt die Wissenschaft anders darüber. Amerikanische Verhaltensforscher haben festgestellt, daß neugeborene, noch blinde Kätzchen mit ihrem Geruchssinn nicht nur den Weg zurück ins Nest finden, sondern mit der Nase die Zitze ansteuern, die sie einmal gewählt haben. Katzen können einzelne Aminosäuren unterscheiden und sich an Gerüchen wie ↑Katzenminze oder Baldrian förmlich berauschen.

Im sozialen Leben der Katze spielt ihr Geruchssinn eine ganz entscheidende Rolle. Spezielle Hautdrüsen der Katze sondern unterschiedliche Duftstoffe ab. Sie befinden sich unter dem Kinn, an den Wangen, zwischen den Zehen – diese hinterlassen die sogenannten »Duftspuren« – und an der Schwanzwurzel. Kater verfügen zusätzlich über die sogenannten Analbeutel. Jedem, der mit Katzen zusammenlebt, ist dies vertraut: das Reiben des Kopfes am menschlichen Körper und an unterschiedlichen Gegenständen in der Wohnung, das Entlangstreichen der Katze an einem Tischbein, vom Kopf bis zur Schwanzspitze, das gleiche Verhalten der Katzen untereinander. Bei all diesen, oft mit hohem Buckel vorgenommenen Berührungen geht es hauptsächlich darum, den eigenen Geruch auf andere oder anderes zu übertragen, auf Menschen, auf Katzen, auf Gegenstände. So wird regelmäßig die gesamte Lebenswelt, das Revier der Katze, markiert. Diese Markierungen können von anderen Katzen gelesen und interpretiert werden. Man vermutet, daß Katzen solche Duftno-

ten nicht nur einem individuellen Tier zuordnen können, sondern auch den Zeitpunkt der Markierung und die Stimmung des Verursachers genau erkennen können. Davon geht auch Paul ↑Leyhausen aus, der seinen Beobachtungen allerdings anfügt, daß die Wissenschaft hierüber noch nicht allzuviel weiß. Das gilt auch für die unterschiedlichen Duftfunktionen, die die verschiedenen Hautdrüsen vermutlich haben.

Der Geruchssinn der Katze spielt natürlich auch bei der Nahrungsaufnahme eine entscheidende Rolle. In der Regel beschnuppert sie das ihr hingestellte Futter erst einmal kritisch. Erst wenn diese Geruchsprüfung positiv ausgefallen ist, schmeckt sie mit der Zunge nach. Erst dann entscheidet sich, ob gefressen oder protestiert wird.

Eine Besonderheit des Geruchssinnes der Katze, die sie allerdings mit den meisten Reptilien und vielen Säugetieren gemeinsam hat, sollte abschließend noch erwähnt werden: Manchmal kann man an der Katze beobachten, daß sie bei der Erforschung einer intensiven oder für sie besonders wichtigen Geruchsquelle das Maul aufsperrt und dabei einatmet. Sie zieht damit den Duft in ihre Mundhöhle, wo ein weiteres Geruchsorgan sitzt, das nach einem dänischen Chirurgen des 19. Jahrhunderts benannte ↑Jacobsonsche Organ. Man nennt diesen Riechvorgang ↑flehmen. Wann und warum die Katze flehmt, bei welchen Gerüchen oder Anlässen sie ihr zusätzliches Riechorgan einsetzt, ist allerdings bisher kaum bekannt.

Mit großer Sicherheit kann angenommen werden, daß das, was wir über den Geruchssinn der Katze wissen – seine Bedeutung für die Partnersuche und Partnerwahl, für die Reviermarkierung, für das Zusammenleben mit anderen Katzen und mit Menschen –, lediglich einen Ausschnitt darstellt, daß also der bisherige Wissensstand nur einen Bruchteil der komplexen Geruchswelt der Katze erfaßt.

Gesicht

In Relation zu ihrer Körpergröße besitzt die Katze die größten Augen aller fleischfressenden Säugetiere. Ihr durchschnittlicher Augendurchmesser beträgt 21 Millimeter. Beim viel größeren Menschen liegt er bei lediglich 24 Millimeter. Das Auge der Katze tritt weit aus ihrem Schädel hervor und verfügt so über einen ungewöhnlich breiten Sehwinkel von 280 Grad. Davon entfallen 120 Grad auf das sogenannte binokulare oder stereoskopische Sehen. In diesem breiten Panoramabereich, den beide Augen gleichzeitig erfassen, sieht die Katze räumlich, eine unverzichtbare Voraussetzung zur genauen Abschätzung von Entfernungen. Die Katze kann so einen relativ großflächigen Geländebereich räumlich erfassen, ohne ihren Kopf dabei zu bewe-

gen – ideal für einen geduldigen Jäger, der nicht von seiner Beute bemerkt werden möchte.

Wie beim Menschen entsteht das Bild der Welt erst im Gehirn der Katze. Auf der rückwärtigen Seite des Glaskörpers liegt die Netzhaut, deren empfindliche Sinneszellen die Lichteindrücke in elektrische Impulse umwandeln, die schließlich über den Sehnerv zum Hinterhauptslappen des Großhirns übertragen werden. Erst dort werden die Lichtsignale zu dem Bild zusammengesetzt, das als Sinneswahrnehmung entsteht.

In bezug auf ihre Sehschärfe ist die Katze dem Menschen übrigens nicht überlegen, im Gegenteil. Lediglich im Sehbereich von zwei bis sechs Metern verfügt sie über eine dem menschlichen Auge vergleichbare Sehschärfe. Außerhalb dieses Blickfeldes registriert die Katze ihre Umwelt nur undeutlich. Dennoch bleibt ihr auch in diesem Bereich keine Bewegung verborgen, sie erfaßt sie nur nicht so präzise wie in ihrem visuellen Kernbereich. »Ihren« Menschen erkennt sie trotzdem bis zu einer Entfernung von ungefähr 100 Metern – nicht am Gesicht, wohl aber an seinen charakteristischen Bewegungen und am Körperumriß.

Eine andere Organisation ihrer Sehfähigkeit ergibt für die Katze auch keinen Sinn. Sie benötigt das Scharfsehen nur dort, wo es unbedingt nötig ist: für eine Entfernung von ein oder zwei Katzensprüngen. Die Katze schleicht sich an ihre Beute so nah heran, bis diese in das Sichtfeld gerät, in dem ihre Sehschärfe am besten ist. Dann wird die genaue Entfernung zur Beute optisch vermessen. Die Katze duckt sich zum Sprung und setzt exakt die Muskelkraft und Geschwindigkeit ein, die sie benötigt, um ihr Ziel punktgenau zu erreichen.

Die herausragende Fähigkeit des Katzenauges ist jedoch nicht seine Seh*schärfe*, sondern seine Seh*stärke*, die extreme Lichtempfindlichkeit. Bei hellem Sonnenlicht verengt sich die Pupille des Katzenauges zu einem schmalen Schlitz, um den Lichteinfall zu reduzieren und damit das hochempfindliche Auge vor zuviel Helligkeit zu schützen. In der Dämmerung und während der Nachtstunden weitet sich die Pupille dagegen zu einem schwarzen, kreisrunden Teich. Adaptation nennt man diese »Blendautomatik«, die sich blitzschnell auf sich verändernde Lichtverhältnisse einstellen kann. Ermöglicht wird diese Anpassungsfähigkeit durch eine überproportionale Bestückung der Netzhaut mit Stäbchen. So heißen die Lichtzellen, die in Säugetieraugen für die Lichtempfindlichkeit zuständig sind. Die sogenannten Zapfen steuern dagegen das Farbsehen und die Sehschärfe. Das Katzenauge verfügt über die doppelte Anzahl von Stäbchen, mit denen das menschliche Auge ausgestattet ist, und über entsprechend weniger Zapfen. So erklärt sich die Dominanz der Sehstärke gegenüber der Sehschärfe.

In der Dunkelheit hilft der Katze noch eine andere biologische Besonderheit: Ihr Augenhintergrund ist zusätzlich mit einer reflektierenden Schicht versehen, dem Tapetum lucidum, das als Lichtverstärker fungiert und dafür sorgt, daß sich die Katze auch noch bei sehr starker Dunkelheit visuell orientieren kann. Das Tapetum lucidum ist auch die Ursache des nächtlichen Aufleuchtens der Katzenaugen, das dem Menschen seit alters her so unheimlich erscheint. Bei völliger Dunkelheit hingegen kann auch die Katze trotz landläufiger Vorstellung nichts mehr sehen.

Noch schwächer als ihre Sehschärfe ist das Farbsehen der Katze. Ihr Auge hat nicht nur weniger Zapfen auf ihrer Netzthaut als das menschliche, ihr fehlen auch diejenigen Zapfen, die für rotes Licht empfänglich sind. Deshalb kann sie wohl Grün und Blau unterscheiden, nimmt aber vermutlich Rot und Gelb nur als undiffenrenziertes Grau wahr. Aber das spielt keine besonders wichtige Rolle für die Katze. Denn nachts ist nicht nur jede Katze, sondern einfach alles mehr oder weniger grau. Insbesondere rotes Licht ist bereits in der Dämmerung kaum noch zu erkennen. Insofern wäre rotes Farbsehen für Nachtjäger eine völlig überflüssige Fähigkeit. Da sich überdies ihre Hauptbeute seit Jahrmillionen in einem grauen oder graubraunen Fell durch die Welt bewegt, hat sich das Farbinteresse der Katze schon immer in Grenzen gehalten.

Rätselhafte Sinneswahrnehmungen

Ein altbekanntes, aber immer wieder in Erstaunen versetzendes Phänomen beschäftigt die Verhaltensforschung seit vielen Jahrzehnten. Im späten 19. Jahrhundert erbrachte der heute vorwiegend als Insektenforscher bekannte französische Wissenschaftler Jean-Henri Fabre die experimentelle Bestätigung für die Fähigkeit der Katze, auch unter widrigen Umständen und über lange Wegstrekken zu ihrem Heim zurückzufinden. Er beobachtete mehrmals, daß erwachsene Katzen ihr Zuhause trotz der Distanz und der völligen Unkenntnis der fremden Gegend wiederfanden. Fabre hatte selbst erlebt, wie sein nach Sérignan umgesiedelter Kater sieben Kilometer zurücklegte, um heimzukehren. Dabei hatte der Kater sogar einen Fluß überwunden. Seitdem geistern zahlreiche ähnliche, scheinbar unglaubliche Geschichten durch die Katzenliteratur. Sie stammen vor allem aus Amerika. Dort sollen ausgesetzte, verlorene oder umzugsgeschädigte Katzen auf ihrem Heimweg bis zu 4000 Kilometer zurückgelegt haben.

Die experimentelle Beweislage stützt diese Berichte nicht. Ende der 60er Jahre des letzten Jahrhunderts wurde vom Zoologischen Institut der Universität Kiel diesbezüglich eine umfangreiche Reihe von Tests durchgeführt. Die Forscher kamen zu dem Ergebnis, daß bei einer Entfernung von fünf Kilometern fast alle Versuchstiere den Heimweg fanden, ab zwölf Kilometern keines

mehr. Trotzdem möchte ich die riesigen Entfernungen, die Katzen in Amerika zurückgelegt haben sollen, nicht ausschließlich ins Reich der Legenden verbannen. Abgesehen davon, daß diese Berichte sehr detailliert ausfallen, und auch die Zeitangaben für den Heimweg der Katzen plausibel erscheinen, spricht vor allem unsere geringe Kenntnis der jeweiligen Ursachen, der Motivation sowie der Umstände dagegen, diese Berichte vorschnell der Unwahrheit zu bezichtigen. Ob Katzen sich bei ihrem langen, erfolgreichen Heimweg an elektrischen Kraftfeldern orientieren, am Stand der Sonne oder anderer Gestirne, am geophysikalischen Schwerefeld der Erde oder an sonstigen, vom Menschen bisher unbemerkten oder unbeobachteten Erscheinungen, ist nach wie vor völlig ungeklärt. Der englische Verhaltensforscher Desmond ↑Morris vermutet, daß der Erdmagnetismus eine Erklärung für die Fähigkeit der Katze sein könnte, heimzufinden: »Wenn wir zum Beispiel entdecken, daß Magneten, die an einer Katze befestigt werden, deren Heimfindevermögen beeinträchtigen, dann bekommen wir einen ersten, wenn auch immer noch vagen Eindruck davon, welche erstaunlichen Fähigkeiten diese Tiere im Laufe der Zeit entwickelt haben.«

Ähnlich rätselhaft ist die in vielen persönlichen Berichten dokumentierte Fähigkeit der Katze, Erdbeben im Voraus zu spüren. Auch dazu gibt es schriftliche Äußerungen aus mehreren Jahrhunderten und verschiedenen Weltgegenden. Faßt man diese zusammen, ergeben sich zwei einander ergänzende Verhaltensmuster der Katze, die bereits am Vortag eines Erdbebens oder erst kurz vor dessen Ereignis eintreten können: Katzen, die mit Menschen zusammen wohnen, ändern das Verhalten zu ihrer Bezugsperson, werden unruhig und laut, wecken sie mitten in der Nacht, folgen nicht mehr ihrem gewohnten Tagesablauf, geraten völlig aus dem Häuschen. Freilebende Katzen verschwinden einfach aus der Stadt. Die Naturvölker auf den Nikobaren und Andamanen haben vor der großen, vernichtenden Tsunami-Welle am 26. Dezember 2004 diese Veränderung im Verhalten der Tiere beobachtet und sich rechtzeitig in Sicherheit gebracht, weil sie diese Zeichen aufgrund ihrer Überlieferungen deuten konnten.

Katzen reagieren offensichtlich auch auf Tornados. Der amerikanische Autor Willie Morris beschreibt dies in seinem Katzenbuch *Meine Katze Spit McGee*: »In unserer Gegend gibt es häufig Tornados, und die Radio- und Fernsehsender sind verpflichtet, Tornadowarnungen durchzugeben. Schon Minuten bevor eine Durchsage kommt, spielt Mamie beinahe immer verrückt: stampft mit den Pfoten, rennt ziellos umher, versteckt sich unter den Möbeln.« Dabei muß man bedenken, daß Tornadowarnungen in Amerika in der Regel schon Tage vor Eintreffen des Unwetters durchgegeben werden, wenn der Tornado selbst das Festland oft noch gar nicht erreicht hat.

Zu all diesen Phänomenen konnte noch keine schlüssige wissenschaftliche Erklärung geliefert werden, weshalb viele Forscher diese Aussagen in den Bereich der Mythologie abschieben. Einer der wenigen Wissenschaftler, der dieses Phänomen vorurteilslos untersucht hat, ist Helmut Tribusch, Professor für Physikalische Chemie an der Freien Universität Berlin. Er klagt allerdings darüber, daß kaum Gelder zur seriösen Erforschung der tierischen Vorahnung von Erdbeben bereitgestellt werden. Vier physikalisch meßbare Veränderungen könnten erklären, warum Tiere vor einem Erdbeben ihr Verhalten ändern. Aerosole, winzige Schwebeteilchen in der Luft, werden elektrisch positiv aufgeladen, von Erdbeben und Tsunamis ausgehende Druckwellen treffen eher als das Ereignis selbst ein, eine plötzliche Erwärmung der Erdbebenzone um zwei bis vier Grad ist die Regel und niederfrequente Schallwellen, die sich der Wahrnehmung durch das menschliche Ohr entziehen, sind vor einem Erdbeben meßbar. Einer oder mehrere dieser Faktoren im Zusammenspiel könnten dazu führen, daß Katzen und andere Tiere vor einem Erdbeben und Tsunami ihr Verhalten ändern.

In diesem Zusammenhang hat der Biologe und Tiermediziner Christian Marquardt darauf aufmerksam gemacht, daß die Wahrnehmung elektromagnetischer Felder im Tierreich eine bereits bei Bakterien, Insekten, Fischen, Vögeln und Fledermäusen nachgewiesene Fähigkeit ist, die das Vorhandensein bestimmter Rezeptorstrukturen voraussetzt. Mit diesen Sinnesapparaturen ist es den Tieren möglich, sich über Tausende Kilometer hinweg anhand geomagnetischer Anomalien zu orientieren. Die dazu notwendigen Rezeptoren sind bei der Katze zwar noch nicht bekannt, aber es wird derzeit alles darangesetzt, ihren Biomagnetismus zu erforschen, und es liegt im Bereich des Möglichen, daß auch Katzen über diese Fähigkeiten verfügen.

Sitwell, Edith (* Scarborough 1887, † London 1964), englische Dichterin mit aristokratischer Herkunft und exzentrischem Wesen, die sich oft in barock anmutenden Brokat- oder Seidengewändern, goldenen Turbanen und viel Schmuck sehen ließ. Ihre 1912 in London bezogene Wohnung entwickelte sich schnell zu einem Zentrum der literarischen Moderne. Edith Sitwell hat sich häufig mit Katzen umgeben, auch wenn sie auf Reisen war. Im November 1958 schrieb sie ihrer Sekretärin und späteren Biographin Elizabeth Salter einen Brief aus Castello di Montegufoni: »Hier spielt sich ein entsetzlicher Skandal ab. Savonarola – halte Dich fest – ist ein *Mädchen*. Aber nicht nur das. Sie hat neun Kätzchen getötet und gefressen!!! Sehr ungezogen! Nun muß sie mit einer Anklage wegen Transvestismus, Inzucht, Kindsmord und Kannibalismus rechnen. Aber ich will kein schlechtes Wort über sie hören.« Zu Weihnachten schickte ihr Elizabeth Salter Strümpfe und Spielmäuse nach Italien, und Edith Sitwell amüsierte sich prächtig über die Zollerklärung. »For Dame Edith Sitwell: One pair stockings. One dozen toy mice.«

Höchst amüsiert (und amüsant) erzählt sie von einem Kater, den sie im Haus des Dichters und Kritikers Sir Edmund Gosse (1849–1928) kennengelernt hatte, bei dem sie oft verkehrte. In ihrer Autobiographie *Mein exzentrisches Leben* schildert sie den Kater Buchanan und seine Mitbewohner: »Beherrscht wurde das Haus zum Teil von dem Dienstmädchen Parker, die ein weithin bekanntes Original war, noch mehr aber von Buchanan, einem großen schwarz-weißen Kater. Buchanan, von unbekannter Herkunft, hatte eines Tages das Haus betreten und ganz offenbar die Leitung übernommen. Zu den Mahlzeiten kam er erst herunter, nachdem die ganze Familie im Eßzimmer versammelt war, und wenn es so weit war, bestand er darauf, daß Sir Edmund hinaufging und zum Abendessen läutete. Dann schritt Buchanan würdevoll die Treppe hinab und nahm seine Mahlzeit mit den anderen Familienmitgliedern ein... Ich erinnere mich, wie er einmal, als ich dort zu Abend aß, nach der Mahlzeit auf seine nachdrückliche

Dame Edith Sitwell mit ihrem Kater Leo. Foto: Mark Gerson

Weise den Raum verließ und und Sir Edmund und Lady Gosse in furchtsamem Flüsterton alle denkbaren Ursachen durchgingen, die ihm Anlaß zur Gekränktheit hatten geben können. Buchanan besaß sein eigenes spezielles Briefpapier mit Umschlägen, nicht zu groß, und wenn Sir Edmund auf Reisen ging, diktierte Buchanan täglich Briefe für ihn (Lady Gosse teilte mir flüsternd mit, sie müsse zu ihrem Bedauern sagen, daß Buchanan ein arges Klatschmaul sei), und Sir Edmund beantwortete sie.«

Skasa-Weiß, Eugen (* Nürnberg 1905, † London 1977), gilt als einer der Meister des klassischen Feuilletons in der Nachfolge von Alfred ↑Polgar, Victor ↑Auburtin und Peter Bamm. Er schrieb Kritiken, Reiseberichte, Plaudereien und veröffentlichte über 30 Bücher, wobei er immer wieder auf seine Lieblingsthemen zurückkam: Gärten, Söhne und Katzen. 1998 erschien mit dem Titel *Die Kunst zu schnurren* ein Buch seiner selbsterlebten Katzengeschichten mit Fotografien von Wolfgang Lauter. Die Geschichten sind von großem Witz und feiner Beobachtung: »Die Katze hat sich vorbehalten, dem Menschen ein Rätsel zu bleiben und aus großer Distanz durchblicken zu lassen, daß sie kein Mensch sein möchte.«

Skrzyposzek, Christian (* Chorzów 1943, † Berlin 1999), polnischer Autor, der 1969 über Wien nach Berlin emigrierte. In seinen letzten Lebensjahren wohnte Skrzyposzek mit seiner Frau und vier Katzen zusammen, Kotek, Fedja, Marusia und Mohrle, die seine Vorliebe für Haschisch mit ihm teilten (↑Katzenminze). Vor über 25 Jahren begann er mit der Arbeit an seinem Roman *Die Annonce*, der 2005 posthum veröffentlicht wurde. Darin berichtet er in der Tradition von Sōseki ↑Natsume und E. T. A. ↑Hoffmann aus Sicht der Katze Svetlana über das privilegierte Leben der politischen Führungsschicht zu DDR-Zeiten, Svetlanas Republikflucht und ihre abenteuerlichen Erlebnisse im Westberlin der 70er Jahre.

Smart, Christopher (* Shipbourne 1722, † London 1771), englischer Dichter, verfaßte neben seinem berühmten Werk *A Song to David* das *Jubilate Agno* (Freut euch des Lammes). In diesem Gedichtzyklus im Stil einer monastischen Psalmodie besingt Smart seitenlang seinen Kater Jeoffry: »Denn ich will meinen Kater Gottfried betrachten. | Denn er steht im Dienst des Lebendigen Gottes, dient ihm treulich und täglich. | Denn beim ersten Schimmer der Herrlichkeit Gottes im Osten betet er an auf seine Art. | Denn dies tut er, indem er sich elegant und behende siebenmal um sich selbst ringelt. | Denn er hat den Scharfsinn und das Zischen der Schlange, welches er aus Güte unterdrückt. | Denn er ist nicht aus auf Vernichtung, wenn man ihn gut füttert, und faucht nie, wenn man ihn nicht reizt. | Denn er schnurrt vor Dankbarkeit, wenn Gott zu ihm sagt, er sei ein tüchtiger Kater. | Denn jedes Haus ist leer ohne ihn und ermangelt des Segens im Geiste. | Denn nichts ist lieblicher als seine Ruhe, wenn er schläft. | Denn nichts ist tatkräftiger als sein Leben in Bewegung.« Dieses – in Auszügen zitierte – Poem ist in der Katzenliteratur wohl einmalig und höchst vergnüglich zu lesen. Die Jahre von 1756 bis 1758 verbrachte Smart in einer Londoner Irrenanstalt, in die ihn sein Kater Jeoffry begleitet hat. Der Dichter starb in einem Schuldgefängnis. Das weitere Schicksal von Jeoffry ist nicht bekannt.

Steinlen, Théophile-Alexandre (* Lausanne 1859, † Paris 1923), Maler, Graphiker und Buchillustrator, der vor allem durch seine Plakatkunst Berühmtheit erlangte. Nach dem Kunststudium in Lausanne und einer Ausbildung zum Textilzeichner in Mulhouse zog Steinlen nach Paris. Er ließ sich auf dem Montmartre nieder, wo er schnell Anschluß an die Boheme fand, die sich im Kabarett Le Chat Noir traf. Seinen Namen leitete das humoristisch-kritische Kabarett von Edgar Allan Poes Erzählung *Die schwarze Katze* her. Dort lernte Steinlen Henri de Toulouse-Lautrec, Paul Verlaine, Claude Debussy, Erik Satie, Aristide Bruant und viele andere Künstler kennen. Nach Werbeplakaten für Bäckereien, Milchprodukte und Scholadenfirmen schuf er 1886 das Markenzeichen des Chat Noir, eine den Betrachter mit stechenden Augen fixierende, dämonisch-geheimnisvolle schwarze Katze, die bald zum Wahrzeichen des ganzen Viertels wurde. Sogar eine Schuhmacherei, für die Steinlen 1899 ein Rechnungsformular gestaltete, nannte sich Cordonnerie du Chat Noir. Mit seinem Plakat Chat Noir gelang Steinlen der künstlerische Durchbruch. Er lebte mit Frau und Tochter in einem kleinen Gartenhaus am Montmartre – und mit zahlreichen ↑Straßenkatzen, die er aufnahm. Er beobachtete das Verhalten der Katzen und studierte ihre Anatomie. Seine genaue Kenntnis ihres Wesens half ihm bei der Anfertigung zahlloser Studien, Zeichnungen,

Plakat von Théophile-Alexandre Steinlen für das Kabarett »Le Chat Noir« in Paris

Gemälde und Plakate. Steinlen muß vernarrt in Katzen gewesen sein, anders ist die genaue und einfühlsame Darstellung der Katzen in seinem Werk nicht zu erklären. Es ist auch verblüffend, wie es ihm immer wieder gelang, Katzen auf werblichen und illustrativen Auftragsarbeiten unterzubringen. Man muß sich dazu in Erinnerung bringen, daß das Halten von Hauskatzen in dieser Zeit bei weitem nicht so verbreitet war wie in unseren Tagen. Daß Katzen auf seinem Plakat für eine Tierklinik aus dem Jahr 1905 auftauchen, wundert nicht. Auffällig dagegen ist die Illustration einer Titelseite für das Organ des französischen Mieterverbandes von 1913. Eine obdachlose Arbeiterfamilie mit vier

Kindern sitzt auf dem Bürgersteig. Die älteste Tochter hält eine dreifarbige Katze im Arm, die so traurig und hoffnungslos, so anrührend mitleiderregend ins Leere schaut, wie die ganze Familie. Die dem Elend ausgesetzten Menschen, das ist die Botschaft des Bildes, sind der Hoffnungslosigkeit ausgeliefert, aber den kleinen Kostgänger verstoßen sie trotz aller Not nicht. Hier konnte Steinlen sein soziales Engagement geschickt mit seiner Zuneigung zu Katzen und der Fähigkeit ihrer bildlichen Darstellung verbinden. Die schöne Ausstellung *Auf leisen Pfoten – Die Katze in der Kunst* (deren gleichnamiger Katalog unbedingt empfehlenswert ist) hat Théophile-Alexandre Steinlen im Frühjahr 2007 mit der Einrichtung einer eigenen Abteilung besonders geehrt – und dazu beigetragen, daß einer der bedeutendsten Katzenmaler der Kunstgeschichte einem breiten Publikum vorgestellt wurde.

Storm, Theodor (* Husum 1817, † Hademarschen 1888), deutscher Lyriker und Prosaist, hat das Gedicht *Von Katzen* und den autobiographisch-anrührenden Bericht *Von Kindern und Katzen, und wie sie die Nine begruben* geschrieben.

Straßenkatzen (auch Streuner oder verwilderte Hauskatzen genannt) sind ↑Hauskatzen, die in der Nähe menschlicher Behausungen, aber nicht, auch nicht zeitweise, in einem Haushalt leben, sondern ihr Leben weitgehend ohne menschliche Pflege und Versorgung selbst organisieren. Sie kommen in erheblicher Zahl in Städten, aber auch in kleineren Siedlungsformen vor. 2006 ergab eine »Volkszählung der nichtmenschlichen Einwohner« in Rom die Anzahl von fast 150 000 Streunern. In Berlin schwanken die Schätzungen zwischen immerhin 40 000 und 80 000 Straßenkatzen. Zwar gilt die Hauskatze als ausgeprägter Einzelgänger, doch haben ↑Ethologen inzwischen herausgefunden, daß sich unter Straßenkatzen in der Regel ein erstaunlich differenziertes Sozialverhalten herausbildet. Alpha-Kater verteidigen das Revier gegen Eindringlinge, Katzenmütter ziehen ihre Jungen in regelrechten Hortbetrieben auf, wozu auch Tanten und Ammen hinzugezogen werden, Streifzüge werden in Gruppen unternommen und Feinde gemeinsam bekämpft. Inzwischen wurde auf der ganzen Welt das Sozialverhalten verwilderter Katzenpopulationen untersucht. Paul ↑Leyhausen stellte zum Forschungsstand fest, »daß nicht zwei [Populationen] genau die gleiche Ordrdnung haben. Das steht in auffälligem Gegensatz

zu den übrigen Haustieren, die meist nur noch eine, im Vergleich zur Wildform verarmte, Sozialstruktur entwickeln, wenn sie wieder verwildern.« Beate Kalz vom Berliner Institut für Zoo- und Wildtierforschung hat für ihre Dissertation in der Berliner Innenstadt drei Jahre lang das Leben der Straßenkatzen erforscht. In dem Gebiet von 45 Hektar lebten in diesem Zeitraum durchschnittlich 30 Katzen. Vergleichswerte haben ergeben, daß die Populationsdichte der Berliner Straßenkatzen über 20mal höher ist als in ländlichen Gebieten. In südeuropäischen Städten ist die Ballung von Streunern noch höher. So kann man in Rom in einem 45 Hektar großen Gebiet bis zu 900 Katzen antreffen. In unserer Klimazone stellt vor allem die naßkalte Witterung im Winter ein hohes Gesundheitsrisiko für Streuner dar. Tödlich verlaufende Lungenentzündungen, ansteckende Krankheiten und Unfälle sorgen für eine im Vergleich zu Wohnungskatzen erheblich verkürzte Lebenszeit. Bei den in Berlin untersuchten Straßenkatzen war vor allem die Größe des Streifgebietes der unkastrierten Kater interessant. Es ist etwa 15mal größer als das der kastrierten Kater. Dieser Unterschied ergibt einen Sinn, denn die großen Wanderungen der unkastrierten Kater, die sie auch durch andere Populationen führen, gewährleisten die genetische Vielfalt in der Katzenwelt (↑Inzucht). »Die genetische Vielfalt der untersuchten Katzen entsprach der von wilden Felidenarten«, heißt es in einer Zusammenfassung der Dissertation. »Der Verdacht, daß die verwilderten Berliner Katzen verstärkt unter Inzuchterscheinungen litten, konnte damit widerlegt werden.«

Tabby (* Nidderau 15.10. 1999), deutsche Kartäuserkatze (↑Klosterkatzen) mit Wohnsitz in Frankfurt am Main und erste Katze der Welt, die den berühmten Fragebogen von Marcel Proust beantwortet hat (Erstveröffentlichung in: *Das große Katzen-Lesebuch*). Tabbys Antworten strotzen vor felidem Selbstbewußtsein und offenbaren eine fundierte Kenntnis der Kulturgeschichte ihrer Art. Hier ist eine kleine, appetitanregende Auswahl:

Foto: Marion Schweitzer

»*Ihre Lieblingsgestalt in der Geschichte?*

Winston ↑Churchill, er ließ immer für seine Katze den Tisch mitdecken.

Ihr größter Fehler?

???

Was wäre für Sie das größte Unglück?

Noch 'ne Katze.

Was möchten Sie sein?

Blöde Frage: Wir sind mal als Götter verehrt worden.

Welche militärischen Leistungen bewundern Sie am meisten?

Die Katze, die eine Schäferhund-Parade abnimmt. Davon gibt es ein Foto.«

Bleibt noch die bisher ungeklärte Frage, wie es kommt, daß eine Katze sprechen kann. (Antwort von Tabby: Muß sie ja gar nicht, es reicht doch, wenn sie schreiben kann!)

Taine, Hippolyte (* Vouziers 1828, † Paris 1893), französischer Philosoph, Historiker und Kunstwissenschaftler, der als schwieriger Mensch und Exzentriker galt und 1878 in die Académie française aufgenommen wurde. In Deutschland erkannte Friedrich Nietzsche (1844–1900) als erster seine kulturphilosophische Bedeutung. Taine umgab sich ständig mit mehreren Katzen, ohne die er, wie es heißt, nicht arbeiten konnte. Die ungleichen Wesensmerkmale seiner Katzen verhalfen ihm nach eigener Aussage dazu, bei Betrachtungen der Kunst und Geschichte seinen Blick für die Unterschiedlichkeit von Stilen und Ereignissen zu schärfen. »Ich habe die Philosophen und die Katzen studiert, doch die Weisheit der Katzen ist letztlich um ein weites größer«, resümierte er vor seinem Tod. Er war als exakter, unbestechlicher Wissenschaftler bekannt, weshalb man ihm das Bekenntnis zu seinen Katzen als Marotte durchgehen ließ. Im Nachlaß des sachlich-nüchternen Gelehrten fanden sich überraschend zwölf vollendete Sonette, von denen jeweils vier einer seiner Katzen Puß, Mitonne und Ebène gewidmet waren. In einem dieser Sonette, *L'Absolu*, besingt er einen von »zagen Melodien« erfüllten Weltraum. Das Sonett endet mit den Zeilen: »Glückselige Katzen! Euer Schnurren, das wir hören, | Ist eine Stimme nur aus jenen Himmelschören, | Wo Weltgeheimnis sich dem Dunkel längst entrang. | O feierlicher Klang! Musik wie stilles Beten! | Ich lausche, werde hell; mein Herz wird zum Poeten, | Mein ganzes Herz entbrennt auflodernd im Gesang.« (↑Katzenmusik) Im Internet kann man auf verschiedenen Websites (z.B. Wikipedia) eine Fotografie finden, die Taine in seiner Bibliothek mit einer schwarzweißen Katze im Arm zeigt.

Tapetum lucidum ↑Sinne, Gesicht

Taubheit kommt bei Katzen (von Alterstaubheit abgesehen) so gut wie ausschließlich bei reinweißen Katzen mit blauen Augen vor – bei diesen Katzen wird allerdings weit über die Hälfte des Nachwuchses taub geboren. Weiße Katzen mit verschiedenfarbigen Augen sind in der Regel auf der Seite des blauen Auges taub. Nach Paul ↑Leyhausen scheint »ein erblicher Zusammenhang zwischen der Augenfarbe und pathologischen Veränderungen im Bereich des Ohrlabyrinths« verantwortlich für diese relativ zuverlässig auftretende Anomalie zu sein. Zwar können die auf einem Ohr tauben Katzen fast alle Geräusche hören, nicht aber deren Herkunft lokalisieren. Reinweiße Katzen mit blauen Augen kommen in der Natur äußerst selten vor. Deshalb könnte man dieses Stichwort hier eigentlich auch beenden – wenn es nicht eine ständig wachsende Schar von Liebhabern ebendieser Katzen gäbe, und natürlich Züchter, die genau diesen Markt bedienen. Beide Marktteilnehmer, Züchter und Käufer, wissen, daß sie an der Produktion behinderter Tiere beteiligt sind (↑Qualzucht, ↑Zuchtkatzen). Geradezu absurd wird diese merkwürdige Obsession, wenn man sich in den Chat-Räumen der Liebhaber reinweißer Katzen umschaut. Viele Halter dieser Tiere begründen ihre Liebe zu den Katzen sogar mit deren Behinderung: Gerade weil sie durch die Behinderung benachteiligt sind, hätten sie einen besonderen Anspruch auf vermehrte Zuwendung. Das ist die Mentalität des jugendlichen Elternmörders, der nach vollbrachter Tat Waisengeld beantragt.

Tessa, Delio (* Mailand 1886, † Mailand 1939), italienischer Lyriker, Feuilletonist und Rechtsanwalt wider Willen. Tessa veröffentlichte von 1936 bis 1939 Feuilletons in der Mailänder Zeitung *L'Ambrosiano*, darunter auch den schnurrigen Text *Drei Katzen, ein Mann und andere ambrosianische Geschichten*, in dem er seine Vertrautheit mit Katzen und eine intime Kenntnis ihres Wesens unter Beweis stellt: »Herrchen! Was für ein unpassendes Wort! Die Katzen kennen keine Herrschaft, nur Gastfreundschaft, und es ist noch die Frage, ob sie in einem bestimmten Haus Gastfreundschaft gewähren oder gewährt bekommen«, heißt es dort kurz und bündig.

The Weakerthans (1996 gegründet), kanadische Indie-Rockband mit Kultstatus. Auf ihrem Album *Reconstruction Site* von 2003 veröffentlichte die von dem Sänger, Gitarristen, Songschreiber und Buchverleger John K. Samson gegründete Band mit *Plea from a Cat named Virtute* (Einspruch einer Katze mit dem Namen Tugend) einen eindringlichen Song, in dem die Katze Virtute ihrem menschlichen Mitbewohner dessen Vereinzelung und Depression vorwirft. »Ich schwöre dir, daß ich dich beißen und dein schweres Blut kosten werde, wenn du nicht deine zerstörerischen Selbstbetrügereien beendest, mit denen du dich plagst, seit ich dich kenne.« Den Song kann man unter www.theweakerthans.org anhören, wo auch der gesamte Text des Liedes zu lesen ist.

Tierfriedhöfe Allein in Deutschland stehen etwa 120 Friedhöfe für die Beerdigung oder Kremierung von Haustieren zur Verfügung. Die Kosten für Bestattung und zweijährige Nutzung einer Grabstelle liegen bei einer Hauskatze um 300,– €. Bei Kremierung und Belegung einer Urnenstelle fallen Kosten in Höhe von etwa 360,– € an. Dazu kommen noch Kosten für Sarg oder Urne, Grabstein, Transport des Tierleichnams und weitere Serviceleistungen. Sehenswerte Tierfriedhöfe: ↑Reiseziele in aller Welt (London, New York, Paris).

Tierrechte

Nach altrömischem Recht sind Tiere den toten, unbeweglichen Sachen zugeordnet, verfügen also über keine eigenen Rechte. Das christliche Verständnis des Verhältnisses von Mensch und Tier hat sich die Auffassung des römischen Rechts weitgehend zu eigen gemacht (↑Christentum). Unser Verhältnis zu den Tieren konstituiert sich aber nicht in erster Linie über das Denken, sondern über unser Handeln. Außerdem ist die Frage, welche Rechte wir den Tieren zugestehen, nicht die eines bestimmten Kulturraumes, sondern eine Frage universeller Natur. Und selbstverständlich ist diese Frage wesentlich älter als die jüdisch-christliche Kultur. Im Kern entsteht sie während des fließenden Übergangs von der nomadisierenden Lebensweise des Steinzeitjägers zur dauerhaften Seßhaftigkeit, also in der Zeit, in der der Mensch begann, Tiere zu domestizieren.

Dieser Prozeß der ↑Domestikation ging mit drastischen Einschränkungen im Leben der Tiere einher. Durch Kastration wurden die männlichen Tiere ihres wichtigsten, aber die Tierhaltung und vor allem die gezielte Tierzucht störenden Antriebes beraubt. Sie diente ferner der Selektion geeigneter Zuchttiere zur Verbesserung der Art im Interesse des Menschen. Verschiedene Methoden zur Einschränkung der Bewegungsfähigkeit (Fesseln, Einzäunen usw.) verhinderten, daß die Tiere sich ungezügelt paarten oder wegliefen.

Aber die planvolle Züchtung und Ausbeutung der Tierbestände (Fleisch, Fett, Milch, Fell, Knochen, Arbeitskraft usw.) hatte nicht nur Folgen für die Tiere selbst, sondern auch für den Menschen. Dem Töten eines Tieres durch den Jäger waren Jagd und Kampf vorausgegangen – wie ungleich dieser auch gewesen sein mag. In der Jagd und im Kampf waren sich zwei zwar unterschiedlich bewaffnete, aber jedenfalls freie Wesen begegnet. Die Domestikation beendete diese Form der Fleisch- und Rohstoffgewinnung. Tiere wurden nicht mehr gejagt und getötet, sondern gehalten und geschlachtet. Nicht wenige Anthropologen erkennen in dieser neuen Form der Ausbeutung, also der Tierhaltung, alle Anzeichen der Sklaverei. Jedenfalls lernte der Mensch im Prozeß der Domestikation die Vorteile der planmäßigen Unterwerfung einer anderen Spezies kennen – und übertrug sie bald auf die eigene Art. Die Sklaverei im alten Nahen Osten war für den amerikanischen Historiker Karl Jacoby nichts anderes als »die Ausweitung der Domestikation auf Menschen«. Die Behandlung versklavter Menschen ähnelte denn auch derjenigen, die man sich den Tieren gegenüber angeeignet hatte: Kastration oder Tötung der Männer, Ausbeutung der Arbeitskraft, Nut-

zung der Frauen zur Bestandsvermehrung der »Herde«, Brandmarkung zur Kennzeichnung und damit Sicherung des Eigentums, Einschränkung der Bewegungsfreiheit usw. Die bei der Domestikation erlernten Techniken zur Unterwerfung und Haltung einer anderen Spezies erwiesen sich bei der Sklavenhaltung als nützlich und praktikabel. Die zunehmende Verrohung des Menschen im Umgang mit seiner eigenen Art war der Preis, der dafür gezahlt werden mußte.

Erste Versuche, die Ausbeutung der Tierwelt durch den Menschen in der griechisch-römischen Kultur zu begründen, finden sich in Platons Konzeption der großen Kette der Wesen, wonach sich die Vollständigkeit der Welt in einer Kette unterschiedlichster Wesen und Substanzen abbildet, von den unsterblichen Himmelsgöttern bis hin zum niederen Staub. In diesem hierarchischen System stehen die Menschen natürlich über den Tieren. Der Philosoph Demokrit verwies – als ahne er, welche Folgen Platons Denkmodell haben könnte – ausdrücklich darauf, was die Menschen von Tieren gelernt hatten, beispielsweise das Weben von der Spinne und das Bauen von der Schwalbe, vor allem aber das Singen von der Nachtigall. Aristoteles nahm dann den Faden seines Lehrers Platon auf. In seiner *Politik* schrieb er, Tiere seien »der Menschen wegen da«, die Natur habe sie um seinetwillen geschaffen. Er verglich übrigens auch Sklaven und Tiere. Menschliche Sklaven ähnelten domestizierten Tieren, seien »Sklaven von Natur, für die es besser ist, wenn sie wie Tiere beherrscht werden«.

Der römische Philosoph und Staatsmann Cicero bemerkte dann im ersten vorchristlichen Jahrhundert, alles in der Welt sei um etwas anderes willen geschaffen worden. »So wurden das Korn und die Früchte der Erde um der Tiere willen geschaffen, und die Tiere um der Menschen willen.« Daraus folgt für ihn, daß Menschen »die Tiere für ihre eigenen Zwecke benutzen [könnten], ohne dabei Unrecht zu tun«. In seiner Abhandlung *De esu carnium* (Über das Fleischessen) verwies der griechische Philosoph Plutarch dagegen auf das Lebensrecht der Tiere: »Für ein kleines Stückchen Fleisch rauben wir den Tieren ihre Seele, nehmen ihnen die Sonne, das Licht, die Lebenszeit, wozu sie doch von Natur geschaffen sind.«

Der Streit um die Tierseele oder um die Rechte der Tiere durchzog das gesamte christliche Abendland. Im 17. Jahrhundert verschärfte Descartes den Gegensatz zwischen Mensch und Tier: »Ich habe mich etwas ausführlicher über das Thema der Seele verbreitet, weil es zu den wichtigsten zählt. Denn neben dem Irrtum derer, welche die Existenz Gottes leugnen, ist keiner größer, als sich einzubilden, die Seele der Tiere sei glei-

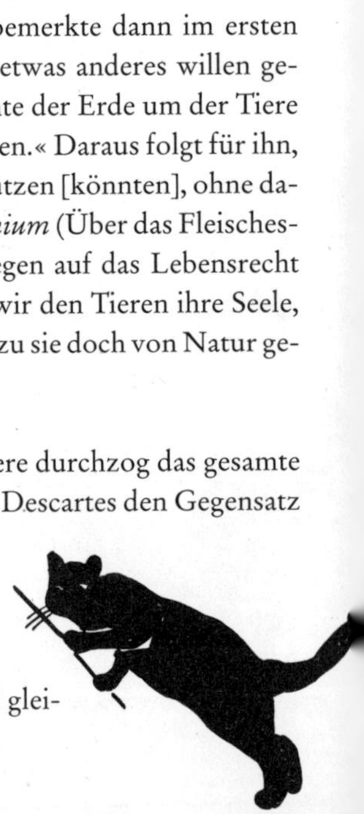

cher Natur wie die unsere. Denn danach hätten wir nach unserem Leben nichts zu fürchten und nichts zu hoffen, so wie die Mücken oder die Ameisen.« Rund fünfzig Jahre später griff Voltaire in den Streit um die tierische Seele ein und erklärte ihre Nichtexistenz.

Widerstand gegen diese Sicht kam vor allem aus England. 1651, ein Jahr nach Descartes' Tod, erklärte Thomas Hobbes, daß das, was Tiere und Menschen gemeinsam haben, der Verstand, nicht aber die Vernunft sei. John Locke sprach bereits 1690 von einem »kriechenden Ding, das in sich eine lebendige Seele hat«, und Voltaires Zeitgenosse David Hume stellte 1740 fest: »Ich halte keine Wahrheit für augenfälliger als die, daß die Tiere mit der Gabe des Denkens und der Vernunft ebensowohl bedacht sind als der Mensch. Was den Menschen überlegen macht, ist hauptsächlich der höhere Grad seiner Vernunft.«

Interessant an dem im 17. und 18. Jahrhundert geführten Streit um die Tierseele ist die Tatsache, daß sich jedenfalls in dieser Frage die Anhänger des christlichen Schöpfungsglaubens und die Aufklärer einig waren. Beide Parteien stimmten darin überein, daß sich der Mensch als Krone der Schöpfung in seinem Wesen fundamental vom Tier unterscheide. Eine Konsequenz dieses tiefverwurzelten Überlegenheitsdenkens war, daß den Tieren alle Rechte abgesprochen wurden. Diese im Kern juristische, aber zusätzlich theologisch unterfütterte Auffassung setzte die Tiere der ungeschützten Verwertung durch den Menschen aus. Dagegen wehrte sich neben vielen anderen auch Arthur Schopenhauer vehement. In seinem Werk *Über die Grundlage der Moral* stellte er 1840 fest: »Die vermeinte Rechtlosigkeit der Tiere, der Wahn, daß unser Handeln gegen sie ohne moralische Bedeutung sei, oder, wie es in der Sprache jener Moral heißt, daß es gegen Tiere keine Pflichten gebe, ist geradezu eine empörende Rohheit und Barbarei … In der Philosophie beruht sie auf der aller Evidenz zum Trotz angenommenen gänzlichen Verschiedenheit zwischen Mensch und Tier, welche bekanntlich am entschiedensten und grellsten von Descartes ausgesprochen ward.« In seinem philosophischen Hauptwerk, *Die Welt als Wille und Vorstellung*, schrieb Schopenhauer 1818: »Die Tiere haben … keine abstrakte Erkenntnis. Denn ihnen mangeln die Begriffe, d. h. die abstrakten Vorstellungen … Der Schritt vom tierischen zum menschlichen Intellekt ist wohl der weiteste, den die Natur bei Hervorbringung ihrer Wesen getan hat. Eine schwache Spur von Reflexion, von Vernunft, von Wortverständnis, von Vorsatz, von Überlegung, gibt sich in den vorzüglichsten Individuen der obersten Tiergeschlechter bisweilen kund, zu unserer jedesmaligen Verwunderung … Daß uns der Anblick der Tiere so sehr ergötzt, beruht hauptsächlich darauf, daß es uns freut, unser eigenes Wesen so sehr vereinfacht vor uns zu sehn.« Schopenhauer beschließt seinen Gedankengang mit folgendem Satz: »Es gibt auf der Welt nur ein lügenhaftes Wesen: es ist der Mensch. Jedes andere ist wahr und aufrichtig, indem es sich unverhohlen gibt als das, was es ist, und sich äußert, wie es sich fühlt.«

Wenige Jahre davor (1780) hatte bereits der englische Jurist und Philosoph Jeremy ↑Bentham die Diskussion schließlich mit dieser klassischen Bemerkung auf den Punkt gebracht: »Die Frage ist nicht, ›können sie [die Tiere] denken?‹, auch nicht, ›können sie sprechen?‹, sondern ›können sie leiden?‹ Warum soll das Gesetz es ablehnen, empfindungsfähige Wesen zu schützen? Die Zeit wird kommen, in der die Menschheit ihren schützenden Mantel über alles ausbreitet, was atmet.«

Die Frage nach der Leidensfähigkeit der Tiere und wie wir uns dazu verhalten führt direkt ins Zentrum der heutigen Auseinandersetzung und zum Kern der Fragestellung überhaupt. An dieser Stelle ist es hilfreich, für einen Moment die Welt der Tiere zu verlassen und sich kurz dem Thema der Menschenrechte zuzuwenden. Der heute weitgehend anerkannte Gedanke der Gleichheit oder genauer der Gleichberechtigung aller Menschen kann sich nicht auf die Gleichartigkeit aller Menschen gründen, denn Menschen sind bekanntlich in vieler Hinsicht sehr verschieden. Menschen unterscheiden sich voneinander durch ihre Hautfarbe, Religion, Rasse, Nationalität, Sprache, Intelligenz usw. usw. Mit anderen Worten, der Hinweis auf die Zugehörigkeit aller Menschen zu einer bestimmten biologischen Spezies allein reicht nicht aus, um den Gedanken der Gleichberechtigung aller Menschen vernünftig zu begründen. Der australische Philosoph Peter Singer hat dieses Dilemma so formuliert: »Es ist einfach eine Tatsache, daß die Menschen verschieden sind, und die Verschiedenheiten betreffen so viele Merkmale, daß die Suche nach einer faktischen Grundlage, auf der sich das Gleichheitsprinzip errichten ließe, hoffnungslos erscheint.«

Um dieses Problem zu lösen, hat man sich in dem Fachgebiet der modernen Philosophie, die sich mit der praktischen Ethik beschäftigt, an Jeremy Bentham und seine Frage von 1780 erinnert, die man natürlich auch in bezug auf den Menschen stellen kann. Im Zusammenhang mit dem Problem einer Begründung der Gleichberechtigung aller Menschen könnte sie so lauten: »Die Frage ist nicht, welche Hautfarbe die Menschen haben, welche Sprache sie sprechen, welchem Glauben sie anhängen usw., sondern: können alle Menschen leiden?« Wenn man allen Menschen eine Leidensfähigkeit (und im Umkehrschluß natürlich auch die Fähigkeit, Glück zu empfinden) zuspricht – und wer wird dem widersprechen wollen? –, hat man ein Prinzip gefunden, auf das sich der Gedanke der Gleichberechtigung aller Menschen philosophisch vernünftig gründen läßt. Denn die Fähigkeit zu leiden und sich zu freuen ist eine Grundvoraussetzung dafür, überhaupt Interesse an etwas empfinden zu können, eine Bedingung, die erfüllt sein muß, bevor wir überhaupt von Interessen sprechen können. Es wäre Unsinn zu sagen, es sei nicht im Interesse eines Steins, daß ein Kind ihm auf der Straße einen Tritt gibt. Ein Stein hat keine Interessen, weil er nicht leiden kann. Nichts, das wir ihm zufügen können, würde in irgendeiner Weise auf sein Wohlergehen Einfluß haben. Ein Mensch dagegen hat ein Interesse daran, nicht getreten zu werden, weil er dabei leiden würde.

Daraus folgt, daß kein Mensch berechtigt ist, das Interesse eines anderen Menschen zu verletzen, bzw. daß die unterschiedlichen Interessen der Menschen in einem ständigen Prozeß des Ausgleichs gegeneinander abgewogen werden müssen. Anders gesagt: Die Tatsache, daß manche Menschen nicht unserer Rasse angehören, berechtigt uns nicht dazu, sie auszubeuten, und ebenso bedeutet die Tatsache, daß manche Menschen weniger intelligent sind als andere, nicht, daß ihre Interessen mißachtet werden dürfen.

Wenn man diesem Prinzip – bei aller Problematik, die im Detail auftreten mag – im Grundsatz folgt, ist es auch auf die Tierwelt anzuwenden. Das meint jedenfalls der Philosoph Peter Singer. Er sagt: »Ich behaupte nun, daß das Prinzip der Gleichberechtigung und Interessensabwägung zwar eine adäquate Basis für menschliche Gleichheit ist, aber eine Basis, die sich nicht auf Menschen beschränken läßt. Ich schlage mit anderen Worten vor, daß wir, wenn wir das Prinzip der Gleichheit als eine vernünftige moralische Basis für unsere Beziehungen zu den Mitgliedern unserer Gattung akzeptiert haben, auch verpflichtet sind, es als eine vernünftige moralische Basis für unsere Beziehungen zu denen außerhalb unserer Gattung anzuerkennen – den nichtmenschlichen Lebewesen.«

An dieser Stelle wird deutlich, daß in der modernen Philosophie die Frage, ob Tiere eine Seele haben, keine Rolle mehr spielt. Stattdessen geht es heute darum, auf der Basis der – mittlerweile unumstrittenen – Empfindungsfähigkeit der Tiere ihre berechtigten Interessen anzuerkennen und ihnen einen gleichberechtigten Lebensraum und ein würdiges Leben zuzugestehen. Ich behaupte, daß die Frage nach der Tierseele auch in der Vergangenheit nur ein Nebenkriegsschauplatz war. Im Kern ging es dabei immer darum, wie wir uns den Tieren gegenüber faktisch verhalten. Die religiöse oder theologische Ummäntelung unseres Handelns fand erst anschließend statt.

Natürlich ist Peter Singer nicht der Auffassung, daß Menschen und Tiere gleich sind. Ebensowenig wie die Menschen können auch die Tiere nie gleich sein. Er meint vielmehr, daß Tiere, weil sie leidensfähig sind, die gleichen Rechte wie die Menschen haben und ihre Interessen deshalb berücksichtigt werden müssen.

Spätestens an dieser Stelle melden sich diejenigen zu Wort, die noch immer an die Vorstellung der Vorherrschaft des Menschen über die Tierwelt glauben. Sie wenden beispielsweise ein, daß Menschen viel mehr leiden oder empfinden als Tiere, weil Menschen ein viel größeres Wissen über sich selbst haben, daß hierin also der grundlegende Unterschied zwischen Mensch und Tier besteht. So wird ein krebskranker Mensch viel mehr an seiner Krankheit leiden als eine krebskranke Maus, die sich der Tragweite ihrer Krankheit nicht bewußt ist. Das ist sicher richtig, aber andererseits leiden Tiere manchmal gerade wegen ihres beschränkteren Verstandes mehr als Menschen. Wenn wir einen Arzt aufsuchen, nimmt uns die Hoffnung auf Hilfe einen Großteil unserer Angst vor diesem Besuch. Wer einmal mit einer Katze zum Tierarzt gegangen ist, der weiß, wie sie aus Angst zur Furie werden kann. Der Katze kann man eben nicht begreiflich machen, daß ihr beim Arzt geholfen wird.

Es gab auch andere Versuche, einen grundlegenden Unterschied zwischen Mensch und Tier zu konstituieren. So hat man lange Zeit behauptet, nur Menschen benutzten Werkzeuge. Dann aber wurde beobachtet, daß es Spechte auf den Galapagos-Inseln gibt, die einen Kaktusdorn verwenden, um Insekten aus Baumspalten herauszustochern. Daraufhin wurde festgestellt, daß Menschen die einzigen werkzeugschaffenden Lebewesen seien. Bis man Schimpansen dabei beobachtete, wie sie Blätter zu Werkzeugen umgestalteten, um damit Insekten zu fangen. Schließlich diente der Gebrauch der Sprache als Trennlinie zwischen Tier und Mensch – aber inzwischen haben Gorillas teilweise die Gebärdensprache der Taubstummen gelernt; die Erforschung der Sprache von Walen, Delphinen und Katzen bringt ständig neue Erkenntnisse hervor, die auf ein eigenes, sehr komplexes Sprach- und Kommunikationssystem hinweisen.

Dieses wissenschaftlich erzwungene Rückzugsgefecht des Menschen von seiner zentralen Position innerhalb der gesamten Schöpfung ist nicht wirklich erbaulich und übrigens auch nicht ausschließlich mit der Tierwelt verbunden. Der Mensch hat sich schon immer damit schwer getan, seine eigene Bedeutung im Kontext der gesamten Schöpfung realistisch zu verorten. Die kopernikanische Wende war mit Sicherheit ein vergleichbarer Schock für das menschliche Selbstverständnis wie Darwins Entdeckung, daß wir tierischen Ursprungs sind.

Heute jedenfalls haben viele Menschen begriffen, daß neben der Achtung, die sie den Tieren als Mitgeschöpfen mit eigener Persönlichkeit und eigenen Rechten entgegenbringen müssen, der Schutz der Tier- und Pflanzenwelt auch aus Gründen der eigenen Selbsterhaltung eine zwingende Notwendigkeit ist. Flora und Fauna müssen zwar primär um ihrer selbst willen erhalten und gegen die ungehemmte Ausbeutung durch den Menschen verteidigt werden, daneben aber auch um unserer selbst und der Zukunft unseres Planeten willen. Der Streit um die Tierseele war und ist nicht in erster Linie eine religiöse Disputation, sondern eine politische Frage, deren Beantwortung große Auswirkungen auf unser Leben hat. Denn mit den Tieren züchten wir auch deren Krankheiten, die sich in der globalisierten Welt panepidemisch auch auf den Menschen auswirken könnten.

Michel de Montaigne hat sich im 16. Jahrhundert, also in der Zeit zwischen Thomas von Aquin und Descartes, ebenfalls in den Streit um die Tierseele eingeschaltet. Im XII. Hauptstück seiner *Essais* reflektiert er das Verhältnis zwischen Mensch und Tier auf über 100 Seiten. Wenn es überhaupt eine Summe seiner Überlegungen zu diesem Thema geben kann, dann sind es vielleicht diese Zeilen: »Es ist noch nicht ausgemacht, an wem der Fehler liegt, daß wir einander nicht verstehen: denn wir verstehen die Tiere ebenso wenig, als sie uns verstehen. Sie können uns aus eben dem Grunde für unvernünftig halten, aus welchem wir sie dafür halten. Es ist kein großes Wunder, wenn wir sie nicht verstehen. Wir verstehen ja auch andere Völker nicht. Wir müssen nur auf die Gleichheit, die zwischen uns und ihnen ist, Achtung geben.«

Tiertrainer arbeiten hauptsächlich für die Filmindustrie bzw. für Fernsehproduktionen. »Für einen Film mit Katzen braucht man mehrere ähnlich aussehende Tiere«, verriet die erfolgreiche Filmtiertrainerin Tatjana Zimek 2007 einer Illustrierten. Das ist sehr zurückhaltend formuliert, denn von großen Hollywood-Produktionen mit Katzen in Hauptrollen ist bekannt, daß bis zu 40 Katzen als Schauspieler eingesetzt werden (↑Film). 122 Tiere, Katzen, Hunde, Schweine, Ratten, Gänse, Hühner und noch andere leben in Tatjana Zimeks Filmtierschule in einem kleinen Dorf in der Pfalz zwischen Karlsruhe und Landau, davon allein 30 Katzen. In der Filmkomödie *7 Zwerge – Der Wald ist nicht genug* mit Otto Waalkes hat ihr schwarzer Kater Madison die Hauptrolle an der Seite der bösen Hexe (Nina Hagen) gespielt.

Tomba ↑Bergsteigen

Umschlagzeichnung von Walter Trier

Trier, Walter (* Prag 1890, † Collingwood 1951), deutsch-böhmischer Maler und Karikaturist, vor allem bekannt durch seine Illustrationen der Kinderbücher von Erich ↑Kästner. Trier emigrierte 1936 nach London. 1945 illustrierte er in typischer Manier *Die Geschichte vom Kätzchen Fritzie* der 1915 geborenen Kinder- und Drehbuchautorin Kate Barley. Es erschien 1949 in Deutschland. Vermutlich hat ihn dabei Elisabeth ↑Castoniers Kater Rum inspiriert. Mit ihr (und ihm) war Trier zu dieser Zeit gut befreundet.

Trim (* Indischer Ozean 1799, † Mauritius 1803), Matthew ↑Flinders' legendärer Schiffskater (↑Schiffskatzen), wurde auf dem Weg vom Kap der guten Hoffnung nach Australien an Deck des Schiffes HMS »Reliance» geboren und begleitete den englischen Forscher auf mehreren Entdeckungsreisen. Er lernte schon als kleiner Kater schwimmen und ging mehrfach über Bord, konnte aber jedesmal mit einem dicken Tau gerettet werden, an dem er wieder auf das Deck zurückkletterte. Am 17. August 1803 erlitt Matthew Flinders auf dem Rückweg nach England vor der mauretanischen Küste Schiffbruch. Flinders und Trim wurden zwar gerettet, gerieten aber unter Spionageverdacht und in französische Gefangenschaft. Vierzehn Tage nach der Inhaftierung verschwand Trim für immer – obwohl intensiv nach ihm gefahndet und in einer Zeitungsannonce eine hohe Belohnung für sein Auffinden ausgesetzt wurde. Matthew Flinders war untröstlich und machte schwarze Sklaven, Catophagis [Katzenfresser], für den Tod seines Katers verantwortlich. Die Wahrheit kam jedoch nie ans Licht. Matthew Flinders verfaßte diesen Nachruf auf seinen Liebling: »In Erinnerung an Trim, den auffälligsten seiner Rasse, einen liebevollen Freund, treuen Diener und das beste aller Geschöpfe. Er reiste um die Welt und kam bis nach Australien, das er umrundete. Seinen Mitreisenden war er eine immerwährende Freude und ein ständiges Vergnügen. Auf seiner Rückkehr nach Europa erlitt er vor Mauritius 1803 Schiffbruch. Er kam mit dem Leben davon und fand Zuflucht und Rettung auf der Insel, wo er allerdings gegen jedes internationale Recht und alle humanitären Grundsätze aus nationalistischen Gründen von den Franzosen verhaftet und ins Gefängnis gesteckt wurde. Und wo er leider seinen überaus nützlichen Lebensweg beenden mußte. Für sein viel zu frühes Ableben sind die Katzenfresser dieser Insel verantwortlich. Wie oft durfte ich seine spielerische Ausgelassenheit mit Entzücken betrachten, seine außergewöhnliche Intelligenz mit immer neuer Überraschung bewundern: niemals wird es wieder einen wie ihn geben! Trim wurde 1799 im südindischen Ozean geboren und starb wie beschrieben 1804 auf Mauritius. Friede seiner Seele und Ehre seinem Andenken!« ↑(Reiseziele, Australien, Sydney)

Tucholsky, Kurt (* Berlin 1890, † Hindås 1935), deutscher Schriftsteller und Publizist, veröffentlichte in der *Vossischen Zeitung* am 25. November 1927 unter seinem Pseudonym Peter Panter einen *Brief an einen Kater* mit dem Namen Mingo. Dabei handelt es sich eigentlich um eine Rezension des Buches *Katzen* von Axel ↑Eggebrecht, das im selben Jahr erschienen war. »So viele gute Katzenbücher gibt es nicht«, stellt Peter Panter zunächst streng (und richtig) fest. Dann aber schreibt er: »Mingo, das ist das allerreizendste Buch, das mir seit langem unter die Kritikerkrallen gekommen ist.«

Aber Tucholsky schreibt nicht einfach eine Rezension. Er schenkt uns in diesem schönen Text auch solche Gedanken: »Du siehst uns gar nicht mehr. Wie du ins Leere schaust! Wohin blickst du nur? In welcher Zeit lebst du? In deiner eigenen – in unserer nur, wenn du etwas zu fressen haben willst.« (↑Abwesenheit) Auch über das Verhältnis von Hund und Katze macht sich Peter Panter seine Gedanken: »Magst du den Hund? Ich auch nicht. Er brüllt den ganzen Tag, zerstört mit seinem unnützen Lärm die schönsten Stillen und wird in seiner Rücksichtslosigkeit nur noch von der seiner Besitzer übertroffen.« Aus Kurt Tucholskys schöner, kleiner Geschichte *Der Katzentrust* stammt übrigens dieses Zitat: »Die Katze ist das einzige vierbeinige Tier, das dem Menschen eingeredet hat, er müsse es erhalten, es brauche aber dafür nichts zu tun.«

Übersprunghandlung, auch Übersprungbewegung genannt. Bei Tieren setzen Übersprunghandlungen ein, wenn während eines Handlungsablaufes eine Erwartung frustriert wird, zu früh eintritt, oder gestört wird. Als Reaktion auf das Nichteintreten eines erwarteten Reaktionsmusters überspringt das irritierte Tier die überraschende Situation durch eine Verhaltensweise, die keinen sinnvollen Bezug zur gegebenen Situation hat. Die häufigste Ersatzhandlung der Katze ist das Lecken. Beim Menschen stellt die Verlegenheitsgeste des Sich-am-Kopf-Kratzens (ohne Juckreiz) eine typische Übersprunghandlung dar.

Kater Giovanni bewacht den Schlaf von Christian Ude. Foto: Edith von Welser-Ude

Ude, Christian (* München 1947), deutscher Politiker, seit 1993 Oberbürgermeister von München und bekennender Katzenfreund. In dem von seiner Frau Edith von Welser-Ude (die eine bemerkenswerte Katzenfotografin ist) herausgegebenen Buch *Menschen und Miezen* äußert sich Christian Ude in einem herrlich ironischen Text über *Anfang und Ende aller Hochkultur* und kommt zu folgendem Ergebnis: »So läßt sich mühelos beim Bummel durch die Hochkulturen feststellen, daß Katzen dort höchstes Ansehen genießen. Damit nicht genug: Die Verehrung der Katze als Gottheit, zumindest aber als Überwinderin der Pestilenz oder Beleberin von Ruinen (↑Reiseziele in aller Welt, Italien), scheint die Voraussetzung dafür zu sein, dass Hochkulturen sich überhaupt erst entwickeln, längere Zeit halten und später in guter Erinnerung bleiben können. Es sollte deshalb nicht nur als Akt der Tierliebe, sondern endlich auch als kulturelle Leistung anerkannt werden, wenn unsereiner sackweise ↑Katzenstreu die Treppe hinaufschleppt.«

Uhden, Maria (* Gotha 1892, † München 1918), expressionistische Malerin. Obwohl Maria Uhden keine Katze gemalt oder beschrieben hat, darf sie als Katzenfreundin gelten. Das wohl einzige Porträt aus der Hand ihres Mannes, des Malers Georg Schrimpf, zeigt sie mit einer Katze auf der Schulter. Und auf einem Foto aus ihrem Todesjahr ist sie mit einem getigerten Kater auf dem Schoß zu sehen. Sie hält ihn mit beiden Händen zärtlich umschlungen. »Du hast gewiß auch Tiere sehr lieb«, heißt es in einem Brief an ihren Mann Anfang 1917. »Es macht, finde ich, das Leben so schön, wenn man das Wesen von allen Dingen miterlebt, denn alles hat eine Seele.«

Universitätskatzen sind rare Exemplare der arbeitenden Katze (↑Berufstätigkeit). Auf dem Campus der Turiba School of Business in der lettischen Hauptstadt Riga sorgt der weiße Kater Turitis für universitäre »Mäusefreiheit«. Ein breites ↑Halsband mit der Aufschrift »Turiba« weist ihn als Mitarbeiter der Universität aus. Neben seiner Tätigkeit in der Bibliothek dient er der Basketballmannschaft der Hochschule als Maskottchen. Überhaupt scheint man den Kater nicht nur wegen seiner Nagetiervertilgung zu schätzen. Viel mehr sind es die weichen Faktoren seines Wirkens, die ihn so beliebt machen. Eine Studentin der Universität sagte, daß seine Anwesenheit den Gemeinschaftssinn steigere, Prüfungsängste lindere und den Alltagsstreß mindere. Ähnliches gilt für einen deutschen Berufskollegen, den Unikater Sammy, der im Jahr 2003 das weiträumige Gelände der Universität Konstanz zu seiner Heimat erklärt hat. Vom Werkstattgebäude über die Hörsäle bis zum Büro des Direktors führt ihn sein täglicher Inspektionsgang. Um dorthin zu kommen, muß er allerdings den Fahrstuhl benutzen. Doch das hat er inzwischen gelernt. Ein wenig Verwirrung stiftet der schwarze Kater mit seinen weißen Pfoten manchmal im Theater der Universität. Bei Proben oder Aufführungen kommt es schon mal vor, daß

Sam von New Hall in Cambridge.
Foto: Jamey Dumas

Sammy auf der Bühne auftaucht und neugierig das Geschehen verfolgt.

Während es in Deutschland noch eher ungewöhnlich ist, Katzen in Universitäten anzutreffen, ist es bei den Colleges in England fast die Regel. In der ungemein spannenden Kulturgeschichte *Oxford & Cambridge* schreibt der Autor Peter Sager: »Downing College hat eine Katze namens Pickwick. Die von Sidney Sussex hieß Stella, benannt nach Sir Philip Sidneys Liebesgedichten an Stella von 1591. Und in Pembroke College kam mir Thomasina entgegen, das schnurrende Denkmal für Thomas ↑Gray, der dort im 18. Jahrhundert lebte und die herzzerreißende Ode auf eine Katze schrieb, die im Goldfischbekken ertrank. Auch Thomasinas Nachfolgerin trägt einen literarischen Namen: Kit ist die vierbeinige Kurzform von Christopher ↑Smart, Grays ärgstem Rivalen am College, der in geistiger Verwirrung endete, nicht ohne uns eine Hymne auf seinen Kater Jeoffry zu hinterlassen, so poetisch, daß noch der heutige Rektor von Pembroke seinen kaffeebraunen Burmakater Jeoffry nennt.«

In der Benutzungsordnung der Bibliothek des Jesus College in Cambridge heißt es: »Bitte, halten Sie größtmögliche Ruhe … | Gehen Sie mit den Büchern pfleglich um und beschädigen Sie sie nicht | Rauchen Sie nicht in der Bibliothek … | Das Horten von Büchern auf den Bibliothekstischen ist nicht gestattet … | Bitte lassen Sie die College-Katze nicht in die Bibliothek.«

Über die englischen Collegekatzen kann man sich im Internet gut informieren: http://collegiateway.org/howto/life/college-cats/ lautet die amüsante Homepage, die viele Geschichten und Nachrichten enthält, dazu Bilder, Zitate und Erfahrungsberichte. Man kann auf diesem Weg sogar eine Patenschaft für eine Collegekatze übernehmen. Der Artikel schließt mit dem Satz »INDEED, there may be very little you can not learn from a college cat.«

Vaccari, Wainer (* Modena 1949), italienischer Maler, dessen prall gegenständliche Welt so ganz und gar unwirklich ist, daß niemand sie »versteht«, aber kaum einer sich ihrer Faszination entziehen kann. In Vaccaris Bildern und Zeichnungen tauchen Katzen und katzenähnliche Tiergestalten häufig auf. Am verblüffendsten ist wohl sein Pastellbild *Katze mit Mann* von 1998. Darauf ist eine auf der Seite liegende Hauskatze zu sehen, die mit erhobenem Kopf einen vor ihr stehenden Mann anschaut, der allerdings nicht einmal halb so groß wie die Katze ist. Die natürlich anmutende Selbstverständlichkeit dieser unwirklichen Proportion gehört zu Vaccaris Stilelementen.

Verlagssignet Der einzige deutsche Verlag, der sich jemals eine Katze als Signet erkoren hat, war der Verlag von Paul Cassirer (1871–1926). 1908 gründete er die *Pan-Presse*, für die der Maler Max Slevogt (1886–1932) eine schwarze Katze im Jugendstil kreierte. Paul Cassirer war mit der Schau-

Wainer Vaccari, Katze mit Mann, 1998

Verlagssignet Pan-Presse

spielerin Tilla Durieux (1880–1971) verheiratet. Mehrere Fotografien zeigen die beiden gemeinsam mit Katzen und Hunden. Zu seinem 50. Geburtstag schenkte ihm der befreundete Bildhauer August ↑Gaul eine kleine Variante der Statuette *Katze* als Kühlerfigur.

Vibrissen ↑Sinne, Gefühl

Video-Kunst So häufig Katzen Gegenstand der Malerei, Plastik und anderer Ausdrucksformen der bildenden Kunst waren und sind, so selten tauchen sie im Bereich der Video-Kunst auf. Mit *Mapping the Studio (Fat Chance John Cage)*, einer 5:45 Stunden langen Video-Installation, hat der amerikanische Konzept- und Video-Künstler Bruce Nauman (* 1941), der zu den bedeutendsten Künstlern der Gegenwart zählt, ein irritierendes Werk geschaffen. Sieben großflächige Video-Projektionen werden gleichzeitig gezeigt. Die Kamera hat die Aufnahmen über einen Zeitraum von mehreren Monaten gemacht, während der Künstler schlief. Es sind grünschimmernde Infrarotaufnahmen seines Studios, bodennahe Ansichten des Raumes: eine Terrassentür, ein Eimer, Stühle, Holzlatten, eine Transportkiste, Relikte unvollendet gebliebener Werke. Plötzlich taucht eine Maus aus einem Versteck auf – und verschwindet wieder. Dann kommt ein schwarzer Kater ins Blickfeld. Er schleicht durch den Raum, schaut sich suchend um, bleibt stehen und horcht. Aber die Erwartung des Betrachters geht nicht in Erfüllung. Der Kater jagt nicht die Maus, die sich gar nicht zur gleichen Zeit im Atelier aufhält. Nauman hat sich zu dieser Passage der Installation der Presse gegenüber geäußert. Danach gab es, als er die Arbeit zu dem Video im Sommer 2000 aufgenommen hatte, so viele Feldmäuse auf seiner Farm, daß selbst die Katzen oft nur noch gelangweilt an ihnen vorbeigeschlichen seien (Judy ↑Chicago). Ein wesentlich kürzeres Video stammt von dem renommierten Schweizer Künstlerduo Peter Fischli (* 1952) und David Weiss (* 1946). Es heißt *Büsi* (mundartlich für Kätzchen) und ist 2001 in einer DVD-Auflage von 150 Exemplaren erschienen. Das Video zeigt eine Katze, die aus einem Teller Milch aufschleckt. Es dauert so lange, bis der Teller geleert ist, exakt 6:30 Minuten.

Waechter, F.K. (* Danzig 1937, † Frankfurt am Main 2005), deutscher Zeichner, Karikaturist und Autor von Theaterstücken und Büchern für Kinder und Erwachsene, wurde 1975 und 1999 in der Sparte Bilderbuch mit dem Deutschen Jugendbuchpreis ausgezeichnet. Waechter arbeitete für *twen*, *pardon* und die *Titanic*, die er mitbegründet hat, und zählt zusammen mit F.W. Bernstein, Robert ↑Gernhardt, Eckhard Henscheid und Hans Traxler zu den bedeutendsten Vertretern der sog. Neuen Frankfurter Schule. Angesprochen auf seine Weigerung, eine Grenze zwischen Kinder- und Erwachsenenbüchern zu ziehen, hat er einmal gesagt: »Es gibt eine bestimmte Art von Pädagogik, die ich schrecklich finde, die zu wissen glaubt, was für den Achtjährigen richtig ist, und ihm das dann auch liefert. Das ist für mich eine arrogante Haltung, weil sie dem Kind etwas ganz Entscheidendes verwehrt, nämlich das Rätselhafte.«

F.K. Waechter, Zu spät, *1971/90*

Es ist wohl das Rätselhafte an der Katze und ihre Freiheitsliebe (↑Freiheit), was F.K. Waechter an ihr so gereizt hat. Insofern wundert es nicht, daß Waechter immer wieder Katzen in seinen Cartoons gezeichnet hat. Es spricht für ihn, daß er sie dabei nicht instrumentalisiert und auf ihren Symbolgehalt reduziert hat, wie die hier abgebildete Zeichnung zeigt.

Warhol, Andy (* Pittsburgh 1928, † New York 1987), Geburtsname Andrew Warhola, amerikanischer Graphiker, Künstler und Filmregisseur, wohl bedeutendster Vertreter der Pop-Art. Andy Warhol lebte Jahrzehnte mit zahlreichen Katzen zusammen. »Einst hatte ich 26 Katzen«, heißt es in Mike Wrenns Zitatensammlung *In his own words*. Die tiefe Zuneigung zu Katzen hatte Andy Warhol von seiner Mutter übernommen, der er bis zu ihrem Tod 1972 intensiv verbunden blieb. Freunde der beiden erinnerten sich, daß sie ständig junge Katzen verschenkten, weil sich ununterbrochen Nachwuchs einstellte. Bis auf eine Ausnahme nannte er alle seine Katzen Sam. Hauptsächlich in der Zeit von 1954 bis 1960 schuf er zahllose Katzenbilder. 1954 hatte sich Warhol zwar als Graphiker, aber noch nicht als Künstler einen Namen gemacht. Er war einer der Bestbezahlten seiner Branche. In diesem Jahr veröffentlichte er sein erstes Künstlerbuch als Privatdruck, dem mehrere folgen sollten. Die Auflage war auf 190 numerierte Exemplare begrenzt, vermutlich wurden jedoch nicht mehr als 150 Stück produziert. Jedes einzelne Exemplar wurde von Hand koloriert, die Typographie hatte seine Mutter besorgt. Das Buch erschien unter dem Titel *25 Cats Name Sam and One Blue Pussy* und enthält 16 Sam-Katzen und eine mit dem Namen *Blue Pussy*. Warhol verschenkte fast die gesamte Auflage an Freunde und Geschäftspartner. Diese Inkunabel des künstlerischen Werkes von Andy Warhol hat heute ihren Preis: Ein Exemplar erzielte am 3. Mai 2006 auf einer Versteigerung des New Yorker Auktionshauses Doyle die Summe von immerhin 35 000,– US-$. Warhol veröffentlichte auch ein Buch mit Katzenzeichnungen seiner Mutter. Nach dem Tod ihrer Katze Hester hatte sie Hesters Weg in den Katzenhimmel gezeichnet, und wie sie dort Himmelswesen und Katzen trifft. 1987 und 1988 erschienen Faksimiles der beiden Bücher, die immer wieder zu günstigen Preisen unter www.zvab.de angeboten werden. 1994 erschien ein schönes kleines Buch mit Katzenbildern und Zitaten von Andy Warhol: *Cats, Cats, Cats*. Im Verlag Weingarten ist auch eine deutsche Ausgabe veröffentlicht worden.

Weihnachten Das »Fest der Liebe« birgt für Katzen allerlei Gefahren, deren man sich bewußt sein sollte. Eine große und vielfältige Gefahrenquelle stellen Weihnachtsbaum und Adventskranz dar. Abgefallene Tannennadeln sollten regelmäßig entfernt werden, denn sie sind für Katzen Gift. Das gilt auch für das Tannenwasser im Christbaumständer. Wer mit Katzen zusammenlebt, sollte auf dekorative Schneesprays verzichten, selbstverständlich sind auch sie pures Gift für unsere Mitbewohner (für uns übrigens auch). Eine erhebliche Gefahrenquelle stellt das Lametta dar. Es gerät beim Durchlüften der Wohnung schnell in Bewegung und reizt den Fang- und Spieltrieb der Katze. Wenn es verschluckt wird, kann es zu ernsten Darmverstopfungen kommen. Oft muß es vom Tierarzt entfernt werden. Heute geht das zwar ohne Operation mittels eines endoskopischen Verfahrens – aber wer möchte das seiner Katze antun? Auch die feierliche Stimmung, die ein mit Wachskerzen bestückter Weihnachtsbaum verbreitet, kann schnell in ihr Gegenteil umschlagen. Tropfendes Wachs hat nichts im Katzenfell zu suchen. Abgesehen davon, daß Katzen schon kleine Weihnachtsbäume umgerissen und so Wohnungsbrände ausgelöst haben. In Katzenhaushalten gilt: Weihnachtsbäume sind nie unbeaufsichtigt zu lassen. In den meisten Haushalten folgt ein Festtagsschmaus dem anderen. Auch hier ist Vorsicht geboten. Das beginnt schon beim Kochen. Küchenabfälle sind sofort katzensicher zu entsorgen. Fleischnetze, Wursthäute aus Plastik, ungespülte Konservendosen usw. sind nichts für Katzen. Eine großzügige Teilhabe der Katze am Weihnachtsbraten ist falsch verstandene Tierliebe und kann zu erheblichen Magen- und Darmproblemen führen, vor allem, wenn Speisen auf den Tisch kommen, an die die Katze nicht gewöhnt ist. Geflügelhaut ist beispielsweise viel zu fett. Auch der beliebte Bunte Teller hat es in sich. Vor allem Schokolade ist für Katzen tabu. Ein Hauptbestandteil von Kakao ist der Stoff Theobromin. Er hat, vergleichbar mit Koffein, für den Menschen eine anregende Wirkung. Katzen können diese Substanz nur sehr langsam abbauen, weil ihnen die entsprechenden Enzyme und Stoffwechselwege fehlen. Eine Tafel stark kakaohaltige Schokolade ist für die meisten Katzen bereits tödlich. Zum Weihnachtsfest werden viele Wohnungen mit jahreszeitlichen Pflanzen geschmückt. Vor allem auf Weihnachtssterne und Mistelzweige sollte in Katzenhaushalten verzichtet werden, sie sind für unsere Mitbewohner hochgiftig. Nicht zu vergessen ist unser eigenes Verhalten. Oft setzen wir uns an Weihnachten unter zu hohen Erwartungsdruck: harmonische Feiertage sollen es werden, die Mahlzeiten haben hervorragend zu schmecken, berufliche und private Probleme werden für ein paar Tage eingelagert. Nicht selten verwandelt sich dieses friedliche Vorhaben in ein Pulverfaß. Katzen spüren die Außergewöhnlichkeit die-

ser Situation und leiden mit, wenn das Faß explodiert. Zwölf Monate später wird erneut ein Weihnachtsbaum aufgestellt. Die Katzen wissen dann, daß Gefahr im Verzug ist.

Weltraum Am 18. Oktober 1963 startete von der französischen Raketenstation in Hammaguir (Algerien) eine Sonde mit dem Namen Veronique in den Weltraum. Als einziges Lebewesen befand sich die Katze Felicette an Bord. Die Sonde erreichte eine Höhe von 155 Kilometern und kehrte unbeschädigt und sicher auf die Erde zurück. Felicette war die erste Katze, die jemals einen Raumflug unternommen hat. Ziel der Mission waren Untersuchungen zum Verhalten von Tieren unter den Bedingungen der Schwerelosigkeit. Sechs Tage später wurde eine weitere Katze in den Weltraum befördert. Diese Rakete kehrte allerdings nicht zurück, die Raumfahrt hatte ihr erstes (und bisher letztes) Katzenopfer zu beklagen. Weitere felide Astronauten hat es nicht gegeben.

Werbung Eine der vermutlich dienstältesten Werbekatzen, die heute noch in der Kommunikationsbranche tätig ist, wirkt in Zell an der Mosel. Dort wimmelt es von schwarzen Katzen. Sie erscheinen auf Schildern von Gasthöfen und Weingütern, Werbemitteln des Fremdenverkehrsvereins und zieren als Plastiken das Bild der kleinen Stadt. Es handelt sich in vielen Variationen um das Motiv einer buckelnden und fauchenden Katze auf einem Weinfaß. Die Werbegeschichte der schwarzen Katze beginnt im Jahre 1863, als Weinhändler in Zell unterwegs waren. Nach einer ausgiebigen Weinprobe im Weingut Mayntzer standen drei Fässer in der engeren Auswahl. Man konnte sich aber nicht so recht einigen, welches das beste sei. Die Frau des Winzers kam schließlich in den Keller, begleitet von einer schwarzen Katze. Plötzlich sprang die Katze auf eines der Fässer, machte einen Buckel und fauchte jeden an, der sich dem Faß nähern wollte. Daraufhin waren sich die Kaufleute schnell einig und entschieden sich für das Weinfaß, das die schwarze Katze so hartnäckig bewachte. Kurze Zeit später kamen dieselben Kaufleute wieder nach Zell und kauften alle Weine aus derselben Weinbergslage wie jenen in dem von der Katze so heftig verteidigten Faß, weil dieser Wein reißenden Absatz gefunden hatte. Die Lage, in der dieser Wein gewachsen war, wurde schließlich »Zeller Schwarze Katz« genannt.

1876 erblickte eine weitere Werbekatze die Welt der Gebrauchsgraphik. In diesem Jahr entwickelte der Unternehmer Eduard Hoffmann für seine »Stärke-Fabrik bei Salzuflen« ein neues Stärkemittel, *Hoffmann's Silber-Glanz-Stärke* (später *Hoff-*

Herrlich sind des Herren Werke
Herrlicher ist Hoffmann's Stärke
Herrlicher als all das ist Hoffmann's Katze,
welche grüsst. *Elke Heidenreich*

Hoffmann's Stärke. Foto: Wolfgang Lauter

mann's Ideal-Stärke und *Hoffmann's Reisstärke*), und kennzeichnete die Verpackung mit dem einprägsamen Signet einer weißen, sich die Pfote lekkenden Katze als Symbol für Sauberkeit. Damit setzte er sich von seiner Konkurrenz ab und entwickelte einen der ersten deutschen Markenartikel. Diese Katze wurde im Lauf der Zeit auf zahllosen Werbeträgern (Verpackungen, Anzeigen, Sammelbildern, Kalendern, Plakaten usw.) eingesetzt, wobei sie ihre Fellfarbe mehrfach von weiß zu grau, zu braun und zu schwarz-weiß wechselte. Wolfram ↑Siebeck benannte seine Katze nach der schwarz-weißen Ausgabe »Frau Hoffmann« und Elke ↑Heidenreich reimte einen Vers auf die braune Kalenderkatze von Hoffmann's.

Eine Werbekatze, die ebenfalls weltweiten Ruhm erlangt hat, ist die »Black Cat« der Zigarettenfabrik Carreras Ltd. Im späten 19. Jahrhundert verbrachte eine streunende schwarze Katze viele Stunden des Tages dösend im Schaufenster des kleinen Zigarettenladens von Don José Carreras Ferrer in der Londoner Wardour Street. Bald wurde der Laden von seinen Stammgästen »Black Cat Shop« genannt. Der Inhaber des Unternehmens erkannte die kommunikativen Möglichkeiten und machte die schwarze Katze zum Bestandteil des Firmenlogos. 1904 brachte die Firma schließlich unter dem Namen »Black Cat« die erste vollständig maschinengefertigte Zigarette Englands mit großem Erfolg auf den Markt. Nachdem auch eine Filterzigarette unter dem Markennamen »Black Cat« entwickelt worden war, eröffnete 1928 die neue »Black Cat Factory« von Don José Carreras Ferrer, deren Haupteingang von zwei großen Bronzekatzen flankiert wurde. Die Geschichte der »Black Cat« ist hiermit nicht zu Ende und überhaupt muß die der Werbekatze noch ge-

Werbung für Strümpfe

schrieben werden. Bisher existieren nur verstreute Hinweise auf sie. Denen kann man immerhin entnehmen, dass es zahllose Artikel oder Dienstleistungen gab, die auf die Katze als Werbeträger gesetzt haben: Hotels und Restaurants, Etablissements erotischen Vergnügens, Kerzen und Seifen, Matratzen, Heizkissen und Bettwäsche, medizinische Bedarfsartikel, Batterien und Sportartikel, Kaffee, Südfrüchte und Wolle, Toilettenpapier, Schuhcreme und Fliegenfänger, Milch, Champagner und noch viele mehr haben das prestigeträchtige Bild der Katze für ihre Werbung genutzt. So auch das Frankfurter Spezialhaus für Strümpfe, Tricotagen und Handschuhe August Pfüller, das auf einem Reklamemarken-Motiv um 1912 eine Katze am bestrumpften Bein einer Dame in Unterwäsche entlangstreichen läßt. Die Verwendung der Katze als Teil der Kommunikationsstrategie läßt sich bis in die jüngste Zeit verfolgen. Seit kurzem bewirbt der Argument Verlag seine Krimi-Reihe *Ariadne Classic* mit dem Anzeigenmotiv einer liegenden schwarzen Katze.

White, Antonia (* London 1899, † London 1980), Journalistin und Schriftstellerin, zeitweise liiert mit Djuna Barnes. Sie schrieb den Katzen-Roman *Minka und Löwenherz*, der mit dem Tod der alten Katze von Mrs. Bell beginnt. Die Schriftstellerin wird anfangs gefragt, ob sich die Verstorbene je für all die Güte bedankt hat, die ihr entgegengebracht worden war – und Mrs. Bell muß zugeben: »Vielleicht nicht gerade mit viel Geschnurr. Es war unter ihrer Würde, sich zu sehr herabzulassen. In ihrem Schwarz mit kleinen Flecken sah sie Queen Victoria sehr ähnlich, da war es nicht weiter verwunderlich, daß sie glaubte, selbst eine Königin zu sein. Im Alter legte sie Wert darauf, mit Ihre Majestät angeredet zu werden.« Mit feiner Ironie und britischem Humor wird dann die langsam entstehende Freundschaft der älteren Schriftstellerin mit zwei jungen Katzen beschrieben.

Whittington, Richard (* Gloucester 1350, † London 1423), englischer Geschäftsmann und Politiker, der mehrfach das Amt des Bürgermeisters von London ausübte. Der Legende nach starben Richard »Dick« Whittingtons Eltern, als dieser noch ein Kind war. Da er keine Angehörigen mehr hatte, beschloß er, sein Glück in London zu versuchen. Dort fand er bei einem reichen Händler, Mr. Fitzwarren, eine Anstellung als Küchengehilfe. Um der Mäuseplage in seiner Schlafkammer Herr zu werden, kaufte er sich für einen Penny eine Katze, die alle Nagetiere erfolgreich vertrieb. Als Mr. Fitzwarren ein Handelsschiff ausrüstete, um an der afrikanischen Küste Handel zu treiben, gab er seinen Knechten, Lehrlingen und Gesellen die Möglichkeit, eigene Tauschwaren mitzuschicken. Dick Whittington gab seine Katze als Handelsgut mit auf die Reise. Der König eines afrikanischen Reiches kaufte dem Kapitän des Schiffes die Katze ab, um eine Mäuseplage zu bekämpfen, und bezahlte dafür ein Vermögen. So wurde Dick Whittington ein gemachter Mann und heiratete schließlich die Tochter von Mr. Fitzwarren.

Soweit die in England sehr volkstümliche Legende. Richard Whittington hat wirklich gelebt. Aber im

Kupferstich von Richard (Dick) Whittington, Bürgermeister von London, mit seiner Katze

Gegensatz zu der kolportierten Geschichte geschah folgendes: 1370 wurde er von seinem wohlhabenden Vater zu einem befreundeten Londoner Händler in die Lehre geschickt. Nur neun Jahre später gründete er sein eigenes Unternehmen und spezialisierte sich auf den Handel mit Samt, Damast und anderen Luxusgütern, mit denen er die bürgerliche Oberschicht, den Adel und das Königshaus belieferte. Seine Schiffe fuhren bis nach China, um entsprechende Waren einzukaufen. Er trieb auch Devisenhandel mit dem König und stieg schnell zum mächtigsten Händler seiner Zeit auf. Sein soziales und karitatives Engagement war außergewöhnlich.

Ein bekanntes Porträt zeigt Dick Whittington mit der Katze in seinem rechten Arm. Reginald Elstrack hat es im späten 16. Jahrhundert angefertigt. Man hat später herausgefunden, daß die dort abgebildete Katze ungefähr 150 Jahre nach Fertigstellung des Porträts hinzugefügt worden ist. An ihrer Stelle befand sich ursprünglich ein Totenschädel, also ein Symbol für die Vergänglichkeit allen Lebens, auch das der Reichen und Mächtigen. Ungefähr zu dieser Zeit, im frühen 17. Jahrhundert, entstand ein Bühnenstück über Richard Whittingtons Leben, in dem die Katze als Glücksbringer bereits ihre entscheidende Rolle spielte. Im heutigen London findet man einige Orte, die an Dick Whittington erinnern. Das Whittington Hospital im Stadtteil Islington ist nach ihm benannt, und dort, in der Highgate Hill, kann man eine Statue seiner legendären Katze anschauen. In der Kirche *St Michael Paternoster Royal* aus dem späten 17. Jahrhundert ist ein »Dick-Whittington-Fenster« zu sehen, und eine Gedenktafel erinnert an seine Grabstelle. Das Museum of London hat das Motiv von Dick Whittington und seiner Katze zu seinem Logo erkoren.

Wii Mit diesem wunderlichen Namen bezeichnet man eine TV-basierte Spielkonsole von Nintendo, die seit Dezember 2006 auf dem deutschen Markt erhältlich ist. Das Steuergerät (Controller) der Spielkonsole wird Wii-Remote oder Wiimote genannt und erinnert der Form nach an eine Fernbedienung. Als eine mit der Konsole und Kabeln spielende Katze fotografiert wurde und diese Fotos im Internet landeten, wurde die Idee der Homepage www.wiikitty.com geboren. Auf dieser Website kann man sich viele Katzen anschauen, die auf dem Controller schlafen, ihn im Arm halten, mit der Handschlaufe oder den Kabeln spielen oder einfach in die Verpackung des Wii kriechen. Am sympathischsten ist wohl die Katze, die die Spielkonsole respektlos und unbeeindruckt angähnt.

Wilde, Oscar (* Dublin 1854, † Paris 1900), englischer Schriftsteller, wird hier erwähnt, weil er 1894 in einem Gedichtband sein berühmtes Katzengedicht *The Sphinx* publizierte: »In einer Zimmerecke wacht, | schon länger, als ich denken kann, | Die schöne Sphinx und schweigt mich an | im Wechselspiel von Tag und Nacht. | Ganz ungerührt und unbewegt | verharrt die finstere Gestalt. | Der Silbermond, der läßt sie kalt, | selbst Sonnenschein sie nicht erregt. | Der Himmel rötet sich und bleicht, | die Flut des Mondlichts steigt und sinkt. | Der Dämmerung es nicht gelingt | und auch der Nacht nicht, daß sie weicht. | Die Zeit verrinnt, Nacht folgt auf

Nacht, | und immer noch die Katze träumt; | Mit sanften Augen, goldgesäumt, | hält sie auf ihrem Teppich Wacht. | Sie ruht, ihr Katzenauge starr, | und zu den spitzen Ohren drängt | Das Nackenhaar, mit gelb gesprengt; | das braune Fell ist seidenzart ... | Mein träger Liebling, komm heran, | und leg' den Kopf mir in den Schoß, | Damit ich dir den Nacken kos' | und deinen Samtleib streicheln kann ...«

Wirtschaftsfaktor Die Tierliebe der Deutschen ist ungebrochen und die Katze steht an ihrer Spitze. Nach Angaben des Industrieverbandes Heimtierbedarf e.V. lebten im Jahr 2005 fast 7,6 Mio. Katzen in 15,4 % der deutschen Haushalte. Zum Vergleich: An zweiter Stelle folgt der Hund mit 5,3 Mio. Tieren in 13,4 % der Haushalte.

Diese Tierliebe läßt man sich allerhand kosten. Wie der Industrieverband Heimtierbedarf meldete, gaben die Deutschen für ihre Haustiere im Jahr 2005 für Futter und sogenannte Heimtierbedarfsartikel insgesamt knapp über 3 Milliarden Euro aus. Davon entfallen auf die Katzenhaltung fast anderthalb Milliarden Euro. Dazu kommen noch veterinärmedizinische Ausgaben für ärztliche Leistungen und Medikamente in Höhe von knapp 1 Milliarde Euro. Rechnet man die Umsätze aus dem Verkauf von ↑Zuchtkatzen, den finanziellen Aufwand in Tierheimen, die Umsätze der Versicherungswirtschaft und die von Katzenpensionen, Katzenbestattern, Katzenvereinen und Katzenausstellungen, Katzenbüchern sowie Katzenzeitschriften dazu, kommt man auf einen Gesamtumsatz von etwa 6 Milliarden Euro, den die Katzenhaltung in Deutschland jährlich generiert, mehr als 120 000 Arbeitsplätze sind damit verbunden.

In Australien hat sich übrigens die erste Katze der Welt von der finanziellen Abhängigkeit vom Menschen emanzipiert. Die Bank of Queensland hat einem Kater unter dem Pseudonym Messiah Campbell eine Kreditkarte mit einem Dispolimit von rund 2500,– € aus- und zugestellt. Beantragt hat die Visa-Karte natürlich nicht der Kater selbst, sondern seine Halterin Katherine Campbell, wie zahlreiche Medien Anfang Januar 2007 meldeten. Sie wollte mit der Bestellung einer Zusatzkarte für ihr Konto die Sicherheitsvorkehrungen der Bank auf die Probe stellen. Und obwohl sie die nach der Beantragung geforderte Verifizierung der Identität von Messiah nicht vorgenommen hatte, landete die Kreditkarte in ihrem Briefkasten – adressiert an Messiah Campbell. Aber Katzen brauchen kein Geld und keine Kreditkarten, sondern vielmehr unsere Zeit und Zuneigung, jedenfalls hin und wieder (↑Abwesenheit).

Woolf, Virginia (* London 1882, † Lewes 1941), englische Schriftstellerin und Ikone der Frauenbewegung, Mitbegründerin der legendären Bloomsbury Group. In einigen ihrer zahlreichen Essays hat sie sich über Katzen geäußert. »Was könnte leichter sein, als Artikel zu schreiben und mit dem Geld Perserkatzen zu kaufen«, fragt sie an einer Stelle und notierte in der Essaysammlung *Der Tod des Falters*, daß es mit dieser Leichtigkeit doch nicht so einfach sei. Sie muß darin gestehen, daß sie »statt die Summe für Brot und Butter, Miete, Schuhe und Strümpfe oder die Metzgerrechnung zu verwenden – [ich] mich aufmachte und eine Katze erstand. Eine wunderschöne Katze, eine Perserkatze, was mich bald in erbitterte Dispute mit meinen Nachbarn verwickelte.« In *Ein eigenes Zimmer* berichtet sie über ihren Eindruck von einer Manx-Katze: »... indem ich auf die Manx-Katze zeigte, die wirklich ein wenig absurd aussah, das arme Tier, ohne Schwanz, mitten auf dem Rasen. War sie tatsächlich so geboren, oder hatte sie ihren Schwanz bei einem Unfall verloren? Die schwanzlose Katze ist, obwohl es auf der Insel Man einige davon geben soll, seltener als man denkt. Sie ist ein sonderbares Tier, eher kurios als schön. Es ist merkwürdig, welchen Unterschied ein Schwanz ausmacht.« (↑Zuchtkatzen)

YouTube Es gibt unzählige Privatvideos, die Menschen von ihren Katzen aufgenommen haben. Nur ein Bruchteil davon – aber derzeit immerhin mehr als 60000 – kann man sich unter www.youtube.com im Internet anschauen. Die am 15. Dezember 2005 freigeschaltete Website ist innerhalb kürzester Zeit zum angesagten Zentralorgan der Internetkultur avanciert und wird auch von zahlreichen Katzenfreunden besucht und bestückt. Nur 18 Monate nach seiner Gründung wurde das Unternehmen für sagenhafte 1,6 Milliarden US-$ von Google gekauft. Die Idee zu YouTube kam den beiden Ebay-Mitarbeitern Steve Chan und Chad Hurley im Februar 2005, als sie ein während einer Party aufgenommenes Video ihren Freunden digital verfügbar machen wollten und dies mit den vorhandenen Möglichkeiten sehr schwierig fanden. Deshalb entwickelten sie ein eigenes Programm und gründeten eine Firma zu dessen Vermarktung. Das erste Video stellten sie als Test am 22. Mai 2005 auf ihrer Homepage ein. Es dauert 29 Sekunden und zeigt Steve Chans Katze Pajamas beim Tatzeln mit einem an einem Faden gehaltenen Spielzeug. Wenn man in der Suchmaske von YouTube »Pajamas and Nick Drake« eingibt, kann man das Video finden. Es ist von mäßiger Qualität und schrecklich ausgeleuchtet. Man kann nicht mit Sicherheit sagen, ob Pajamas ein schwarzer oder getigerter Kater ist. Trotzdem: »Eine Katze verändert die Welt«, titelte die *Zeit* am 28. Dezember 2006 und kommentierte das erste Video auf YouTube mit den Worten: »Es übt einen Sog aus, dessen Ausmaße noch gar nicht wirklich abzuschätzen sind.« Die *Zeit* hätte es eigentlich besser wissen müssen. Nur zwei Tage später, bei der Ausstrahlung der ersten Videos von der Hinrichtung Saddam Husseins auf YouTube, wurde das Ausmaß des weltweiten

Voyeurismus deutlich. Aber schon am 15. November desselben Jahres hätte man sich von der globalen Geschmacklosigkeit, die viele Menschen auf YouTube pflegen, im wahrsten Sinn des Wortes ein Bild machen können. An diesem Tag wurde das Video *Kitty washing Machine* eingestellt, das von munterer Reggae-Musik untermalt in 1.37 Minuten zeigt, wie eine rotgestromte Katze in eine Art Waschmaschine eingesperrt wird. Das Video zeigt anschließend, wie ein Mensch auf einem Display den Waschmodus einstellt, und dann geht es los. Offensichtlich heiße (die Frontscheibe beschlägt schnell), sehr starke Wasserfontänen sprühen aus dem Boden, und die Katze gerät aus nachvollziehbaren Gründen augenblicklich in höchste Panik, versucht verzweifelt, aber ergebnislos, einen Ausweg aus dieser Hölle zu finden. Am Ende des Videos taucht dieser Abspann auf: »He survived und smelled better but ... he was not a happy kitten.« Man weiß eigentlich nicht so recht, mit wem man mehr Mitleid haben muß – mit der Katze, die vermutlich die schrecklichste Minute ihres Lebens durchlitten hat, oder mit den Menschen, die in der Lage sind, ihrer Katze so etwas anzutun. Oder mit den fast 500 000 Menschen, die sich dieses Video bisher (Stand: Februar 2007) angeschaut und es überwiegend urkomisch gefunden haben. »Oh my gosh, I cried laughing when I saw this. So funny. Holy cow!« lautet einer der zahlreichen Kommentare. Auf der Maschine steht die Firmeninschrift PetSpa. Und nach einer kurzen Internet-Recherche gelangt man auf die Homepage www.petspausa.com und wundert sich noch mehr. Denn diese neuartige Maschine wird dort Tierhandlungen und Tierärzten als wirtschaftliche und energiesparende Alternative zum umständlichen Waschen von Hund und Katze per Hand angeboten. Dazu paßt eine Bemerkung des 2002 im Alter von 96 Jahren gestorbenen Biochemikers Erwin Chargaff, der einmal geschrieben hat, daß die Welt seiner Jugend höchst abscheulich gewesen sei, daß aber diese Abscheulichkeit seither mit einer in der Geschichte unerhörten Geschwindigkeit gewachsen sei.

Zeh, Juli (* Bonn 1974), Juristin und vielfach ausgezeichnete Schriftstellerin. 2003 entdeckten ihre Hunde Othello und Olga auf einem Friedhof in Sarajewo zwei etwa drei Tage alte Kätzchen. Nur eines überlebte. Gemeinsam mit ihrem Lebensgefährten und tatkräftiger Unterstützung der Straßenhündin Olga, die das Kätzchen sauberleckte, mit ihrer Zunge seinen Bauch massierte und damit wie eine Katzenmutter die Verdauung des Jungen stimulierte, schaffte sie es, die Katze durchzubringen. Tiger ist seitdem ein festes Mitglied in Juli Zehs reisender Menagerie, denn die Autorin ist mit Freund, den beiden Hunden und Tiger oft unterwegs. Ihr bevorzugtes Verkehrsmittel ist das Auto. Während der Fahrten schläft Tiger meistens wie ein Stein. Er scheint, so sagte mir die Autorin, das Brummen des Dieselmotors als eine Art gewaltiges Schnurren zu betrachten. »Außerdem genießt er es, sich auf der Rückbank endlich mal richtig nah an die Hunde kuscheln zu können – die weichen ihm sonst immer ein bißchen aus, weil er ihnen ja auch gern mal auf die Nase haut.« Ich habe die fünf unlängst im Schöffling Verlag kennengelernt und war erstaunt, mit welcher Selbstverständlichkeit und Sicherheit sich Tiger in fremder Umgebung bewegt. Er inspiziert Menschen und Möbel mit verblüffender Gelassenheit, bevor er sich einen Ruheplatz sucht. Das einzige Reiseproblem von Juli Zeh scheint das Finden eines Hotels zu sein, in dem Hunde und Katze aufgenommen werden. In Frankfurt am Main ist es das Hotel Nizza in der Elbestraße. In diesem zum Hotel ausgebauten Wohnhaus aus der Gründerzeit hat man ein Herz für Hunde und Katzen (und natürlich für Autorinnen und Autoren, die man besonders gern willkommen heißt). Den Zimmermädchen, erzählte Juli Zeh, ist Tiger noch nicht unbemerkt

Tiger, Juli Zehs Katze. Foto: David Finck

entkommen. »Aber uns entwischt er ständig. Er rast dann mit einem Affenzahn durch die Gänge, und wir haben schon halbe Stunden damit verbracht, ihn wieder aufzugabeln. Er findet das total lustig.«

2005 hat Juli Zeh ihr *Kleines Konversationslexikon für Haushunde* veröffentlicht, in dem sie in zwei Stichwörtern die *Katze-im-Allgemeinen* und die *Katze-im-Besonderen* (Tiger) vor allem in ihrer Beziehung zum Hund abhandelt: »Die Katze-im-Allgemeinen sitzt im Rinnstein und putzt sich possierlich. Wenn der Haushund in Sichtweite gerät, verwandelt sie sich in einen gesträubten Halbkreis, verschwindet unter dem nächsten Auto, vor dem der Haushund platt auf dem Bauch Stellung bezieht, oder rast auf einen Baum, den er bellend umtanzt. Sind weder Baum noch Auto in der Nähe, stellt sich die Katze-im-Allgemeinen auf die Hinterbeine und macht Hackfleisch aus der Hundenase.« Und über Tiger heißt es an anderer Stelle: »Das einzig Feenhafte an der Katze-im-Besonderen besteht darin, daß sie Wünsche erfüllen kann – und zwar die eigenen. Sie erhält das Futter, von dem der Haushund seit Jahren träumt. Sie darf auf dem Schoß von Homo sapiens sitzen, wo der Haushund seit seiner zehnten Lebenswoche nichts mehr verloren hat. Sie liegt im Bett, wohin der Haushund nur mit Glück und Osmose gelangt. All das findet die Katze-im-Besonderen völlig normal. Sie ist nicht nur keine verzauberte Prinzessin, sie ist nicht einmal Demokrat. Sondern ein Diktator im Stofftierkostüm.« Juli Zehs *Konversationslexikon für Haushunde* ist ein literarischer Glücksfall, der durch analytische Beobachtungen und seine subtile Sprache die allermeisten Hunde- und Katzenbücher weit überragt.

Zibetkatze Eine einigermaßen genaue Anschauung vom Aussehen der Zibetkatze besitzen wir spätestens seit der Veröffentlichung der *Vorstellung mancherley fremder und seltener Thiere* von Johann Daniel Meyer im

Jahr 1756. Der Nürnberger Spezialist naturkundlicher Abbildungen beschreibt auch eine aus zeitgenössischer Sicht besondere Eigenheit dieser Katzenart: das Zibet, ein stark duftendes Sekret ihrer Afterdrüsentaschen, das im 18. Jahrhundert als Arznei und Aphrodisiakum verwendet wurde: »Es wird gegen die Colicschmerzen und zur Reitzung im Beyschlaf gebraucht.« Später wurde das Zibet von der Parfümindustrie hoch geschätzt. Die in Afrika, Asien und Südeuropa vorkommende Unterart der Schleichkatzen ist hochbeinig, hat einen spitzen Kopf und ist ein nachtaktiver Jäger. In Teilen Chinas gilt sie als Delikatesse und wird zumeist als Braten mit Sojasoße serviert. 2003 wurde sie dort mit der Lungenkrankheit Sars in Verbindung gebracht. Die chinesischen Behörden ließen daraufhin im Juli mehr als 10 000 Zibetkatzen schlachten. Diese Maßnahme erwies sich als überflüssig, denn ein Beweis für die Übertragung von Sars auf Menschen durch Zibetkatzen liegt bis heute nicht vor. Es muß wohl eine andere Unterart der Schleichkatzen, der Larvenroller, dafür verantwortlich gemacht werden. Auch diese Katzenart wird in China viel gegessen. Statt ganze Katzenpopulationen auszurotten, sollte man besser aufhören, sie zu verzehren.

Zola, Émile (* Paris 1840, † Paris 1902), Schriftsteller und Journalist, der 1898 mit seinem offenen Brief *J'accuse* (Ich klage an) einen innenpolitischen Orkan entfachte, der schließlich zur Wiederaufnahme des Prozesses gegen den zu Unrecht verurteilten Alfred Dreyfus (1859–1935) und dessen Rehabilitation führte. In einigen Werken Zolas (vor allem *Nana*) tummeln sich Katzen, seine Lieblingstiere, und schon in seiner ersten Buchveröffentlichung *Nouveaux contes à Ninon* (1864) findet sich die Erzählung *Das Katzenparadies*. Darin berichtet ein verzärtelter und wohlgenährter ↑Angorakater dem Erben seiner früheren Herrin, wie er sich als zweijähriger Kater nach dem wildromatischen Leben auf der Straße gesehnt hatte. Eines Tages konnte er schließlich seinem behaglichen Dasein durch ein offenes Fenster entfliehen, doch das harte und erbarmungslose Leben der ↑Straßenkatzen belehrte ihn schnell eines Besseren. Gepeinigt von Hunger, Kälte und Regen, kehrte er bereits am nächsten Tag in seine warme Wohnung zurück, wo er erst für sein Verschwinden gezüchtigt und dann gefüttert wird: »›Sehen Sie‹, beschloß mein Kater seine Rede, indem er sich vor dem warmen Kamin ausstreckte, ›das wahre Glück, das Paradies, mein lieber Herr, besteht darin, daß man in einem Zimmer, wo es Fleisch gibt, eingesperrt und verprügelt wird. Das sage ich im Namen aller Katzen.‹« Hinter dieser satirisch überdehnten

Geschichte verbirgt sich Zolas Leidenschaft für die normale ↑Hauskatze, die er den ↑Zuchtkatzen vorzog: »Ich schätze die Katzen auf der Dachrinne mehr, diese stolzen und mageren Katzen, deren harte Silhouetten an die Haltung der Helden in den Legenden erinnern. Sie haben kurzes Haar, feurige Augen, behende Glieder; in ihren Sprüngen liegt ungeheure Anmut. Sie sind die Meister der freien Luft, sie lieben die Höhe, sind unzähmbare Tiere, die in unseren Städten noch ihrer Jagd und ihrer Betriebsamkeit nachgehen, ohne daß sie jemals einen Winkel an unserem Feuer annehmen.« Aber Zola mochte nicht nur Katzen. 1877 veröffentlichte er mit *L'assommoir* (Der Totschläger) den ersten in der Welt des Proletariats angesiedelten Roman eines Schriftstellers von Rang und gleichzeitig einen der größten Bucherfolge der französischen Literaturgeschichte. Vom Erlös des Buches kaufte er sich ein Haus in Médan, westlich von Paris bei Poissy gelegen, »in einem reizvollen Winkel am Ufer der Seine«. Dort »wimmelte es von Tieren«, wie Ehm Welk (1884–1966) in seinem Buch *Die wundersame Freundschaft* (1940) überliefert hat. »Sie führten sämtlich ein Leben in Wohlbehagen und hatten gerade immer nur so viel zu tun, daß sie beschäftigt wurden oder sozusagen ihrer Pflicht nachzukommen hatten: ein wenig die Wagen zu ziehen, Milch zu geben und ein paar Eier zu legen. Doch gab es in Médan viel mehr Tiere, die nichts nützliches zu vollbringen hatten, deren Aufgabe lediglich darin bestand, da zu sein.«

Zoologische Gärten beherbergen auch ↑Hauskatzen – nur reden sie nicht gern darüber. Sie sind zwar auf den räuberischen Instinkt der Katze bei der Mäusebekämpfung in den Ställen und Gehegen angewiesen, möchten aber nicht, daß das allzusehr publik wird. Denn den Katzen fällt auch ausnahmsweise mal der eine oder andere Vogel zum Opfer. Und nicht alle Besucher haben dafür Verständnis. Also werden die Pressestellen der meisten Zoologischen Gärten eher wortkarg, wenn man das Thema Hauskatze anspricht. Zwei Zookatzen sind allerdings in den letzten Jahren ins helle Licht der Öffentlichkeit getreten. Da ist zunächst einmal Ortrud, eine siebzehnjährige Graugetigerte aus dem Leipziger Zoo, über die wir durch eine Buchveröffentlichung über den Zoo *(Elefant, Tiger & Co.)* recht gut informiert sind. Sie sorgt für Ordnung im Giraffenhaus, oder besser: sie sorgte dafür. Denn während der Arbeit an dem genannten Buch verschwand sie wieder einmal für einige Zeit und blieb länger als üblich verschwunden. Inzwischen ist sie nach einer Auskunft des zuständigen Kurators aber »wiederaufgetaucht und tut ihren

›Dienst‹ in unserem Huftierhaus der Afrika-Savanne«. Überhaupt ist der Leipziger Zoo sehr auskunftsfreudig. Auf meine Frage nach der Katzenhaltung im Zoo antwortete der Kurator Gerd Nötzold: »Wir halten mehrere Katzen zur Schädlingsbekämpfung, aber auch, weil sie durch ihre Anwesenheit Reviere besetzen, die andernfalls von fremden Katzen besetzt würden. Da diese nicht zu überwachen sind, haben wir uns sehr bewußt für die Haltung einiger Hauskatzen auf dem Zoogelände entschlossen.« Sehr kooperativ mir gegenüber hat sich auch der Zoologische Garten Berlin verhalten. Dort lebt seit Jahren eine Hauskatze mit einer Kragenbärin zusammen. Diese wohl einmalige Geschichte ging um die ganze Welt, und man gab mir die Gelegenheit, mich mit eigenen Augen von ihrem Wahrheitsgehalt zu überzeugen (↑Beziehungen zu anderen Tieren).

Zuchtkatzen

Allgemein Meyers Enzyklopädisches Lexikon von 1978 definiert Tierzucht als »planmäßige Paarung von Tieren zur Erzeugung von Nachkommen mit bestimmten erblichen Eigenschaften und/oder Merkmalen«. Im Lauf seiner ↑Domestikation des Tierreiches (↑Tierrechte) hat der Mensch zahlreiche Zuchtziele verfolgt und erreicht. Als Beschützer und Jagdhelfer dienen ihm Hunde, wichtige Fleischlieferanten sind Rinder und Schweine, Milch liefern Kühe und Ziegen, Eier erhält er von den Hühnern, Schafe versorgen ihn mit Wolle, Rinder und Elefanten sind schon lange nützliche Arbeitstiere, hervorragende Dienste leisten die Reittiere Pferd und Kamel, Fell und Leder stammen von vielen verschiedenen Tieren und in unserer Zeit finden zahllose Ratten und Mäuse Verwendung in der pharmazeutischen Forschung. Wie immer man zu dieser unvollständigen Liste der Nutzung und Verwertung der Tiere durch den Menschen stehen mag – eines läßt sich nicht bestreiten: Aus allen vorgenannten Zuchterfolgen zieht der Mensch direkten materiellen Nutzen. Dies kann man von der Katzenzucht nicht behaupten, die einzig und allein aus ästhetischen Motiven erfolgt.

Katzenzucht Während der Mensch vor etwa 20000 Jahren mit der »planmäßigen Verpaarung« von Nutztieren begonnen hat, werden Katzen erst seit knapp 150 Jahren gezüchtet. Die Katzenzucht wurde im England des 19. Jahrhunderts begründet, als aus den Kolonien zahlreiche exotische Katzen auf die Britischen Inseln kamen. Bis dahin hatte man Katzen ohne bemerkenswerten ästhetischen Gestaltungswillen in drei Gruppen eingeteilt: europäische Hauskatzen, asiatische Kurzhaarrassen und türkische Langhaarrassen. Dabei war stets klar, daß diese drei Grundtypen einer Herkunft sind: Nachfahren der domestizierten Felis lybica (↑Feliden). Im Lauf der etwa anderthalb Jahrtausende währenden Verbreitung der Katze über den ganzen Erdball haben sich ganz unterschiedliche Varietäten entwickelt. Dabei spielten spontane Mutationen, Vermischungen mit Wildkatzenrassen und viele andere Faktoren eine Rolle – der menschliche Einfluß war von untergeordneter Bedeutung. Im allgemeinem Verständnis sah man in all diesen in Farbe, Größe und Länge des Fells unterschiedlichen Tieren in erster Linie Nachkommen der aus Ägypten eingewanderten ↑Hauskatze.

Diese Sicht der Dinge begann sich in der Mitte des 19. Jahrhunderts langsam zu ändern. In dieser Zeit holten sich der Adel und das Großbürgertum in Abgrenzung zum einfachen Volk der Bauern und Kleinbürger exotische Katzen ins Haus. Diese Katzen waren sehr teuer, und schon damals galt, daß teuren Gütern eine größere Qualität bescheinigt wurde als vergleichbaren Waren minderen Handelswertes. Die in ihren Heimatländern allgemein verbreiteten Siamesen, Kartäuser (die vermutlich aus Syrien stammen, ↑Klosterkatzen), Perser, Türkisch Angora usw. erhielten in Europa plötzlich den Status der Besonderheit, den sie ja in der Tat auch innehatten, denn diese Katzen waren selten und bis dahin auf unserem Kontinent kaum verbreitet. Als am 13. Juli 1871 im Londoner Kristallpalast die erste Zuchtkatzenausstellung der Welt stattfand, war die Teilung der feliden Population in exotische Zuchtkatzen und Hauskatzen bereits vollzogen. Folgerichtig hatte man auf dieser Ausstellung auch eine Klasse für Katzen der Arbeiterschaft, also Hauskatzen, eingerichtet. (Man spricht in Deutschland gern von Rasse- oder gar Edelkatzen, obwohl der Begriff Zuchtkatzen den tatsächlichen Sachverhalt zutreffender beschreibt. Denn die Begriffe Rasse- oder Edelkatzen implizieren eine höhere Wertigkeit der Tiere, obwohl sie ja lediglich durch »planmäßige Verpaarung« innerhalb einer Rasse und Varietät vermehrt werden: ↑Inzucht.) 1887 gründete sich dann in London der weltweit erste Zuchtkatzenclub, der heute noch existierende National Cat Club. Dies lag im Trend der Zeit, in der man auch mit der Zucht von Ziervögeln und Zierfischen begonnen hatte. Bereits 1869 waren die ersten exotischen Zierfische (Paradiesfische) aus der chinesischen Hafenstadt Ningpo nach Europa gekommen. 1876 zeigte man Nachzüchtungen dieser Fische auf einer Berliner Ausstellung. Anders als bei Katzen brach bei der Zucht von Zierfischen übrigens ein heftig geführter Streit aus. Eher traditionell gesinnte Freunde der Fischzucht verunglimpften die Zucht exotischer Fische als Spielerei und eitles Streben nach Effekten. Ein wirkliches Naturverständnis, so die

Protagonisten dieser Anschauung, ergebe sich nur durch das Züchten einheimischer Arten. Außerdem berge der lange Transport dieser Tiere nach Europa für die Fische erhebliche Gefahren. In der Tat mußte man die Fische auf ihrer Reise durch Drahtgitter oder Netze vor den ↑Schiffskatzen schützen, die die Exoten zum Fressen gern hatten.

Bis zum Ende des 19. Jahrhunderts wurden in Europa etwa 15 verschiedene exotische Katzenrassen gezüchtet. Ein halbes Jahrhundert lang änderte sich daran nicht viel. Erst in den 50er Jahren des letzten Jahrhunderts begann mit der Demokratisierung des Wohlstandes und der wachsenden Beliebtheit und Verbreitung von Katzen die Zahl der Zuchtkatzenrassen deutlich zu steigen. Zwischen 1950 und dem Ende der 70er Jahre wurden fast 30 neue Katzenrassen gezüchtet. Heute existieren mehr als 60 unterschiedliche Rassen, die zumindest von einem der vier großen Katzenweltverbände anerkannt sind. Diese Zahl ist weiterhin im Steigen begriffen.

Im Unterschied zur Nutztierzucht legt man bei der Festlegung der Standards für Zuchtkatzen aus ästhetischen Gründen einzig und allein Wert auf äußere Merkmale: Fellfarbe und -länge, Augenfarbe, Körperbau, Kopfform usw. gelten als entscheidend für die Bewertung des Zuchterfolges. Kriterien wie Intelligenz, Robustheit, Spielfreude und Überlebensfähigkeit in der Natur spielen dagegen keine Rolle, jedenfalls existieren dafür keine Bewertungskriterien.

Man muß sich einmal vor Augen halten, daß die Evolution Jahrmillionen gebraucht hat, um aus der Katze ein perfekt ausgestattetes Tier zu formen, ebendieses »Meisterwerk der Natur«, wie ↑Leonardo da Vinci die Katze einmal bezeichnet hat. Und daß es ein paar tausend Jahre dauerte, bis sich dieses Tier zum ungemein nützlichen (↑Nutzen) und von vielen geliebten Haustier entwickelt hat, dem wir zu großer Dankbarkeit verpflichtet sein sollten. Dessenungeachtet hat der Mensch in kaum 50 Jahren über 40 neue Rassen gezüchtet, deren Anerkennung oft nur kurze Zeit auf sich warten ließ. Dieser Eingriff in die Natur hat, gepaart mit den skurrilen Geschmacksvorstellungen mancher Züchter, die absonderlichsten Ergebnisse getätigt, vor allem ab 1960.

Moderne Entgleisungen In dem Standardwerk eines englischen »Experten« über Zuchtkatzen wird beispielsweise die 1960 im Südwesten Englands entstandene Devon Rex mit dem »Aussehen eines elfenhaften Clowns« verglichen, wie immer man sich einen solchen vorzustellen hat. Das Problem dieser Katze mit ihrem gekräuselten Fell besteht unter anderem darin, daß ihre ebenfalls gekräuselten Schnurrhaare (↑Sinne, Gefühl) leicht abbrechen. Wer über die Bedeutung der Vibrissen für die Orientierungsfä-

higkeit der Katze informiert ist, der kann ermessen, was diesen Tieren damit angetan wird.

Zur gleichen Zeit entdeckte in Amerika die Cymric das Licht der Welt. Hierbei handelt es sich um eine langhaarige Variante der eigentlich kurzhaarigen und vor allem schwanzlosen Manx (Virginia ↑Woolf). Die Schwanzlosigkeit von Katzen, eine böse Laune der Natur, kann sich in großen Populationen gewöhnlich nicht durchsetzen. Doch in isolierten Gruppen, beispielsweise auf einer Insel, kann sich dieses Merkmal mangels »Blutauffrischung« und unter besonderen Bedingungen zum regionalen Standard entwickeln. Das ist auf der Isle of Man vermutlich schon vor dem 18. Jahrhundert geschehen. Diesen benachteiligten Geschöpfen fehlt ein wichtiges Instrument ihrer Balance und Kommunikation. Hermann Masius (↑Rehabilitation) stellte in seinen *Naturstudien* 1852 dazu fest: »Der lange, schmeidige Schwanz ist kein müßiger Schnörkel. Er ist voll feinster Empfindung, gleichsam der Seele anderer Pol und eben deshalb ein so bedeutsam pantomimisches Glied.« Warum man die schwanzlose Manx seit über 100 Jahren systematisch züchtet, bleibt deshalb ein Rätsel – zumal sie extrem krankheitsanfällig ist. Ihre moderne, langhaarige Variante gefällt den Züchtern und ihren Verbänden vor allem dann, wenn ihre Beine »vorne viel kürzer als hinten« sind, weshalb ihr Gang eher einem Hoppeln oder Hüpfen gleicht denn dem Schreiten oder Schleichen der gewöhnlichen Hauskatze. Man möchte dieser Katze nicht bei der Jagd zuschauen.

1961 entstand in Schottland die Scottish Fold, eine Rasse, deren Eigentümlichkeit in nach vorne gefalteten Ohren, also eng am Kopf anliegenden Ohrmuscheln liegt, so als würde sie eine Badekappe aufhaben. Es ist eine Katze mit betont rundem Kopf und großen Augen, deren Aussehen eine immerwährende Kindlichkeit vorgaukelt. Während die ersten Exemplare dieser Rasse eine einfache Faltung an den Ohren aufwiesen, sind bei den heutigen Vertretern die Ohren schon dreifach eng gefaltet. Das Gehör ist eines der wichtigsten ↑Sinne der Katze. Wie diese Deformation das Leben und Erleben sowie den Radius der Katze einschränkt, läßt sich leicht ermessen. Neben der Cymric ist auch diese Rasse von den beiden großen europäischen Katzenverbänden noch nicht anerkannt.

In der Natur kommen sie so gut wie nie vor, und falls doch, sind sie kaum überlebensfähig: haarlose Katzen. 1978 haben Züchter in Nordamerika und Europa aus den haarlosen Nachkommen eines kanadischen Muttertieres die Sphynx gezüchtet. Genauer muß man sagen, daß diese Rasse *fast* haarlos ist, denn sie besitzt einen sehr dünnen Flaum. Da dessen Haarfollikel nach wie vor Talg produzieren, muß die Sphynx, da sie über keine Haare verfügt, die den Talg absorbieren könnten, täglich mit Fensterleder abgerieben werden. Ganz abgesehen davon ist diese »Rasse« extrem hitze- und kälteempfindlich und muß in jedem Fall das Haus hüten – sie kann sogar einen Sonnenbrand bekommen!

Ende der 1980er bzw. Anfang der 90er Jahre entstand die Munchkin als »edle« Lang- und Kurzhaarkatze. Beide Variationen sind insofern verzwergte Katzen, als ihre Beine wesentlich verkürzt sind. Der Rassestandard für die Munchkin sieht drei Größen vor: »Standard«, »Superkurz« oder »Teppichkehrer« (im Ernst!).

Vor ein paar Jahren sorgte die sogenannte Känguruh-Katze aus Amerika für Schlagzeilen. Sie zeichnet sich durch gezüchtete, verkümmerte Vorderpfoten aus und muß sich beim Sitzen zusätzlich mit dem Schwanz abstützen, um nicht umzufallen. Wenn sich diese Katzen fortbewegen, hüpfen sie wie ein Känguruh. Die texanische Züchterin dieser armen Monstrosität, Vicky Ives Speir, warb auf ihrer (inzwischen abgeschalteten) Homepage mit dem Argument der extremen Seltenheit für ihre »mutant kitties«.

Aufschlußreich ist die Tatsache, daß man von fast allen diesen Rassen genaue Kenntnis über die ersten Mutanten, ihre Mütter und die menschlichen Besitzer hat. Auch über die weitere Zuchtlinien ist man relativ genau informiert, was nicht wundert, denn »nur durch Inzucht konnte die Devon Rex erhalten werden«, wie selbst der schon erwähnte, englische »Experte« feststellen mußte. Es sind ja alle modernen Rassekatzen irgendwann durch ein Stadium extremer Inzucht gegangen. Bei seltenen Rassen sind alle Exemplare noch eng miteinander verwandt. Dies führt, so Paul ↑Leyhausen, »immer wieder zu Nachkommen, die man nur als debil bezeichnen kann«. Die Züchter scheint es nicht weiter zu stören.

Nun wird spätestens an dieser Stelle mancher einwenden, daß es überall schwarze Schafe gibt, und das gelte wohl auch für Katzenzüchter. Ich akzeptiere diesen Einwand gern, wenn gleichzeitig eingeräumt wird, daß die Herde der Katzenzüchter von einer artunspezifisch großen Anzahl schwarzer Schafe durchdrungen ist.

Rassekatze versus Hauskatze Die überwiegende Mehrzahl der Katzenfreunde lebt mit der ursprünglichen, sich mehr oder weniger frei selbst vermehrenden Hauskatze zusammen. Nach ungesicherten Schätzungen bilden die Hauskatzen etwa 85 % der feliden Population Europas. Deren Halter verfügen über keine nennenswerten Netzwerke. Im Gegensatz dazu unterhalten die Besitzer von Zuchtkatzen ein weitgespanntes Netz von nationalen und internationalen Verbänden, Verbands-

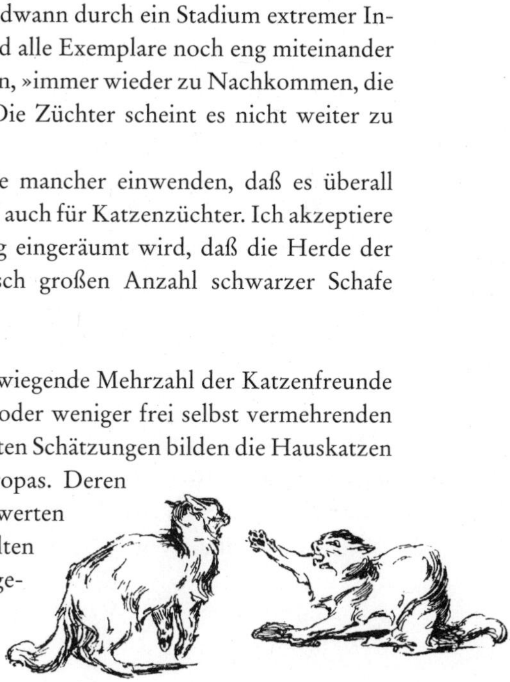

zeitschriften, ehren- und hauptamtlich Tätigen, Satzungen, Ordnungen und Zuchtstandards, regelmäßigen Zusammenkünften, Ausstellungen und sonstigen Formen strukturierter und hierarchisierter Kommunikation. Dieser unglaublich intensive, bestenfalls nutzlose, aber für die Spezies Katze leider schädliche Aufwand, der hier betrieben wird, benötigt selbstverständlich eine Legitimation. Warum soll man so viel Zeit und Geld für die Zucht oder den Kauf einer Zuchtkatze investieren, wenn sich genügend Hauskatzen schnurrend auf der Welt tummeln?

»Wozu Hauskatzen vermehren?« lautet statt dessen ein beliebtes Ablenkungsmanöver unter Züchtern und in deren Verbandsmitteilungen. Beim Versuch einer Antwort dieser rhetorisch gestellten Frage verweist man gern auf die vielen herrenlosen Streuner und die Katzen, die im Tierheim auf ein neues Zuhause warten. Auf die Idee, angesichts dieser Tatsachen die Frage »Wozu Zuchtkatzen vermehren?« zu stellen, kommt man in diesen Kreisen offensichtlich nicht, denn die höhere Wertigkeit der Zuchtkatze steht außer Frage. Das planmäßige Vorgehen des Züchters (das Zuchtziel), die »Reinheit« der Rasse und der Stammbaum, das Dokument dieses nicht selten inzestuösen Geschehens – dies zusammengenommen soll die Zuchtkatze weit über die Hauskatze stellen, ihre Höherwertigkeit begründen und läuft im Kern auf ein felides Kastensystem hinaus, in dem die Zuchtkatzen den Rang der Brahmanen einnehmen und die Hauskatzen die Rolle der Parias. Dies stellt in aller Regel eine Umkehrung der sozialen Wirklichkeit der Züchter dar, die ihr Katzengeschlecht gern mit Adelsprädikaten und hochtrabenden Doppelnamen zieren. Wenn Frau Henkel aus Bottrop ihre Rassefamilie schlicht »von Hohenstein-Zollernburg« nennt (als Vornamen bieten sich dann Ferdinand, Joachim oder Karl, Irene, Margarete oder Charlotte an), liegt der Verdacht nahe, daß hier soziale Defizite ausgeglichen werden sollen. Zu deren Kompensation wird eine Nobilitation einfach selbst vorgenommen. Vermutlich werden im Haushalt von Frau Henkel auch die einschlägigen bunten Blätter gelesen, die wöchentlich Nachrichten aus der Welt des Hochadels kolportieren.

In den meisten Katzenverbänden werden Hauskatzen zwar als Rasse anerkannt. Sie heißen entweder European, Europäisch Kurzhaar oder schlicht Hauskatze, und es existieren (wie bei den »adligen« Verwandten) Standards zur ihrer Bewertung. Erwachsene Tiere sollten aber möglichst kastriert werden, denn »die Hauskatze soll kein Rassemischling sein«, wie es im Standard der World Cat Federation mit Hauptsitz in Essen heißt. Allerdings scheint es mit der Zucht der Hauskatze nicht weit her zu sein, sie ist »praktisch zum Erliegen gekommen« bedauert eine Fachzeitschrift. (Was niemanden ernsthaft wundert, wenn man gleichzeitig dazu auffordert, erwachsene Tiere zu kastrieren!) Und weiter im Text: »Wenn nichts für den Fortbestand typvoller Europäisch Kurzhaar-Katzen getan wird, steht es schlecht um ihre Zukunft.« Wer mit Hauskatzen zusammenlebt, kann über diese Sorge nur den Kopf schütteln. Es ist doch wohl eher als positives Signal zu werten, wenn diese Katzenverbände und ihre Züchter die Finger von der Hauskatze lassen. Die Schöpfer von tauben, zwergwüchsigen, verkrüppelten, haar- oder schwanzlosen »Rassen« und solchen, denen man wegen einer schlanken Kopfform ein Drittel ihres Gehirns weggezüchtet hat, sowie anderen, die nicht mehr in der Lage sind, ihr Fell selbst zu putzen, diese Züchter sind stolz auf die kilometerlangen Stammbäume ihrer Kreaturen und auf die Urkunden, Auszeichnungen und Trophäen, die auf fragwürdigen Ausstellungen en masse ausgeteilt werden – sie sollten lieber bei ihren »Rassen« bleiben und nicht auch noch die gute alte Hauskatze verschandeln. Es ist bei der Katzenzucht leider schon genug Unheil angerichtet worden, dem endlich Einhalt geboten werden müßte.

Zypern Die geteilte Insel ist ein wichtiger Fundort für die archäologische Erforschung der Beziehung von Katze und Mensch. 1983 wurde der Unterkiefer einer Katze entdeckt, dessen Alter man auf 8000 Jahre datieren konnte. Da auf Zypern niemals Wildkatzen existiert haben, muß diese vermutlich halbzahme Katze mit Siedlern über das Meer gekommen sein. Noch wichtiger war ein Fund im Jahr 2004. Französische Forscher hoben ein Grab aus, in dem eine Katze und ein Mensch zusammen beerdigt worden waren. Das Sensationelle an dieser Ausgrabung ist das Alter der Grabstätte: 9500 Jahre.

Zwar bleibt ↑Ägypten auch nach dieser Entdeckung das Land, in dem die Hauskatze domestiziert worden ist, aber die Beziehung des Menschen zur Katze ist offensichtlich älter, als man bis zu dieser Entdeckung angenommen hat.

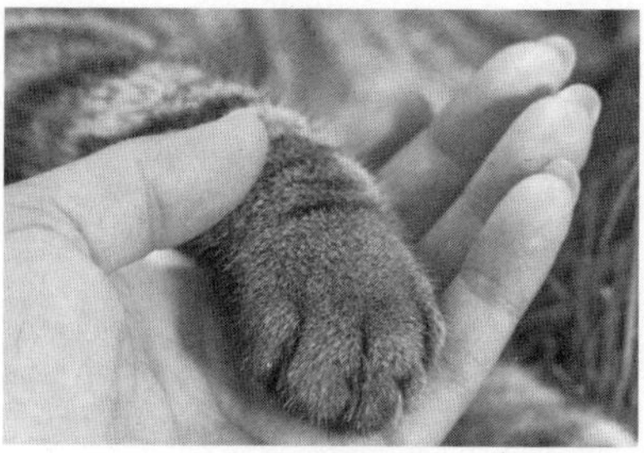

Foto: Sylvia Born

Touristische Informationen

Die hier aufgeführten touristischen Informationen beziehen sich auf den Schwerpunktartikel ↑Reiseziele in aller Welt, worin die inhaltlichen Beschreibungen der Reiseziele zu finden sind. Die touristischen Informationen sind zwar sorgfältig recherchiert worden, sie können sich jedoch erfahrungsgemäß im Lauf der Zeit ändern, weshalb für ihre Richtigkeit keine Garantie übernommen werden kann und empfohlen wird, sich vor Reiseantritt selbst über Öffnungszeiten, Eintrittsgelder uws. zu informieren.

Australien

Sydney | Staatsbibliothek von New South Wales | Macquarie Street | Sydney NSW 2000
Telefon (02) 92731414 | Fax -1255
www.sl.nsw.gov.au | library@sl.nsw.gov.au
Mo–Do 9:00–19:00 Uhr, Fr 9:00–18:00 Uhr, Sa 11:00–17:00 Uhr

Belgien

Ypern | Touristen-Information Ypern | Grote Markt 34 | 8900 Ypern
Telefon 0032 57239-220 | Fax -275
www.ieper.be | toerisme@ieper.be
Das Anschauen der Parade kostet je nach Standort zwischen 3,– und 18,– €

Deutschland

Bamberg | E. T. A. Hoffmann-Haus | Schillerplatz 26 | 96047 Bamberg
Telefon 0951 955030
www.etahg.de | info@etahg.de
Mai–Oktober, Di–Fr 16:00–18:00 Uhr, Sa–So 10:00–12:00 Uhr
Eintritt € 2,– (ermäßigt € 1,–)

Bielefeld | Kunsthalle Bielefeld | Artur-Ladebeck-Str. 5 | 33602 Bielefeld
Telefon 0521 32999500
www.kunsthalle-bielefeld.de | info@kunsthalle-bielefeld.de
Di 11:00–18:00, Mi 11:00–21:00, Do–Fr 11:00–18:00 und Sa 10:00–18:00 Uhr
Eintritt € 7,– (ermäßigt € 2,–/4,–)

Frankfurt | Städelsches Kunstinstitut und Städtische Galerie | Dürerstr. 2 | 60596 Frankfurt am Main
Telefon 069 6050980 | Fax 069 605098111
www.staedelmuseum.de | info@staedelmuseum.de
Di, Fr–So 10:00–18:00 Uhr, Mi–Do 10:00–21:00 Uhr
Eintritt € 10,– (ermäßigt € 8,–)

Neroth | Mausefallen-Museum | Am Dorfplatz | 54570 Neroth
Telefon 06591 4752 (Ewald Peters) oder 5822 (Marianne Horn)
www.neroth.de/museum
Mi 14:00–16:00 Uhr, Fr 15:00–17:00 Uhr
Eintritt € 2,– (ermäßigt € 1,–)

Traunstein | Katzenmuseum | Chiemseestraße 1 | 83278 Traunstein
Telefon 0861 8983
www.katzenmuseum-traunstein.de | webmaster@katzenmuseum-traunstein.de
Fr–So 14:00–18:00 Uhr

England

London | Dr. Johnsons House | 17, Gough Square | London EC4
www.hiddenlondon.com/johnsonhouse.htm
Mai–September Mo–Sa 11:00–17:30 Uhr, Oktober–April Mo–Sa 11:00–17:00 Uhr
Eintritt £ 3,– (Kinder £ 1,–)

Frankreich

Paris | Cimetière des chiens
10:00–17:00 Uhr, von Mitte März bis Mitte Oktober bis 19:00 Uhr
Eintritt € 3,– (Kinder € 1,50)

Holland

Amsterdam | Kattenkabinet | Herengracht 497 | Amsterdam
Telefon 020 6265378
www.kattenkabinet.nl | info@kattenkabinet.nl
Mo–Fr 10:00–14:00 Uhr, Sa–So 13:00–17:00 Uhr
Eintritt € 5,– (Kinder € 2,50)

Italien

Rom | Cestius-Pyramide und Protestantischer Friedhof | Cimitero accattolico | Via Caio Cestio
www.igattipiramide.it
Mo–Sa 9:00–17:00 Uhr

Rom | Area Sacra di Largo Argentina
www.romancats.com | torreargentina@tiscali.it
tägl. 10:00–12:00 und 14:00–20:00 Uhr

Rom | St. Maria del Popolo | Piazza del Popolo

Japan

Tokio | Katzentempel Gotoku-ji | 2-24-7 Gotoku-ji, Setagaya-ku | Tokio
Telefon 03 34261437

Lettland

Riga | Livonischer Platz, Katzenhaus

Österreich

Wien | Naturhistorisches Museum | Burgring 7 | 1010 Wien
Telefon 0041 712449758
www.nhm-wien.ac.at | homepage@nhm-wien.ac.at
tgl. außer Di: 9:00 – 18:30 Uhr
Eintritt € 8,– (Kinder € 3,50)

Wien | Österreichisches Museum für angewandte Kunst (MAK)
Stubenring 5 | 1010 Wien
Telefon 0043 1711360
www.mak.at | office@mak.at
Di 10:00 – 24:00, Mi – So 10:00 – 18:00 Uhr
€ 7,90 (erm. € 5,50)

Schweiz

St. Gallen | Freunde Katzenmuseum Schweiz | Kublystraße 3 | 9016 St. Gallen
Telefon 0041 71244 9758
www.katzenmuseum.ch | info@katzenmuseum.ch

Tschechien

Schloß Lnàre | Muszeum Kocky
Telefon 00420 602649813
www.lnare.cz | zamek@lnare.cz
tägl. außer Mo von 12:00 bis 16:00 Uhr
Eintritt 20 Kc (Kinder 10 Kc)

USA

Carmel-by-the-Sea | The Cypress Inn | Lincoln & 7th | Carmel-by-the-Sea
Telefon 831 6243871 | Fax 831 624821
www.cypress-inn.com

Key West | The Ernest Hemingway Home & Museum | 907 Whitehead Street | Key West
Telefon 305 2941136
www.hemingwayhome.com | hemingway@bellsouth.net
Mo–So 9:00–17:00 Uhr
Eintritt $ 11,– (Kinder $ 6,–)

New York | The Hartsdale Pet Cemetary | 75 North Central Park Avenue | Hartsdale | New York 10530
Telefon 914 9492583, Fax 914 9492872
www.petcem.com | info@petcem.com
Mo–Sa 8:00–16:30 Uhr, So 9:30–16:00 Uhr

Dank

Mein erster Dank gilt Corina Klein für ihre Mitarbeit und Beratung in juristischen Fragen (insbesondere beim Schlüsselbegriff »Katzen im deutschen Recht«) und Dr. Christian Marquardt für seine Fachberatung auf den Gebieten der Veterinärmedizin und Zoologie.

Für Abdruckgenehmigungen, Hilfestellungen bei der Recherche und Einsichtnahme in Archivexemplare bedanke ich mich herzlich bei den Verlagen Arche (Hamburg), Aviva (Berlin), Das Arsenal (Berlin), Aufbau (Berlin), Berlin-Verlag (Berlin), Diogenes (Zürich), S. Fischer (Frankfurt am Main), Gerstenberg (Hildesheim), Insel (Frankfurt am Main), Klett-Cotta (Stuttgart), Piper (München), Rowohlt (Reinbek), Schöffling & Co. (Frankfurt am Main), Suhrkamp (Frankfurt am Main) und Wunderlich (Reinbek).

Ein besonderer Dank geht an den Gustav Lübbe Verlag in Bergisch Gladbach, in dem meine Bücher »Katzenspuren – Vom Weg der Katze durch die Welt« (2004) und »Die Katze, die Anchovis liebte – Vom Weg der Katze durch die Schlagzeilen« (2006) erschienen sind. Auf beide Titel konnte ich bei der Arbeit an diesem Lexikon zurückgreifen.

Mein großer Dank geht an den Verlag Schöffling & Co., an Ida und Klaus Schöffling und ihre Mitarbeiterinnen und Mitarbeiter, bei denen man sich als Autor hervorragend betreut fühlt.

Zu weiterem Dank fühle ich mich folgenden Personen und Institutionen verpflichtet, die alle auf unterschiedliche Weise am Zustandekommen dieses Lexikons beteiligt waren:

Knut Ahnert, Berlin
Mario Ambrosius, Tokio
Rolf-Peter Baacke, Berlin
Julia Bachstein, Frankfurt am Main
Berliner Philharmoniker, Berlin
Konstanze Berner, München
Beata Bode, Erfurt
F. C. Delius, Rom
Deutsche Nationalbibliothek, Frankfurt am Main
Thomas Dörflein, Berlin
Katrin Dobberstein, Berlin
Christin Dwertmann, Köln
Ernst-August-Bibliothek, Wolfenbüttel
Anne Gentes, Berlin
Gerald Gohlke, Berlin
Josefine Guerra, Mühldorf am Inn
Gumny (Glenewinkel), Berlin
Johanna Hahn, Berlin
E. T. A. Hoffmann-Haus, Bamberg
Anita Isoardi, Istanbul
Marion Kobs, Berlin
Jana Krieg, Berlin
Juliane Kukla, Berlin
Gabriele Leuschner, Erfurt
Sibylle Lewitscharoff, Berlin
Bob Meijer, Amsterdam
Hiroko Otsuki, Tokio
Nicola Pirron, Gersfeld
Jean-Pierre Sauvain, Weltumsegler, z. Z. Marmaris
Rainer Schedlinski, Berlin
Jutta Schölhorn, Berlin
Christoph Selke, Hamburg
Staatsbibliothek zu Berlin Preußischer Kulturbesitz, Berlin
Städel-Museum, Frankfurt am Main
Hermann Staub, Frankfurt am Main
Peter Stoller, Schwarenbach
Marie-Luise Surek-Becker, Berlin
Wainer Vaccari, Modena
Martina Wagner, Berlin
Ute Warbein, Berlin
Renate Wendler, Berlin
Juli Zeh, Leipzig und Barnewitz
Zoo Leipzig, Leipzig
Zoologischer Garten Berlin, Berlin

Zuletzt möchte ich den Katzen danken, die mit mir in den letzten mehr als drei Jahrzehnten zusammengelebt haben (und leben) – ohne sie wäre ich nie auf die Idee gekommen, dieses Buch zu schreiben: Doña (†), Lisa, Monty (†), Paul, Samos (†), Shano (†), Thira (†).

Namenregister

Es sind alle im Lexikon genannten Personen- und Katzennamen verzeichnet, auch wenn sie nicht unter einem eigenen Stichwort auftauchen. *Kursive* Seitenzahlen verweisen auf Abbildungen.

»Die Katze kennt ihre Aufgabe in der Menschenwelt sehr genau: Sie macht das Alleinsein erträglich, sie verzeiht uns und kann uns so viel lehren: nicht als Kindersatz, nicht als Freundersatz, einfach als Katze.«

Eva Demskis Katzengeschichten zeigen die Katze, wie sie ist: listig, wachsam, hungrig, schmusig, intelligent und immer auf der Hut. Die eigens für dieses Buch gezeichneten Katzen stellen die »elegante, gut angezogene Gesellschaft« so vor, wie es nur einer kann: Tomi Ungerer.

Eva Demskis
Katzenbuch
Mit Zeichnungen von Tomi Ungerer
insel taschenbuch 3654
93 Seiten